STUD BOOK FRANÇAIS

REGISTRE

DES

CHEVAUX DE DEMI-SANG

NÉS ET IMPORTÉS EN FRANCE

Publié par ordre de M. le Ministre de l'Agriculture

SECTION NORMANDE

TOME Ier — 1840-1890

Prix : 5 Francs

PARIS

IMPRIMERIE TYPOGRAPHIQUE J. KUGELMANN

12, rue de la Grange-Batelière, 12

1891

STUD BOOK FRANÇAIS

REGISTRE

DES

CHEVAUX DE DEMI-SANG

NÉS ET IMPORTÉS EN FRANCE

TOME Ier — 1840-1890

STUD BOOK FRANÇAIS

REGISTRE

DES

CHEVAUX DE DEMI-SANG

NÉS ET IMPORTÉS EN FRANCE

Publié par ordre de M. le Ministre de l'Agriculture

TOME Ier — 1840-1890

Prix : 5 Francs

PARIS

IMPRIMERIE TYPOGRAPHIQUE J. KUGELMANN

12, rue de la Grange-Batelière, 12

1891

RÉPUBLIQUE FRANÇAISE

———

Paris, le 30 avril 1887.

RAPPORT

A MONSIEUR LE MINISTRE DE L'AGRICULTURE

———

Monsieur le Ministre,

L'Administration des Haras a reconnu de tout temps la nécessité de tenir grand compte, dans les accouplements, de l'origine et de la généalogie des étalons et des juments livrés à la reproduction. Elle a toujours considéré que l'adoption de ce principe était la base la plus sûre pour poursuivre utilement l'amélioration des races chevalines.

Dès 1833, elle provoquait une ordonnance « portant établissement d'un registre matricule pour l'inscription des chevaux de race pure existant en France *(Stud Book français)* et institution d'une Commission spéciale pour la tenue de ce registre ».

Cette publication a été continuée, sans interruption, depuis cette époque, et la Commission instituée par l'ordonnance précitée fonctionne chaque année pour l'examen des titres produits à l'appui des demandes d'inscription. Aucune inscription n'est faite si elle n'a été pro posée à M. le Ministre de l'Agriculture par cette Commission.

Parmi les dispositions arrêtées par le Ministre du Commerce (qui avait alors le service des Haras dans ses attributions), sur la proposition de la Commission du registre matricule, pour l'exécution de l'ordonnance du 3 mars 1833, figurait le paragraphe suivant : « Un registre matricule pourra être établi, à l'avenir, pour l'inscription des chevaux provenant du croisement des races pures avec d'autres races, lorsque ce croisement sera parvenu à un degré qui sera ultérieurement déterminé. »

En 1850, la Direction du service fut d'avis que le moment était venu de donner suite à cette disposition spéciale. Des instructions ministérielles en date du 15 juillet de la même année prescrivirent l'ouverture, au dépôt d'étalons de Tarbes, par les soins du personnel de cet établissement, d'un registre matricule pour l'inscription des poulinières d'élite du département des Hautes-Pyrénées et plus particulièrement encore celles de la plaine de Tarbes, siège de la race bigourdane améliorée.

Ce registre, destiné à constater l'importance de la nouvelle famille, devait en former les archives sommaires et authentiques, et offrir plus tard des matériaux pleins d'intérêt à l'histoire physiologique de la production du cheval dans cette partie de la France.

Les éleveurs informés du désir qu'avait l'Administration de constater, dans un livre officiel, l'existence des juments de choix, reconnurent l'utilité de ce travail et fournirent, avec empressement, des renseignements pour l'inscription d'un grand nombre d'animaux.

Le travail, complètement terminé dans le courant de 1851, fut livré à l'impression par ordre du Ministre de l'Agriculture et du Commerce à la fin de la même année, sous le titre suivant : *État civil de la race bigourdane améliorée.*

Le 15 juillet 1850, le Directeur du haras du Pin recevait, comme son collègue du dépôt de Tarbes, des instructions ministérielles relativement à la rédaction d'un

Stud Book spécial de la race chevaline normande améliorée. En exécution de ces ordres, des recherches furent
faites sans interruption, à partir de cette époque, afin de
recueillir tous les documents nécessaires pour mener à
bonne fin cette délicate et très difficile mission.

Les renseignements fournis par les éleveurs de la circonscription ont été rapprochés des documents consignés
dans les archives du dépôt du Pin et contrôlés avec le plus
grand soin. Le travail préparatoire a été terminé le
22 mars 1853, et une décision ministérielle du 19 avril
suivant a approuvé les bases adoptées pour sa rédaction.

Le *Stud Book normand*, définitivement clos le 25 juin
1853, contenait 1,196 noms, savoir : 260 étalons, 411 poulinières et 525 produits de divers âges. Il fut adressé
à M. le Ministre de l'Agriculture et du Commerce, qui
voulut bien faire connaître sa satisfaction au sujet de ce
travail.

L'impression de ce document important était admise en
principe et annoncée aux éleveurs. Divers motifs en re-
tardèrent la publication, qui fut définitivement ajournée :
elle n'a pas été faite au grand regret des intéressés, qui
ont été unanimes à reconnaître que cette mesure était très
préjudiciable au progrès de l'amélioration de la race chevaline anglo-normande.

Une étude spéciale des origines de la famille chevaline
vendéenne a été faite en 1868 et 1869, avec l'autorisation
du Ministre, par l'inspecteur général qui était chargé à
cette époque de l'arrondissement de l'Ouest.

Ce travail devait se diviser en deux parties : la première
contenant le recueil généalogique des étalons employés à
la reproduction dans les départements de la Vendée et de
la Loire-Inférieure depuis 1839 ; la seconde était destinée
aux poulinières de la même région et à leurs produits. Il
était terminé en avril 1869 et soumis à l'Administration
supérieure, qui voulut bien l'approuver et en décider la
publication.

Le premier volume de l'ouvrage, qui reçut le titre de
« chevaux vendéens », a été imprimé dans le cours de

cette même année : il contenait l'origine de 369 étalons. Ce livre, tiré à plusieurs centaines d'exemplaires, a été distribué à tous les éleveurs de la région.

Les événements de 1870 ont arrêté la publication du recueil généalogique des poulinières, qui renfermait 257 juments et 158 produits.

L'essor de la production et de l'amélioration des diverses familles de demi-sang, amené par le fonctionnement de la loi organique de 1874 sur les Haras, rend nécessaire la reprise et la continuation de ces registres généalogiques.

Leur établissement a fait l'objet d'un vœu du Conseil supérieur des Haras ; les éleveurs attendent avec impatience cette nouvelle consécration de leurs efforts, et l'Administration des remontes militaires attache à cette œuvre la plus haute importance. Elle a la ferme conviction qu'elle y puisera des renseignements précieux, au point de vue de la production du cheval de guerre, sur les ressources hippiques des grands centres d'élevage de la France.

Les nations voisines se sont depuis longtemps préoccupées de cette question : c'est ainsi que la Prusse a établi un *Stud Book* très intéressant de la race Trakehnen ; que l'Autriche a fondé celui des chevaux de Lippiza ; qu'aux États-Unis la liste complète et spéciale des trotteurs joue un rôle des plus importants, et, enfin, qu'en Angleterre et en Belgique, on a jugé indispensable d'ouvrir des registres pour l'inscription des sujets de races de trait.

Pour maintenir la France à la hauteur de sa prospérité chevaline, j'ai l'honneur de vous prier de vouloir bien décider que les travaux antérieurs seront repris et arrêter que des *Stud Book* spéciaux pour les familles de demi-sang de races améliorées seront établis et continués par les soins de l'Administration des Haras, qui demeurera chargée de les publier, pour les diverses régions, dans des conditions analogues au *Stud Book* des races pures.

Afin d'étudier les meilleures mesures à prendre pour la rédaction de ce travail et dans le but de lui donner une base régulière et uniforme, j'ai l'honneur de vous proposer de former une Commission composée de membres dont les connaissances spéciales permettraient de fixer les diverses conditions à adopter comme point de départ.

Si vous voulez bien approuver le présent rapport, je vous serai obligé de le revêtir de votre signature, ainsi que l'arrêté ci-joint portant formation de la Commission.

Veuillez agréer, Monsieur le Ministre, l'hommage de mon respectueux dévouement.

Le Directeur des Haras,
H. DE CORMETTE.

Approuvé :

Le Ministre,
J. DEVELLE.

MINISTÈRE DE L'AGRICULTURE

ARRÊTÉ

Le Ministre de l'Agriculture,

Vu l'ordonnance du 3 mars 1833, portant établissement d'un registre matricule pour l'inscription des chevaux de race pure ;

Vu le dernier paragraphe de l'arrêté pris par le Ministre du Commerce, en exécution de ladite ordonnance ;

Considérant qu'il y a lieu, par suite, d'ouvrir, pour la conservation des races améliorées de demi-sang dans les centres les plus importants d'élevage, un registre généalogique qui établisse leur confirmation,

Arrête :

Article premier.

L'Administration des Haras est chargée d'établir, de continuer et de publier des *Stud Book* spéciaux pour les familles de demi-sang.

Art. 2.

(Suit la désignation des membres composant la Commission.)

Paris, le 30 avril 1887.

J. Develle.

DÉCISIONS DE LA COMMISSION

La Commission du *Stud Book* de demi-sang s'est réunie les 27 mai 1887, 13 juin 1890 et 21 avril 1891. Elle a émis les vœux suivants qui ont été adoptés par M. le Ministre, et à la suite desquels des instructions ont été données à MM. les Directeurs des dépôts d'étalons pour l'établissement des inscriptions :

. . . .

« Il ne sera ouvert qu'un seul *Stud Book* des chevaux de demi-sang. »

. . . .

« Le *Stud Book* sera divisé en six sections, savoir :
« Section normande.
« Section bretonne.
« Section vendéenne et charentaise.
« Section du Midi.
« Section du Centre.
« Section du Nord et de l'Est. »

. . . .

« Seront inscrits aux diverses sections du *Stud Book* des chevaux de demi-sang :
« 1° Les animaux qui, nés avant 1882, auront du côté paternel et du côté maternel un ascendant de pur sang ou de demi-sang ;
« 2° Les animaux qui, nés depuis 1882, auront du côté paternel et du côté maternel deux ascendants de pur sang ou de demi-sang. »

. . . .

« Seront inscrits d'office tous les étalons de demi-sang qui appartiennent ou qui ont appartenu à l'Etat et les étalons approuvés de même catégorie, lors même qu'ils ne rempliraient pas les conditions ci-dessus. »

. . . .

« Les étalons et les juments seront inscrits dans la section du pays où ils produisent.

« Les produits seront inscrits dans la section du pays où ils sont nés. »

. . . .

« Aucun animal ne pourra être inscrit s'il ne porte un nom. »

. . . .

« Les étalons de pur sang qui ont concouru à la formation de la famille seront rappelés dans un appendice placé à la fin du volume.

« Seront également inscrits dans un appendice spécial, les étalons de demi-sang qui ont marqué, avant 1840, dans les fastes de la production chevaline. »

COMMISSION

STUD BOCK DES CHEVAUX DE DEMI-SANG

— —

Président :

M. LE MINISTRE DE L'AGRICULTURE.

Vice-Président :

M. LE DIRECTEUR DES HARAS.

Membres :

MM. BAILLOD (le général), Inspecteur général permanent des Remontes militaires;

BASLY (de), Propriétaire-éleveur à Saint-Contest (Calvados);

BÉNARDEAU, Chef du 2ᵉ Bureau de la Direction des Haras ;

CABANNES (Joseph), Sénateur ;

CUGNAC (de), Directeur de l'École de dressage de Rochefort;

DELANNEY, Inspecteur général des Haras ;

GANAY (de), Inspecteur général des Haras;

GÉVELOT, Député ;

HENRY, ancien Député, Membre du Conseil supérieur des Haras;

JÉGOU-DU-LAZ, Président de la Société hippique de Saint-Pol-de-Léon;

MM. LEGOUX-LONGPRÉ, Secrétaire général de la Société d'Encouragement pour l'amélioration du cheval français de demi-sang;

LINDET, Propriétaire-éleveur à Saint-Léger-sur-Sarthe (Orne);

PAPON, ancien Député, Membre du Conseil supérieur des Haras;

PLAZEN, Inspecteur général des Haras;

PORTALÈS, Inspecteur général des Haras;

SEMPÉ, Propriétaire-éleveur, Membre du Conseil supérieur des Haras.

Secrétaire :

M. COLLIN, Sous-Chef du 2e Bureau de la Direction des Haras.

Secrétaires-adjoints :

MM. GUILLEMOT, Surveillant stagiaire des Haras;
MAGDELAINE, Surveillant stagiaire des Haras.

ABRÉVIATIONS

H. N. . . . .   Haras nationaux.
Al.   Alezan.
Aub. . . . .   Aubère.
B. . . . .   Bai.
Bb. . . . .   Bai brun.
Bl.   Blanc.
C. L. . . . .   Café au lait.
F. P. . . . .   Fleur de pêcher.
Gr. . . . .   Gris.
Is.   Isabelle.
N.   Noir.
P.   Pie.
Ro. . . . .   Rouan.
P. S. A. . . . .   Pur-sang anglais.
P. S. Ar. . . . .   —   arabe.
P. S. A. A. . . . .   —   anglo-arabe.
1/2 s. . . . .   Demi-sang.
1/2 s. A. . . . .   —   anglais.
1/2 s. Al. . . . .   —   allemand.
1/2 s. Am. . . . .   —   américain.
1/2 s. Ar. . . . .   —   arabe.
1/2 s. A. A. . . . .   —   anglo-arabe.
1/2 s. A. N. . . . .   —   anglo-normand.
1/2 s. N. . . . .   —   normand.
1/2 s. B. . . . .   —   breton.
1/2 s. Big. . . . .   —   bigourdan.
1/2 s. Char. . . . .   —   charentais.
1/2 s. V. . . . .   —   vendéen.
1/2 s. L. . . . .   —   limousin.
1/2 s. Norf. . . . .   —   norfolk.
1/2 s. Norf.-B. . . . .   —   norfolk-breton.
1/2 s. R. . . . .   —   russe.
1/2 s. Orl. . . . .   —   orloff.
1/2 s. Meck. . . . .   —   mecklembourgeois.
1/2 s. Carr. . . . .   —   carrossier.
S. B. F., t.   , p   . .   Stud-Book français, tome   , page
S. B. A., t.   , p   . .   Stud-Book anglais, tome   , page

Nota. — *Le nom qui est inscrit après la date de naissance indique le pays, la région ou le département où est né l'étalon.*

Les dates qui suivent le nom de la circonscription rappellent le temps pendant lequel l'étalon y a fait la monte.

PREMIÈRE PARTIE

ÉTALONS

I

SECTION NORMANDE

Circonscriptions des Dépôts d'Étalons du Pin et de Saint-Lô.

DÉPARTEMENTS :

EURE, ORNE, SEINE, SEINE-ET-OISE, SEINE-INFÉRIEURE,
SARTHE (cantons de la Fresnaye et de Saint-Paterne), CALVADOS.
MANCHE.

N. B. — Les étalons qui ont fait la monte dans la Seine-Inférieure, provenant des anciens dépôts d'Abbeville et de Braisne, et du dépôt actuel de Compiègne, sont compris dans cette section, bien que ce département n'ait été rattaché à la circonscription du Pin qu'en 1880.

1°

ÉTALONS

NÉS DANS LES CIRCONSCRIPTIONS DU PIN ET DE SAINT-LO

ÉTALONS

Nés dans les circonscriptions du Pin et de Saint-Lô

---

1.   **ABBAS** (approuvé). — M. Mazure.
Bb. 1857. — Normandie.
Par *Qui-Perd-Gagne*, 1/2 s. N., et une 1/2 s. N.
Saint-Lô : 1861-1862.

2.   **ABDALLAH** (approuvé). — M. du Chatel.
B. 1841. — Normandie.
Par *Arthur*, 1/2 s. N., et une 1/2 s. N.
Saint-Lô : 1846-1848.

3.   **ABDEL-KADER** (approuvé). — M. Bonpain.
Bb. 1878. — Manche.
Par *Ignoré*, 1/2 s. N., et une fille de Forcy, 1/2 s. N.
Sa grand'mère : fille de Priam, 1/2 s. N.
Saint-Lô : depuis 1882.

4. **ABEILARD**, H. N. 1860 (approuvé, M. Herbin 1863);
H. N. 1866.
B. 1856. — Calvados.
Par *Trœarn*, 1/2 s. N., et une fille de Jéricko, 1/2 s. N.
Saint-Lô : 1860-1869.

5. **ABRANTÈS**, H. N. 1860 (M. Houssin, 1864), H. N. 1866.
B. 1856. — Orne.
Par *Pledge*, 1/2 s. N., et une fille de Noteur, 1/2 s. N.
Le Pin : 1860-1877.

6.   **ABZAC**. — H. N.
N. 1856. — Orne.
Par *Tipple-Cider*, P. S. A., et une 1/2 s. N., par Sylvio, P. S. A.
Sa grand'mère : fille de Marmot, 1/2 s. N.
Le Pin : 1860-1861 (Cluny en 1862).

7.   **ACCESSIT.** — H. N.
Aub. 1878. — Manche.
Par *Nadar*, 1/2 s. N., et *Rosette*, 1/2 s. N., par Isolier, P. S. A.
Le Pin : 1882-1887.

8.   **ACHILLE.** — H. N.
Al. 1835. — Normandie.
Par *Y. Rattler*, 1/2 s. A., et une 1/2 s. N., par Jaggar, 1/2 s. A.
Le Pin : 1839-1840.

9.   **ACHILLE.** — H. N.
B. 1856. — Calvados.
Par *Troarn*, 1/2 s. N., et une fille de Montaigne, 1/2 s. N.
Saint-Lô : 1860-1865.

10.   **ACQUILA.** — H. N.
N. 1878. — Orne.
Par *Niger*, 1/2 s. N., et *Lucrèce*, par Centaure, 1/2 s. N.
Sa grand'mère, fille de Lully, P. S. A.
Sa bisaïeule, fille de Chesterfield Junior, P. S. A.
Sa trisaïeule, fille de Pick-Pocket, P. S. A.
Sa quadrisaïeule, fille de Sylvio, P. S. A.
Le Pin : depuis 1882.

11. ACROBATE (approuvé).—MM. Nicolle, 1882 ; Durand, 1884.
Bb. 1878. — Calvados.
Par *Phare*, 1/2 s. N., et une fille de Gotha, 1/2 s. N.
Sa grand'mère : fille de Navigateur, 1/2 s. N.
Saint-Lô : depuis 1882.

12.   **ACTÉON** (approuvé).
MM. Bonpain, 1882 ; Le Sénécal, 1888.
Al. 1878. — Manche.
Par *Mine-d'Or*, 1/2 s. N., et une fille de Garde-à-Vous, 1/2 s. N.
Sa grand'mère : fille de Félibien, 1/2 s. N.
Saint-Lô : depuis 1882.

13.   **ADJUDANT.** — H. N.
B. 1878. — Manche.
Par *Marco-Spada*, 1/2 s. N., et *Rosette*, par Dimanche, 1/2 s. N.
Saint-Lô : depuis 1882.

14.   **ADOLPHO** (approuvé, 1867-1875).
M. Puiney.
B. 1858. — Normandie.
Par *Adolphus*, P. S. A., et une 1/2 s. N.
Saint-Lô : 1867-1875.

15.   **ADONIAS** (approuvé).
MM. Ledars,   ; Couëtil,
B. 1878. — Normandie.
Par *Niger*, 1/2 s. N., et une fille de Conquérant, 1/2 s. N.
Sa grand'mère : fille de Succès, 1/2 s. N.
Saint-Lô : 1882-1888.

16.   **ADORABLE** (approuvé). — M. Trochon.
Bb. 1878. — Normandie.
Par *Palanquin*, 1/2 s. N., et une fille de Valdemar, 1/2 s. N.
Saint-Lô : 1882-1886.

17.   **AÉRIEN**. — H. N.
B. 1878. — Orne.
Par *Quiclet*, 1/2 s. N., et *Juliette*, par Inkerman, 1/2 s. N.
Saint-Lô : 1882-1883.

18.   **AGENDA**. — H. N.
B. 1856. — Calvados.
Par *Lucain* ou *Quia*, 1/2 s. N., et une fille d'Impérial, 1/2 s. N.
Saint-Lô : 1860-1874.

19.   **AGENDA**. — H. N.
B. 1878. — Orne.
Par *Jactator*, 1/2 s. N., et *Violette*, par Kilomètre, 1/2 s. N.
Sa grand'mère : fille de Galba, 1/2 s. N.
Saint-Lô : 1882-1883.

20.   **AGNADEL**, ex-**ALADIN**. — H. N.
Bb. 1878. — Manche.
Par *Lavater*, 1/2 s. N., et une 1/2 s. N., par *The Heir-of-Linne*,
P. S. A.
Sa grand'mère : fille de Corsair, 1/2 s. A.
Saint-Lô : 1882-1889.

21.   **AGRICULTEUR** (approuvé). — M. Richard.
B. 1878. — Manche.
Par *Regret*, 1/2 s. N., et une 1/2 s. N., par Dear Tom, P.S.A.
Sa grand'mère : fille de Torticolis, P. S. A
Saint-Lô : depuis 1882.

22.   **AGRIPPA**. — H. N.
Bb. 1878. — Calvados.
Par *Ribaud*, 1/2 s. N., et *Victoire*, par Conquérant, 1/2 s. N.
Sa grand'mère : fille de Vice-Roi, 1/2 s. N.
Saint-Lô : 1882-1883.

23.   **AGRONOME.** — H. N.
B. 1878. — Calvados.
Par *Pompon*, 1/2 s. N., et *Mignonne*, par Hippos, 1/2 s. N.
Saint-Lô : 1882-1888.

24.   **AÏ.** — H. N.
B. 1836. — Normandie.
Par *Y. Rattler*, 1/2 s. A.. et une 1/2 s. N., par Cleveland, 1/2 s. A.
Le Pin 1839-1846 (La Roche-s/-Yon en 1847).

25.   **AIMABLE** (approuvé). — M. Legeard.
Bb. 1848. — Manche.
Par *Képhalé*, 1/2 s. N., et *Marron*, par Nemrod, 1/2 s. N.
Saint-Lô : 1855-1857.

26.   **AJACCIO** (approuvé). — M. Lemeteyer.
B. 1878. — Manche.
Par *L'Incroyable*, P. S. A., et *Nouvelle-France*, par Ugolin, 1/2 s. N.
Saint-Lô : depuis 1882.

27.   **ALARIC.** — H. N.
B. 1878. — Manche.
Par *Noirmont*, 1/2 s. N., et *Carmine*, par J'Y-Songerai, 1/2 s. N.
Sa grand'mère : fille de Divus, 1/2 s. N.
Le Pin : 1883-1890.

28.   **ALCINDOR,** ex-**ATHOS.** — H. N.
Bb. 1878. — Manche.
Par *Phare*, 1/2 s. N., et *Bijou*, par Glorieux, 1/2 s. N.
Sa grand'mère : fille d'Ugolin, 1/2 s. N.
Saint-Lô : 1882-1883.

29.   **ALCOOL,** ex-**ALCOOLIQUE.** — H. N.
Al. 1878. — Manche.
Par *Kabin*, 1/2 s. N., et *Euphrasie*, par Tamerlan, 1/2 s. N.
Le Pin : 1882-1887.

30.   **ALDÉE.** — H. N.
Bb. 1878. — Calvados.
Par *Raifort* ou *Elu*, 1/2 s. N., et *Olga*, par Abrantès, 1/2 s. N.
Sa grand'mère : fille d'Ecuyer, 1/2 s. N.
Le Pin : 1882-1885.

31. ALÉRION (approuvé). — MM. Buhot, 1883 ; Gervais, 1884.
N. 1878. — Calvados.
Par *Noville*, 1/2 s. N., et une fille de Succès, 1/2 s. N.
Sa grand'mère : Elisa, 1/2 s. N., par Corsair, 1/2 s. A.
Saint-Lô : depuis 1883.

32. **ALGÉRIEN** (approuvé). — M. Anger.
Al. 1878. — Calvados.
Par *Libérator*, 1/2 s. A., et une 1/2 s. N., par Pretty-Boy, P. S. A.
Sa grand'mère : fille de Nemrod, 1/2 s. N.
Saint-Lô : depuis 1882.

33. **ALGÉSIRAS**, ex-**AMBITIEUX**. — H. N.
B. 1878. — Manche.
Par *Kabin*, 1/2 s. N., et *Rosette*, par Perfection, 1/2 s. N.
Saint-Lô : 1882-1886.

34. **ALHAMBRA**. — H. N.
Bb. 1878. — Eure.
Par *Norfolk-Trotter*, 1/2 s. A., et *Martinette II*, par Pledge, 1/2 s. N.
Sa grand'mère : fille de Black-Jack, 1/2 s. A.
Saint-Lô : depuis 1882.

35. **ALLEGRO** (approuvé). — M. Martin.
Bb. 1857. — Normandie.
Par *Orgueilleux*, 1/2 s. N., et une 1/2 s. N.
Le Pin : 1863-1865.

36. **ALMA** (approuvé). — M. Leclerc.
Gr. 1852. — Manche.
Par *Marengo*, P. S. A. A., et une 1/2 s. N.
Saint-Lô : 1859-1871.

37. **ALPAGA**. — H. N.
B. 1878. — Orne.
Par *Fugitif*, 1/2 s. N., et *Mouchette*, par Valdemar, 1/2 s. N.
Sa grand'mère : fille d'Oscar, 1/2 s. N.
Saint-Lô : depuis 1882.

38. **ALPATOR** (approuvé). — Mᵐᵉ Tirard.
Bb. 1878. — Normandie.
Par *Pénitent*, 1/2 s. N., et une fille d'Idalis, 1/2 s. N.
Saint-Lô : 1882-1885.

39. **ALPHA** (approuvé).
MM. Vimont, 1873; Domin, ; Legendre,
B. 1866. — Normandie.
Par *Edmond*, 1/2 s. N., et une 1/2 s. N.
Le Pin : 1873-1875. — Saint-Lô : 1876-1886.

40. **ALPHA**. — H. N.
Al. 1878. — Calvados.
Par *Radeau*, 1/2 s. N., et *Sauvagine*, 1/2 s. N., par Libérator, 1/2 s. A.
Sa grand'mère, 1/2 s. N., par Trouville, P. S. A.
Sa bisaïeule, fille de Sganarelle, 1/2 s. N.
Le Pin : 1882-1890.

41. ALSACIEN, ex-ANGLO-NORMAND. — H. N.
Al. 1878. — Manche.
Par *Ignoré*, 1/2 s. N., et *Rosette*, par Pater, 1/2 s. N.
Sa grand'mère : 1/2 s. N., par Sir-Henry-Dimsdale, 1/2 s. A.
Saint-Lô : depuis 1882.

42. AMADOU (approuvé). — M. Quesnel.
B. 1878. — Normandie.
Par *Macouba*, 1/2 s. N., et une fille d'Élu, 1/2 s. N.
Saint-Lô : 1882-1885.

43. AMBASSADEUR (approuvé). — M. Allain.
Bb. 1878. — Orne.
Par *Ximénès*, 1/2 s. N., et *Carlotta*, par Loustic, 1/2 s. N.
Sa grand'mère : fille de Désiré, 1/2 s. N.
Saint-Lô : 1882-1890.

44. AMEN (approuvé). — M. Margrin.
Bb. 1876. — Normandie.
Par *Kilomètre*, 1/2 s. N, et une 1/2 s. N., par Gontran, P. S. A.
Saint-Lô : 1885-1886.

45. AMEN. — H. N.
B. 1856. — Calvados
Par *Parfait*, 1/2 s. N., et une fille de Montaigne, 1/2 s. N.
Le Pin : 1873-1874.

46. AMIENS. — H. N.
B. 1878. — Manche.
Par *Quinte-Curce*, 1/2 s. N., et *Rosette*, par Pont-d'Or, 1/2 s. N.
Saint-Lô : depuis 1882.

47. AMIRAL (approuvé). — M. Lebas.
B. 1878. — Manche.
Par *Pretty-Boy*, P. S. A., et *Miss-Airel*, 1/2 s. N., par Comminges,
P. S. A.
Saint-Lô : 1882-1887.

48. AMOS. — H. N.
Bb. 1878. — Calvados.
Par *Josaphat*, 1/2 s. N., et *Mignonne*, par Jules-César, 1/2 s. N.
Sa grand'mère : fille de Baron-Knight, 1/2 s. A.
Le Pin : 1882-1883.

49. AMOUR (approuvé). — M. Geffroy.
B. 1878. — Manche.
Par *Papillon*, 1/2 s. N., et une fille de Quinine, 1/2 s. N.
Sa grand'mère : fille d'Adolpho, 1/2 s. N.
Saint-Lô : 1882-1885.

50.   **ANCILLON**. — H. N.
B. 1856. — Orne.
Par *Rousseau*, 1/2 s. N., et une 1/2 s. N., par Chesterfield-Junior, P. S. A.
Le Pin : 1860-1861.

51.   **ANDROCLÈS**. — H. N.
Al. 1856. — Calvados.
Par *Québec*, 1/2 s. N., et une 1/2 s. N., par Bérenger, P. S. A.
Saint-Lô : 1860-1865.

52.   **ANDROMÈDE** (approuvé).
MM. Lechartier,   ; Bourguais,   .
B. 1854. — Normandie
Par *Carnassier*, 1/2 s. N., et une fille de Diomède, 1/2 s. N.
Saint-Lô : 1858-1883.

53.   **ANGE**. — H. N.
Al. 1878. — Calvados.
Par *Raifort*, 1/2 s. N., et *Angèle*, P. S. A., par Atlas.
Saint-Lô : 1882-1890.

54.   **ANGELO**. — H. N.
B. 1856. — Calvados.
Par *Troarn*, 1/2 s. N., et une 1/2 s. N., par Ramsay, P. S. A.
Saint-Lô : 1860.

55.   **ANGO**. — H. N.
B. 1856. — Manche.
Par *Ravissant*, 1/2 s. N., et une fille de Diomède, 1/2 s. N.
Le Pin : 1860. — Braisne : 1861-1871. — Le Pin : 1372.

56.   **ANGULEUX** — H. N.
Al. 1878. — Manche.
Par *L'Incroyable*, P. S. A., et *La Brie*, par Régulier, 1 2 s. N.
Sa grand'mère : 1/2 s. N., par Y. Cydnus, 1/2 s. A.
Saint-Lô : 1882-1886.

57.   **ANICROCHE**, ex-**AMPHITRYON**. — H. N.
B. 1878. — Calvados.
Par *Qu'en-Pensez-Vous*, 1/2 s. N., et *Tranquille*, par Gotha, 1/2 s. N.
Sa grand'mère : fille de Navigateur, 1/2 s. N.
Le Pin : 1882-1884.

58.   **ANTINOÜS**. — H. N.
B. 1856. — Manche.
Par *Tic-Tac*, 1/2 s. N., et une fille de Karbout, 1/2 s. N.
Le Pin : 1860-1872.

59.   **ANTIPODE** (approuvé). — M. du Chatel.
B. 1878. — Normandie.
Par *Pançrace*, 1/2 s. N., et une fille de Forey, 1/2 s. N.
Saint-Lô : 1882-1889.

60.   **APIS**. — H. N.
Gr. 1835. — Normandie.
Par *Québec*, 1/2 s. N., et une fille de Jaggar, 1/2 s. A.
Saint-Lô : 1839-1842.

61.   **APIS**. — H. N.
N. 1878. — Manche.
Par *Lavater*, 1/2 s. N., et *Folette*, par Agenda, 1/2 s. N.
Sa grand'mère : fille d'Eylau, P. S. A. A.
Le Pin : depuis 1882.

62.   **APPENAY**. — H. N.
B. 1878. — Orne.
Par *Hamon*, 1/2 s. N., et *Suzette*, par Nolleval, 1/2 s. N.
Le Pin : depuis 1882.

63.   **AQUITAINE**. — H. N.
B. 1856. — Manche.
Par *Assault*, P. S. A., et une fille de Licteur, 1/2 s. N.
Saint-Lô : 1860-1863.

64.   **ARAMIS** (approuvé). — M. Lemonnier.
Al. 1884. — Normandie.
Par *Hippomène*, 1/2 s. Big., et *Sylvia*, par Conquérant, 1/2 s. N.
Sa grand'mère : Fridoline, 1/2 s. N., par Schamyl, P. S. A.
Le Pin : depuis 1890.

65.   **ARCAS**. — H. N.
B. 1835. — Normandie.
Par *Talma*, 1/2 s. A., et une 1/2 s. N., par Y. Topper, 1/2 s. A.
Saint-Lô : 1839-1842 (Saint-Maixent en 1843).

66.   **ARCHIBALD**, ex-**APOLLON**. — H. N.
Al. 1878. — Manche.
Par *Requin*, 1/2 s. N., et *Rosette*, 1/2 s. N., par Paladin, P. S. A.
Sa grand'mère : fille de Talleyrand, 1/2 s. N.
Saint-Lô : depuis 1882.

67.   **ARCHIDUC** (approuvé). — M. de La Ville.
B. 1878. — Normandie.
Par *Noville* ou *Palm*, 1/2 s. N., et une 1/2 s. N., par Affidavit, P. S. A.
Sa grand'mère : fille de Divan, 1/2 s. N.
Saint-Lô : 1882.

68.   **ARCOLE. — H. N.**
Al. 1835. — Orne.
Par *Napoléon*, P.S.A., et *La Marquise*, 1/2 s. N., par Y. Rattler,
1/2 s. A.
Sa grand'mère : fille d'Hylactor, 1/2 s. N.
Le Pin : 1840 (Jussey en 1841).

69.   **ARDOISÉ. — H. N.**
Gr. 1835. — Normandie.
Par *Pretender*, 1/2 s. A., et une fille de Dominant, 1/2 s. N.
Le Pin : 1839-1851.

70.   **ARÉTIN. — H. N. 1863 (approuvé :**
MM. Lecoispellier, 1864 ; Le Sénécal, 1864 ; Du Chatel, 1865-1876).
Bb. 1856. — Normandie.
Par *Tipple-Cider*, P. S. A., et une fille de Royal, 1/2 s. N.
Saint-Lô : 1860-1876.

71.   **ARETINO** (approuvé). — M. Lebel.
Bb. 1873. — Manche.
Par *Arétin*, 1/2 s. N., et une 1/2 s. N.
Saint-Lô : 1877-1888.

72.   **ARGENTAL. — H. N.**
Gr. 1855. — Manche.
Par *Mâcon*, 1/2 s. N., et une 1/2 s. N.
Le Pin : 1860.

73.   **ARGOLLO. — H. N.**
B. 1878. — Calvados.
Par *Noville*, 1/2 s. N., et *Espérance*, 1/2 s. N., par Shales, 1/2 s. A.
Saint-Lô : 1882-1883.

74.   **ARGOS. — H. N.**
B. 1856. — Orne.
Par *Ottoman*, 1/2 s. N., et une fille de Kœnigsberg, 1/2 s. N
Le Pin : 1860-1871 (Besançon en 1872).

75.   **ARGUS. — H. N.**
B. 1856. — Manche.
Par *Adolphus*, P. S. A., et une 1/2 s. N., par Marengo, P. S. A. A.
Le Pin : 1860-1863.

76.   **ARISTOCRATE. — H. N.**
B. 1878. — Sarthe.
Par *Quiclet*, 1/2 s. N., et *Écolière*, par Extase, 1/2 s. N.
Sa grand'mère : fille de Destin, 1/2 s. N.
Saint-Lô : 1882-1886.

77.   **ARLEQUIN**. — H. N.
B. 1878. — Calvados.
Par *Normand*, 1/2 s. N., et *Irlande*, par Irlandais, 1/2 s. N.
Le Pin : depuis 1882.

78.   **ARMATEUR**. — H. N.
B. 1856. — Orne.
Par *Homère*, 1/2 s. N., et une jument anglaise.
Le Pin : 1860.

79.   **ARMINIUS**, ex-**ASPIRANT**. — H. N.
Al. 1878. — Manche.
Par *Schamyl*, 1/2 s. L., et *Louisette*, par Feu-de-Joie, 1/2 s. N.
Saint-Lô : 1882-1886.

80.   **ARNAC**. — H. N.
B. 1878. — Manche.
Par *Quality*, 1/2 s. N., et *Doctrice*, par Docteur, 1/2 s. N.
Saint-Lô : 1882.

81.   **ARNO**. — H. N.
B. 1855. — Manche.
Par *Lagopède*, 1/2 s. N., et une 1/2 s. N., par Marengo, P. S. A. A.
Le Pin : 1860-1861.

82.   **ARNOLD**. — H. N.
B. 1856. — Orne.
Par *The Repealer*, 1/2 s. A., et une fille d'Impérieux, 1/2 s. N.
Saint-Lô : 1860-1866.

83.   **ARPENTEUR**. — H. N.
Al. 1878. — Calvados.
Par *Quinola*, 1/2 s. N., et *Radieuse*, par Gaulois, 1/2 s. N.
Sa grand'mère : fille de Français, 1/2 s. N.
Le Pin : 1882-1886.

84.   **ARREAU** (approuvé). — M. d'Imbleval.
B. 1857. — Normandie.
Par *Piquillo*, 1/2 s. N., et une 1/2 s. N.
Le Pin : 1864-1869.

85.   **ARSACE**, ex-**AGRONOME**. — H. N.
B. 1878. — Manche.
Par *Dragon*, P. S. A., et *Impériale*, par Impérial, 1/2 s. N.
Sa grand'mère : fille de Succès, 1/2 s. N.
Saint-Lô : 1882-1886.

86.   **ARTHUR**. — H. N.
B. 1836. — Normandie.
Par *Lottery*, P. S. A., et *Miss Cliff*, 1/2 s. A.
Saint-Lô : 1840-1841 (Langonnet en 1842).

87.   **ARTHUS**. — H. N.
B. 1834. — Normandie.
Par *Bob-Warwick*, 1/2 s. A., et une 1/2 s. N., par Pope, 1/2 s. A.
Saint-Lô : 1839-1842 (Saint-Maixent en 1843).

88.   **ASCAGNE, ex-AMIRAL**. — H. N.
B. 1878. — Manche.
Par *Kabin*, 1/2 s. N., et *Charlotte*, par Impératif, 1/2 s. N.
Sa grand'mère : fille de Pont-d'Or, 1/2 s. N.
Le Pin : 1882-1889.

89.   **ASTYAGE, ex-AGRONOME**. — H. N.
B. 1878. — Orne.
Par *Jactator*, 1/2 s. N., et *Rachel*, par Esculape, 1/2 s. N.
Sa grand'mère : par Sacklawi, P. S. Ar.
Saint-Lô : 1882.

90.   **ASTYANAX, ex-AQUILON**. — H. N.
B. 1878. — Calvados.
Par *Patrick*, 1/2 s. N., et *Nice*, par Esculape, 1/2 s. N.
Sa grand'mère : fille d'Abrantès, 1/2 s. N.
Saint-Lô : 1882-1885.

91.   **ATHOS**. — H. N.
B. 1878. — Orne.
Par *Conquérant*, 1/2 s. N., et *Fanchette*, par Galba, 1/2 s. N.
Sa grand'mère : fille d'Esculape, 1/2 s. N.
Saint-Lô : 1882-1885.

92.   **ATLANTIQUE**. — H. N.
Al. 1878. — Manche.
Par *Quality*, 1/2 s. N., et *Fauvette*, par Josaphat, 1/2 s. N.
Sa grand'mère : fille de Kapirat, 1/2 s. N.
Le Pin : 1882.

93.   **ATTILA**. — H. N.
B. 1878. — Calvados.
Par *Normand*, 1/2 s. N., et *Référence*, par Y, 1/2 s. N.
Saint-Lô : 1883-1884.

94.   **ATTRAYANT**. — H. N.
B. 1878. — Calvados.
Par *Trocadéro*, P. S. A., et *Martingale*, par Centaure, 1/2 s. N.
Saint-Lô : 1882-1883.

95.   **AUBERT**. — H. N.
Al. 1878. — Manche.
Par *Souvenir*, P. S. A., et *Kapirate*, par Kapirat. 1/2 s. N.
Sa grand'mère : fille d'Adolphus, P. S. A.
Saint-Lô : 1882-1885.

96.   **AUGEREAU**. — H. N., 1860-1863 (approuvé :
M. du Chatel, 1863-1865.)
B. 1856. — Orne.
Par *Noteur*, 1/2 s. N., et une fille d'Oscar, 1/2 s. N.
Saint-Lô : 1860-1866.

97.   **AUGUSTE** (approuvé). — M. Le Sénécal.
Al. 1878. — Normandie.
Par *Orphée*, 1/2 s. N., et *Elisa*, 1/2 s.
Saint-Lô : 1882-1883.

98.   **AUSTRAL**, ex-**AVIRON**. — H. N.
B. 1878. — Calvados.
Par *Kaolin*, P. S. A., et *Petite-de-Mer*, par Usager. 1/2 s. N.
Sa grand'mère : fille de Dorus, 1/2 s. N.
Saint-Lô : depuis 1882.

99.   **AUTEUIL**, ex-**ASSAUT**. — H. N.
B. 1878. — Manche.
Par *Luther*, 1/2 s. N., et *Charmante*, 1/2 s. N., par The Heir-of-Linne,
P. S. A.
Saint-Lô : 1882-1884.

100.   **AVANT-TOUS**. — H. N.
B. 1878. — Manche.
Par *Ignoré*, 1/2 s. N., et *Mirliton*, par Mirliton, 1/2 s. N.
Sa grand'mère : fille de Guelfe, 1/2 s. N.
Le Pin : 1882-1883.

101.   **AVENTIN**. — H. N.
Al. 1878. — Calvados.
Par *Unau*, 1/2 s. N., et une fille d'Uzel, 1/2 s. N.
Saint-Lô : depuis 1882.

102.   **AVEYRON**. — H. N.
B. 1878. — Calvados.
Par *Kaolin*, P. S. A., et *Ottoman*, par Séduisant, 1/2 s. N.
Sa grand'mère : fille de Nestor, 1/2 s. N.
Saint-Lô : 1882-1883.

103.   **AVIGNON.** — H. N.
Al. 1878. — Manche.
Par *Schamyl*, 1/2 s. L., et *Mouvette*, par Victorieux, 1/2 s. N.
Sa grand'mère : fille de Marengo, P. S. A. A.
Saint-Lô : depuis 1882.

104.   **BABO.** — H. N.
B. 1879. — Manche.
Par *Ugolin*, 1/2 s. N., et *Coquette*, 1/2 s. N., par El-Ghor,
P. S. Ar.
Sa grand'mère : fille de Lagopède, 1/2 s. N.
Le Pin : 1883-1888.

105.   **BABYLONE** (approuvé). — Cte d'Abzac.
B. 1879. — Manche.
Par *Irlandais*, 1/2 s. N., et *Je-le-Désire*, par Lion-d'Or, 1/2 s. N.
Le Pin : 1883-1885.

106.   **BACCARAT** (approuvé).
Mme Tirard, 1883 ; M. Alexandre, 1884.
B. 1879. — Normandie.
Par *Rostrum*, 1/2 s. N., et une fille de Gotha, 1/2 s. N.
Sa grand'mère : fille de Navigateur, 1/2 s. N.
Saint-Lô : depuis 1883.

107.   **BAILLY.** — H. N.
Bb. 1857. — Normandie.
Par *The Great-Western*, 1/2 s. A., et une fille de Lucain,
1/2 s. N.
Saint-Lô : 1871 (Montiérender en 1872).

108.   **BALAAM**, ex-**BEAUTIFUL.** — H. N.
B. 1879. — Eure.
Par *Copenhagen*, 1/2 s. A., et *Flora* (anglaise).
Saint-Lô : 1883-1885.

109.   **BALADEUR.** — H. N.
B. 1879. — Calvados.
Par *Irlandais*, 1/2 s. N., et *Mariette*, par Le More, 1/2 s. N.
Sa grand'mère : une fille d'Antinoüs, 1/2 s. N.
Saint-Lô : depuis 1883.

110.   **BALTHAZAR** (approuvé). — M. du Chatel.
Al. 1879. — Normandie.
Par *Kebin*, 1/2 s. N., et une fille d'Arétin, 1/2 s. N.
Saint-Lô : 1883-1884.

111.   **BALZAC** (approuvé).
MM. de la Ville, 1883; du Chatel, 1884.
B. 1879. — Normandie.
Par *Quadruple*, 1/2 s. N., et une fille de Sussex-Stag, P. S. A.
Sa grand'mère : fille de Français, 1/2 s. N.
Saint-Lô : 1883-1889.

112.   **BALZAC** (approuvé). — M. du Chatel.
B. 1879. — Normandie.
Par *Roncevaux*, 1/2 s. N., et une fille de Cancale, 1/2 s. N.
Saint-Lô : 1883-1885.

113.   **BALZAC.** — H. N.
B. 1857. — Calvados.
Par *Lucain*, 1/2 s. N., et une fille de Porthos, 1/2 s. N.
Le Pin : 1861-1863.

114.   **BAMBOULA.** — H. N.
B. 1857. — Sarthe.
Par *Pledge*, 1/2 s. N., et une 1/2 s. N., par Sylvio, P. S. A.
Saint-Lô : 1861-1862.

115.   **BANDIT.** — H. N.
Al. 1857. — Orne.
Par *Lully*, P. S. A., et une fille d'Incomparable, 1/2 s. N.
Sa grand'mère, fille de Captain-Candid, 1/2 s. A.
Sa bisaïeule, fille de Jaggar, 1/2 s. A.
Sa trisaïeule, fille de Brigand, 1/2 s. N.
Sa quadrisaïeule, fille de Volontaire, 1/2 s. N.
Le Pin : 1861. — Braisne : 1862-1871. — Saint-Lô : 1872-1881.

116.   **BANYULS,** ex-**BOUQUET.** — H. N.
B. 1879. — Orne.
Par *Quiclet*, 1/2 s. N., et *Diane*, par Solide, 1/2 s. N.
Sa grand'mère : fille d'Eylau, P. S. A. A.
Saint-Lô : 1883-1886.

117.   **BAPTISTE-LEMORE.** — H. N.
Bb. 1879. — Eure.
Par *Niger*, 1/2 s. N., et *Zaine*, par Conquérant, 1/2 s N.
Sa grand'mère, Atalante, par Carignan, 1/2 s. N.
Sa bisaïeule, fille d'Egrillard, 1/2 s. N.
Le Pin : depuis 1883.

118.   **BARBEROUSSE.** — H. N.
Al. 1879. — Manche.
Par *Sidi*, P. S. Ar., et *Mademoiselle-d'Audouville*, par Ignoré, 1/2 s.N.
Sa grand'mère : fille de Giboyer, 1/2 s. N.
Saint Lô : depuis 1883.

119.   **BARBEROUSSE** (approuvé).
MM. Le Senécal, 1883; Trochon, 1884-1890.
B. 1879. — Manche.
Par *Newton*, 1/2 s. N., et *Tranquille*, par Kapirat, 1/2 s. N.
Sa grand'mère : 1/2 s. N., par Fire-Away, 1/2 s. A.
Saint-Lô : 1883-1890.

120.   **BARRABAS**. — H. N.
Al. 1879. — Orne.
Par *Jactator*, 1/2 s. N., et *Fleur-de-Mai*, par Niger, 1/2 s. N.
Sa grand'mère, fille de Centaure, 1/2 s. N.
Sa bisaïeule, fille de Tipple-Cider, P. S. A.
Le Pin : depuis 1883.

121.   **BARRAS** (approuvé). — M. de la Ville.
Bb. 1879. — Normandie.
Par *Sein*, 1/2 s.   , et une fille de Jean-sans-Peur, 1/2 s.
Saint-Lô : 1884.

122. BARYTON. — H. N., 1863; M. Aumont, 1864-1865;
H. N., 1866-1867.
B. 1857. — Calvados.
Par *Ottoman*, 1/2 s. N., et une fille de Voltaire, 1/2 s. N.
Le Pin : 1863-1867.

123.   **BAS-BLANCS** (approuvé). — M. Herbert.
N. 1876. — Manche.
Par *Faucon*, 1/2 s. N., et *Charlotte*, par Quine, 1/2 s. N.
Sa grand'mère, fille de Roc, 1/2 s. N.
Sa bisaïeule, fille de Gallois, 1/2 s. N.
Saint-Lô : depuis 1880.

124.   **BASLY**. — H. N.
B. 1834. — Normandie.
Par *Eastham*, P. S. A., et une 1/2 s. N., par D.-I.-O., P. S. A.
Le Pin : 1838-1848 (Braisne en 1848).

125.   **BASSOMPIERRE**. — H. N.
B. 1857. — Orne.
Par *Performer*, 1/2 s. A., et une 1/2 s. N., par Sylvio, P. S. A.
Sa grand'mère : 1/2 s. N., par Y. Rattler, 1/2 s. A.
Le Pin : 1861-1878.

126.   **BATACLAN IV**. — H. N.
Bb. 1879. — Manche.
Par *Lavater*, 1/2 s. N., et *Christiane*, par Kapirat, 1/2 s. N.
Sa grand'mère : fille de Débardeur, P. S. A.
Saint-Lô : depuis 1884.

127. **BATAILLON, —** H. N.
Bb. 1876. — Orne.
Par *Niger*, 1/2 s. N., et *Lisette*, par Noteur, 1/2 s. N.
Sa grand'mère : fille de Lully, P. S. A.
Saint-Lô : depuis 1880.

128. **BATONNIER. —** H. N.
B. 1879. — Manche.
Par *Ivanoff*, P. S. A., et *Irlande*, par Kabin, 1/2 s. N.
Saint-Lô : 1883-1888.

129. **BAVENT** (approuvé). — M. Castillon.
B. 1854. — Normandie.
Par *Lucain*, 1/2 s. N., et une fille de Jéricko, 1/2 s. N.
Le Pin : 1860-1861.

130. **BAYARD** (approuvé). — M. Groucy.
B. 1855. — Manche.
Par *Quine*, 1/2 s. N., et une fille d'Euryale, 1/2 s. N.
Saint-Lô : 1859-1864.

131. **BAYARD** (approuvé). — M. Fortier.
B. 1857. — Normandie.
Par *Ouvrier*, 1/2 s. N., et une fille d'Invincible, P. S. A.
Le Pin : 1863 et 1865-1879.

132. **BAYARD. —** H. N.
B. 1857. — Calvados.
Par *Québec*, 1/2 s. N., et une 1/2 s. N., par Chesterfield-Junior, P.S.A.
Sa grand'mère, fille de Ganimède, 1/2 s. N.
Sa bisaïeule, fille de Galion, 1/2 s. N.
Sa trisaïeule, 1/2 s. N., par Lucholl, 1/2 s. A.
Le Pin : 1861-1874.

133. **BEAUGÉ. —** H. N.
Al. 1879. — Calvados.
Par *Conquérant*, 1/2 s. N., et *Miss-Ambition*, 1/2 s. N., par Ambition,
1/2 s. A.
Sa grand'mère : fille de Kapirat, 1/2 s. N.
Le Pin : 1884-1888.

134. **BEAUJEU. —** H. N.
B. 1879. — Orne.
Par *Serpolet-Bai*, 1/2 s. N., et *Alphéric*, par Fitz-Pantaloon, P.S.A.
Sa grand'mère, Ida, 1/2 s. N., par William, P. S. A.
Sa bisaïeule, fille de Basly, 1/2 s. N.
Le Pin : 1883-1887.

135.   BEAUMANOIR. — H. N. 1861-1863 (approuvé :
MM. Lecoispellier, Duchatel, 1864-1876.)
B. 1857. — Normandie.
Par *Sancho*, 1/2 s. N., et une 1/2 s. N., par Turpin, 1/2 s. A.
Sa grand'mère : fille de Vautour, 1/2 s. N.
Saint-Lô : 1861-1876.

136.   BEAUMARCHAIS. — H. N.
B. 1857. — Calvados.
Par *Lucain*, 1/2 s. N., et une 1/2 s. N., par Performer, 1/2 s. A.
Saint-Lô : 1861-1870.

137.   BEAUMÉNIL (approuvé). — M. Hervieu.
B. 1879. — Calvados.
Par *Noville*, 1/2 s. N., et une fille de Conquérant, 1/2 s. N.
Sa grand'mère : Babet, par Othon, 1/2 s. N.
Le Pin : 1884.

138.   BEAUSEIGNEUR. — H. N.
Al. 1879. — Calvados.
Par *Ribaud*, 1/2 s. N., et *Rapide*, par Uzel, 1/2 s N.
Saint-Lô : 1883.

139.   BEAUTIFUL. — H. N.
Al. 1879. — Calvados.
Par *Elu*, 1/2 s. N., et *Fleurette*, par Esculape, 1/2 s. N.
Sa grand'mère : 1/2 s. N., par Y. Phœnomenon, 1/2 s. A.
Saint-Lô : 1883.

140.   BÉGONIA. — H. N.
B. 1879. — Orne.
Par *Vermouth*, P. S. A., et une fille d'Inkerman, 1/2 s. N.
Sa grand'mère : Duchesse.
Saint-Lô : 1883-1886.

141.   BEL-ESPOIR (approuvé). — M. Fauchon.
B. 1864. — Calvados.
Par *Ugolin*, 1/2 s. N., et une 1/2 s. N., par Ramsay, P. S. A.
Saint-Lô : 1868.

142.   BELZÉBUTH. — H. N.
B. 1857. — Manche.
Par *Ravissant*, 1/2 s. N., et une 1/2 s. N., par Ballinkeele, P. S. A.
Sa grand'mère : fille de Voltaire, 1/2 s. N.
Saint-Lô : 1861-1863.

143. **BENVENUTO.** — H. N.
Gr. 1836. — Normandie.
Par *Eastham*, P. S. A., et une petite-fille d'Adonis, 1/2 s. N.
Le Pin : 1839-1847. (Abbeville en 1847.)

144. **BÉRANGER** (approuvé). — M. Leméteyer.
B. 1875. — Calvados.
Par *Sans-Gêne*, 1/2 s. N., et une fille de Jules-César, 1/2 s. N.
Sa grand'mère : 1/2 s. N., par The Great-Western. 1/2 s. A.
Saint-Lô : 1879-1890.

145. **BERTON** (approuvé). — M. Le Coutey.
B. 1878. — Manche.
Par *Orme*, 1/2 s. N., et une 1/2 s. N.
Saint-Lô : 1883-1885.

146. **BERTRAND** (approuvé). — M. de Basly.
B. 1857. — Calvados.
Par *Troarn*, 1/2 s. N., et une fille de Lucain, 1/2 s. N.
Saint-Lô : 1861-1874.

147. **BESLON** (approuvé). — M. Lebeurier.
Al. 1884. — Manche.
Par *Algérien*, 1/2 s. N., et *Soumise*, par Orme, 1/2 s. N.
Sa grand'mère : Lisette, par Quinine, 1/2 s. N.
Saint-Lô : depuis 1888.

148. **BETTING.** — H. N.
B. 1879. — Manche.
Par *Ignoré*, 1/2 s. N., et *Coquette*, par Hussein, 1/2 s. N.
Sa grand'mère : fille de Radical, 1/2 s. N.
Saint-Lô : depuis 1883.

149. **BIEN-AIMÉ** (approuvé). — M. Étanc.
Bb. 1867. — Normandie.
Par *Bravo*, P. S. A., et une 1/2 s. N., par Black-Jack, 1/2 s. A.
Saint-Lô : 1872-1882.

150. **BIJOU** (approuvé).
MM. Leclerc, Renaux, Lemoine, Bon.
B. 1869. — Normandie.
Par *Roc*, 1/2 s. N., et une fille de Plaisant, 1/2 s. N.
Saint-Lô : 1873-1889.

151. **BIRADIN** (approuvé). — MM. Langlois, Leportier.
Al. 1879. — Normandie.
Par *Richard*, 1/2 s. N., et une 1/2 s. N.
Saint-Lô : 1884.

152.   **BIRIBI** (approuvé). — Cte d'Abzac.
N. 1856. — Eure.
Par *The Norfolk-Phœnomenon*, 1/2 s. A., et une 1/2 s. N.,
par Y. Rattler, 1/2 s. A.
Le Pin : 1871-1879.

153.   **BIRMINGHAM**. — H. N.
Gr. 1834. — Normandie.
Par *Oscar*, 1/2 s. N., et une fille d'Impérieux, 1/2 s. N.
Saint-Lô : 1839-1847.

154.   **BISSON**. — H. N.
B. 1857. — Manche.
Par *Nemrod*, 1/2 s. N., et une 1/2 s. N., par Comminges, P. S. A.
Saint-Lô : 1861-1878.

155.   **BITUME**. — H. N.
B. 1837. — Normandie.
Par *Eastham*, P. S. A., et une jument du Cotentin.
Le Pin : 1841-1842 (Saint-Maixent en 1843).

156.   **BITTER** (approuvé). — M. Rihouey.
B. 1873. — Normandie.
Par *Volant*, 1/2 s. N., et une fille de Cultivateur, 1/2 s. N.
Saint-Lô : 1877-1887.

157.   **BITTERLIN** (approuvé). — M. Le Sénécal.
B. 1856. — Normandie.
Par *Dorus*, 1/2 s. N., et une fille d'Egrillard, 1/2 s. N.
Saint-Lô : 1861-1862.

158.   **BLACK**. — H. N.
Bb. 1879. — Orne.
Par *Ximénès*, 1/2 s. N., et *Serbia*, par Marignan, 1/2 s. N.
Sa grand'mère : fille de Knout, 1/2 s. N.
Saint-Lô : 1883-1885.

159.   **BLACK** (approuvé). — M. Buhot.
N. 1855. — Manche.
Par *Robinson*, P. S. A., et une 1/2 s. N., par Lahore, 1/2 s. A.
Saint-Lô : 1859-1870.

160.   **BLACK-FINE** (approuvé).
N. 1838. — Normandie.
Par *Sauvage*, 1/2 s. N., et une 1/2 s. N
Saint-Lô : 1842-1843.

161.   **BLACK-PRINCE**. — H. N.
N. 1879. — Manche.
Par *Idoménée*, 1/2 s. N., et *Rofline*, par Riga, 1/2 s. N.
Sa grand'mère : fille de Lagopède, 1/2 s. N.
Le Pin : 1883.

162.   **BLAIR-ATHOL** (approuvé). — M. Bourguais.
Al. 1879. — Normandie.
Par *Sackos*, 1/2 s. N., et *Giselle*, P. S. A., par Royal-Quand-Même.
Saint-Lô : 1883-1884.

163.   **BLANGY** (approuvé). — M. Bisson.
B. 1879. — Normandie.
Par *Quality*, 1/2 s. N., et une fille d'Ugolin, 1/2 s. N.
Saint-Lô : 1883-1888.

164.   **BOB-WARWICK** (approuvé). — M. Lechartier.
Bb. 1833. — Normandie.
Par *Bob-Warwick*, 1/2 s. A., et une 1/2 s. N.
Saint-Lô : 1839-1844.

165.   **BON-ESPOIR** (approuvé). — M. Le Gentil.
B. 1870. — Manche.
Par *Bel-Espoir*, 1/2 s. N., et une fille d'Hugon, 1/2 s. N.
Saint-Lô : 1874-1888.

166.   **BON-ESPOIR**. — M. Tétrel.
Al. 1881. — Normandie.
Par *Newton*, 1/2 s. N., et une fille d'Hussein, 1/2 s. N.
Saint-Lô : 1885.

167.   **BONNAIRE**. — H. N.
Al. 1879. — Orne.
Par *Jactator*, 1/2 s. N., et *Constantine*, par Buci, 1/2 s. N.
Sa grand'mère, fille de Vicomte, 1/2 s. N.
Sa bisaïeule, fille de Képi, 1/2 s. N.
Le Pin : depuis 1883.

168.   **BONNE-CHANCE** (approuvé). — M. Margrin.
Bb. 1856. — Normandie.
Par *Boléro*, P. S. A., et une 1/2 s. N., par Sylvio, P. S. A.
Saint-Lô : 1861-1864.

169.   **BORISOW**. — H. N.
B. 1835. — Normandie.
Par *Napoléon*, P. S. A., et *Rattler-Filly*, 1/2 s. N., par Y. Rattler,
1/2 s. A.
Saint-Lô : 1839-1860.

170.   **BOSPHORE. — H. N.**
B. 1879. — Orne.
Par *Norfolk-Trotter*, 1/2 s. A., ou *Gaulois*, 1/2 s. N., et *Belle-de-Nuit*, 1/2 s. N., par Ventre-Saint-Gris, P. S. A.
Sa grand'mère : fille de Schamyl, P. S. A.
Saint-Lô : 1883-1885.

171.   **BOUCANIER. — H. N.**
B. 1835. — Normandie.
Par *Chasseur*, 1/2 s. N., et une 1/2 s. N.
Saint-Lô : 1840-1846.

172.   **BOUM. — H. N.**
B. 1879. — Manche.
Par *Shamrock*, 1/2 s. A., et *Lisette*, par Quasi, 1/2 s. N.
Sa grand'mère : fille de Pimlico, 1/2 s. N.
Le Pin : 1883.

173.   **BOURGEOIS-GENTILHOMME** (approuvé).
M. de Basly, 1861-1862 ; M. Simon, 1862-1866.
B. 1857. — Calvados.
Par *Lully*, P. S. A., et une fille de Diomède, 1/2 s. N.
Sa grand'mère, 1/2 s. N., par Y. Rattler, 1/2 s. A.
Sa bisaïeule, fille de Y. Highflyer, 1/2 s. N.
Sa trisaïeule, fille de Matador, 1/2 s. N.
Sa quadrisaïeule, fille de Glorieux, 1/2 s. N.
Saint-Lô : 1861-1862. — Le Pin : 1862-1866.

174.   **BOURGMESTRE. — H. N.**
Bb. 1835. — Normandie.
Par *Pretender*, 1/2 s. A., et une 1/2 s. N., par Firman.
Saint-Lô : 1839-1841 (Saint-Maixent en 1841).

175.   **BOURGMESTRE. — H. N.**
Al. 1879. — Sarthe.
Par *Quiclet*, 1/2 s. N., et *Branche-d'Or*, par Lucain, 1/2 s. N.
Sa grand'mère : fille de William, P. S. A.
Saint-Lô : depuis 1883.

176.   **BRACONNIER. — H. N.**
Al. 1879. — Manche.
Par *Quickly*, 1/2 s. N., et *Polka*, 1/2 s. N., par Argonaut, P. S. A.
Sa grand'mère : fille de Beaumanoir, 1/2 s. N.
Le Pin : depuis 1883

177.   **BRAVE** (approuvé) — M. Varin.
B. 1879. — Manche.
Par *Volant*, 1/2 s. N., et une fille de Montmorency, 1/2 s. N.
Sa grand'mère : fille d'Umber, 1/2 s. N.
Saint-Lô : 1884.

178.   **BRETTEUR**. — H. N.
B. 1879. — Manche.
Par *Phare*, 1/2 s. N., et *Capria*, par Sharavogue, P. S. A.
Saint-Lô : depuis 1883.

179.   **BRIDAINE**. — H. N.
B. 1879. — Calvados.
Par *Orfila*, 1/2 s. N., et *La Poule*, par Léotard, 1/2 s. N.
Sa grand'mère : fille de Violent, 1/2 s. N.
Saint-Lô : depuis 1883.

180.   **BRIGAND** (approuvé). — M. Simon.
Bb. 1851. — Orne.
Par *Doyen*, 1/2 s. N., et une fille d'Egus, 1/2 s N.
Le Pin : 1859-1860.

181.   **BRIQUET** (approuvé). — M. Bidet.
B. 1857. — Calvados.
Par un fils de *Don-Quichotte*, P. S. A. A., et une fille de Kurde,
1/2 s. N.
Saint-Lô : 1862-1864.

182.   **BROCHET** (approuvé). — M. Poisson.
B. 1859. — Normandie.
Par *Galion*, 1/2 s. N., et une fille de Chactas, P. S. A.
Le Pin : 1863-1875.

183.   **BROCOLI**. — H. N.
B. 1876. — Orne.
Par *Gaulois*, 1/2 s. N., et *Vigilante*, 1/2 s. N., par Shales,
1/2 s. A.
Sa grand'mère, 1/2 s. N., par Tonnerre-des-Indes, P. S. A.
Sa bisaïeule, fille de Noteur, 1/2 s. N.
Sa trisaïeule, 1/2 s. N., par The Norfolk-Phœnomenon, 1/2 s. A.
Sa quadrisaïeule, fille de Napoléon, P. S. A.
Le Pin : 1880-1886.

184.   **BRUMAIRE** (approuvé). — M. de la Ville.
B. 1879. — Normandie.
Par *Patrice*, 1/2 s. N., et une fille d'Institut, 1/2 s. N.
Saint-Lô : 1883.

185.   **BUCÉPHALE**. — H. N.
B. 1857. — Calvados.
Par *Troarn*, 1/2 s. N., et une fille de Lucain, 1/2 s. N.
Le Pin : 1861-1863.

186.   BUCÉPHALE (approuvé). — M. Ginfray.
F. P. 1862. — Normandie.
Par *Professeur*, 1/2 s. N., et une 1/2 s. N., par Performer.
1/2 s. A.
Le Pin : 1876.

187. — **BUCI**. — H. N., 1861-1863 (approuvé :
M. Aumont, 1863-1866.) — H. N., 1867-1882.
Al. 1857. — Orne.
Par *Solide*, 1/2 s. N., et *Pégriote*, par Eylau, P. S. A. A.
Le Pin : 1861-1882.

188.   BUCKINGHAM. — H. N.
B. 1879. — Manche.
Par *Ignoré*, 1/2 s. N., et *Rosette*, 1/2 s. N., par Bravo,
P. S. A.
Sa grand'mère : fille d'Harmonieux, 1/2 s. N.
Le Pin : 1883-1885 (Angers en 1886).

189.   BUISSON (approuvé). — M. Quesnel.
B. 1869. — Normandie.
Par *Bisson*, 1/2 s. N., et une fille de Cotre.
Saint-Lô : 1873-1875.

190.   BURIDAN (approuvé). — M. Le Sénécal.
Al. 1879. — Calvados.
Par *Saturne*. 1/2 s. N., et une fille de Vice-Roi, 1/2 s. N.
Sa grand'mère : fille de Succès, 1/2 s. N.
Saint-Lô : depuis 1883.

191.   BURNING (approuvé). — M. Le Sénécal.
Bb. 1833. — Normandie.
Par *North-Star*, 1/2 s. A., et une 1/2 s. N.
Saint-Lô : 1839-1847.

192.   CABANIS, ex-CALAIS. — H. N.
B. 1880. — Calvados.
Par *Josaphat*, 1/2 s. N., et *Chérie*, par Dartos, 1/2 s. N.
Le Pin : depuis 1884.

193.   CABOTIN. — H. N.
B. 1858. — Manche.
Par *Perfection*, 1/2 s. N., et une 1/2 s. N., par Marengo,
P. S. A. A.
Le Pin : 1862 (Hennebont en 1863).

194.   CACHEMIRE, ex-CAPRICE. — H. N.
B. 1880. — Calvados.

Par *Kaolin*, P. S. A., et *Miranda*, par Ignace, 1/2 s. N.
Sa grand'mère, fille d'Usager, 1/2 s. N.
Sa bisaïeule, fille de Dorus, 1/2 s. N.
Sa trisaïeule, fille d'Introuvable, 1/2 s. N.
Sa quadrisaïeule, fille de Royal-George, P. S. A.
Le Pin : depuis 1884.

195.   CADIX, ex-CARNAVAL. — H. N.
B. 1880. — Manche.
Par *Truplu*, 1/2 s. N., et *Monique*, par Harmonieux, 1/2 s. N.
Sa grand'mère : fille de Fontenay, 1/2 s. N.
Saint-Lô : depuis 1884.

196.   CADRAN. — H. N.
Al. 1880. — Manche.
Par *Henry* ou *Gabier*, P. S. A., et *Rapide*, par Kabin, 1/2 s. N.
Sa grand'mère : fille de Sans-Gêne, 1/2 s. N.
Saint-Lô : depuis 1884.

197.   CAFARELLI. — H. N.
Al. 1880. — Calvados.
Par *Dragon*, P. S. A., et une fille d'Élu, 1/2 s. N.
Sa grand'mère : fille de Kramer, 1/2 s. N.
Saint-Lô : depuis 1884.

198.   CAFÉ. — H. N.
Al. 1880. — Calvados.
Par *Hick*, 1/2 s. N., et *Vaporeuse*, 1/2 s. N., par Torrent,
P. S. A.
Sa grand'mère : fille de Porthos, 1/2 s. N.
Saint-Lô : depuis 1884.

199.   CALAMBAC. — H. N.
B. 1880. — Orne.
Par *Saint-Rigomer*, 1/2 s. N., et *Dame-de-Pique*, par Élu,
1/2 s. N.
Sa grand'mère : fille de Tipple-Cider, P. S. A.
Saint-Lô : depuis 1884.

200.   CALAMENT. — H. N.
B. 1880. — Calvados.
Par *Tamar*, 1/2 s. N., et *Mademoiselle-de-Beuzeval*, par Fleuron,
1/2 s. N.
Sa grand'mère : fille de Diadème, 1/2 s. N.
Saint-Lô : 1884-1887 (Pompadour en 1887).

201. **CALAS**, ex-**CHAMPION**. — H. N.
B. 1880. — Calvados.
Par *Sobriquet*, 1/2 s. N., et *Fringante*, par Bisson, 1/2 s. N.
Sa grand'mère : fille de Kusbeck, 1/2 s. N.
Saint-Lô : depuis 1884.

202. **CALCHAS**, ex-**CHARLATAN**. — H. N.
B. 1880. — Orne.
Par *Serpolet-Bai*, 1/2 s. N., et *Cigarette* (anglaise).
Le Pin : 1884-1887.

203. **CALICOT** (approuvé). — M. Leboucher.
Bb. 1880. — Normandie.
Par *Fantoche*, P. S. A., et une 1/2 s. N.
Le Pin : 1884-1889.

204. **CALONNE**, ex-**CLAIRON**. — H. N.
B. 1880. — Manche.
Par *Tempête*, 1/2 s. N., et *Rosette*, par Ugolin, 1/2 s. N.
Sa grand'mère : fille de Quaker, P. S. A.
Saint-Lô : 1884-1886.

205. **CAMALDULE**, ex-**COLBERT**. — H. N.
B. 1880. — Calvados.
Par *Tigris*, 1/2 s. N., et *Sauvagine*, 1/2 N., par Libérator, 1/2 s. A.
Sa grand'mère, fille de Trouville, P. S. A.
Sa bisaïeule, fille de Sganarelle, 1/2 s. N.
Le Pin : depuis 1884.

206. **CAMBACÉRÈS** (approuvé).
MM. de Basly, 1862-1863 ; Bonpain, 1864-1884.
B. 1858. — Calvados.
Par *William*, P. S. A., et une fille de Pledge, 1/2 s. N.
Saint-Lô : 1862-1884.

207. **CAMBACÉRÈS**. — H. N.
Al. 1880. — Orne.
Par *Niger*, 1/2 s. N., et *Lucrèce*, 1/2 s. N., par Phœnomenon, 1/2 s. A.
Sa grand'mère, fille de Centaure, 1/2 s. N.
Sa bisaïeule, fille d'Umber, 1/2 s. N.
Sa trisaïeule, fille de Dupleix, 1/2 s. N.
Sa quadrisaïeule, fille de Pilot, 1/2 s. A.
Le Pin : depuis 1884.

208. **CAMISARD**. — H. N.
B. 1836. — Normandie.
Par *Y. Rattler*, 1/2 s. A., et une 1/2 s. N., par Y. Topper, 1/2 s. A.
Saint-Lô : 1840-1858.

209.   CAMBRIDGE (approuvé). — M. Lechaptois.
B. 1880. — Normandie.
Par *Irlandais*, 1/2 s. N., et *Ambitieuse*, 1/2 s. N., par *Ambition*, 1/2 s. A.
Saint-Lô : 1885-1886.

210.   CAMBRONNE. — H. N.
B. 1880. — Orne.
Par *Oriental*, 1/2 s. N., et *Cornélie*, par *Niger*, 1/2 s. N.
Sa grand'mère, fille de *Pledge*, 1/2 s. N.
Sa bisaïeule, fille d'*Homère*, 1/2 s. N.
Sa trisaïeule, fille de *Kramer*, 1/2 s. N.
Sa quadrisaïeule, fille de *Pilot*, 1/2 s. A.
Le Pin : depuis 1884.

211.   CAMEMBERT (approuvé). — M. Pierre.
Al. 1880. — Normandie.
Par *Montfort*, P. S. A., et une fille d'*Interprète*, 1/2 s. N.
Saint-Lô : 1884.

212.   CAMEMBERT. — H. N.
B. 1880. — Orne.
Par *Phaéton*, 1/2 s. N., et *Conquérante*, par *Thésée*, 1/2 s. N.
Sa grand'mère : fille de *Lucain*, 1/2 s. N.
Le Pin : depuis 1885.

213.   CANCALE (approuvé). — M. du Chatel.
B. 1858. — Normandie.
Par *Alma*, 1/2 s. N., et une 1/2 s. N.
Saint-Lô : 1863-1878.

214.   CANCAN. — H. N.
Gr. 1835. — Orne.
Par *Marmot*, 1/2 s. N., et une 1/2 s. N., par *Mustachio*, P. S. A.
Le Pin : 1840-1845. — Saint-Lô : 1845-1846.

215.   CANICHE. — M. Vauthier.
B. 1880. — Normandie.
Par *Trompe-la-Mort*, 1/2 s. du Midi, et une fille de *Bandit*, 1/2 s. N.
Saint-Lô : 1884.

216.   CANTORBÉRY, ex-**COURTOIS**. — H. N.
B. 1880. — Manche.
Par *Lavater*, 1/2 s. N., et *Modestie*, 1/2 s. N., par *The Heir-of-Linne*,
P. S. A.
Sa grand'mère, fille d'*Ugolin*, 1/2 s. N.
Sa bisaïeule, fille de *Lahore*, 1/2 s. A.
Le Pin : 1884-1888.

217. **CANUT**, ex-**CRÉSUS**. — H. N.
Al. 1880. — Calvados.
Par *Hick*, 1/2 s. N., et *Edith*, par Elu, 1/2 s. N.
Sa grand'mère, fille de Fleuron, 1/2 s. N.
Sa bisaïeule, fille de Français, 1/2 s. N.
Saint-Lô : depuis 1884.

218. **CAP** (approuvé). — M. Gost.
B. 1880. — Calvados.
Par *Ugolin*, 1/2 s. N., et une 1/2 s. N., par The Heir-of-Linne,
P. S. A.
Sa grand'mère : fille de Lahore, 1/2 s. A.
Le Pin : 1884.

219. **CAPABLE** (approuvé). — M. Fougeron.
B. 1858. — Orne.
Par *Stoker*, P. S. A., et une fille de Voltaire, 1/2 s. N.
Le Pin : 1866-1867 et 1870-1872.

220. **CAPRARA**, ex-**CRÉSUS**. — H. N.
B. 1880. — Calvados.
Par *Seymour*, 1/2 s. N., et *Sultane*, par Egésippe, 1/2 s. N.
Sa grand'mère : fille de Douglas, 1/2 s. N.
Saint-Lô : depuis 1884.

221. **CAPRICE**. — H. N.
B. 1856. — Manche.
Par *Raglan*, 1/2 s. N., et une fille de Lionceau, 1/2 s. N.
Saint-Lô : 1862. — Le Pin : 1863.

222. **CARAFFA**. — H. N.
B. 1858. — Normandie
Par *Ratisbonne*, 1/2 s. N., ou *Performer*, 1/2 s. A., et une
1/2 s. N., par Sylvio, P. S. A.
Sa grand'mère : fille de Lodgick, 1/2 s. A.
Saint-Lô : 1871-1882.

223. **CARÊME**. — H. N.
B. 1858. — Manche.
Par *Radical*, 1/2 s. N., et une fille d'Important, 1/2 s. N.
Le Pin : 1862 (Braisne en 1863).

224. CARIGNAN. — H. N. 1862-1863 (approuvé : M. Aumont,
1863-1866) ; H. N. 1866-1872.
B. 1858. — Orne.
Par *Taconnet*, 1/2 s. N., et une fille de Merlerault, 1/2 s. N.
Le Pin : 1862-1872.

225.   **CARMIN**. — H. N.
B. 1858. — Orne.
Par *Pledge*, 1/2 s. N., et une fille d'Émule, 1/2 s. N.
Saint-Lô : 1862-1865.

226.   **CARNASSIER.**
H. N. 1840-1853 (approuvé : M. Levasseur, 1853-1858).
B. 1836. — Normandie.
Par *Chasseur*, 1/2 s. N., et une fille d'Oscar, 1/2 s. N.
Saint-Lô : 1840-1858.

227.   **CARNASSIER** (approuvé). — M. Marion.
Bb. 1842. — Normandie.
Par *Carnassier*, 1/2 s. N., et une fille de Saumon, 1/2 s. N.
Saint-Lô : 1847-1848.

228.   **CARNAVAL**. — H. N.
Bb. 1880. — Orne.
Par *Conquérant*, 1/2 s. N., et *Fanfare*, 1/2 s. N., par
Bassompierre, 1/2 s. N., ou Phœnomenon, 1/2 s. A.
Le Pin : depuis 1884.

229.   **CARNAVALET, ex-FORBAN**. — H. N.
B. 1880. — Orne.
Par *Conquérant*, 1/2 s. N., et *Tulipe*, par Eclipse, 1/2 s. N.
Saint-Lô : 1884.

230.   **CARRIER, ex-CONNÉTABLE**. — H. N.
B. 1880. — Calvados.
Par *Dragon*, P. S. A., et *Reblot*, par Impérial, 1/2 s. N.
Sa grand'mère, fille d'Agenda, 1/2 s. N.
Sa bisaïeule, fille de Jaggar, 1/2 s. A.
Saint-Lô : depuis 1884.

231.   **CARROSSIER** (approuvé). — M. de Basly.
B. 1858. — Calvados.
Par *Troarn*, 1/2 s. N., et une fille de Dupleix, 1/2 s. N.
Saint-Lô : 1862-1864.

232.   **CASINO** (approuvé). — M. Marion.
B. 1858. — Normandie.
Par *Ottoman*, 1/2 s. N., et une 1/2 s. N., par Pickpocket, P. S. A.
Saint-Lô : 1862.

233.   **CASTOR**. — H. N.
B. 1836. — Normandie.
Par *Y. Rattler*, 1/2 s. A., et une 1/2 s. N., par Héraclius, 1/2 s. A.
Le Pin : 1840-1845.

234. **CASTOR** (approuvé). — M. Canoville.
B. 1858. — Normandie.
Par *Pont-d'Or*, 1/2 s. N., et une fille de Borisow, 1/2 s. N.
Saint-Lô : 1863-1867.

235. **CASTOR**, ex-**NEWMARKET** (approuvé).
M. Chesnel.
B. 1852. — Manche.
Par *Newmarket*, P. S. A., et une fille d'Hébreu, 1/2 s. N.
Saint-Lô : 1859-1872.

236. **CAUCASE**. — H. N.
Bb. 1836. — Normandie.
Par *Sylvio*, P. S. A., et une 1/2 s. N., par Eastham, P. S. A.
Saint-Lô : 1840-1841 (Langonnet en 1842).

237. **CAUCHEMAR**. — H. N.
Al. 1880. — Orne.
Par *Niger* ou *Racoleur*, 1/2 s. N., et *Odalisque*, par Inkermann,
1/2 s. N.
Saint-Lô : 1884-1888.

238. **CÉDRAT**. — H. N.
Aub. 1858. — Orne.
Par *Utrecht*, 1/2 s. N., et une fille d'Égus, 1/2 s. N.
Sa grand'mère, fille d'Impérieux, 1/2 s. N.
Sa bisaïeule, 1/2 s. N. par Bacha, P. S. Ar.
Sa trisaïeule, fille de Neptune, 1/2 s. N.
Le Pin : 1862 et 1867-1868.

239. **CEINTURON**. — H. N.
Bb. 1880. — Manche.
Par *Phare*, 1/2 s. N., et *Bijou*, par Navigateur, 1/2 s. N.
Sa grand'mère, fille d'Electeur, 1/2 s. N.
Sa bisaïeule, fille de Pégase, 1/2 s. N.
Saint-Lô : depuis 1884.

240. **CÉLADON**. — H. N.
Bb. 1880. — Manche.
Par *Ray-Grass*, 1/2 s. N., et *Pompon*, par Orfila, 1/2 s. N.
Sa grand'mère : fille de Jarnac, 1/2 s. N.
Saint-Lô : depuis 1884.

241. **CÉLÈBRE** (approuvé). — M. du Chatel.
B. 1880. — Normandie.
Par *Gobier*, P. S. A., et une fille de Jactator, 1/2 s. N.
Saint-Lô : 1884-1886.

242. **CENSEUR**. — H. N.
B. 1880. — Calvados.
Par *Législateur*, 1/2 s. N., et *Coquette*, par Régnier, 1/2 s. N.
Sa grand'mère : 1/2 s. N., par Pick-Pocket, P. S. A.
Saint-Lô : depuis 1884.

243. **CENTAURE**. — H. N.
B. 1858. — Orne.
Par *Séducteur*, 1/2 N., et une fille de Merlerault, 1/2 s. N.
Sa grand'mère, fille de Kramer, 1/2 s. N.
Sa bisaïeule, fille de Québec, 1/2 s. N.
Le Pin : 1862-1880.

244. **CHAMBERTIN** (approuvé). — M. de la Ville.
Bb. 1880. — Normandie.
Par *Ignace*, 1/2 s. N., et une fille de Feu-de-Joie, 1/2 s. N.
Saint-Lô : 1884.

245. **CHAMBERTIN**. — H. N.
Al. 1880. — Orne.
Par *Niger*, 1/2 s. N., et *Minerve*, par Gaulois, 1/2 s. N.
Sa grand'mère, fille de Centaure, 1/2 s. N.
Sa bisaïeule, fille de Ratisbonne, 1/2 s. N.
Le Pin : depuis 1884.

246. **CHAMPAGNE** (approuvé). — M. Le Sénécal.
Bb. 1855. — Normandie.
Par *The Great-Western*, 1/2 s. A, et une 1/2 s. N.
Saint-Lô : 1859-1862.

247. **CHAMPAGNE** (approuvé). — M. Bihouet.
Bb. 1868. — Manche.
Par *Bravo*, P. S. A., et une jument de la Hague.
Saint-Lô : 1872-1878.

248. **CHAMPAUBERT** (approuvé). — M. de Basly.
B. 1858. — Calvados.
Par *Gainsborough*, 1/2 s. A., et une fille de Fashionable, 1/2 s. N.
Saint-Lô : 1863.

249. **CHAMPIONNET** (approuvé). — M. Fougeron.
B. 1858. — Calvados.
Par *Wanderer*, 1/2 s. A., et une fille de Rubens, 1/2 s. N.
Le Pin : 1866-1868.

250. **CHARLATAN** (approuvé). — M. Castillon.
B. 1858. — Normandie.
Par *Troarn*, 1/2 s. N., et une fille de Karbout, 1/2 s. N.
Le Pin : 1862-1805.

251. **CHARLEMAGNE**. — H. N. 1862-1863 (approuvé :
M. Aumont, 1864-1865). H. N. 1866-1867.
B. 1858. — Manche.
Par *Kapirat*, 1/2 s. N., et une fille de Galba, 1/2 s. N.
Le Pin : 1862-1867.

252. **CHARLES** (approuvé). — M. Marcel.
N. 1853. — Calvados.
Par *Noë*, 1/2 s. N., et une 1/2 s. N.
Saint-Lô : 1856-1863.

253. **CHASSEUR**. — H. N.
B. 1828. — Normandie.
Par *Eastham*, P.S.A., et *La Marquise*, 1/2 s. N., par Y. Rattler, 1/2 s. A.
Sa grand'mère : fille d'Hylactor, 1/2 s. N.
Le Pin : 1833-1851.

254. **CHERBOURG**. — H. N.
B. 1880 — Calvados.
Par *Normand*, 1/2 s. N., et *Peschiera*, par Extase, 1/2 s. N.
Sa grand'mère, fille de Conquérant, 1/2 s. N.
Sa bisaïeule, fille de Dorus, 1/2 s. N.
Sa trisaïeule, fille d'Introuvable, 1/2 s. N.
Sa quadrisaïeule, fille de Royal-George, P. S. A.
Le Pin : depuis 1885.

255. **CHIBOUCK**. — H. N.
C.-L. 1858. — Orne.
Par *D'Jarr*, P. S. Ar., et une fille d'Honorable, 1/2 s. N.
Sa grand'mère, fille d'Honorable, 1/2 s. N.
Sa bisaïeule, fille d'Hector, 1/2 s. N.
Le Pin : 1862 (Lamballe en 1863).

256. **CICÉRON** — H. N.
B. 1880. — Calvados.
Par *Raifort*, 1/2 s. N., et *Bichette*, par Interprète, 1/2 s. N.
Sa grand'mère : fille de Montaigne, 1/2 s. N.
Saint-Lô : 1884-1886.

257. **CICÉRON II**. — H. N.
N. 1880. — Calvados.
Par *Tigris*, 1/2 s. N., et *Mademoiselle-de-Bréville*, par Centaure,
1/2 s. N.
Le Pin : depuis 1885.

258. **CITRON** (approuvé). — M. Duval.
B. 1870. — Calvados.
Par *Ignace*, 1/2 s. N., et une fille de Thésée, 1/2 s. N.
Saint-Lô : 1875-1886.

259. **CITRON** (approuvé). — M. De la Ville.
Al. 1880. — Normandie.
Par *L'Incroyable*, P. S. A., et une fille de Lansborn, 1/2 s. N.
Sa grand'mère : fille de Feu-de-Joie, 1/2 s. N.
Saint-Lô : 1884.

260. **CLAIR-DE-LUNE**. — H. N.
Al. 1880. — Manche.
Par *Schamyl*, 1/2 s. L., et *Volante*, par Feu-de-Joie, 1/2 s. N.
Sa grand'mère : fille de Performer, 1/2 s. A.
Saint-Lô : 1884-1885.

261. **CLAIRET**. — H. N.
B. 1836. — Normandie.
Par *Railleur*, 1/2 s. N., et une 1/2 s. N., par Y. Topper, 1/2 s. A.
Le Pin : 1840-1841 (Montiérender en 1842).

262. **CLAIRON** (approuvé). — M. Houssin.
B. 1858. — Manche.
Par *Buckthorn*, P. S. A., et une 1/2 s. N.
Le Pin. Saint-Lô : 1862.

263. **CLODOMIR**. — H. N.
B. 1880. — Calvados.
Par *Ralph*, 1/2 s. N., et *Suzette*, 1/2 s. N., par Liberator, 1/2 s. A.
Sa grand'mère : fille de Gontran, P. S. A.
Saint-Lô : depuis 1884.

264. **COLONEL** (approuvé). — Mme Carbonnel.
B. 1847. — Normandie.
Par *Don-Quichotte*, P. S. A. A., et une jument du Bessin.
Saint-Lô : 1861-1863.

265. **COLPORTEUR**. — H. N.
Bb. 1880. — Eure.
Par *Normand*, 1/2 s. N., et *Zaine*, par Conquérant, 1/2 s. N.
Saint-Lô : depuis 1884.

266. COMMANDEUR. — H. N., 1862 ; M. Aumont, 1863.
Bb. 1858. — Calvados.
Par *Troarn*, 1/2 s. N., et une fille de Montaigne, 1/2 s. N.
Le Pin : 1862-1863.

267. **COMPAGNON** (approuvé). — M. Fougeron.
Al. 1858. — Orne.
Par *Memnon*, 1/2 s. N., et une fille de Jugurtha, 1/2 s. N.
Le Pin : 1868-1869.

268. **COMPRIS** (approuvé). — M. Marion.
B. 1858. — Normandie.
Par *Prince*, 1/2 s. N., et une fille d'Impérial, 1/2 s. N.
Saint-Lô : 1862-1863.

269. **CONDÉ** — H. N.
Bb. 1858. — Calvados.
Par *Printemps*, 1/2 s. N., et une fille de Performer, 1/2 s. A.,
ou Merlerault, 1/2 s. N.
Le Pin : 1862-1877.

270. **CONFIDENCE**. — H. N.
B. 1844. — Calvados.
Par *Voltaire*, 1/2 s. N., et *Cybèle*, par Royal, 1/2 s. N.
Sa grand'mère, Victoria, par Jaggar, 1/2 s. A.
Sa bisaïeule, 1/2 s. N., par Aslan, P. S. Ar.
Sa trisaïeule, fille de Volontaire, 1/2 s. N.
Sa quadrisaïeule, 1/2 s. N., par Glorieux, 1/2 s. A.
Le Pin : 1849-1852.

271. **CONFIRMÉ**. — H. N.
Al. 1880. — Manche.
Par *Idoménée*, 1/2 s. N., et *Koping*, par Koping, 1/2 s. N.
Sa grand'mère : fille de Raphaël, 1/2 s. N.
Saint-Lô : 1884-1889.

272. **CONFORTABLE**. — H. N.
B. 1880. — Calvados.
Par *Phare*, 1/2 s. N., et *Rapide*, par Gotha, 1/2 s. N.
Sa grand'mère : fille de Navigateur, 1/2 s. N.
Saint-Lô : 1884.

273. **CONGRÈS** (approuvé). — M. Fougeron.
B. 1858. — Calvados.
Par *Troarn*, 1/2 s. N., et une 1/2 s. N., par Tipple-Cider, P. S. A.
Le Pin : 1867-1869.

274. **CONNÉTABLE**. — H. N.
N. 1877. — Orne.
Par *Niger*, 1/2 s. N., et *Julia*, par Virgile, 1/2 s. N.
Saint-Lô : depuis 1881.

275. **CONQUÉRANT** (approuvé). — M. Bernard.
B. 1829. — Normandie.
Par *Mystérieux*, 1/2 s. N., et une 1/2 s. N.
Saint-Lô : 1833-1842.

276.   **CONQUÉRANT** (approuvé).
M. Basly, 1862; H. N., 1863: M. Aumont, 1864-66;
H. N., 1867-80.
B. 1858. — Calvados.
Par *Kapirat*, 1/2 s. N., et *Elisa*, 1/2 s. N., par Corsair, 1/2 s. A.
Sa grand'mère, Elise, 1/2 s. N., par Marcellus, P. S. A.
Sa bisaïeule, La Panachée, 1/2 s. N., par D.-I.-O., P. S. A.
Sa trisaïeule, fille de Matador, 1/2 s. N.
Sa quadrisaïeule, fille de Sommerset, 1/2 s. A.
Le Pin : 1862-1880.

277.   **CONQUIS** (approuvé). — M. Marion.
B. 1858. — Normandie.
Par *Tallien*, 1/2 s. N., et une fille de Lucain, 1/2 s. N.
Saint-Lô : 1862.

278.   **CONSTANTINOPLE**. — H. N.
N. 1880. — Manche.
Par *Ugolin*, 1/2 s. N., et *L'Etoile*, par J'y-Songerai, 1/2 s. N.
Sa grand'mère : fille d'Impétueux, 1/2 s. N.
Saint-Lô : 1884.

279.   **CONSUL**. — H. N.
B. 1836. — Normandie.
Par *Y. Rattler*, 1/2 s. A., et une 1/2 s. N., par Lucholl, 1/2 s. A.
Saint-Lô : 1840-1843 (Lamballe en 1844).

280.   **CONSUL** (approuvé). — M. Le Sénécal.
B. 1856. — Normandie.
Par *Ambassadeur*, P. S. A., et une 1/2 s. N., par Dumnacus, P. S. A.
Saint-Lô : 1860-1863.

281.   **CONTENT**. — H. N.
B. 1886. — Eure.
Par *Hippomène*, 1/2 s. Big., et *Mademoiselle de Sainte-Opportune*,
par Rivoli, 1/2 s. N.
Sa grand'mère, Jarnicoton, 1/2 s. N., par The Norfolk-Pœno-
menon, 1/2 s. A.
Sa bisaïeule, 1/2 s. N., par Schamyl, P. S. A.
Sa trisaïeule, fille de Condé, 1/2 s. N.
Le Pin : depuis 1891.

282.   **CONTREDIT**. — M. Marion.
Bb. 1858. — Normandie.
Par *Guignolet*, P. S. A., et une fille de Lagopède, 1/2 s. N.
Saint-Lô : 1862-1863.

283. **CONTROLEUR**. — H. N.
B. 1880. — Orne.
Par *Oriental*, 1/2 s. N., et *Coquette*, 1/2 s. A.
Saint-Lô : depuis 1884.

284. **COQ-A-L'ANE** (approuvé). — M. de Basly.
Bb. 1880. — Calvados.
Par *Lavater*, 1/2 s. N., et *Allumette*, 1/2 s. N., par The Heir-
of-Linne, P. S. A.
Sa grand'mère : 1/2 s. N., par *Eylau*, P. S. A. A.
Saint-Lô : depuis 1886.

285. **COQUET** (approuvé). — M. Richard.
Al. 1879. — Manche.
Par *Silhouette*, 1/2 s. N., et une fille de Succès, 1/2 s. N.
Sa grand'mère : fille de Marengo, P. S. A. A.
Saint-Lô : depuis 1883.

286. **CORBEAU**. — H. N.
N. 1836. — Normandie.
Par *Cerbérus*, 1/2 s. M., et une fille de Corbeau, 1/2 s. N.
Saint-Lô : 1840-1841.

287. **CORBEAU** (approuvé). — M. Durand.
N. 1877. — Calvados.
Par *Washington*, 1/2 s. Al., et *Mignonne*, par Héros, 1/2 s. N.
Sa grand'mère : fille de Lagopède, 1/2 s. N.
Saint-Lô : 1881-1883.

288. **CORDEBUGLE** (approuvé).
MM. Lepailleur, 1884-87 ; Cochard, 1888.
B. 1880. — Calvados.
Par *Tourville*, 1/2 s. N., et une fille de Panique ou Kent, 1/2 s. N.
Saint-Lô : depuis 1884.

289. **CORMORAN**. — H. N. 1862.
(Approuvé : M. Castillon, 1863-66) ; H. N. 1866-70.
B. 1858. — Orne.
Par *Jéricko*, 1/2 s. N., et une 1/2 s. N., par Wanderer, 1/2 s. A.
Le Pin : 1862-1870.

290. **CORMORAN**. — H. N.
B. 1880. — Seine-Inférieure.
Par *Réveillon*, 1/2 s. N., et *Lisette*, par Quasi, 1/2 s. N.
Saint-Lô : 1884-1887.

291. **CORNEILLE.** — H. N., 1862-63. (Approuvé :
M. Camuzat, 1864.)
Par *Thésée*, 1/2 s. N., et une 1/2 s. N., par Stoker, P. S. A.
Le Pin : 1862-1864.

292. **CORSAIRE, ex-SURCOUF.** — H. N.
Bb. 1861. — Normandie.
Par *Corsair*, 1/2 s. A., et une fille d'Historien, 1/2 s. N.
Saint-Lô : 1865-1867.

293. **COTRET** (approuvé). — M. Buot.
Gr. 1858. — Normandie.
Par un fils de *Coleraine*, 1/2 s. A., et une 1/2 s. N.
Saint-Lô : 1862-1866.

294. **COUDRAY.** — H. N.
Al. 1880. — Calvados.
Par *Le More*, 1/2 s. N., et *Rosette*, par Vladimir, 1/2 s. N.
Le Pin : 1884-1886.

295. **COURCY** (approuvé). — M. Robert.
B. 1859. — Normandie.
Par *Lagopède*, 1/2 s. N., et une 1/2 s. N., par Adolphus, P. S. A.
Saint-Lô : 1865-1871.

296 **COURTISAN.** — H. N.
B. 1836. — Normandie.
Par *Y Rattler*, 1/2 s. A., et une 1/2 s. N., par Lucholl, 1/2 s. A.
Le Pin : 1840-1855.

297. **COURTISAN.** — H. N.
B. 1858. — Manche.
Par *Priam*, 1/2 s. N., et une fille de Galba, 1/2 s. N.
Le Pin : 1862-1863.

298. **COURTISAN** (approuvé). — M. Bisson.
B. 1880. — Orne.
Par *Hidalgo*, 1/2 s. N., et *Lisa*, par Héliotrope, 1/2 s. N.
Sa grand'mère : fille de Diadème, 1/2 s. N.
Saint-Lô : depuis 1884.

299. **COURTISAN.** — H. N.
B. 1880. — Orne.
Par *Serpolet-Bai*, 1/2 s. N., et *Indépendante*, 1/2 s. N.,
par Trouville, P. S. A.
Sa grand'mère, Alphérie, 1/2 s. N., par Fitz-Pantaloon, P. S. A.
Sa bisaïeule, Ida, 1/2 s. N., par William, P. S. A.
Sa trisaïeule, fille de Basly, 1/2 s. N.
Le Pin : 1884.

300   **COURTOMER**. — H. N.
Al. 1880. — Sarthe.
Par *Phaëton*, 1/2 s. N., et *Rose-Pompon*, par Sincerity, P. S. A.
Sa grand'mère : Integrity, par Van Tromp, P. S. A.
Saint-Lô : depuis 1884.

301.   **CRATÈRE** (approuvé). — M. Fauchon.
B. 1879. — Manche.
Par *Nadar*, 1/2 s. N., et *Mazette*, par Dagobert, 1/2 s. N.
Saint-Lô : depuis 1883.

302.   **CULTIVATEUR**. — H. N.
B. 1846. — Manche.
Par *Jason*, P. S. A., et une 1/2 s. N., par Bob-Warwick, 1/2 s. A.
Le Pin : 1850-1851 (Braisne en 1852).

303. **CULTIVATEUR** (approuvé). — M. du Chatel.
B. 1851. — Normandie.
Par *Cultivateur*, 1/2 s. N., et une fille de Royal, 1/2 s. N.
Saint-Lô : 1855-1879.

304.   **DACAPO** — H. N.
B. 1881. — Calvados.
Par *Normand*, 1/2 s. N., et *Olga*, par Abrantès, 1/2 s. N.
Sa grand'mère : fille d'Ecuyer, 1/2 s. N.
Saint-Lô : depuis 1885.

305.   **DAGOBERT** (approuvé). — M. Le Sénécal.
B. 1859. — Normandie.
Par *Galion*, 1/2 s. N., et une fille de Jugurtha, 1/2 s. N.
Saint-Lô : 1864-1876.

306.   **DAGOBERT** (approuvé). — M. Vilain.
B. 1881. — Manche.
Par *Faucon*, 1/2 s. N., et une fille de Quine, 1/2 s. N.
Sa grand'mère : fille de Lagopède, 1/2 s. N.
Saint-Lô : 1885-1888.

307.   **DAMAS** (approuvé). — M. de Beaucoudray.
B. 1859. — Normandie.
Par *Triolet*, 1/2 s. N., et une 1/2 s. N., par Crésus, P. S. A.
Saint-Lô : 1864.

308.   **DAMIER** (approuvé). — M. Basire.
Al. 1881. — Manche.
Par *Récif*, 1/2 s. N., et une 1/2 s. N.
Saint-Lô : 1885-1886.

309.   **DAMPIERRE**. — H. N.
B. 1881. — Manche.
Par *Spectre*, 1/2 s. N., et *Joséphine*, par Josaphat, 1/2 s. N.
Sa grand'mère : fille de Ramsay, P. S. A.
Le Pin : depuis 1885.

310.   **DANDIN**. — H. N.
B. 1837. — Normandie.
Par *Eastham*, P. S. A., et une 1/2 s. N., par Y. Topper, 1/2 s. N.
Saint-Lô : 1841-1842 (Blois en 1843).

311.   **DANDOLO**, ex-**DANDY**. — H. N.
Bb. 1881. — Orne.
Par *Sir Quid-Pigtail*, P. S. A., et *La Centaurée*, par Centaure, 1/2 s. N.
Sa grand'mère, 1/2 s. N., par Brocardo, P. S. A.
Sa bisaïeule, fille d'Impérieux, 1/2 s. N.
Sa trisaïeule, fille de Glandier, 1/2 s. N.
Sa quadrisaïeule, 1/2 s. N., par Y. Rattler, 1/2 s. A.
Le Pin : depuis 1885.

312.   **DANIEL**. — H. N., 1863.
(Approuvé : M. Buhot, 1864-80.)
B. 1859. — Manche.
Par *Paternel*, 1/2 s. N., et une fille de Boucanier. 1/2 s. N.
Saint-Lô : 1863-1880.

313.   **DANIEL** (approuvé). — M. Roussel.
Al. 1881. — Manche.
Par *Milord*, 1/2 s. N., et une fille de Félibien, 1/2 s. N.
Sa grand'mère : fille de Quinine, 1/2 s. N.
Saint-Lô : depuis 1885.

314.   **DANSEUR**. — H. N.
B. 1837. — Normandie.
Par *Sylvio*, P. S. A., et une 1/2 s. N., par Lucholl, 1/2 s. A.
Le Pin : 1841-1842 (Braisne en 1843).

315.   **DANSEUR**. — H. N.
B. 1850. — Calvados.
Par *Polecat*, P. S. A., et une fille de Voltaire, 1/2 s. N.
Saint-Lô : 1854-1863.

316.   **DANSEUR** (approuvé). — M. Raisin.
B. 1881. — Manche.
Par *Nagel*, 1/2 s. N,, et une fille d'Irrésistible, 1/2 s. N.
Sa grand'mère, fille d'Extra, 1/2 s. N.
Sa bisaïeule, fille de Rosel, 1/2 s. N.
Sa trisaïeule, fille de Camisard, 1/2 s. N.
Saint-Lô : depuis 1886.

317. **DANTAN**. — H. N.
B. 1837. — Orne.
Par *Dangerous*, P. S. A., et une 1/2 s. N., par Talma, 1/2 s. A.
Le Pin : 1841 (Braisne en 1842).

318. **DANTE**. — H. N.
B. 1881. — Calvados.
Par *Lavater*, 1/2 s. N., et *Paméla*, P. S. A., par Tonnerre-des-Indes.
Le Pin : depuis 1887.

319. **DANTON**. — H. N.
B. 1859. — Orne.
Par *Umber*, 1/2 s. N., et une fille de Genetœus, 1/2 s. N.
Le Pin : 1863 (Cluny en 1864).

320. **DAPHNIS**, ex-**DANUBE**. — H. N.
Bb. 1881. — Manche.
Par *Lansborn*, 1/2 s. N., et *Castille*, par Arétin, 1/2 s. N.
Saint-Lô : depuis 1885.

321. **DARDANELLE** (approuvé). — M. Lecoutre.
N. 1859. — Normandie.
Par *Riga*, 1/2 s. N., et une fille d'Eastham, P. S. A.
Saint-Lô : 1863.

322. **DARIUS** (approuvé). — M. Le Sénécal.
B. 1859. — Normandie.
Par *Ratisbonne*, 1/2 s. N., et une fille de Friedland, P. S. A.
Saint-Lô : 1863-1865.

323. **DARIUS** (approuvé). — Mme Magne.
B. 1859. — Normandie.
Par *Thierceville*, 1/2 s. N., et une 1/2 s. N., par Y. Cydnus, 1/2 s. A.
Saint-Lô : 1863-1867.

324. **DARIUS**. — H. N.
B. 1859. — Calvados
Par *Quebec*, 1/2 s. N., et une fille d'Usager, 1/2 s. N.
Le Pin : 1863 (Montiérender en 1864).

325. **DARNÉTAL**. — H. N.
Al. 1881. — Calvados.
Par *Utique*, 1/2 s. N., et *Nacelle*, par Phare, 1/2 s. N.
Sa grand'mère : fille de Navigateur, 1/2 s. N.
Saint-Lô : depuis 1885.

326. D'ARTAGNAN (approuvé). — M. Le Sénécal.
B. 1858. — Normandie.
Par *Tamerlan*, 1/2 s. N., et une fille de Nelson, 1/2 s. N.
Saint-Lô : 1863-1883.

327. D'ARTAGNAN. — H. N., 1863.
(Approuvé : M. du Chatel, 1864.)
B. 1859. — Calvados.
Par *Y. Lucain*, 1/2 s. N., et une 1/2 s. N., par Performer, 1/2 s. A.
Saint-Lô : 1863-1880.

328. D'ARTAGNAN. — H. N.
Al. 1881. — Calvados.
Par *Ulysse III*, 1/2 s. N., et *Idoménée*, 1/2 s. N., par Trip, 1/2 s. A.
Sa grand'mère : fille d'Idoménée, 1/2 s. N.
Le Pin : 1886-1887.

329. DARTOS (approuvé).
MM. Pannier,   ; Canivet,   ; Duval,   .
B. 1859. — Calvados.
Par *Unau*, 1/2 s. N., et une 1/2 s. N.
Saint-Lô : 1864-1886.

330. DAUMON (approuvé). — M. Le Sénécal.
B. 1855. — Normandie.
Par *Ramsay*, P. S. A., et une fille d'Impérieux, 1/2 s. N.
Saint-Lô : 1860-1861.

331. DAUPHIN (approuvé). — M. de Basly.
B. 1859. — Calvados.
Par *Lucain*, 1/2 s. N., et une 1/2 s. N., par Chactas, P. S. A.
Saint-Lô : 1863-1865.

332. DAUPHIN (approuvé). — M. de La Ville.
Ro. 1881. — Normandie.
Par *Gabier*, P. S. A., et une fille de Jackson, 1/2 s. N.
Saint-Lô : 1885.

333. DEAR. — H. N.
B. 1859. — Manche.
Par *Tic-Tac*, 1/2 s. N., et une 1/2 s. N., par Y. Gaberlunzie, 1/2 s. A.
Le Pin : 1863-1874.

334. DÉBARDEUR. — H. N.
B. 1836. — Normandie.
Par *Y. Topper*, 1/2 s. A., et une 1/2 s. N., par Cleveland, 1/2 s. A.
Le Pin : 1841-1855.

335.   **DÉCEMBER**. — H. N.
Al. 1837. — Normandie.
Par *Minster*, P. S. A., et une 1/2 s. N. par Lucholl, 1/2 s. A.
Le Pin : 1841-1850.

336.   **DÉCEMVIR**. — H. N.
B. 1859. — Manche.
Par *Jocko*, P. S. A., et une fille d'Hippocrate, 1/2 s. N.
Saint-Lô : 1863-1864.

337.   **DÉCIDÉ** (approuvé). — M. Guérin.
B. 1828. — Normandie.
Par un fils de Décidé, 1/2 s. N., par Le Solide, 1/2 s. N.
Saint-Lô : 1833-1847.

338.   **DÉCRET** (approuvé). — M. Alexandre.
Bb. 1881. — Manche.
Par *Siroc*, 1/2 s. N., et une fille de Jarnac, 1/2 s. N.
Sa grand'mère : fille d'Ugolin, 1/2 s. N.
Saint-Lô : depuis 1885.

339.   **DÉFENDU**. — H. N.
Al. 1881. — Calvados.
Par *Oronte*, 1/2 s. N., et *Georgette*, par Usité, 1/2 s. N.
Sa grand'mère : fille de Tambour, 1/2 s. N.
Saint-Lô : depuis 1885.

340.   **DÉFENSEUR**. — H. N.
B. 1881. — Orne.
Par *Serpolet-Bai*, 1/2 s. N., et *Travailleuse*, 1/2 s. N.
par Marx, 1/2 s. R.
Le Pin : depuis 1886.

341.   **DÉFI**. — H. N.
B. 1859. — Orne.
Par *Pledge*, 1/2 s. N., et une fille de Tipple-Cider, P. S. A.
Le Pin : 1863-1864 (Strasbourg en 1865).

342.   **DÉGAGÉ**. — M. Mauny.
B. 1878. — Orne.
Par *Conquérant*, 1/2 s. N., et une fille d'Éclipse, 1/2 s. N.
Le Pin : depuis 1891.

343.   **DELAUNAY**, ex-**D'ARTAGNAN**. — H. N.
Al. 1881. — Manche.
Par *Lansborn*, 1/2 s. N., et *Lisa*, par Beaumanoir, 1/2 s. N.
Le Pin : 1885-1888.

344.   **DELAWARE**, ex-**DAUPHIN**. — H. N.
Al. 1881. — Orne.
Par *Urimesnil*, 1/2 s. N., et *Balzac*, 1/2 s. N., par Norfolk-Trotter,
1/2 s. A.
Sa grand'mère : fille de Centaure, 1/2 s. N.
Le Pin : depuis 1885.

345.   **DELILLE**. — H. N.
Al. 1881. — Calvados.
Par *Libérator*, 1/2 s. A., et *Mine-Fine*, par Abrantès, 1/2 s. N.
Sa grand'mère : fille de de Porthos, 1/2 s. N.
Saint-Lô : 1885.

346.   **DELILLE** (approuvé). — Cte d'Abzac.
B. 1881. — Calvados.
Par *Utique*, 1/2 s. N., et une fille de Phare, 1/2 s. N.
Sa grand'mère : fille d'Egésippe, 1/2 s. N.
Le Pin : depuis 1885.

347.   **DÉLURÉ**. — H. N.
Al. 1881. — Calvados.
Par *Ulysse III*, 1/2 s. N., et *Bijou*, par Uzel, 1/2 s. N.
Sa grand'mère : fille de Deucalion, 1/2 s. N.
Saint-Lô : depuis 1885.

348.   **DÉMARATE**, ex-**DÉMON**. — H. N.
N. 1881. — Orne.
Par *Sir Quid-Pigtail*, P. S. A., et *Etincelle*, par Galba, 1/2 s. N.
Sa grand'mère : fille d'Eylau, P. S. A. A.
Le Pin : 1885-1886.

349.   **DEMIDOFF**, ex-**DERBY**. — H. N.
Bb. 1881. — Manche.
Par *Lavater*, 1/2 s. N., et *Colombe*, P. S. A., par Le Petit-Caporal.
Le Pin : 1885.

350.   **DEMI-SANG**. — H. N.
B. 1881. — Manche.
Par *Gabier*, P. S. A., et *Uzel*, par Uzel, 1/2 s. N.
Saint-Lô : 1885-1886.

351.   **DÉMOCRATE**. — H. N.
Gr. 1837. — Orne.
Par *Regrette*, 1/2 s. N., et une 1/2 s. N., par Ardrossan, 1/2 s. A.
Le Pin : 1841-1853 (Abbeville en 1854).

352.   **DENAIN**. — H. N.
B. 1881. — Manche.
Par *Jarnac*, 1/2 s. N., et *Bijou*, par Hunter, 1/2 s. N.
Saint-Lô : depuis 1885.

353.   **DENIS**. — H. N.
B. 1837. — Normandie.
Par *Y. Rattler*, 1/2 s. A., et une 1/2 s. N., par Talma, 1/2 s. A.
Le Pin : 1841 (Braisne 1842).

354.   **DENIS**. — H. N.
B. 1881. — Calvados.
Par *Orfila*, 1/2 s. N., et *Roulot*, par Montpensier, 1/2 s. N.
Saint-Lô : 1885.

355.   **DESCARTES**. — H. N.
B. 1881. — Manche.
Par *Reynolds*, 1/2 s. N., et *Miss Boy*, par Pretty-Boy, P. S. A.
Saint-Lô : depuis 1886.

356.   **DÉSIRÉ** (approuvé). — M. d'Imbleval.
B. 1858. — Normandie.
Par *The Nemrod*, 1/2 s. A., et une 1/2 s. N.
Le Pin : 1864-1869.

357.   **DÉSIRÉ**. — H. N.
B. 1859. — Manche.
Par *Perfection*, 1/2 s. N., et une fille de Jay, 1/2 s. N.
Le Pin : 1863-1875.

358.   **DÉSIRÉ** (approuvé). — M. Gâté.
B. 1864. — Normandie.
Par *Quasi*, 1/2 s. N., et une fille de Nemrod, 1/2 s. N.
Saint-Lô : 1868-1878.

359.   **DESPOTE** (approuvé). — M. Buhot.
Al. 1859. — Calvados.
Par *Succès*, 1/2 s. N., et une fille d'Adolphus, P. S. A.
Saint-Lô : 1863-1870.

360.   **DESPOTE**. — H. N.
B. 1881. — Manche.
Par *Invariable*, 1/2 s. N., et *Bijou*, par Guelfe, 1/2 s. N.
Saint-Lô : depuis 1885.

361. **DESTRÉES** (approuvé). — Cte d'Abzac.
B. 1859. — Calvados.
Par *Tamerlan*, 1/2 s. N., et une fille de Xérophtalmiste, 1/2 s. N.
Le Pin : 1863-1873.

362. **DESTIN.** — H. N.
B. 1859. — Normandie.
Par *Usité*, 1/2 s. N., et une fille de Troarn, 1/2 s. N.
Le Pin : 1863-1874.

363. **DEUCALION.** — H. N. 1863.
(Approuvé : M. Le Sénécal, 1864-1867.)
B. 1859. — Calvados.
Par *Don-Quichotte*, P. S. A. A., et une fille de Vautour, 1/2 s. N.
Saint-Lô : 1863-1867.

364. **DEY.** — H. N.
B. 1859. — Calvados.
Par *Stoker*, P. S. A., et une 1/2 s. N., par The Nemrod, 1/2 s. A.
Saint-Lô : 1863.

365. **DEY.** — H. N.
B. 1881. — Orne.
Par *Niger*, 1/2 s. N., et *Lucrèce*, 1/2 s. N., par The Norfolk-
Phœnomenon, 1/2 s. A., ou Thésée, 1/2 s. N.
Saint-Lô : 1885-1888.

366. **DIABLE-A-QUATRE.** — H. N.
B. 1881. — Calvados.
Par *Trésorier*, 1/2 s. N., et *Orange*, par Conquérant, 1/2 s. N.
Saint-Lô : 1885.

367. **DIABLE-AU-CORPS.** — H. N.
B. 1859. — Calvados.
Par *Gazeley*, 1/2 s. A., et une fille de Pledge, 1/2 s. N.
Le Pin : 1863-1865 (Hennebont 1866).

368. **DIABLOTIN.** — H. N.
B. 1881. — Orne.
Par *Parthénon*, 1/2 s. N., et une jument anglaise.
Le Pin : 1885-1886.

369. **DIACRE.** — H. N.
B. 1837. — Normandie.
Par *Pick-Pocket*, P. S. A., et une 1/2 s. N., par Y. Rattler, 1/2 s. A.
Le Pin : 1841 (Saint-Maixent 1842).

370.   **DIADÈME**. — H. N.
Bb. 1859. — Calvados.
Par *Eperon*, P. S. A., et une 1/2 s. N., par The Juggler, P. S. A.
Le Pin : 1863-1874.

371.   **DIADÈME** (approuvé).
MM. Louvel, 1885-1887; Perdriel, 1888.
B. 1881. — Calvados.
Par *Léotard*, 1/2 s. N., et *Cocotte*, 1/2 s. N., par Sir Edwin-Landsyer,
1/2 s. A.
Le Pin : 1885-1887. — Saint-Lô : depuis 1888.

372.   **DIAMANT**. — H. N.
B. 1837. — Normandie.
Par *Eastham*, P. S. A., et une fille de Major, 1/2 s. N.
Saint-Lô : 1841-1845. — Le Pin : 1846.

373.   **DIAMANT**. — H. N.
B. 1859. — Calvados.
Par *Québec*, 1/2 s. N., et une fille de Parfait, 1/2 s. N.
Saint-Lô : 1863-1872.

374.   **DIAVOLO**. — H. N.
Bb. 1881. — Orne.
Par *Quiclet* ou *Phaéton*, 1/5 s. N., et une fille de Marceau, 1/2 s. N.
Saint-Lô : 1885-1887.

375.   **DICTATEUR**, ex-**BACON** (approuvé).
M. du Chatel.
Bb. 1855. — Normandie.
Par *Lacour*, 1/2 s. N., et une 1/2 s. N.
Saint-Lô : 1860-1868.

376.   **DICTATEUR**. — H. N.
Al. 1859. — Normandie.
Par *Hospodar*, 1/2 s. N., et une 1/2 s. N., par Tipple-Cider, P. S. A.
Sa grand'mère, fille de Voltaire, 1/2 s. N.
Sa bisaïeule, 1/2 s. N., par Y. Rattler, 1/2 s. A.
Le Pin : 1863-1865. — Saint-Lô : 1865-1874.

377.   **DICTATEUR** (approuvé). — Duc de Narbonne.
Bb. 1878. — Orne.
Par *Conquérant*, 1/2 s. N., et *Libertine*, 1/2 s N., par Usbékyeh,
P. S. Ar.
Sa grand'mère, Brunette, 1/2 s. N., par Phœnomenon, 1/2 s. A.
Sa bisaïeule, Tamisienne, 1/2 s. N., par Performer, 1/2 s. A.
Sa trisaïeule, Zaïre, 1/2 s. N., par Napoléon, P. S. A.
Sa quadrisaïeule, La Camertonne, 1/2 s. N., par Camerton, P. S. A.
Le Pin : 1883-1889.

378.   **DICTATEUR** (approuvé). — M. Fonlupt.
N. 1881. — Normandie.
Par *Normand*, 1/2 s. N., et une 1/2 s. N., par Trotting-Rattler, 1/2 s. A.
Le Pin : 1887-1889.

379.   **DICTATEUR** (approuvé). — M. Saint-Ouen.
Al. 1881. — Normandie.
Par *Seul*, 1/2 s. N., et une fille de Bayard, 1/2 s. N.
Le Pin : 1885-1886.

380.   **DIDEROT**, ex-**DOUBLON**. — H. N.
B. 1881. — Sarthe.
Par *Montfort*, 1/2 s. N., et *Ma-Mie*, par Hippocrate, 1/2 s. N.
Saint-Lô : 1885-1887.

381.   **DIEGO**. — H. N., 1863 (approuvé :
M. Herbin, 1864-1866.) — H. N., 1867-1874.
B. 1859. — Normandie.
Par *Séducteur*, 1/2 s. N., et une fille de Kramer, 1/2 s. N.
Saint-Lô : 1863-1874.

382.   **DIGNITAIRE**. — H. N.
B. 1881. — Orne.
Par *Oriental* ou *Urimesnil*, 1/2 s. N., et *Louise*, par Palanquin, 1/2 s. N.
Saint-Lô : depuis 1885.

383.   **DIMANCHE** (approuvé). — M. Alexandre.
B. 1859. — Calvados.
Par *Usel*, 1/2 s. N., et une 1/2 s. N., par Y. Gaberlunzie, 1/2 s. A.
Sa grand'mère : fille de Marco-Spada, 1/2 s. N.
Saint-Lô : 1866-1885.

384.   **DIOGÈNE** (approuvé). – M. Le Sénécal.
B. 1851. -- Normandie.
Par *Idalis*, 1/2 s. N., et une fille d'Incomparable, 1/2 s. N.
Saint-Lô : 1857-1862.

385.   **DIOGÈNE**. — H. N.
B. 1881. — Manche.
Par *Tempête*, 1/2 s. N., et *Lisa*, par Mine-d'Or, 1/2 s. N.
Saint-Lô : 1885-1886.

386.   **DIOMÈDE**. — H. N.
B. 1837. — Normandie.
Par *Y. Rattler*, 1/2 s. A., et une 1/2 s. N., par Y. Topper, 1/2 s. A.
Sa grand'mère : 1/2 s. N., par Cleveland, 1/2 s. A.
Le Pin : 1841-1843. — Saint-Lô : 1844-1845.

387. **DIOMÈDE** (approuvé). — M. Delongchamps.
B. 1853. — Normandie.
Par *Lionceau*, 1/2 s. N., et une 1/2 s. N.
Saint-Lô : 1858-1861.

388. **DIOMÈDE** (approuvé). — M. Hamel.
Gr. 1853. — Normandie.
Par un fils d'Eastham, P. S. A., et une fille de Diomède, 1/2 s. N.
Saint-Lô : 1859-1863.

389. **DIPLOMATE** (approuvé). — M. Pierre.
Bb. 1881. — Calvados.
Par *Tigris*, 1/2 s. N., et une fille de Kilomètre, 1/2 s. N.
Sa grand'mère : fille de Jactator, 1/2 s. N.
Saint-Lô : depuis 1885.

390. **DIPLOMATE**, ex-**DRAGON**. — H. N.
Bb. 1881. — Orne.
Par *Uvernet*, 1/2 s. N., et *Zéphirine*, par Kilomètre, 1/2 s. N.
Sa grand'mère : fille de Noteur, 1/2 s. N.
Saint-Lô : depuis 1885.

391. **DIPTÈRE**. — H. N.
B. 1881. — Orne.
Par *Serpolet-Bai*, 1/2 s. N., et *Camélia*, par Elu, 1/2 s. N.
Saint-Lô : 1885-1890.

392. **DISCIPLE**. — H. N.
Al. 1859. — Manche.
Par *Nelson*, 1/2 s. N., et une fille de Pégase, 1/2 s. N.
Le Pin : 1872-1879.

393. **DISTRAIT** (approuvé).
MM. Marion, 1864-1867 ; Castel, 1868-1870.
B. 1859. — Normandie.
Par *Guignolet*, P. S. A., et une fille de Lagopède, 1/2 s. N.
Saint-Lô : 1864-1870.

394. **DISTRAIT** (approuvé). — M. Marion.
Al. 1859. — Normandie.
Par *Raglan*, 1/2 s. N., et une fille de Ballinkeele, P. S. A.
Saint-Lô : 1863.

395. **DIVAN**. — H. N., 1863.
(Approuvé : M. Bourget, 1864-1865.) H. N., 1866.
B. 1859. — Orne.
Par *Utrecht*, 1/2 s. N., et une fille de Noteur, 1/2 s. N.
Le Pin : 1863-1866.

396. **DIVORÇONS!** — H. N.
Bb. 1881. — Calvados.
Par *Siméon*, 1/2 s. N., et *Mignonne*, par Bisson, 1/2 s. N.
Saint-Lô : depuis 1885.

397. **DIVUS.** — H. N.
N. 1859. — Calvados.
Par *Québec*, 1/2 s. N., et une fille d'Electrique, 1/2 s. N.
Saint-Lô : 1863-1869.

398. **DIXI.** — H. N.
B. 1881. — Calvados.
Par *Trésorier*, 1/2 s. N., et *Fleurette*, par Conquérant, 1/2 s. N.
Saint-Lô : 1885-1886.

399. **DOCTEUR.** — H. N.
B. 1859. — Calvados.
Par *Tallien*, 1/2 s. N., et une 1/2 s. N., par Ramsay, P. S. A.
Saint-Lô : 1863-1873.

400. **DOCTEUR** (approuvé). — M. Girouard.
B. 1881. — Calvados.
Par *Nomen*, 1/2 s. N., et une fille d'Affidavit, P. S. A.
Saint-Lô : depuis 1885.

401. **DOLGOROUKI, ex-DRAGON.** — H. N.
Bb. 1881. — Calvados.
Par *Unorthodox*, 1/2 s. N., et *Française*, par Français, 1/2 s. N.
Saint-Lô : 1885-1886.

402. **DOLLAR** (approuvé). — M. Lecoutre.
B. 1859. — Normandie.
Par *Séducteur*, 1/2 s. N., et une fille de Polecat, P. S. A.
Saint-Lô : 1863-1864.

403. **DOLLAR.** — H. N.
N. 1881. — Manche.
Par *Lavater*, 1/2 s. N., et *Druidesse*, par Agenda, 1/2 s. N.
Sa grand'mère : Elise, par Kapirat, 1/2 s. N.
Saint-Lô : depuis 1885.

404. **DOMBASLE.** — H. N.
Bb. 1859. — Orne.
Par *Homère*, 1/2 s. N., et une 1/2 s. N., par Dever, 1/2 s. Irl.
Le Pin : 1863-1880.

405.   **DOMINGO** (approuvé). — M. Le Sénécal.
B. 1839. — Normandie.
Par *Ardrossan*, 1/2 s. A., et une 1/2 s. N.
Saint-Lô : 1844.

406.   **DOMINICO** (approuvé). — M. Avenel.
N. 1868. — Normandie.
Par *Bayard*, 1/2 s. N., et une fille de Y., 1/2 s. N.
Le Pin : 1873-1877.

407.   **DOMINANT**. — H. N.
B. 1859. — Calvados.
Par *Québec*, 1/2 s. N., et une fille de Montaigne, 1/2 s. N.
Sa grand'mère : fille de Fortuné, P. S. A. A.
Le Pin : 1863.

408.   **DOMINANT**. — H. N.
B. 1881. — Orne.
Par *Jactator* ou *Uvernet*, 1/2 s. N., et *Noisette*, par Noteur, 1/2 s. N.
Sa grand'mère : fille de Brocardo, P. S. A.
Saint-Lô : depuis 1885.

409.   **DOMINO** (approuvé). — M. Marion.
B. 1859. — Normandie.
Par *The Great-Western*, 1/2 s. A., et une fille de Raphaël, 1/2 s. N.
Saint-Lô : 1863.

410.   **DOMINO**. — H. N.
Bb. 1881. — Calvados.
Par *Tigris*, 1/2 s. N., et *Rainette*, par Normand, 1/2 s. N.
Saint-Lô : depuis 1885.

411.   **DOMINO-NOIR**. — H. N.
N. 1881. — Manche.
Par *Lavater*, 1/2 s. N., et *Pastourelle*, P. S. A., par Pace.
Saint-Lô : depuis 1885.

412.   **DON** (approuvé). — M. Castel.
B. 1859. — Normandie.
Par *Tamerlan*, 1/2 s. N., et une fille de Xérophtalmiste, 1/2 s. N.
Saint-Lô : 1863.

413.   **DONJON**. — H. N.
B. 1859. — Orne.
Par *Thésée*, 1/2 s. N., et une fille de Kramer, 1/2 s. N.
Le Pin : 1863-1865 (Hennebont 1866).

414.　　　　**DON-QUICHOTTE.** — H. N.
B. 1881. — Calvados.
Par *Tigris*, 1/2 s. N., et *Etincelle*, 1/2 s. N., par Matchless, 1/2 s. A.
Sa grand'mère, fille de Pledge, 1/2 s. N.
Sa bisaïeule, issue d'arabe.
Le Pin : depuis 1886.

415.　　　　**DORADO** (approuvé). — M. Perrin.
B. 1880. — Normandie.
Par *Roi-de-la-Montagne*, P. S. A., et une 1/2 s. A.
Le Pin : 1884.

416.　　　　**DORUS.** — H. N.
B. 1837. — Normandie.
Par *Y. Rattler*, 1/2 s. A., et une 1/2 s. N., par Prosélyte, 1/2 s. A.
Le Pin : 1841-1860.

417.　　　　**DOUGLAS** (approuvé). — M. Le Sénécal.
Bb. 1856. — Normandie.
Par *Eylau*, P. S. A. A., et une fille de Martagon, 1/2 s. N.
Saint-Lô : 1861-1875.

418.　　　　**DOUVILLE** (approuvé). — M. Morcel.
Bb. 1881. — Calvados.
Par *Médicis*, P. S. A., et une fille de Bisson, 1/2 s. N.
Saint-Lô : depuis 1885.

419.　　　　**DOUVRES** (approuvé). — M. Varin.
B. 1881. — Normandie.
Par *Intact*, 1/2 s. N., et une fille de Pancrace, 1/2 s. N.
Saint-Lô : 1885.

420.　　　　**DOYEN.** — H. N.
B. 1835. — Orne.
Par *Sylvio*, P. S. A., et une 1/2 s. N., par Buffalo, 1/2 s. A.
Le Pin : 1841-1853.

421.　　　　**DRAGON.** — H. N.
B. 1859. — Calvados.
Par *Sultan*. 1/2 s. N., et une fille de Myrthe, 1/2 s. N.
Saint-Lô : 1863-1882.

422.　　　　**DRAPEAU.** — H. N.
B. 1859. — Calvados.
Par *Stoker*, P. S. A., et une fille de Janson, 1/2 s. N.
Le Pin : 1863.

423.   **DREAM** (approuvé). — M. Faucon.
B. 1881. — Normandie
Par *Renémesnil*, 1/2 s. N., et une fille de Jactator, 1/2 s. N.
Saint-Lô : 1885-1888.

424.   **DRUIDIQUE**, ex-**DUNOIS**. — H. N.
Al. 1881. — Orne.
Par *Urimesnil*, 1/2 s. N., et *Léoncia*, 1/2 s. N., par Marx, 1/2 s. R.
Sa grand'mère : fille de Sérénader, 1/2 s. A.
Saint-Lô : 1885-1886.

425.   **DUC** (approuvé). — M. Marion.
Bb. 1859. — Normandie.
Par *Québec*, 1/2 s. N., et une fille de Dorus, 1/2 s. N.
Saint-Lô : 1863.

426.   **DUCANTAL**. — H. N.
B. 1859. — Normandie.
Par *Tamerlan*, 1/2 s. N., et une fille de Licteur, 1/2 s. N.
Saint-Lô : 1871 (Montiérender 1872).

427.   **DUCATON**. — H. N.
Al. 1837. — Normandie.
Par *Hœmus*, P. S. A., et une 1/2 s. N., par Courtois, 1/2 s. A.
Saint-Lô : 1841-1842.

428.   **DUC-JOB**. — H. N.
B. 1859. — Orne.
Par *Rémus*, 1/2 s. N., et une fille de Voltaire, 1/2 s. N.
Sa grand'mère : fille de Faust, 1/2 s. N.
Le Pin : 1863 (Strasbourg 1864).

429.   **DUGUAY-TROUIN**. — H. N.
Bb. 1881. — Manche.
Par *Kabin*, 1/2 s. N., et *Bijou*, par Lucullus, 1/2 s. N.
Sa grand'mère : fille de Furibond, 1/2 s. N.
Le Pin : 1885-1887.

430.   **DUGUESCLIN** (approuvé). — M. Le Sénécal.
Bb. 1859. — Normandie.
Par *Rémus*, 1/2 s. N., et une fille de Lully, P. S. A.
Saint-Lô : 1863-1864.

431.   **DUGUESCLIN**. — H. N.
Al. 1881. — Calvados.
Par *Libérator*, 1/2 s. A., et *La Saizia*, par Esculape, 1/2 s. N.
Sa grand'mère : Jemmapes, P. S. A., par Ventre-Saint-Gris.
Le Pin : 1885-1888.

432.   **DUNOIS**. — H. N.
Bb. 1881. — Manche.
Par *Lavater*, 1/2 s. N., et *Minette*, par The Heir-of-Linne, P. S. A.
Sa grand'mère : fille de The Caster, P. S. A.
Saint-Lô : depuis 1885.

433.   **DUPLEIX**. — H. N.
B. 1857. — Orne.
Par *Pick-Pocket*, P. S. A., et *La Marquise*, 1/2 s. N.,
par Y. Rattler, 1/2 s. A.
Sa grand'mère : fille d'Hylactor, 1/2 s. N.
Le Pin : 1841-1845.

434.   **DUQUESNE**. — H. N.
B. 1881. — Calvados.
Par *Quinola*, 1/2 s. N., et *Uranie*, par Noville, 1/2 s. N.
Saint-Lô : 1885.

435.   **DURHAM** (approuvé). — M. Lechaptois.
B. 1881. — Orne.
Par *Unorthodox*, 1/2 s. N., et une 1/2 s. N., par Libérator, 1/2 s. A.
Saint-Lô : depuis 1885.

436.   **DUROC**. — H. N.
B. 1837. — Normandie.
Par *Eastham*, P. S. A., et une 1/2 s. N., par Courtois, 1/2 s. A.
Le Pin : 1841-1844 (Lamballe 1845).

437.   **DUROC**. — H. N.
B. 1881. — Calvados.
Par *Pretender* ou *Norfolk-Trotter*, 1/2 s. A., et *Martingale*.
par Lucain, 1/2 s. N.
Le Pin : 1885-1887.

438.   **DUTILLET**, ex-**DICTATEUR**. — H. N.
B. 1881. — Orne.
Par *Quielet*, 1/2 s. N., et *Finette*, par Oriental. 1/2 s. N.
Saint-Lô : 1885-1888.

439.   **DUX** (approuvé). — Duc de Vicence.
Al. 1880. — Normandie.
Par *Frank-Allisson*, 1/2 s. Am., et *Conquête*, 1/2 s. N.
Saint-Lô : depuis 1891.

440.   **EASTHAM** (approuvé). — M. Hamel.
B. 1840. — Normandie.
Par *Eastham*, P. S. A., et une 1/2 N.
Saint-Lô : 1844-1847.

441.   **ÉBÈNE III**. — H. N.
Bb. 1882. — Calvados.
Par *Ulrich II*, 1/2 s. N., et *Fernande*, par Mazeppa
ou Noville, 1/2 s. N.
Sa grand'mère, fille de Conquérant, 1/2 s. N.
Sa bisaïeule, fille de Valdemar, 1/2 s. N.
Sa trisaïeule, 1/2 s. N., par Brocardo, P. S. A.
Sa quadrisaïeule, fille de Voltaire, 1/2 s. N.
Le Pin : 1886-1890 (Angers 1891).

442.   **ÉBÉNISTE**, ex-**ÉTENDARD**. — H. N.
B. 1882. — Calvados.
Par *Rigolot*, 1/2 s. N., et une fille de Conquérant, 1/2 s. N.
Saint-Lô : depuis 1887.

443.   **ÉCARTÉ**. — H. N.
Al. 1882. — Calvados.
Par *Végès*, *Législateur* ou *Unique*, 1/2 s. N., et *Rosette*,
par Hick, 1/2 s. N.
Saint-Lô : depuis 1886.

444.   **ÉCHANSON**. — H. N.
Gr. 1838. — Normandie.
Par *Y. Emilius*, P. S. A., et une fille d'Oscar, 1/2 s. N.
Le Pin : 1842-1843 (Lamballe 1844).

445.   **ÉCHANSON** (approuvé). — M. Hervieu.
Bb. 1860. — Normandie.
Par *Québec*, 1/2 s. N., et une 1/2 s. N.
Le Pin : 1864-1865.

446.   **ÉCHEC**, ex-**ÉMINENT**. — H. N.
B. 1882. — Orne.
Par *Urimesnil*, 1/2 s. N., et *Coquette*, par Oriental, 1/2 s. N.
Saint-Lô : depuis 1886.

447.   **ÉCHO**. — H. N.
N. 1882. — Calvados.
Par *Normand*, 1/2 s. N., et *Vilna*, par Y, 1/2 s. N.
Sa grand'mère : Victoire, P. S. A.
Le Pin : depuis 1886.

448.   **ÉCLAIR**. — H. N.
B. 1838. — Normandie.
Par *Biron*, P. S. A., et une 1/2 s. N., par Y. Rattler, 1/2 s. A.
Le Pin : 1842-1843. — Saint-Lô : 1844-1853.

449.   ÉCLAIREUR (approuvé). — M. Grancher.
Ro. 1873. — Seine-Inférieure.
Par *Bucéphale*, 1/2 s. N., et une fille d'Ouvrier, 1/2 s. N.
Sa grand'mère : 1/2 s. N., par Performer, 1/2 s. A.
Le Pin : depuis 1879.

450.   ÉCLAIREUR. — H. N.
B. 1882. — Orne.
Par *Serpolet-Bai* ou *Marignan*, 1/2 s. N., et *Jeanne-d'Arc*,
par Phaéton, 1/2 s. N.
Sa grand'mère, Gabrielle-d'Estrées, par Elu, 1/2 s. N.
Sa bisaïeule, fille de Lucain, 1/2 s. N.
Le Pin : depuis 1886.

451.   ÉCLIPSE (approuvé).
MM. Forcinal, 1868-1871 ; duc de Vicence, 1872.
B. 1846. — Orne.
Par *Performer*, 1/2 s. A., et *Léda*, 1/2 s. N., par Tigris, P. S. A.
Sa grand'mère : Etincelle, 1/2 s. N., par Kurde, P. S. Ar.
Le Pin : 1868-1871 (Compiègne 1872).

452.   ÉCLIPSE (approuvé). — M. Pierre.
B. 1882. — Orne.
Par *Rivoli*, 1/2 s. N., et une fille de Niger, 1/2 s. N.
Sa grand'mère, 1/2 s. N., par Telegraph, 1/2 s. A.
Saint-Lô : 1886.

453.   ÉCRAN. — H. N.
B. 1882. — Manche.
Par *Sorcier*, 1/2 s. N., et une fille de Ratapoil, 1/2 s. N.
Saint-Lô : depuis 1886.

454.   ÉCRIN. — H. N.
B. 1882. — Calvados.
Par *Le Dard*, P. S. A., et une fille de Sultan, 1/2 s. N.
Saint-Lô : 1886-1888.

455.   ÉCUEIL. — H. N.
Al. 1882. — Manche.
Par *Idoménée*, 1/2 s. N., et une fille de Récif, 1/2 s. N.
Sa grand-mère : fille de The Heir-of-Linne, P. S. A.
Saint-Lô : depuis 1886.

456.   ÉCUYER (approuvé). — M. Varin.
B. 1860. — Manche.
Par *Ursin*, 1/2 s. N., et une fille de Lagopède, 1/2 s. N.
Saint-Lô : 1864-1866.

457.   **EDGARD** (approuvé). — M. Le Sénécal.
B. 1860. — Normandie.
Par *Priam*, 1/2 s. N., et une fille d'Hippocrate, 1/2 s. N.
Saint-Lô : 1865-1883.

458.   **ÉDIGER**. — H. N.
B. 1882. — Orne.
Par *Quiclet*, 1/2 s. N., et *Vénus*, par Hidalgo, 1/2 s. N.
Le Pin : depuis 1886.

459.   **ÉDIMBOURG**. — H. N.
Bb. 1882. — Sarthe.
Par *Serpolet-Bai*, 1/2 s. N., et *Harmonie*, par Abrantès, 1/2 s. N.
Sa grand'mère : fille de Séducteur, 1/2 s. N.
Le Pin : depuis 1886.

460.   **ÉDITEUR**. — H. N.
B. 1838. — Normandie.
Par *Eastham*, P. S. A., et une fille de Sauvage, 1/2 s. N.
Saint-Lô : 1842-1844 (Abbeville 1845).

461.   **ÉDITEUR**. — H. N.
B. 1882. — Manche.
Par *Sorcier*, 1/2 s. N., et une fille de Nagel, 1/2 s. N.
Saint-Lô : 1886.

462.   **EDMOND**. — H. N.
Al. 1838. — Normandie.
Par *Pick-Pocket*, P. S. A., et une 1/2 s. N., par Eastham, P. S. A.
Le Pin : 1842 (Angers 1843).

463.   **EDMOND**. — H. N.
B. 1859. — Calvados.
Par *Hospodar*, 1/2 s. N. ou *Stoker*, P. S. A., et une fille
de The Juggler, P. S. A.
Le Pin : 1864-1866 (Aurillac 1867).

464.   **ÉDOUARD**. — H. N.
N. 1860. — Orne.
Par *Thésée*, 1/2 s. N., et une fille de Mahomet, 1/2 s. N.
Saint-Lô : 1864.

465.   **ÉDREDON** (approuvé). — M. Bisson.
Al. 1882. — Manche.
Par *Sénéchal*, 1/2 s. N., et une fille de Nagel, 1/2 s. N.
Saint-Lô : depuis 1886.

466.　　　　ÉGÉE. — H. N.
B. 1860. — Orne.
Par *Valdemar*, 1/2 s. N., et une fille de Sylvio, P. S. A.
Le Pin : 1864-1865 (Saintes 1886).

467.　　　　ÉGÉSIPPE. — H. N.
Al. 1860. — Sarthe.
Par *Lucain*, 1/2 s. N., et une 1/2 s. N., par Tipple-Cider, P. S. A.
Saint-Lô : 1864-1880.

468.　　　　EGMONT (approuvé). — M. Leroy.
Al. 1882. — Manche.
Par *Uzerche*, 1/2 s. N., et une fille de Va-de-Bon-Cœur, 1/2 s. N.
Sa grand'mère, fille de Normand, 1/2 s. N.
Sa bisaïeule, fille de Sinope, 1/2 s. N.
Saint-Lô : depuis 1886.

469.　　　　ÉGO (approuvé). — M. Lechaptois.
Gr. 1882. — Normandie.
Par *Serpolet-Rouan*, 1/2 s. N., et une fille d'Agricole, 1/2 s. N.
Saint-Lô : 1887.

470.　　　　ÉGOISTE (approuvé). — Mme Tirard.
Bb. 1882. — Normandie.
Par *Scapin*, 1/2 s. N., et une fille d'Ugolin, 1/2 s. N.
Sa grand'mère : fille de Holback, 1/2 s. N.
Saint-Lô : 1886.

471.　　　　ÉGRILLARD. — H. N.
Bb. 1838. — Normandie.
Par *Mahomet*, 1/2 s. N., et une 1/2 s. N., par Y. Topper, 1/2 s. A.
Le Pin : 1842-1858.

472.　　　　ÉGUS. — H. N.
B. 1838. — Normandie.
Par *Chasseur*, 1/2 s. N., et une 1/2 s. N., par Jaggar, 1/2 s. A.
Le Pin : 1842-1846 (Abbeville 1847).

473.　　　　ÉGUZON, ex-ÉCHO. — H. N.
B. 1882. — Orne.
Par *Oriental*, 1/2 s. N., et une 1/2 s. N., par Faust, P. S. A.
Sa grand'mère : fille de Centaure, 1/2 s. N.
Saint-Lô : 1886-1887 (Pompadour 1888).

474.　　　　ÉGYPTIEN. — M. Delongchamps.
B. 1849. — Normandie.
Par *Don-Quichotte*, P. S. A. A., et une fille de Sauvage, 1/2 s. N.
Saint-Lô : 1862-1864.

475.   .   **ÉLAN** (approuvé). — M. Mauny.
B. 1882. — Orne.
Par *Serpolet-Bai*, 1/2 s. N., et *Rosière*, par Condé, 1/2 s. N.
Sa grand'mère, 1/2 s. N., par Y. Phœnomenon, 1/2 s. A.
Sa bisaïeule, fille de Kramer, 1/2 s. N.
Sa trisaïeule, fille de Doyen, 1/2 s. N.
Sa quadrisaïeule, fille d'Éclatant, 1/2 s. N.
Le Pin : depuis 1887.

476.   **ELBŒUF** (approuvé). — Mme Tirard.
B. 1882. — Normandie.
Par *Sir Henry*, 1/2 s. N., et une fille de Jarnac, 1/2 s. N.
Sa grand'mère : fille de Ravissant, 1/2 s. N.
Saint-Lô : 1886.

477.   **ELBOURG, ex-ÉLECTRIQUE.** — H. N.
B. 1882. — Manche.
Par *Usuel*, 1/2 s. N., et *Elisa*, par Harmonieux, 1/2 s. N.
Saint-Lô : depuis 1886.

478.   **ÉLECTEUR.** — H. N.
B. 1836. — Normandie.
Par Y. *Rattler*, 1/2 s. A., et une 1/2 s. N., par Y. Topper, 1/2 s. A.

479.   **ÉLECTRO.** — H. N.
B. 1882. — Orne.
Par *Urimesnil*, 1/2 s. N., et une fille de Centaure, 1/2 s. N.
Sa grand'mère : fille de Merlerault, 1/2 s. N.
Saint-Lô : depuis 1886.

480.   **ÉLÈVE** (approuvé). — M. Marion.
B. 1860. — Normandie.
Par *Lahore*, 1/2 s. A., et une jument du Cotentin.
Saint-Lô : 1864.

481.   **ÉLIE.** — H. N.
B. 1837. — Normandie.
Par *Sylvio*, P. S. A., et une 1/2 s. N., par Y. Topper, 1/2 s. A.
Saint-Lô : 1842.

482.   **ÉLIE** (approuvé). — M. Marion.
B. 1860. — Normandie.
Par *Radis*, 1/2 s. N., et une 1/2 s. N., par Sandy, 1/2 s. A.
Saint-Lô : 1864-1870.

483. **ÉLOI**. — H. N.
Bb. 1860. — Manche.
Par *Ravissant*, 1/2 s. N., et une fille de Perfection, 1/2 s. N.
Sa grand'mère : fille de Voltaire, 1/2 s. N.
Saint-Lô : 1864-1883.

484. **ELSKY**. — H. N.
N. 1882. — Orne.
Par *Phaëton*, 1/2 s. N., et *Négresse*, 1/2 s. N., par Marx,
1/2 s. R.
Sa grand'mère, 1/2 s. N., par Phœnomenon, 1/2 s. A.
Sa bisaïeule, fille de Voltaire, 1/2 s. N.
Sa trisaïeule, fille de Xerxès, 1/2 s. N.
Sa quadrisaïeule, fille de Hamilton, 1/2 s. N.
Le Pin : depuis 1887.

485. **ÉLU, ex-ÉLECTEUR** (approuvé). — M. Hallais.
B. 1849. — Normandie.
Par *Électeur*, 1/2 s. N., et une 1/2 s. N., par Comminges, P. S. A.
Saint-Lô : 1853-1878.

486. **ÉLU** (approuvé). — M. Godard.
B. 1858. — Normandie.
Par *Électeur*, 1/2 s. N., et une 1/2 s. N., par Lahore, 1/2 s. A.
Saint-Lô : 1862-1867.

487. **ÉLU**. — H. N.
Al. 1860. — Orne.
Par *Idalis*, 1/2 s. N., et une 1/2 s. N., par Tipple-Cider, P. S. A.
Le Pin : 1864-1882.

488. **ELVIN**. — H. N.
B. 1860. — Calvados.
Par *Ottoman*, 1/2 s. N., et une fille de Lully, P. S. A.
Saint-Lô : 1864.

489. **ÉMINENCE**. — H. N.
Gr. 1838. — Normandie.
Par *Voltaire*, 1/2 s. N., et une fille de D. I. O., P. S. A.
Le Pin : 1842-1843 (Angers 1844).

490. **ÉMINENT**. — H. N.
Al. 1860. — Manche.
Par *Ugolin*, 1/2 s. N., et une 1/2 s. N., par Corsair, 1/2 s. A.
Saint-Lô : 1864-1867.

491. EMPEREUR (approuvé). — M. De la Ville.
B. 1882. — Normandie.
Par *Kaolin*, P.S.A., et une 1/2 s. N., par The Norfolk-Phœnomenon,
1/2 s. A.
Sa grand'mère : fille de Martagon, 1/2 s. N.
Saint-Lô : 1886.

492. ÉMULE. — H. N.
Bb. 1830. — Orne.
Par *Eastham*, P.S.A., et *Rattler filly*, par Y. Rattler, 1/2 s. A.
Sa grand'mère : 1/2 s. N., par Docteur, 1/2 s. A.
Le Pin : 1834-1855.

493. ENCENSEUR (approuvé). — M. Castel.
B. 1860. — Normandie.
Par Y. *Lucain*, 1/2 s. N., et une fille de Marengo, P. S. A. A.
Saint-Lô : 1864-1867.

494 ENDORMI, ex-ÉCUSSON. — H. N.
Al. 1882. — Calvados.
Par *Opium*, 1/2 s. N., et *Lisette*, par Optimé, 1/2 s. N.
Le Pin : depuis 1886.

495. ENERGIQUE. — H. N.
B. 1860. — Calvados.
Par *Kosack*, 1/2 s. N., et une fille d'Herschell, 1/2 s. N.
Le Pin : 1864 (Montiérender en 1865).

496. ÉNERGUMÈNE. — H. N.
Bb. 1838. — Normandie.
Par *Hœmus*, P. S. A., et une 1/2 s. N., par Y. Rattler, 1/2 s. A.
Saint-Lô : 1842-1843 (Lamballe en 1844).

497. ENJOLEUR (approuvé).
MM. de Basly, 1865-1866 ; Alexandre 1867-1874.
B. 1860. — Calvados.
Par *Sultan*, 1/2 s. N., et une fille de Calderstone, P. S. A.
Saint-Lô : 1865-1874.

498. ENRAGÉ. — H. N.
Bb. 1860. — Orne.
Par *Utrecht*, 1/2 s. N., et une 1/2 s. N., par The Repealer. 1/2 s. A.
Le Pin : 1864-1881.

499. ÉNOCH (approuvé).
MM. d'Aprigny, 1865 ; Lecoispellier, 1866-1879.
B. 1861. — Normandie.
Par *Lagopède*, 1/2 s. N., et une fille de Carnassier, 1/2 s. N.
Saint-Lô : 1865-1879.

500. ENVIÉ. — H. N.
Gr. 1821. — Normandie.
Par *Y. Rattler*, 1/2 s. A., et une 1/2 s. N., par Highflyer, 1/2 s. M.
Le Pin : 1826-1850.

501. ÉOLE (approuvé). — M. Lebas.
B. 1882. — Manche.
Par *Lavater*, 1/2 s. N., et *Heir-of-Linna*, par The Heir-of-Linne,
P. S. A.
Sa grand'mère : Élisa, 1/2 s. N., par Corsair, 1/2 s. A.
Saint-Lô : depuis 1887.

502. ÉPAMINONDAS. — H. N.
Al. 1860. — Manche.
Par *Ugolin*, 1/2 s. N., et une fille de Crésus, P. S. A.
Le Pin : 1864-1866 (Lamballe en 1867).

503. EPAPHUS. — H. N.
B. 1882. — Calvados.
Par *Phare*, 1/2 s. N., et *Rapide*, par Succès, 1/2 s. N.
Sa grand'mère : fille de Navigateur, 1/2 s. N.
Le Pin : 1886.

504. ÉPERLAN, ex-ÉDIMBOURG. — H. N.
Al. 1882. — Manche.
Par *Idoménée*, 1/2 s. N., et *Parfaite*, par Divus, 1/2 s. N.
Sa grand'mère : fille de Junior, 1/2 s. N.
Saint-Lô : depuis 1886.

505. ÉPERON (approuvé). — M. Alexandre.
B. 1882. — Normandie.
Par *Oriental*, 1/2 s. N., et une fille d'Épouseur, 1/2 s. N.
Saint-Lô : 1887.

506. ÉPI. — H. N.
Al. 1882. — Manche.
Par *Nagel*, 1/2 s. N., et *Rosette*, par Beaumanoir, 1/2 s. N.
Sa grand'mère : fille de Feu-de-Joie, 1/2 s. N.
Saint-Lô : depuis 1886.

507. ÉPICURIEN. — H. N.
N. 1882. — Calvados.
Par *Phare*, 1/2 s. N., et *Reblot*, par Léotard, 1/2 s. N.
Sa grand'mère : fille de Grandiose, 1/2 s. N.
Saint-Lô : depuis 1886.

508.   **ÉPI-D'OR** (approuvé). — M. Guillerme.
Al. 1882. — Normandie.
Par *Sackos*, 1/2 s. N., et *Giselle*, P. S. A., p. Royal-Quand-Même.
Saint-Lô : depuis 1886.

509.   **ÉPIGRAMME.** — H. N.
B. 1838. — Normandie.
Par *Windcliff*, P. S. A., et une 1/2 s. N., par Cleveland, 1/2 s. A.
Le Pin : 1842 (Jussey en 1843).

510.   **ÉPOUSEUR.** — H. N.
Bb. 1860. — Calvados.
Par *Usager*, 1/2 s. N., et une fille de Porthos, 1/2 s. N.
Le Pin : 1864-1875.

511.   **EPSOM** (approuvé). — M. Lecoispellier.
Bb. 1860. — Normandie.
Par *Guignolet*, P. S. A., et une fille de Carnassier, 1/2 s. N.
Saint-Lô : 1864-1866.

512.   **EPSOM** (approuvé).
MM. Laumaille, 1886 ; Belloir, 1887.
B. 1882. — Manche.
Par *Shamrock*, 1/2 s. A., et une fille de Mercure, 1/2 s. N.
Sa grand'mère, fille de Faucon, 1/2 s. N.
Sa bisaïeule, fille de Borisow, 1/2 s. N.
Sa trisaïeule, fille d'Électeur, 1/2 s. N.
Saint-Lô : depuis 1887.

513.   **ÉQUIVOQUE.** — H. N.
B. 1838. — Normandie.
Par *Windcliff*, P. S. A., et une fille de Fermier, 1/2 s. N.
Saint-Lô : 1842-1846.

514.   **ÉQUIVOQUE** (approuvé). — M. Lechaptois.
B. 1882. — Calvados.
Par *Stade*, 1/2 s. N., et une fille de Valparaiso, 1/2 s. N.
Saint-Lô : 1886-1890.

515.   **ÉRASTE.** — H. N.
B. 1837. — Normandie.
Par *Chasseur*, 1/2 s. N., et une 1/2 s. N., par Y. Rattler, 1/2 s. A.
Saint-Lô : 1842-1843 (Jussey en 1844).

516.   **ÉRICLAIRE** (approuvé). — M. Vibert.
B. 1856. — Normandie.
Par *Impérial*, 1/2 s. N., et une 1/2 s. de l'Orne.
Saint-Lô : 1860-1862.

517. ÉRIDAN. — H. N.
B. 1838. — Normandie.
Par *Fortuné*, P. S. A. A., et une 1/2 s. N., par Jaggar, 1/2 s. A.
Saint-Lô : 1842-1848. — Le Pin : 1849.

518. ERMITE. — H. N.
Al. 1882. — Calvados.
Par *Raifort*, 1/2 s. N., et *Coquette,* par Esculape, 1/2 s. N.
Sa grand'mère : fille d'Abrantès, 1/2 s. N.
Saint-Lô : depuis 1886.

519. ERNEST. — H. N.
B. 1838. — Normandie.
Par *Biron*, P. S. A., et une 1/2 s. N., par North-Star, 1/2 s. A.
Le Pin : 1842-1843 (Saint-Maixent en 1844).

520. ÉRUDIT. — H. N.
B. 1837. — Calvados.
Par *Cerbérus*, 1/2 s. M., et *Fanny*, 1/2 s. A.
Le Pin : 1842-1843 (Saint-Maixent en 1844).

521. ESBLY, ex-ÉTUDIANT. — H. N.
B. 1882. — Manche.
Par *Vanikoro*, 1/2 s. N., et *Lisette*, 1/2 s. N., par Vandermulin,
P. S. A.
Sa grand'mère : fille de Tamerlan, 1/2 s. N.
Saint-Lô : depuis 1886.

522. ESCULAPE. — H. N.
B. 1860. — Sarthe.
Par *Utrecht*, 1/2 s. N., et une fille de Kœnigsberg, 1/2 s. N.
Sa grand'mère, 1/2 s. N., par Glocester, 1/2 s. A.
Sa bisaïeule, fille de Sylvio, P. S. A.
Le Pin : 1864-1879.

523. ESON. — H. N.
B. 1882. — Calvados.
Par *Pharc*, 1/2 s. N., et *Alerte*, par Glorieux, 1/2 s. N.
Sa grand'mère : fille de Dragon, P. S. A.
Saint-Lô : 1886-1890.

524. ESPADEM. — H. N.
B. 1882. — Manche.
Par *Lavater*, 1/2 s. N., et *Normandie*, par Conquérant, 1/2 s. N.
Sa grand'mère : fille de Cambacérès, 1/2 s. N.
Saint-Lô : depuis 1886.

525.   **ESPIÈGLE.** — H. N.
B. 1838. — Normandie.
Par *Hœmus*, P. S. A., et une 1/2 s. N., par Jaggar, 1/2 s. A.
Saint-Lô : 1842-1858.

526.   **ESPOIR.** — H. N.
Al. 1860. — Manche.
Par *Ugolin*, 1/2 s. N., et une fille d'Eylau, P. S. A. A.
Saint-Lô : 1864.

527.   **ESPOIR.** — H. N.
B. 1882. — Calvados.
Par *Tigris*, 1/2 s. N., et *Rainette*, par Normand, 1/2 s. N.
Sa grand'mère : Gitana, P. S. A.
Saint-Lô : depuis 1886.

528.   **ESSENCE.** — H. N.
Bb. 1860. — Manche.
Par *Tamerlan*, 1/2 s. N., et une fille de Jay, 1/2 s. N.
Saint-Lô : 1864-1879.

529.   **ESTAFETTE.** — H. N.
B. 1860. — Calvados.
Par *Ottoman*, 1/2 s. N., et une 1/2 s. N., par Telegraph,
1/2 s. A.
Sa grand'mère, 1/2 s. N., par The Juggler, P. S. A.
Sa bisaïeule, 1/2 s. N., par Cleveland, 1/2 s. A.
Le Pin : 1866-1876.

530.   **ESTÈPHE**, ex-**EMIR.** — H. N.
N. 1882. — Calvados.
Par *Noville*, 1/2 s. N., et *Sultane*, par Conquérant, 1/2 s. N.
Sa grand'mère : fille de Jéricko, 1/2 s. N.
Saint-Lô : depuis 1886.

531.   **ESTIMÉ** (approuvé). — M. Chéradame.
B. 1870. — Normandie.
Par *Fleuron*, 1/2 s. N., et une 1/2 s. N.
Le Pin : 1875-1888.

532.   **ÉTENDARD.** — H. N.
B. 1860. — Orne.
Par *Valdemar*, 1/2 s. N., et une fille de Kramer, 1/2 s. N.
Saint-Lô : 1864-1865.

533.   **ÉTENDARD**. — H. N.
B. 1882. — Manche.
Par *Lavater*, 1/2 s. N., et *Espérance*, 1/2 s. N., par The Heir-of-
Linne, P. S. A.
Sa grand'mère : fille d'Ursin, 1/2 s. N.
Le Pin : depuis 1887.

534.   **ÉTÉOCLE**. — H. N.
B. 1860. — Manche.
Par *Ravissant*, 1/2 s. N., et une 1/2 s. N., par Turpin, 1/2 s. A.
Le Pin : 1864.

535.   **ÉTERNEL**. — H. N.
Al. 1860. — Manche.
Par *Royal-Quand-même*, P.S.A., et une fille de Carnassier, 1/2 s. N.
Saint-Lô : 1864.

536.   **ÉTERNEL** (approuvé). — M. Castel.
Bb. 1867. — Normandie.
Par *Stoker*, P. S. A., et une fille de Kapirat, 1/2 s. N.
Saint-Lô : 1864-1867.

537.   **ÉTIGNY**. — H. N.
Al. 1882. — Calvados.
Par *Soldat*, 1/2 s. N., et *Risette*, par Jackson, 1/2 s. N.
Le Pin : 1886-1889.

538.   **ÉTINCELANT** (approuvé). — M. Delarue.
Al. 1882. — Manche.
Par *Romano*, 1/2 s. N., et une fille de Guelfe, 1/2 s. N.
Saint-Lô : depuis 1886.

539.   **ETNA**, ex-**ÉMILIUS**. — H. N.
Bb. 1882. — Manche.
Par *Santerre*, 1/2 s. N., et *Cigarette*, par Désiré, 1/2 s. N.
Sa grand'mère : fille d'Eminent, 1/2 s. N.
Le Pin : depuis 1886.

540.   **ÉTOFFÉ** (approuvé). — M. de Hérissem.
Bb. 1860. — Normandie.
Par *Troarn*, 1/2 s. N., et une fille de Niagara, 1/2 s. N.
Le Pin : 1864-1866.

541.   **ÉTOURNEAU**. — H. N.
B. 1860. — Orne.
Par *Prince*, 1/2 s. N., et une 1/2 s. N., par Wanderer, 1/2 s. A.
Le Pin : 1864 (Saintes en 1865).

542.   **ÉTRANGER**. — H. N.
Ro. 1882. — Orne.
Par *Clear-the-Way*, 1/2 s. A., et une 1/2 s. Am. par Franck.
Le Pin : depuis 1886.

543.   **ÉTUDIANT**. — H. N.
Al. 1838. — Normandie.
Par *Eastham*, P. S. A., et une fille de Léger.
Le Pin : 1842 (Braisne en 1843).

544.   **ÉTUDIANT**. — H. N.
B. 1882. — Orne.
Par *Uriel*, 1/2 s. N., et *Fleurie*, par Centaure, 1/2 s. N.
Sa grand'mère, fille de Régnier, 1/2 s. N.
Sa bisaïeule, jument de pur sang.
Le Pin : depuis 1886.

545.   **EUDES** (approuvé). — M. Marguerin.
B. 1860. — Normandie.
Par *Téniers*, 1/2 s. N., et une 1/2 s. N.
Saint-Lô : 1864.

546.   **EUPATOR** (approuvé). — M. Mezeuse.
B. 1860. — Normandie.
Par *Jay*, 1/2 s. N., et une 1/2 s. N.
Saint-Lô : 1864.

547.   **EURIALE**. — H. N.
B. 1838. — Normandie.
Par *Sylvio*, P. S. A., et une 1/2 s. N., par Jaggar, 1/2 s. A.
Saint-Lô : 1842-1852.

548.   **EUROPÉEN** (approuvé). M. Basire.
B. 1882. — Manche.
Par *Shamrock*, 1/2 s. A. et une fille d'Hélios, 1/2 s. N.
Sa grand'mère, fille de Faucon, 1/2 s. N.
Sa bisaïeule, fille de Borisow, 1/2 s. N.
Sa trisaïeule, fille d'Electeur, 1/2 s. N.
Saint-Lô : 1886.

549.   **EURUS**. — H. N.
B. 1837. — Normandie.
Par *Chasseur*, 1/2 s. N., et une fille de Dissipateur, 1/2 s. N.
Le Pin : 1842 (Montiérender en 1843).

550.   **ÉVAUX** ex-**ÉMINENT**. — H. N.
Al. 1882. — Orne.
Par *Vichnou*, P. S. A., et *Doyenne*, par Elu, 1/2 s. N.
Sa grand'mère : fille de Doyen, 1/2 s. N.
Saint-Lô : 1886.

551   **ÉVEILLÉ**, ex-**ÉMULE**. — H. N.
B. 1882. — Orne.
Par *Vougeot*, 1/2 s. N., et *Champagne*, par Illico, 1/2 s. N.
Le Pin : depuis 1886.

552.   **ÉVENTAIL**. — H. N.
B. 1860. — Orne.
Par *Lanercost*, P. S. A., et une 1/2 s. N., par Brocardo, P. S. A.
Le Pin : 1866-1868.

553.   **EXALTÉ** (approuvé). — M. Nicolle.
B. 1882. — Orne.
Par *Oméga*, 1/2 s. N., et une fille de Formidable, 1/2 s. N.
Sa grand'mère : fille d'Hussein, 1/2 s. N.
Saint-Lô : 1886.

554.   **EXEAT**, ex-**ÉPATANT**. — H. N.
Al. 1882. — Calvados.
Par *Soldat*, 1/2 s. N., et *La Blonde*, par Buci, 1/2 s. N.
Sa grand'mère : fille de Lucain, 1/2 s. N.
Saint-Lô : depuis 1886.

555.   **EXCELLENCE**. — H. N.
B. 1838. — Normandie
Par *The Juggler*, P. S. A., et une 1/2 s. N., par Y. Topper, 1/2 s. A.
Le Pin : 1842-1846.

556.   **EXPERT**. — H. N.
B. 1838. — Normandie.
Par *Emule*, 1/2 s. N., et une 1/2 s. N., par Y. Rattler, 1/2 s. A.
Le Pin : 1842-1843.

557.   **EXPRESS**. — H. N.
B. 1882. — Calvados.
Par *Normand*, 1/2 s. N., et *Junon*, par Ignace, 1/2 s. N.
Sa grand'mère, fille d'Umber, 1/2 s. N.
Sa bisaïeule, fille d'Ottoman, 1/2 s. N.
Sa trisaïeule, fille de The Juggler, P. S. A.
Le Pin : depuis 1886.

558.   **EXTASE.** — H. N.
B. 1860. — Orne.
Par *Thésée*, 1/2 s. N., et une fille de Kramer, 1/2 s. N.
Sa grand'mère : fille de Québec, 1/2 s. N.
Le Pin : 1864-1880.

559.   **EXTRA** (approuvé). — Mme Tirard.
Bb. 1860. — Normandie.
Par *Tamerlan*, 1/2 s. N., et une fille de Boucanier, 1/2 s. N.
Saint-Lô : 1864-1882.

560.   **EXTRA.** — H. N.
B. 1882. — Calvados.
Par *Templier*, 1/2 s. N., et *Reblot*, par Léotard, 1/2 s. N.
Sa grand'mère : fille de Séducteur, 1/2 s. N.
Saint-Lô : depuis 1886.

561.   **EXTRÊME.** — H. N.
B. 1838. — Normandie.
Par *Émule*, 1/2 s. N., et une 1/2 s. N., par Talma, 1/2 s. A.
Sa grand'mère : 1/2 s. N., par Héraclius, 1/2 s. A.
Le Pin : 1842-1845.

562.   **FABIANO.** — H. N.
B. 1839. — Normandie.
Par *The Juggler*, P. S. A., et une 1/2 s. N., par Talma, 1/2 s. A.
Le Pin : 1843-1844 (Lamballe en 1845).

563.   **FABIUS**, ex-**FORTUNÉ.** — H. N.
B 1883. — Orne.
Par *Quielet*, 1/2 s. N., et *Diane*, par Solide, 1/2 s. N.
Sa grand'mère : fille d'Eylau, P. S. A. A.
Saint-Lô : 1887-1890.

564.   **FABRICANT**, ex-**FINOT.** — H. N.
B. 1883. — Orne.
Par *Usquebac* ou *Quielet*, 1/2 s. N., et *Miss Belle*, par Utrecht,
1/2 s. N.
Sa grand'mère : fille de Général, 1/2 s. N.
Saint-Lô : depuis 1887.

565.   **FABRIQUÉ.** — H. N.
Bb. 1883. — Manche.
Par *Léotard*, 1/2 s. N., et *Mazette*, par Guelfe, 1/2 s. N.
Le Pin : 1887-1888.

566.   **FABULEUX**, ex-**FAMEUX**. — H. N.
B. 1883. — Calvados.
Par *Phare*, 1/2 s. N., et *Bijou*, par Unau, 1/2 s. N.
Saint-Lô : depuis 1887.

567.   **FACTEUR** (approuvé). — M, du Chatel.
B. 1883. — Normandie.
Par *Thorigny*, 1/2 s. N., et une fille d'Arthur, 1/2 s. N.
Saint-Lô : depuis 1887.

568.   **FAISAN**. — H. N.
Al. 1883. — Sarthe.
Par *Phaëton*, 1/2 s. N., et *Ma-Mie*, par Hippocrate, 1/2 s. N.
Sa grand'mère : fille de Fontenay, 1/2 s. N.
Le Pin : depuis 1887.

569.   **FAKIR**. — H. N.
N. 1861. — Manche.
Par *Arnold*, 1/2 s. N., et *Joviale*, 1/2 s. N., par Ballinkeele, P. S. A.
Saint-Lô : 1865-1867.

570.   **FALBALA**. — H. N.
B. 1839. — Normandie.
Par *Eastham*, P. S. A., et une fille de Partisan, 1/2 s. N.
Le Pin : 1843 (Abbeville en 1844).

571.   **FALIÉRO**. — H. N.
B. 1839. — Normandie.
Par *Sylvio*, P. S. A., et une 1/2 s. N., par Dart, 1/2 s. A.
Le Pin : 1843-1849.

572.   **FALIÉRO**. — H. N.
B. 1861. — Orne.
Par *Thésée*, 1/2 s. N., et une fille d'Homère, 1/2 s. N.
Le Pin : 1871-1881.

573.   **FALMOUTH**, ex-**FALIÉRO**. — H. N.
N. 1883. — Orne.
Par *Tug*, 1/2 s. N., et *Pauline*, par Ximénès, 1/2 s. N.
Sa grand'mère : fille de Législateur, 1/2 s. N.
Saint-Lô : 1887.

574.   **FAMEUX** (approuvé). — M. de Basly.
B. 1861. — Calvados.
Par *Corsair*, 1/2 s. A., et une fille de Don-Balthazar.
Saint-Lô : 1865-1869.

575.   **FAMEUX.** — H. N.
B. 1861. — Calvados.
Par *Ventrebleu*, 1/2 s. N., et une fille d'Egrillard, 1/2 s. N.
Saint-Lô : 1865-1867.

576.   **FAMILIER** (approuvé). — M. Girouard.
B. 1874. — Normandie.
Par *Maccuba*, 1/2 s. N., et une fille d'Urus, 1/2 s. N.
Saint-Lô : 1878-1884.

577.   **FAMOSUS**. — H. N.
B. 1861. — Orne.
Par *Noteur*, 1/2 s. N., et une 1/2 s. N., par The Great-Western, P. S. A.
Le Pin : 1865-1866 (Strasbourg en 1867).

578.   **FANATIQUE.** — H. N.
N. 1883. — Manche.
Par *Thabor* ou *Pétrarque*, 1/2 s. N., et *Poulette*, par Mine-d'Or.
1/2 s. N,
Sa grand'mère : fille de Courcy, 1/2 s. N.
Saint-Lô : 1887.

579.   **FANDANGO.** — H. N.
Gr. 1837. — Normandie.
Par *Regretté*, 1/2 s. N., et une 1/2 s. N., par Ardrossan, 1/2 s. A.
Le Pin : 1843-1851.

580.   **FANFAN.** — H. N.
Bb. 1883. — Sarthe.
Par *Serpolet-Bai*, 1/2 s. N., et *Rhéa-Sylvia*, par Quiclet, 1/2 s. N.
Sa grand'mère, Miss-Sloss, par Elu, 1/2 s. N.
Sa bisaïeule, Victoria, par Séducteur, 1/2 s. N.
Sa trisaïeule, par Thésée, 1/2 s. N.
Sa quadrisaïeule, 1/2 s. N., par William, P. S. A
Son ascendante au 5e degré, 1/2 s. N., par Eylau, P. S. A. A.
Saint-Lô : depuis 1887.

581.   **FANFARE.** — H. N.
B. 1839. — Normandie.
Par *Voltaire*, 1/2 s. N., et une fille de Railleur, 1/2 s. N.
Sa grand'mère, 1/2 s. N., par Y. Topper, 1/2 s. A.
Le Pin : 1843-1851.

582.   **FANFARON.** — H. N.
B. 1839. — Normandie.
Par *Eastham*, P. S. A., et une fille de Sauvage, 1/2 s. N.
Saint-Lô : 1843-1846.

583.   FANFARON (approuvé). — M. Lemardelé.
B. 1844. — Manche.
Par *Fanfaron*, 1/2 s. N., et *Rosette*, par Hyacinthe, 1/2 s. N.
Saint-Lô : 1848-1860.

584.   FANFARON (approuvé). — M. Fauchon.
B. 1862. — Calvados.
Par *Tyndare*, 1/2 s. N., et une fille de Jérôme, 1/2 s. N.
Saint-Lô : 1866-1867.

585.   FANION, ex-FLERS. — H. N.
Al. 1883. — Manche.
Par *Ministère*, P. S. A., et *Ugolin*, par Ugolin, 1/2 s. N.
Sa grand'mère : fille de Paladin, P. S. A.
Saint-Lô : depuis 1887.

586.   FANTASSIN. — H. N.
B. 1839. — Normandie.
Par *Voltaire*, 1/2 s. N., et une fille de Nérestan, 1/2 s. N.
Le Pin : 1843-1847 (Abbeville en 1848).

587.   FANTOME, ex-FRANC-CŒUR. — H. N.
B. 1883. — Sarthe.
Par *Quiclet*, 1/2 s. N., et *Alma*, par Parthénon, 1/2 s. N.
Sa grand'mère : fille de Général, 1/2 s. N.
Saint-Lô : depuis 1887.

588.   FARNBOROUGH. — H. N.
Al. 1883. — Normandie.
Par *Avant-Tous*, 1/2 s. N., et *Lisette*, par Enragé, 1/2 s. N.
Sa grand'mère : fille d'Inkermann, 1/2 s. N.
Saint-Lô : depuis 1887.

589.   FARNÈSE, ex-FRANC-CŒUR. — H. N.
B. 1883. — Calvados.
Par *Archiduc*, 1/2 s. N., et *Eclatante*, 1/2 s. N., par Washington,
1/2 s. Al.
Saint-Lô : depuis 1887.

590.   FAROT (approuvé). — M. Duchemin.
B. 1857. — Manche.
Par *Jocko*, P. S. A., et une fille de Camisard, 1/2 s. N.
Saint-Lô : 1861.

591.   FASHIONABLE. — H. N.
Al. 1839. — Normandie.
Par *Jason*, P. S. A., et une 1/2 s. N., par Y. Topper, 1/2 s. A.
Le Pin : 1843-1852.

592.   **FAUBLAS**. — H. N.
B. 1861. — Orne.
Par *Pledge* ou *Thorigny*, 1/2 s. N., et une 1/2 s. N., par
Chesterfield-Junior, P. S. A.
Le Pin : 1865-1873.

593.   **FAUCON**. — H. N.
B. 1861. — Calvados.
Par *Jéricho*, 1/2 s. N., et une jument anglaise.
Saint-Lô : 1865-1882.

594.   **FAUCONNET** (approuvé). — M. Lebrun.
B. 1876. — Manche,
Par *Faucon*, 1/2 s. N., et une fille de Quinine, 1/2 s. N.
Saint-Lô : depuis 1880.

595.   **FAUNE**. — H. N.
Bb. 1839. — Normandie.
Par *Sylvio*, P. S. A., et une 1/2 s. N., par Pretender, 1/2 s. A.
Saint-Lô : 1843 (Langonnet en 1844).

596.   **FAUST**. — H. N.
B. 1839. — Normandie.
Par *Biron*, P. S. A., et une 1/2 s. N., par Lucholl. 1/2 s. A.
Saint-Lô : 1843-1850.

597.   **FAUST** (approuvé). — M. Le Sénécal.
B. 1861. — Normandie.
Par *Va-de-Bon-Cœur*, 1/2 s. N., et une fille d'Othello, 1/2 s. N.
Saint-Lô : 1865.

598.   **FAVART** (approuvé). — M. Lebouteiller.
B. 1883. — Manche.
Par *Sérieux*, 1/2 s. N., et *Rose*, par Adolpho, 1/2 s. N.
Saint-Lô : 1886-1887.

599.   **FAVORI**. — H. N.
B. 1839. — Normandie.
Par *Émule*, 1/2 s. N., et une 1/2 s. N., par Y. Topper, 1/2 s. A.
Le Pin : 1843. — Saint-Lô : 1844-1851.

600.   **FAVORI** (approuvé). — M. de Tesson.
B. 1882. — Normandie.
Par *Acquila*, 1/2 s. N., et une fille de Lavater, 1/2 s. N.
Saint-Lô : depuis 1891.

601.   **FAVORI.** — M. Gost.
Bb. 1883. — Calvados.
Par *Acquila*, 1/2 s. N., et une fille de Lavater, 1/2 s. N.
Sa grand'mère, 1/2 s. N., par The Heir-of-Linne, P. S. A.
Sa bisaïeule, fille d'Hautain, 1/2 s. N.
Le Pin : depuis 1887

602.   **FAVORI.** — H. N.
B. 1883. — Orne.
Par *Marignan*, 1/2 s. N., et *Tontine*, par Héliotrope, 1/2 s. N.
Sa grand'mère : fille de Pledge, 1/2 s. N.
Le Pin : 1887-1890.

603.   **FÉLIBIEN.** — H. N.
B. 1861. — Manche.
Par *Perfection*, 1/2 s. N., et une fille de Boucanier, 1/2 s. N.
Saint-Lô : 1865-1884.

604.   **FÉNELON** (approuvé). — M. Herbin.
B. 1861. — Normandie.
Par *Myrthe*, 1/2 s. N., et une fille de Québec, 1/2 s. N.
Saint-Lô : 1865.

605. **FERBLANTIER**, ex-**FRANC-MAÇON.** — H. N.
B. 1883. — Calvados.
Par *Phare*, 1/2 s. N., et *Ribaude*, par Ribaud, 1/2 s. N.
Sa grand'mère : fille de Dragon, P. S. A.
Le Pin : depuis 1887.

606.   **FERDINAND.** — H. N.
Bb. 1839. — Normandie.
Par *Eastham*, P. S. A., et une 1/2 s. N., par Bob-Warwick, 1/2 s. A.
Saint-Lô : 1843-1849.

607.   **FERMIER** (approuvé). — M. Le Sénécal.
B. 1839. — Normandie.
Par *Rhéteur*, 1/2 s. N., et une 1/2 s. N.
Saint-Lô : 1844-1845.

608.   **FERNANDO.** — H. N.
Bb. 1861. — Manche.
Par *Tamerlan*, 1/2 s. N., et une fille de Boucanier, 1/2 s. N.
Le Pin : 1865-1873.

609.   **FERNEY** (approuvé). — M. Le Goupil.
B. 1877. — Manche.
Par *Voltaire*, 1/2 s. N., et une fille de Volte-Face, 1/2 s. N.
Saint-Lô : depuis 1882.

610.   **FERRAGUS**. — H. N.
B. 1861. — Orne.
Par *Argos*, 1/2 s. N., et une fille de Galion, 1/2 s. N.
Saint-Lô : 1865-1869.

611.   **FÉRY**. — H. N.
B. 1839. — Normandie.
Par *Xerxès*, 1/2 s. N., et une 1/2 s. N., par Pilot, 1/2 s. A.
Sa grand'mère : fille de Bacha, P. S. Ar.
Saint-Lô : 1843-1846.

612.   **FESTON**. — H. N.
B. 1839. — Normandie.
Par *Biron*, P. S. A., et une 1/2 s. N., par Y. Rattler, 1/2 s. A.
Saint-Lô : 1843 (Pompadour en 1844).

613.   **FEU-DE-JOIE**. — H. N.
Al. 1861. — Calvados.
Par *Séducteur*, 1/2 s. N., et une 1/2 s. N., par The Repealer,
1/2 s. A.
Saint-Lô : 1865-1878.

614.   **FEU-FOLLET** (approuvé). — M. De la Ville.
N. 1883. — Normandie.
Par *Arpenteur*, 1/2 s. N., ou *Vera-Cruz*, 1/2 s. N., et une fille de
Noville, 1/2 s. N.
Sa grand'mère : fille d'Ovide, 1/2 s. N.
Saint-Lô : 1887.

615.   **FÉVRIER**, ex-**FRANC-CŒUR**. — H. N.
Bb. 1883. — Manche.
Par *Tempête* 1/2 s. N., et *Volante*, par Volant, 1/2 s. N.
Sa grand'mère : 1/2 s. N., par Sir Henry, 1/2 s. A.
Le Pin : depuis 1887.

616.   **FICHET**. — H. N.
B. 1839. — Normandie,
Par *Napoléon*, P. S. A., et une 1/2 s. N., par Eastham, P. S. A.
Le Pin : 1843. — Saint-Lô : 1844-1854.

617.   **FIDÈLE** (approuvé). — M. Marescot.
B. 1875. — Seine-Inférieure.
Par *Fidèle-au-Malheur*, 1/2 s. N., et une fille de Professeur,
1/2 s. N.
Le Pin : 1874-1877.

618. **FIDÈLE-AU-MALHEUR**
Approuvé : M. Fougeron, 1868 ; H. N., 1874.
B. 1861. — Normandie.
Par *The Norfolk-Phœnomenon*, 1/2 s. A., et une fille
de Prince-Colibri, P. S. A.
Le Pin : 1868-1873. — Saint-Lô : 1874-1884.

619. **FIER-A-BRAS**. — H. N.
N. 1883. — Calvados.
Par *Niger*, 1/2 s. N., et *Arlette*, par Normand, 1/2 s. N.
Sa grand'mère, fille de Conquérant, 1/2 s. N.
Sa bisaïeule, fille de Perruquier, 1/2 s. N.
Sa trisaïeule, fille de Succès, 1/2 s. N.
Sa quadrisaïeule, jument anglaise.
Le Pin : depuis 1888.

620. **FIGUIER, ex-FIGARO**. — H. N.
Bb. 1883. — Manche.
Par *Lavater*, 1/2 s. N., et *Jolie-Enfant*, 1/2 s. N.; par Pretty-Boy,
P. S. A.
Sa grand'mère : fille de Junior, 1/2 s. N.
Saint-Lô : 1887-1890.

621. **FIGURANT**. — H. N.
B. 1883. — Manche.
Par *Schiller*, 1/2 s. N., et *Finette*, par Daniel, 1/2 s. N.
Saint-Lô : depuis 1887.

622. **FILATEUR, ex-FÉLIN**. — H. N.
Bb. 1883. — Manche.
Par *Utrecht*, 1/2 s. N., et *Rosette*, par Lansborn, 1/2 s. N.
Saint-Lô : depuis 1887.

623. **FILEUR** (approuvé). — M. Pierre.
Al. 1883. — Calvados.
Par *Vanikoro*, 1/2 s. N., et une fille de Feu-de-Joie, 1/2 s. N.
Sa grand'mère : fille de Tamerlan, 1/2 s. N.
Saint-Lô : 1887.

624. **FINANCIER** (approuvé). — M. Lemeteyer.
B. 1883. — Calvados.
Par *Turco* ou *Renémesnil*, 1/2 s. N., et une fille de Soldat, 1/2 s. N.
Sa grand'mère : fille d'Estafette, 1/2 s. N.
Saint-Lô : depuis 1887.

625. **FIORENZO**. — H. N.
N. 1838. — Normandie.
Par *Sauvage*, 1/2 s. N., et une 1/2 s. N.
Saint-Lô : 1843-1857.

626. **FIORINO.** — H. N.
B. 1839. — Normandie.
Par *Napoléon*, P. S. A., et une 1/2 s. N. par D. I. O., P. S. A.
Le Pin : 1843-1845 (Rodez en 1846).

627. **FIRA-GAWO.** — H. N.
Bb. 1839. — Normandie
Par *Eastham*, P. S. A., et une 1/2 s. N. par Bob-Warwick,
1/2 s. A.
Le Pin : 1843-1848 (Montiérender en 1849).

628. **FIRE-AWAY** (approuvé). — M. Buhot.
B. 1842. — Normandie.
Par *Y. Cydnus*, 1/2 s. A., et une 1/2 s. N.
Saint-Lô : 1846-1847.

629. **FITZ-QUI-VIVE.** — H. N.
B. 1883. — Manche.
Par *Qui-Vive*, 1/2 s. N., et *Tentative*, par Lavater, 1/2 s. N.
Sa grand'mère : 1/2 s. N., par Sir Edwin, 1/2 s. A.
Sa bisaïeule : fille de Negro, 1/2 s. N.
Sa trisaïeule : fille de François Ier, 1/2 s. N.
Saint-Lô : 1887-1889.

630. **FLAMBARD** (approuvé). — M. Herbert.
Al. 1885. — Manche.
Par *Shamrock*, 1/2 s. A., et *Élégante*, par Silhouette, 1/2 s. N.
Sa grand'mère : fille de Macouba, 1/2 s. N.
Saint-Lô : depuis 1890.

631. **FLANC.** — H. N.
Gr. 1883. — Calvados.
Par *Jackson*, 1/2 s. A., et *Rossignol*, par Cotteret, 1/2 s. N.
Le Pin : depuis 1887.

632. **FLEURET** (approuvé). — M. Pierre.
B. 1883. — Calvados.
Par *Ulrich II*, 1/2 s. N., et une 1/2 s. N., par Tonnerre-des-Indes,
P. S. A.
Sa grand'mère : fille de Pledge, 1/2 s. N.
Saint-Lô : 1887

633. **FLEURON.** — H. N.
B. 1861. — Orne.
Par *Virgile*, 1/2 s. N., et une fille d'Iago, P. S. A.
Le Pin : 1866-1881.

7

634. **FLEURY**. — H. N.
Gr. 1839. — Normandie.
Par *Napoléon*, P. S. A., et une fille de Vaillant, 1/2 s. N.
Le Pin : 1843 (Angers en 1844).

635. **FLIBUSTIER**. — H. N.
Al. 1883. — Orne.
Par *Phaëton*, 1/2 s. N., et *Voltigeuse*, par Parthénon, 1/2 s. N.
Sa grand'mère : Belle-de-Jour, par Inkermann, 1/2 s. N.
Sa bisaïeule : Fatmey,‘ par Tipple-Cider, P. S. A.
Le Pin : 1887-1889.

636. **FLIC-FLAC** (approuvé). — M. de La Ville.
B. 1883. — Normandie.
Par *Ballon*, P. S. A., et une fille de Jean-Bart, 1/2 s. N.
Saint-Lô : 1887.

637. **FLORENTIN**. — H. N.
B. 1861. — Manche.
Par *Bravo*, P. S. A., et une fille de Borisow, 1/2 s. N.
Sa grand'mère : Belle-de-Nuit, P. S. A.
Saint-Lô : 1865-1873.

638. **FLORENTINO**. — H. N.
Bb. 1883. — Orne.
Par *Valdempierre*, 1/2 s. N., et *Conquérante*, par Conquérant,
1/2 s. N.
Saint-Lô : depuis 1887.

639. **FLORIDOR**, ex-**FRANCISCAIN**. — H. N.
B. 1883. — Manche.
Par *Quickly*, 1/2 s. N., et *Bijou*, par Beaumanoir, 1/2 s. N.
Sa grand'mère : fille de Lion-d'Or, 1/2 s. N.
Sa bisaïeule : fille de Centaure, 1/2 s. N.
Saint-Lô : depuis 1887.

640. **FLYING-BUCK** (approuvé). — M. Castel
B. 1861. — Normandie.
Par *Lucain*, 1/2 s. N., et une fille de Priam, 1/2 s. N.
Saint-Lô : 1865.

641. **FOË**. — H. N.
B. 1878. — Seine-Inférieure.
Par *Rémouleur*, 1/2 s. N., et une 1/2 s. N., par Father-Tames.
Saint-Lô : 1888.

642.

FOL-ESPOIR. — H. N.
B. 1883. — Manche.
Par *Idoménée*, 1/2 s. N., et *Favorite*, 1/2 s. N., par Pretty-Boy, P. S. A.
Sa grand'mère : fille de Lagopède, 1/2 s. N.
Saint-Lô : depuis 1887.

643.

FOLLET. — H. N.
B. 1883. — Calvados.
Par *Camembert*, P. S. A., et *Verveine*, par Valdemar, 1/2 s. N.
Sa grand'mère : fille de Lacour, 1/2 s. N.
Saint-Lô : depuis 1887.

644.

FONDATEUR. — H. N.
B. 1861. — Eure.
Par *Lacour*, 1/2 s. N., et une 1/2 s. N., par Telegraph, 1/2 s. A.
Le Pin : 1865-1871.

645.

FONDEUR — H. N.
B. 1839. — Normandie.
Par *Eastham*, P. S. A., et une 1/2 s. N., par Bob-Warwick, 1/2 s. A.
Le Pin : 1843-1853.

646.

FONTAINEBLEAU. — H. N.
N. 1883. — Calvados.
Par *Tigris*, 1/2 s. N., et *Lœtitia*, par Idoménée, 1/2 s. N.
Sa grand'mère : fille d'Eylau, P. S. A. A.
Saint-Lô : depuis 1887.

647.

FONTANAROSE. — H. N.
B. 1839. — Normandie.
Par *Sylvio*, P. S. A., et une 1/2 s. N., par Buffalo, 1/2 s. A.
Le Pin : 1843-1844 (Rosières en 1845).

648.

FONTENAY. — H. N.
B. 1839. — Normandie.
Par *Eastham*, P. S. A., et une 1/2 s. N., par Cleveland, 1/2 s. N.
Le Pin : 1847-1848 (Braisne en 1848).

649.

FONTENAY (approuvé). — M. Bisson.
B. 1861. — Normandie.
Par *Merlerault* ou *Lucain*, 1/2 s. N., et une fille de Noteur, 1/2 s. N.
Saint-Lô : 1865-1870.

650.

FONTENAY. — H. N.
B. 1883. — Calvados.
Par *Tigris*, 1/2 s. N., et *Coquette*, par Renémesnil, 1/2 s. N.
Sa grand'mère : fille de Libérator, 1/2 s. A.
Saint-Lô : depuis 1888.

651. **FONTENOY** (approuvé). — M. Lebourgeois
B. 1861. — Normandie.
Par *Rivoli*, 1/2 s. N., et une fille d'Adolphus, P. S. A.
Saint-Lô : 1865-1888.

652. **FORBACH, ex-FRIEDLAND.** — H. N.
B. 1883. — Orne.
Par *Oriental*, 1/2 s. N., et *Marquise*, par Taconnet, 1/2 s. N.
Sa grand'mère : fille de Centaure, 1/2 s. N.
Saint-Lô : depuis 1887.

653. **FORBAN.** — H. N.
B. 1839. — Normandie.
Par *The Juggler*, P. S. A., et une 1/2 s. N., par Y. Topper,
1/2 s. A.
Saint-Lô : 1843-1844.

654. **FORBAN, ex-FONDATEUR.** — H. N.
B. 1883. — Manche.
Par *Ministère*, P. S. A., et *Belle-de-Jour*, par Ignoré, 1/2 s. N.
Sa grand'mère : fille d'Egésippe, 1/2 s. N.
Saint-Lô : depuis 1887.

655. **FORBAN** (approuvé). — Mme Lereculey.
Al. 1883. — Manche.
Par *Sorcier*, 1/2 s. N., et *La Belle*, par Imposteur, 1/2 s. N.
Sa grand'mère : fille d'Elu, 1/2 s. N.
Sa bisaïeule : fille de Tipple-Cider, P. S. A.
Saint-Lô : depuis 1887.

656. **FORESTIER** (approuvé). — M. Delacourt.
B. 1860. — Normandie.
Par *Lucain*, 1/2 s. N., et une 1/2 s. N.
Le Pin : 1865-1872 et 1875-1876.

657. **FORESTIER, ex-FAVEROLLES.** — H. N.
B. 1883. — Calvados.
Par *Renémesnil*, 1/2 s. N., et *Odine*, 1/2 s. N., par Libérator,
1/2 s. A.
Sa grand'mère : fille de Diadème, 1/2 s. N.
Saint-Lô : depuis 1887.

658. **FOREY.** — H. N.
B. 1861. — Manche.
Par *Urus*, 1/2 s. N., et une fille d'Orgueilleux, 1/2 s. N.
Saint-Lô : 1865-1868.

659.   **FORGEUR**. — H. N.
Bb. 1883. — Calvados.
Par *Arpenteur* ou *Vera-Cruz*, 1/2 s. N., et *Gazelle*, par Noville, 1/2 s. N.
Sa grand'mère : fille de Tamerlan, 1/2 s. N.
Saint-Lô : depuis 1887.

660.   **FORMIDABLE**. — H. N.
B. 1861. — Manche.
Par *Victorieux*, 1/2 s. N., et une fille de Memnon, 1/2 s. N.
Saint-Lô : 1865-1871.

661.   **FORT-A-BRAS**. — H. N.
B. 1861. — Orne.
Par *Valdemar*, 1/2 s. N., et une fille de Prince-Colibri, P. S. A.
Saint-Lô : 1865.

662.   **FORTUNÉ** (approuvé). — M. du Chatel.
B. 1861. — Normandie.
Par *Lahore*, 1/2 s. A. et une 1/2 s. N., par Y. Gaberlunzie, 1/2 s. A.
Saint-Lô : 1865-1867.

663.   **FOURNICHON**. — H. N.
B. 1883. — Calvados.
Par *Tigris*, 1/2 s. N., et *Délurée*, par Ovide, 1/2 s. N.
Sa grand'mère : fille d'Argus, 1/2 s. N.
Saint-Lô : depuis 1887.

664.   **FRANÇAIS**. — H. N.
B. 1861. — Orne.
Par *Abrantès*, 1/2 s. N., et une fille de Tipple-Cider, P. S. A.
Le Pin : 1866-1873.

665.   **FRANCE** (approuvé). — M. Quesnel.
B. 1883. — Manche.
Par *Attrayant*, 1/2 s. N., et une fille d'Invariable 1/2 s. N.
Sa grand'mère : fille de Centaure, 1/2 s. N.
Saint-Lô : 1887.

666.   **FRANCFORT**. — H. N.
B. 1861. — Manche.
Par *Ugolin*, 1/2 s. N., et une 1/2 s. N., par Ballinkeele, P. S A.
Le Pin : 1865 (La Roche-sur-Yon en 1866).

667.   **FRANCISQUE** (approuvé). — Cte d'Abzac.
Al. 1883. — Manche.
Par *Ujiji*, 1/2 s. N., et une fille d'Invariable, 1/2 s. N.
Le Pin : depuis 1888.

668. **FRANÇOIS Ier.** — H. N.
Gr. 1839. — Normandie.
Par *Xerxès*, 1/2 s. N., et une 1/2 s. N., par Y. Rainbow, 1/2 s. A.
Saint-Lô : 1843-1853.

669. **FRANCONI.** — H. N.
B. 1861. — Orne.
Par *Utrecht*, 1/2 s. N., et une fille d'Héraclius, 1/2 s. N.
Sa grand'mère : fille de Sylvio, P. S. A.
Le Pin : 1865 (Saintes en 1866).

670. **FRANCONI, ex-FEUILLAGE.** — H. N.
N. 1883. — Manche.
Par *Alsacien*, 1/2 s. N., et *Charmante*, par Irrésistible, 1/2 s. N.
Sa grand'mère : fille d'Extra, 1/2 s. N.
Saint-Lô : 1887-1890.

671. **FRANKLIN.** — H. N.
Al. 1883. — Calvados.
Par *Niger*, 1/2 s. N., et *Clérette*, 1/2 s. N., par Libérator, 1/2 s. A.
Sa grand'mère : fille de Jactator, 1/2 s. N.
Sa bisaïeule : 1/2 s. N., par Trouville, P. S. A.
Sa trisaïeule : 1/2 s. N., par The Nemrod, 1/2 s. A.
Le Pin : depuis 1887.

672. **FRATER** (approuvé). — M. Tirard.
Bb. 1863. — Calvados.
Par *The Great-Western*, 1/2 s. A., et une fille de Troarn, 1/2 s. N.
Saint-Lô : 1866-1867.

673. **FRAY-EUSEBIO.** — H. N.
Bb. 1836. — Normandie.
Par *Sauvage*, 1/2 s. N., et une 1/2 s. N.
Saint-Lô : 1844-1848.

674. **FRED-ARCHER.** — H. N.
B. 1883 — Calvados.
Par *Normand*, 1/2 s. N., et *Verveine*, par Noville, 1/2 s. N.
Sa grand'mère : fille d'Y, 1/2 s. N.
Saint-Lô : depuis 1888.

675. **FREIN.** — H. N.
B. 1883. — Manche.
Par *Orphée*, 1/2 s. N., et *Moutonne*, par Harmonieux, 1/2 s. N.
Le Pin : depuis 1887.

676.   **FRÉJUS**. — H. N.
Al. 1838. — Normandie.
Par *Eastham*, P. S. A., et une fille d'Impérieux, 1/2 s. N.
Le Pin : 1843-1844 (Saint-Maixent en 1845).

677.   **FRIPON**. — H. N.
B. 1883. — Manche.
Par *Attrayant*, 1/2 s. N., et *Kabine*, par Kabin, 1/2 s. N.
Sa grand'mère : fille de Beaumarchais, 1/2 s. N.
Saint-Lô : depuis 1886.

678.   **FRISSON**. — H. N.
B. 1883. — Orne.
Par *Normand*, 1/2 s. N., et *Ida*, par Ovide, 1/2 s. N.
Sa grand'mère : fille d'Elu, 1/2 s. N.
Saint-Lô : 1887.

679.   **FRITZ** (approuvé). — M. Herbin.
B. 1850. — Normandie.
Par *Violent*, 1/2 s. N., et une 1/2 s. N.
Saint-Lô : 1866.

680.   **FRONDEUR**. — H. N.
Bb. 1883. — Orne.
Par *Valdempierre*, 1/2 s. N., et *Zéphirine*, par Kilomètre, 1/2 s. N.
Sa grand'mère : fille de Noteur, 1/2 s. N.
Saint-Lô : depuis 1887.

681.   **FRONSAC**. — H. N.
B. 1883. — Calvados.
Par *Arsace*, 1/2 s. N., et une fille de Tamerlan, 1/2 s. N.
Sa grand'mère : fille de Jay, 1/2 s. N.
Saint-Lô : depuis 1887.

682.   **FRONTIGNAN**. — H. N.
Bb. 1883. — Manche.
Par *Lavater*, 1/2 s. N., et *Souvenir*, 1/2 s. N., par Souvenir,
P. S. A.
Sa grand'mère : fille d'Hussein, 1/2 s. N.
Sa bisaïeule : fille de Sir Henry, 1/2 s. N.
Saint-Lô : depuis 1887.

683.   **FRONTON**. — H. N.
Al. 1883. — Calvados.
Par *Templier*, 1/2 s. N., et *Rapide*, par Idoménée, 1/2 s. N.
Sa grand'mère : fille de Sackos, 1/2 s. N.
Saint-Lô : depuis 1887.

684. **FUGITIF.** — H. N.
B. 1861. — Calvados.
Par *Kosack*, 1/2 s. N., et une fille de Kalender, 1/2 s. N.
Le Pin : 1865-1881.

685. **FULBERT.** — H. N.
B. 1861. — Calvados.
Par *Eperon*, P. S. A., et une fille de Maxime, 1/2 s. N.
Saint-Lô : 1865-1866.

686. **FULMINANT.** — H. N.
B. 1883. — Manche.
Par *Quality*, 1/2 s. N., et *Volante*, par Nicanor, 1/2 s. N.
Sa grand'mère : 1/2 s. N., par Fire-Away, 1/2 s. A.
Saint-Lô : depuis 1887.

687. **FULTON**, ex-**FAMOSUS** — H. N.
Bb. 1883. — Manche.
Par *Vautrain*, 1/2 s. N., et *La Pelote*, par Oak, 1/2 s. N.
Saint-Lô : 1887.

688. **FUMET.** — H. N.
Bb 1883. — Manche.
Par *Aristocrate*, 1/2 s. N., et *Espérance*, par Phare, 1/2 s. N.
Sa grand'mère : fille d'Urus, 1/2 s. N.
Le Pin : depuis 1887.

689. **FUNAMBULE**, ex-**FEUILLAGE.** — H. N.
B. 1883. — Calvados.
Par *Phare*, 1/2 s. N., et *Lisette*, par Quintus, 1/2 s. N.
Sa grand'mère : fille de Léotard, 1/2 s. N.
Saint-Lô : depuis 1887.

690. **FURIBOND.** — H. N.
Bb. 1861. — Eure.
Par *Bouffé*, 1/2 s. N., ou *Gainsborough*, 1/2 s. A., et *Vendetta*,
1/2 s. N., par Brocardo, P. S. A.
Saint-Lô : 1865-1866.

691. **FURIEUX** (approuvé). — M. Lecanu.
Al. 1883. — Manche.
Par *Théodoros*, P. S. A., et une fille de Feu-de-Joie. 1/2 s. N.
Sa grand'mère : fille de Victorieux, 1/2 s. N.
Sa bisaïeule : 1/2 s. N., par Assault, P. S. A.
Sa trisaïeule : fille de Boucanier, 1/2 s. N.
Sa quadrisaïeule : fille de Pégase, 1/2 s. N.
Saint-Lô : 1887-1890.

692.   **FURIUS**. — H. N.
Bb. 1861. — Normandie.
Par *Régnier*, 1/2 s. N , et une fille de Bolero, P. S. A.
Saint-Lô : 1871 (Rosières en 1872).

693.   **FUSCHIA**. — H. N.
B. 1883. — Manche.
Par *Reynolds*, 1/2 s. N., et *Rêveuse*, par Lavater, 1/2 s. N.
Sa grand'mère : Sympathie, P. S. A.
Le Pin : depuis 1889.

694.   **GABERLUNZIE** (approuvé). — M. Boulingue.
B. 1857. — Normandie.
Par *Gaberlunzie*, 1/2 s. N., et une 1/2 s. N.
Seine-Inférieure : 1863-1876.

695.   **GABRIDGE** (approuvé). — M. Marion père.
B. 1863. — Normandie.
Par *Talleyrand*, 1/2 s. N., et une 1/2 s. N.
Saint-Lô : 1867-1869.

696.   **GAILLOCHEUX**. — H. N.
Al. 1839. — Normandie.
Par *Coriolan*, P. S. A. A., et une 1/2 s. N., par Talma, 1/2 s. A.
Le Pin : 1844 (Angers en 1845).

697.   **GAILLON**, ex-**GÉDÉON**. — H. N.
Al. 1884. — Calvados.
Par *Alpha*, 1/2 s. N., et *Coquette*, par Egésippe, 1/2 s. N.
Sa grand'mère : fille de Kapirat, 1/2 s. N.
Saint-Lô : depuis 1888.

698.   **GALANT Ier**. — H. N.
B. 1884. — Orne.
Par *Uriel*, 1/2 s. N., et *Coquette*, par Faust, 1/2 s. N.
Saint-Lô : depuis 1889.

699.   **GALANT II**. — H. N.
B. 1884. — Orne.
Par *Uriel*, 1/2 s. N., et *Yvonne*, 1/2 s. N., par Faust, P. S. A.
Sa grand'mère : fille de Noteur, 1/2 s. N.
Sa bisaïeule : fille de Phœnomenon, 1/2 s. A.
Le Pin : depuis 1889.

700.   **GALBA**. — H. N.
B. 1840. — Normandie.
Par *The Juggler*, P. S. A., et une fille de Y. Topper, 1/2 s. A.
Saint-Lô : 1844-1854.

701. **GALBA**. — H. N.
Al. 1884. — Sarthe.
Par *Phaëton*, 1/2 s. N., et *Fleur-de-Genêt*, par Gall, 1/2 s. N.
Sa grand'mère : fille d'Inkermann, 1/2 s. N.
Sa bisaïeule : fille de Tipple-Cider, P. S. A.
Sa trisaïeule : fille de Eylau, P. S. A. A.
Le Pin : depuis 1888.

702. **GALION**. — H. N.
B. 1839. — Normandie.
Par *Voltaire*, 1/2 s. N., et une 1/2 s. N., par Y. Rattler, 1/2 s. A.
Le Pin : 1844-1864.

703. **GALION** (approuvé). — M. Pierre.
B. 1884. — Normandie.
Par *Jactator*, 1/2 s. N., et une 1/2 s. N., par Brandon, 1/2 s. A.
Saint-Lô : 1888.

704. **GALL**. — H. N.
B. 1839. — Normandie.
Par *Rhéteur*, 1/2 s. N., et une 1/2 s. N., fille de Prosélyte, 1/2 s. A.
Saint-Lô : 1844-1858.

705. **GALL** (approuvé, 1866-71). — H. N. 1872
B. 1862. — Normandie.
Par *Kapirat*, 1/2 s. N., et une 1/2 s. N., par Sir Henri, 1/2 s. A.
Le Pin : 1866-1885.

706. **GALLIEN**. — H. N.
B. 1839. — Normandie.
Par *The Juggler*, P. S. A., et une 1/2 s. N., par Lucholl, 1/2 s. A.
Le Pin : 1844 (Saint-Maixent en 1845).

707. **GALLIEN** (approuvé). — M. Gamarre.
N. 1884. — Calvados.
Par *Noville*, 1/2 s. N., et une fille de Conquérant, 1/2 s. N.
Sa grand'mère : Yelva, 1/2 s. N., par The Norfolk-Phœnomenon,
1/2 s. A.
Sa bisaïeule : Nanette, 1/2 s. N., par Black-Jack, 1/2 s. A.
Sa trisaïeule : Martinette (anglaise).
Le Pin : depuis 1888.

708. **GALLOIS** (approuvé). — M. Faucon.
B. 1850. — Normandie.
Par *Gall*, 1/2 s. N., et une 1/2 s. N.
Saint-Lô : 1855-1873.

709.　　　　　**GAMÉLIA. — H. N.**
Al. 1884. — Manche.
Par *Macouba*, 1/2 s. N., et *Lisette*, 1/2 s. N., par Thym, 1/2 s. V.
Sa grand'mère : fille de Rossignol, 1/2 s. N.
Saint-Lô : depuis 1889.

710.　　　　　**GAMEROCK** (approuvé). **— M. Joret.**
Bb. 1884. — Manche.
Par *Shamrock*, 1/2 s. A., et *Papillon*, par Lodi, 1/2 s. N.
Sa grand'mère : fille de Succès, 1/2 s. N.
Saint-Lô : 1888.

711.　　　　　**GAMIN. — H. N.**
B. 1838. — Normandie.
Par *Martagon*, 1/2 s. N., et une 1/2 s. N., par Y. Topper, 1/2 s. A.
Saint-Lô : 1844-1852.

712.　　　　　**GANDIN. — H. N.**
Al. 1884. — Manche.
Par *Reynolds*, 1/2 s. N., et *Cigarette*, 1/2 s. N., par Royal, P. S. A.
Sa grand'mère : fille d'Egésippe, 1/2 s. N.
Saint-Lô : 1888-1889.

713.　　　　　**GANIMÈDE. — H. N.**
B. 1862. — Normandie.
Par *Valdemar*, 1/2 s. N., et une fille de Kramer, 1/2 s. N.
Le Pin : 1866-1872.

714.　　　　　**GANYMÈDE. — H. N.**
B. 1839. — Normandie.
Par *Xerxès*, 1/2 s. N., et *La Louve*, par Chasseur, 1/2 s. N.
Sa grand'mère : 1/2 s. N., par Valient, 1/2 s. A.
Sa bisaïeule : 1/2 s. N., par Vidvid, 1/2 s. A.
Sa trisaïeule : fille d'Eclatant, 1/2 s. N.
Le Pin : 1844-1849.

715.　　　　　**GANYMÈDE** (approuvé). **— M. Lecoq.**
Al. 1845. — Calvados.
Par *Ganymède*, 1/2 s. N., et une fille de Voltaire, 1/2 s. N.
Saint-Lô : 1850-1858.

716.　　　　　**GARDANNE. — H. N.**
B. 1884. — Manche.
Par *Siroc*, 1/2 s. N., et *Rapide*, par Y. William, 1/2 s. N.
Saint-Lô : depuis 1888.

717.   **GARDE-A-TOI** (approuvé). — M. Robert.
Al. 1878. — Normandie.
Par *Garde-à-Vous*, 1/2 s. N., et une fille de Uhlan, 1/2 s. N.
Saint-Lô : 1882.

718.   **GARDE-A-VOUS**. — H. N.
Al. 1862. — Calvados.
Par *Sultan*, 1/2 s. N., et une fille de Lucain, 1/2 s. N.
Saint-Lô : 1866-1884.

719.   **GARIBALDI** (approuvé). — M. Duchatel.
B. 1859. — Normandie.
Par *Talleyrand*, 1/2 s. N., et une fille de Martagon, 1/2 s. N.
Saint-Lô : 1863.

720.   **GARIBALDI**. — M. Renaud.
B. 1860. — Normandie.
Par *Orgueilleux*, 1/2 s. N., et une fille de Protestant, 1/2 s. N.
Saint-Lô : 1864-1865.

721.   **GARUS** (approuvé). — M. Chesnay.
B. 1853. — Normandie.
Par *Tamerlan*, 1/2 s. N., et une fille d'Hunter, 1/2 s. Irl.
Saint-Lô : 1866-1873.

722.   **GASPARIN**. — H. N.
Al. 1884. — Manche.
Par *Agrippa*, 1/2 s. N., et *Belle-de-Jour*, par Quickly, 1/2 s. N.
Sa grand'mère : fille de Beaumanoir, 1/2 s. N.
Saint-Lô : depuis 1888.

723.   **GASTADOUR**. — H. N.
B. 1884. — Orne.
Par *Phaëton*, 1/2 s. N., et *Corantine*, par Quiclet, 1/2 s. N.
Sa grand'mère : fille de Inkermann, 1/2 s. N.
Sa bisaïeule : fille de Montaigne, 1/2 s. N.
Sa trisaïeule : fille de Destin, 1/2 s. N.
Sa quadrisaïeule: fille de Merlerault, 1/2 s. N.
Le Pin : depuis 1888.

724.   **GAULOIS**. — H. N.
B. 1862. — Orne.
Par *Fitz-Pantaloon*, P. S. A., et une fille de Montaigne, 1/2 s. N.
Sa grand'mère : fille de Doyen, 1/2 s. N.
Le Pin : 1866-1880.

725.   **GAVESTON**. — H. N.
B. 1839. — Normandie.
Par *Napoléon*, P. S. A., et 1/2 s. N., par Eastham, P. S. A.
Sa grand'mère : fille de Hightlyer, 1/2 s. N.
Le Pin : 1844-1848.

726.   **GAVESTON**. — H. N.
B. 1884. — Manche.
Par *Vendôme*, 1/2 s. N., et *Fanny*, par Kabin, 1/2 s. N.
Sa grand'mère : fille de Victorieux, 1/2 s. N.
Le Pin : depuis 1888.

727.   **GÉDÉON** (approuvé). — M. J. Godard.
Al. 1884. — Manche.
Par *Lodi*, 1/2 s. N., et une fille de Quasi, 1/2 s. N.
Sa grand'mère : fille d'Urus, 1/2 s. N.
Saint-Lô : 1889-1890.

728.   **GÉLOS**. — H. N.
B. 1839. — Normandie.
Par *Baron*, P. S. A., et une fille de Mahomet, 1/2 s. N.
Le Pin : 1844.

729.   **GÉNÉRAL**. — H. N.
Bb. 1839. — Normandie.
Par *The Juggler*, P. S. A., et une 1/2 s. N., par Prosélyte,
1/2 s. A.
Le Pin : 1844-1862.

730.   **GÉNÉRAL** (approuvé). — M. Hébert.
B. 1874. — Normandie.
Par *Montebello*, 1/2 s. N., et une fille d'Hugon, 1/2 s. N.
Saint-Lô : 1879-1881.

731.   **GÉNÉREUX**. — H. N.
Al. 1839. — Normandie.
Par *Tamare*, P. S. A., et une 1/2 s. N., par Y. Rattler,
1/2 s. A.
Le Pin : 1844.

732.   **GÉNÉREUX** (approuvé). — M. Pierre.
B. 1884. — Manche.
Par *Attila*, 1/2 s. N., et une fille de L'Incroyable, P. S. A.
Sa grand'mère : fille de The Heir-of-Linne, P. S. A.
Saint-Lô : 1888-1889.

733.   **GÉNÉREUX** (approuvé). — M. Quesnel.
Bb. 1884. — Calvados.
Par *Phare*, 1/2 s. N., et *Uzéline*, par Uzel, 1/2 s. N.
Sa grand'mère : 1/2 s. N., par Isolier, P. S. A.
Sa bisaïeule : fille de Pater, 1/2 s. N.
Saint-Lô : depuis 1888.

734.   **GENÊT**. — H. N.
B. 1884. — Manche.
Par *Aristocrate*, 1/2 s. N., et *Jolie-Enfant*, 1/2 s. N., par Lozenge,
P. S. A.
Sa grand'mère : fille de Dictateur, 1/2 s. N.
Sa bisaïeule : 1/2 s. N., par Corsair, 1/2 s. A.
Saint-Lô : depuis 1888.

735.   **GENTILHOMME**. — H. N.
B. 1862. — Calvados.
Par *Séducteur*, 1/2 s. N., et une fille de Pledge, 1/2 s. N.
Saint-Lô : 1866-1870 (Pau en 1871).

736.   **GENTLEMAN**. — H. N.
Al. 1884. — Orne.
Par *Tristan*, 1/2 s. N., et *Hélène*, par Ximénès, 1/2 s. N.
Sa grand'mère : fille d'Eylau, P. S. A. A.
Le Pin : 1888-1889.

737.   **GENTLEMEN** (approuvé). — M. Pierre.
B. 1884. — Normandie.
Par *Usuel*, 1/2 s. N., et une fille d'Ignoré, 1/2 s. N.
Sa grand'mère : fille de Séduisant, 1/2 s. N.
Saint-Lô : 1888.

738.   **GEORGES**, ex-**COMMINGES** (approuvé).
M. Guérin.
B. 1845. — Normandie.
Par *Comminges*, P. S. A., et une 1/2 s. N.
Saint-Lô : 1855-1864.

739.   **GEORGES** (approuvé). — M. Le Goupil.
B. 1882. — Manche.
Par *Vigilant*, 1/2 s. N., et une fille de Volte-Face, 1/2 s. N.
Saint-Lô : 1886-1890.

740.   **GEORGEY** (approuvé). — M. Lebel.
B. 1860. — Manche.
Par *Georges*, 1/2 s. N., et *Mignon*, par Mouton, 1/2 s.
Saint-Lô : 1866-1876.

741. **GERALD**. — H. N.
Bb. 1840. — Normandie.
Par *Fortuné*, P. S. A., et une 1/2 s. N., par Cleveland, 1/2 s. A.
Saint-Lô : 1844.

742. **GERANIUM** (approuvé). — M. Gosselin.
Bb. 1884. — Manche.
Par *Reynolds*, 1/2 s. N.. et une fille de Lavater, 1/2 s. N.
Sa grand'mère : Sympathie, P. S. A., par Pédagogue.
Saint-Lô : 1889.

743. **GÉRARDMER**. — H. N.
B. 1884. — Manche.
Par *Tempête*, 1/2 s. N., et *Volante*, par Volant, 1/2 s. N.
Sa grand'mère : 1/2 s. N., Sir-Henry, 1/2 s. A.
Le Pin : depuis 1888.

744. **GERMAIN**. — H. N.
B. 1840. — Orne.
Par *Cancan*, 1/2 s. N., et une fille d'Impérieux, 1/2 s. N.
Saint-Lô : 1844-1851.

745. **GERMANICUS**. — H. N.
B. 1840. — Normandie.
Par *Basly*, 1/2 s. N., et une 1/2 s. N., par Talma, 1/2 s. A.
Saint-Lô : 1844.

746. **GERMANICUS** (approuvé). — M. Bouchard.
B. 1855. — Normandie.
Par *Saint-Germain*, P. S. A., et une 1/2 s. N., par Eastham, P. S. A.
Saint-Lô : 1859-1873.

747. **GERMANICUS** (approuvé). — M. De La Ville.
B. 1884. — Normandie.
Par *Utrecht*, 1/2 s. N., et une fille de Quickly, 1/2 s. N.
Sa grand'mère : fille de Feu-de-Joie, 1/2 s. N.
Saint-Lô : 1888.

748. **GERMANUS**. — H. N.
B. 1840. — Calvados.
Par Y. *Prosélyte*, 1/2 s. A., et une 1/2 s. N., par Y. Topper, 1/2 s. A.
Le Pin : 1844 (Blois en 1845).

749. **GERMINAL**. — H. N.
B. 1884. — Manche.
Par *Reynolds*, 1/2 s. N., et *Poulot*, par Quotient, 1/2 s. N.
Sa grand'mère : fille de Ursin, 1/2 s. N.
Saint-Lô : depuis 1888.

750.   **GÉRONTE**. — H. N.
Bb. 1840. — Orne.
Par *Paradox*, P. S. A., et une fille d'Impérieux, 1/2 s. N.
Le Pin : 1844 (Langonnet 1845).

751.   **GERSON**. — H. N.
Al. 1884. — Manche.
Par *Vanikoro*, 1/2 s. N., et *Charlotte*, par Perfection, 1/2 s. N.
Saint-Lô : 1888-1890.

752.   **GÉVAUDAN**. — H. N.
Al. 1884. — Sarthe.
Par *Phaëton*, 1/2 s. N., et *Inspiration*, par Noville ou Quinola,
1/2 s. N.
Sa grand'mère : Royale-Topaze, P. S. A., par Royal-Quand-Même.
Le Pin : 1888-1889.

753.   **GIBOYER**. — H. N.
B. 1862. — Orne.
Par *Pledge*, 1/2 s. N., et une 1/2 s. N., par Chesterfield-Junior,
P. S. A.
Sa grand'mère : fille de Québec, 1/2 s. N.
Saint-Lô : 1866-1870.

754.   **GIBRALTAR**. — H. N.
B. 1884. — Manche.
Par *Beautiful*, 1/2 s. N., ou *Siroc*, 1/2 s. N., et Sans-Tache,
par Ugolin, 1/2 s. N.
Sa grand'mère : fille de Pledge, 1/2 s. N.
Saint-Lô : depuis 1888.

755.   **GIGANTESQUE** (approuvé). — M. Marion père.
B. 1862. — Normandie.
Par *Pilote*, 1/2 s. N., et une fille de Galion, 1/2 s. N.
Saint-Lô : 1868-1869.

756.   **GIL-BLAS** (approuvé). — M. Le Sénécal.
Bb. 1862. — Normandie.
Par *Gallois*, 1/2 s. N., et une fille d'Electeur, 1/2 s. N.
Saint-Lô : 1866-1871.

757.   **GIL-BLAS** (approuvé). — M. Simon.
B. 1863. — Normandie.
Par *Gallois*, 1/2 s. N., et une fille d'Electeur, 1/2 s. N.
Le Pin : 1867-1868.

758.   **GIL-BLAS.**— H. N.
B. 1884. — Manche.
Par *Lavater*, 1/2 s. N., et *Vigie*, 1/2 s. N., par Gabier, P. S. A.
Sa grand'mère : fille de Egésippe, 1/2 s. N.
Saint-Lô : depuis 1888.

759.   **GIL-BLAS** (approuvé). — M. Basire.
Al. 1884. — Manche.
Par *Shamrock*, 1/2 s. A., et une fille de Vermouth, 1/2 s. N.
Saint-Lô : 1888.

760.   **GILDAS.** — H. N.
Al. 1839. — Normandie.
Par *Friedland*, P. S. A., et une fille de Railleur, 1/2 s. N.
Le Pin : 1844-1845.

761.   **GIL-PEREZ.** — H. N.
Bb. 1884. — Calvados.
Par *Dictateur*, 1/2 s. N., et *La-Dive*, par Niger, 1/2 s. N.
Sa grand'mère : jument américaine.
Le Pin : depuis 1888.

762.   **GIRASOL.** — H. N.
Al. 1884. — Orne.
Par *Parthénon*, 1/2 s. N., et *Isabelle*, par Phaëton, 1/2 s. N.
Sa grand'mère : 1/2 s. N., par Trouville, P. S. A.
Sa bisaïeule : fille de Kœnisberg, 1/2 s. N.
Sa trisaïeule : 1/2 s. N., par Glocester, 1/2 s. A.
Sa quadrisaïeule : fille de Sylvio, P. S. A.
Le Pin : 1888-1889.

763.   **GIROD**. — H. N.
B. 1839. — Normandie.
Par *Biron*, P. S. A., et une fille de Necker, 1/2 s. N.
Le Pin : 1844.

764.   **GITANO** (approuvé).
MM. Gost, 1890 ; Lechaptois, 1891.
B. 1884. — Manche.
Par *Lavater*, 1/2 s. N., et *Manche*, par Regnard, 1/2 s. N.
Sa grand'mère : fille de The Heir-of-Linne, P. S. A.
Saint-Lô : depuis 1890.

765.   **GITANO**. — H. N.
B. 1884. — Orne.
Par *Un*, 1/2 s N., et *Susette*, par Kilomètre, 1/2 s. N.
Sa grand'mère : fille de Jéricko, 1/2 s. N.
Le Pin : depuis 1889.

766. **GLADIATEUR**. — H. N.
B. 1839. — Normandie.
Par *Xerxès*, 1/2 s. N., et une fille de Jaggar, 1/2 s. A.
Le Pin : 1844-1845 (Blois en 1846).

767. **GLANDIER**. — H. N.
B. 1839. — Normandie.
Par *Voltaire*, 1/2 s. N., et une fille d'Héraclius, 1/2 s. A.
Le Pin : 1844-1847.

768. **GLANEUR**. — H. N.
B. 1840. — Orne.
Par *Xerxès*, 1/2 s. A., et une 1/2 s. N.
Le Pin : 1844.

769. **GLANEUR**. — H. N.
N. 1884. — Orne.
Par *Valdempierre*, 1/2 s. N., et *Fille-de-Cœur*, 1/2 s. N.
par Phœnomenon, 1/2 s. A.
Sa grand'mère : Dame-de-Cœur, 1/2 s. N., par Wildfire, 1/2 s. A.
Sa bisaïeule : fille de Friedland, P. S. A.
Le Pin : depuis 1889.

770. **GLOCESTER**, ex-**GÉDÉON**. — H. N.
B. 1884. — Manche.
Par *Usuel*, 1/2 s. N., et *Poulot*, par Agenda, 1/2 s. N.
Sa grand'mère : fille d'Etendard, 1/2 s. N.
Saint-Lô : depuis 1888.

771. **GLOCESTER** (approuvé). — M. de La Ville.
B. 1884. — Normandie.
Par *Uzos*, 1/2 s. N., et une fille de Hick, 1/2 s. N.
Sa grand'mère : fille d'Interprète, 1/2 s. N.
Saint-Lô : depuis 1888.

772. **GLOIRE**. — H. N.
B. 1862. — Manche.
Par *Ursin*, 1/2 s. N., et une fille de Samman, 1/2 s. Ar.
Saint-Lô : 1866-1884.

773. **GLORIEUX**. — H. N.
Al. 1862. — Orne.
Par *Solide*, 1/2 s. N., et une 1/2 s. N. par Tipple-Cider,
P. S. A.
Saint-Lô : 1866-1890.

774. **GOBEUR**, ex-**GABELOU**. — H. N.
B. 1884. — Manche.
Par *Quality*, 1/2 s. N., et *Rapide*, par Egésippe, 1/2 s. N.
Sa grand'mère : fille de Victorieux, 1/2 s. N.
Saint-Lô : 1888-1889.

775. **GODEFROY** (approuvé). — M. Chéradame.
Al. 1862. — Normandie.
Par *Valdemar*, 1/2 s. N., et une 1/2 s. N.
Le Pin : 1867-1882.

776. **GOLDEN-LEGGS**. — H. N.
Al. 1884. — Calvados.
Par *Ulbach*, 1/2 s. V., et *Carlotta*, par Tapageur, 1/2 s. N.
Sa grand'mère : fille de Marignan, 1/2 s. N.
Saint-Lô : 1888.

777. **GOLIATH**. — H. N.
B. 1839. — Normandie.
Par *Xerxès*, 1/2 s. N., et une 1/2 s. N. par Y. Rattler, 1/2 s. A.
Le Pin : 1844.

778. **GOMAIRE**. — H. N.
B. 1862. — Normandie.
Par *Orgueilleux*, 1/2 s. N., et une fille de Protestant, 1/2 s. N.
Saint-Lô : 1866-1877.

779. **GOMMEUX**. — H. N.
B. 1884. — Manche.
Par *Upas*, 1/2 s. N., et une fille de Lavater, 1/2 s. N.
Sa grand'mère : fille de Colbert, P. S. A.
Le Pin : 1889.

780. **GONDI** (approuvé). — M. Pierre.
B. 1884. — Normandie.
Par *Bataillon*, 1/2 s. N., et une fille de Dictateur, 1/2 s. N.
Saint-Lô : 1888.

781. **GONZAGUE**, ex-**GARÇONNET**. — H. N.
B. 1884. — Manche.
Par *Agnadel*, 1/2 s. N., et *Poulette*, par O'Connell, 1/2 s. N.
Sa grand'mère : fille de Corsair, 1/2 s. A.
Le Pin : depuis 1888.

82.
GORDON (approuvé).
M. Ricard, 1888. — M. Marcel, 1888.
B. 1884. — Eure.
Par *Tigris*, 1/2 s. N., et une 1/2 s. N. par Affidavit, P. S. A.
Sa grand'mère : fille d'Usager, 1/2 s. N.
Le Pin : 1888. — Saint-Lô : depuis 1888.

783.
GORENFLOT. — H. N.
B. 1884. — Calvados.
Par *Opium*, 1/2 s. N., et *Coquette*, par Million, 1/2 s. N.
Sa grand'mère : fille de Régnier, 1/2 s. N.
Sa bisaïeule : fille de Cormoran, 1/2 s. N.
Sa trisaïeule : fille de Quia, 1/2 s. N.
Le Pin : depuis 1889.

784.
GORLITZ. — H. N.
Gr. 1839. — Normandie.
Par *Oscar*, 1/2 s. N., et une fille de Mahomet, 1/2 s. N.
Saint-Lô : 1844-1850.

785.
GOTHA. — H. N.
B. 1862. — Manche.
Par *Beaumanoir*, 1/2 s. N., et une 1/2 s. N. par Comminges, P. S. A.
Saint-Lô : 1866-1871.

786.
GOUDRON, ex-**GAËTAN**. — H. N.
B. 1884. — Manche.
Par *Aveyron*, 1/2 s. N., et *Lisette*, par Villiers, 1/2 s. N.
Sa grand'mère : fille de Régulier, 1/2 s. N.
Saint-Lô : depuis 1888.

787.
GOUPILLIÈRES. — H. N.
B. 1884. — Manche.
Par *Reynolds*, 1/2 s. N., et *Minuit*, par Lavater, 1/2 s. N.
Sa grand'mère : jument irlandaise.
Saint-Lô : 1888.

788.
GOURMET. — H. N.
Al. 1884. — Manche.
Par *Alsacien*, 1/2 s. N., et *Finette*, 1/2 s. N., par Bravo, P. S. A.
Sa grand'mère : fille de Camisard, 1/2 s. N.
Saint-Lô : depuis 1888.

789.
GOUSSET. — H. N.
B. 1862. — Calvados.
Par *Gazelcy*, 1/2 s. A., et une 1/2 s. N. par Tipple-Cider, P. S. A.
Le Pin : 1866.

790.   **GOUVERNEUR.** — H. N.
B. 1862. — Calvados.
Par *Bisson*, 1/2 s. N., et une fille de Navigateur, 1/2 s. N.
Saint-Lô : 1866-1874.

791.   **GOUZON.** — H. N.
B. 1840. — Orne.
Par *Friedland*, P. S. A., et une 1/2 s. N., par Jaggar, 1/2 s. A.
Le Pin : 1844 (Rosières en 1845).

792.   **GRACCHUS.** — H. N.
B. 1884. — Manche.
Par *Banyuls*, 1/2 s. N., et *Rapide*, par Saphir, 1/2 s. N.
Saint-Lô : 1888.

793.   **GRACIEUX.** — H. N.
B. 1839. — Normandie.
Par *The Juggler*, P. S. A., et une 1/2 s. N., par Y. Rattler,
1/2 s. A.
Le Pin : 1844 (Saint-Maixent en 1845).

794.   **GRADIVUS.** — H. N.
B. 1839. — Normandie.
Par *Voltaire*, 1/2 s. N., et une 1/2 s. N., par Y. Rattler,
1/2 s. A.
Le Pin : 1844-1846.

795.   **GRAFT.** — H. N.
B. 1884. — Manche.
Par *Alsacien*, 1/2 s. N., ou *Sénéchal*, 1/2 s. N., et *Corvette*, 1/2 s. N.,
par Shamyl, 1/2 s. L.
Sa grand'mère : fille de Paternel, 1/2 s. N.
Saint-Lô : depuis 1888.

796.   **GRANDIOSE.** — H. N.
B. 1862. — Calvados.
Par *Jéricho*, 1/2 s. N., et une fille de Kosack, 1/2 s. N.
Saint-Lô : 1866-1871.

797.   **GRAND'MAITRE.** — H. N.
B. 1884. — Orne.
Par *Barrabas*, 1/2 s. N., et *Séduisante*, par Palanquin, 1/2 s. N.
ou Tributaire, 1/2 s. N.
Sa grand'mère : fille de Buci, 1/2 s. N.
Saint-Lô : depuis 1888.

798. **GRANIER**. — H. N.
N. 1884. — Calvados.
Par *Phare*, 1/2 s. N., et *Rapide*, par Ugolin, 1/2 s. N.
Sa grand'mère : fille de Séduisant, 1/2 s. N.
Saint-Lô : depuis 1888.

799. **GRAY** (approuvé). — M. Le Sénécal.
Gr. 1839. — Normandie.
Par *Quandros*, 1/2 s. N., et une 1/2 s. N.
Saint-Lô : 1844-1846.

800. **GREC**. — H. N.
Bb. 1884. — Manche.
Par *Bataillon*, 1/2 s. N., et *Cocotte*, par Bandit, 1/2 s. N.
Saint-Lô : depuis 1888.

801. **GREENWICH**. — H. N.
B. 1884. — Manche.
Par *Vanikoro*, 1/2 s. N., et *Rosette*, par Memento, 1/2 s. N.
Sa grand'mère : fille de Tamerlan, 1/2 s. N.
Saint-Lô : 1888.

802. **GRÉGOIRE** (approuvé). — M. Le Sénécal.
B. 1862. — Normandie.
Par *Nacqueville*, 1/2 s. N., et une 1/2 s. N.
Saint-Lô : 1866-1875.

803. **GRÉTRY**. — H. N.
Al. 1884. — Calvados.
Par *Apis*, 1/2 s. N., et *Espérance*, 1/2 s. N., par Tamberlick,
P. S. A.
Sa grand'mère : fille de Porthos, 1/2 s. N.
Saint-Lô : 1888.

804. **GRIBOUILLE**. — H. N.
Al. 1862. — Manche.
Par *Zouave*, P. S. A., et une fille de Licteur, 1/2 s. N.
Saint-Lô : 1866-1867.

805. **GRICHE-MIDI**. — H. N.
Bb. 1884. — Orne.
Par *Usquebac*, 1/2 s. N., ou *Quiclet*, 1/2 s. N., et *Artisane*,
par Niger, 1/2 s. N.
Sa grand'mère : fille de Destin, 1/2 s. N.
Saint-Lô : depuis 1888.

806. **GRIFFON. —** H. N.
B. 1839. — Manche.
Par *Y. Cydnus*, 1/2 s. A., et une fille de Pivert, 1/2 s. N.
Saint-Lô : 1844.

807. **GRIPPE-SOUS. —** H. N.
B. 1884. — Manche.
Par *Aristocrate*, 1/2 s. N., et *La Petite*, par Va-de-bon-cœur. 1/2 s. N.
Sa grand'mère : fille de Ballinkeele, P. S. A.
Saint-Lô : 1888.

808. **GRIVOIS. —** H. N.
B. 1839. — Normandie.
Par *The Juggler*, P. S. A., et une 1/2 s. N., par Y. Topper, 1/2 s. A.
Le Pin : 1844 (Braisne en 1845).

809. **GROGNARD. —** H. N.
B. 1837. — Normandie.
Par *Pretender*, 1/2 s. A., et une 1/2 s. N., par D.-I.-O., P. S. A.
Le Pin : 1844 (Rosières en 1845).

810. **GRONDEUR. —** H. N.
Bb. 1839. — Normandie.
Par *Sauvage*, 1/2 s. N., et une jument du Cotentin.
Le Pin : 1844-1847.

811. **GROOM. —** H. N.
B. 1839. — Normandie.
Par *Biron*, P. S. A., et une fille d'Impérieux, 1/2 s. N.
Le Pin : 1844.

812. **GROSLEY. —** H. N.
B. 1840. — Normandie.
Par *Sylvio*, P. S. A., et une 1/2 s. N., par Jaggar, 1/2 s. A.
Saint-Lô : 1844-1860.

813. **GUELFE** (approuvé). — M. Bienvenu.
B. 1862. — Normandie.
Par *Isolier*. P. S. A., et une 1/2 s. N., par Ramsay, P. S. A.
Saint-Lô : 1866-1883.

814. **GUERROYEUR. —** H. N.
B. 1884. — Manche.
Par *Ministère*, P. S. A., et *Pimpante*, par Regnard, 1/2 s. N.
Sa grand'mère : fille de Séduisant, 1/2 s. N.
Saint-Lô : depuis 1888.

815.   **GUIBERT**. — H. N.
B. 1840. — Calvados.
Par *The Juggler*, P. S. A., et une 1/2 s. N., par Cleveland,
1/2 s. A.
Saint-Lô : 1844-1849.

816.   **GUIDON**. — H. N.
B. 1862. — Calvados.
Par *Brocardo*, P. S. A., et *Julie*, 1/2 s. N.
Le Pin : 1866-1874.

817.   **GUIGNON** (approuvé). — M. Lebourgeois.
B. 1862. — Normandie.
Par *Troarn*, 1/2 s. N., et une 1/2 s. N.
Saint-Lô : 1866-1867.

818. GUILLAUME-LE-CONQUÉRANT (approuvé).
M. Mabize.
Bb. 1862. — Normandie.
Par *Agenda*, 1/2 s. N., et une fille de Turpin, 1/2 s. A.
Saint-Lô : 1866-1867.

819.   **GUINGAMP** (approuvé). — M. Allain.
Bb. 1884. — Manche.
Par *Alsacien*, 1/2 s. N., et *Lisette*, par Dictateur, 1/2 s. N.
Sa grand'mère : fille de Rivoli, 1/2 s. N.
Saint-Lô : 1888-1889.

820.   **GUITON**. — H. N.
B. 1840. — Normandie.
Par *Xerxès*, 1/2 s. N., et une fille d'Impérieux, 1/2 s. N.
Saint-Lô : 1844 (Montiérender en 1845).

821.   **GUSMAN**. — H. N.
B. 1884. — Manche.
Par *Uzerche*, 1/2 s. N., et *Orpheline*, par Kent, 1/2 s. N.
Sa grand'mère : fille d'Etendard, 1/2 s. N.
Le Pin : 1888-1890.

822.   **GUSTAVE**. — H. N.
B. 1838. — Calvados.
Par *Sylvio*, P. S. A., et une 1/2 s. N., par Y. Rattler, 1/2 s. A.
Saint-Lô : 1844-1848.

823.   **GUSTIN**. — H. N.
B. 1839. — Normandie.
Par *The Juggler*, P. S. A., et une 1/2 s. N., par Y. Topper, 1/2 s. A.
Le Pin : 1844.

824.
GYAS. — H. N.
Al. 1840. — Normandie.
Par *Oscar*, 1/2 s. N., et une 1/2 s. N., par Jaggar, 1/2 s. A.
Saint-Lô : 1844 (Lamballe en 1845).

825.
HABEO, ex-HORACE. — H. N.
B. 1885. — Orne.
Par *Usquebac*, 1/2 s. N., et *Alma*, par Jéricko, 1/2 s. N.
Saint-Lô : depuis 1889.

826.
HABILE. — H. N.
B. 1841. — Calvados.
Par *Voltaire*, 1/2 s. N., et une fille de Railleur, 1/2 s. N.
Sa grand'mère : 1/2 s. N., par Y. Rattler, 1/2 s. A.
Sa bisaïeule : 1/2 s. N., par Y. Topper, 1/2 s. A.
Le Pin : 1845-1848.

827.
HABILE (approuvé). — M. de La Ville.
B. 1885. — Calvados.
Par *Vidi*, 1/2 s. N., et une fille d'Extase, 1/2 s. N.
Saint-Lô : 1889

828.
HADING, ex-HORACE. — H. N.
B. 1885. — Manche.
Par *Ministère*, P. S. A., et *Léotard*, par Léotard, 1/2 s. N.
Sa grand'mère : fille de Violent, 1/2 s. N.
Saint-Lô : depuis 1889.

829.
HAÏTI. — H. N.
B. 1885. — Calvados.
Par *Valparaiso*, 1/2 s. N., et *Elisabeth*, par Lucullus, 1/2 s. N.
Sa grand'mère : fille de Tamerlan, 1/2 s. N.
Saint-Lô : depuis 1889.

830.
HALIFAX (approuvé). — M. Bisson.
B. 1885. — Calvados.
Par *Tourville*, 1/2 s. N., et *Julie*, par John, 1/2 s. N.
Saint-Lô : depuis 1889.

831.
HALLALI. — H. N.
B. 1885. — Manche.
Par *Lavater*, 1/2 s. N., et *Allumette*, 1/2 s. N., par The Heir-of-
Linne, P. S. A.
Sa grand'mère : 1/2 s. N., par Eylau, P. S. A. A.
Sa bisaïeule : jument anglaise.
Saint-Lô : depuis 1889.

832.   **HALLEBARDIER. — H. N.**
B. 1863. — Calvados.
Par *Québec*, 1/2 s. N., et une fille de Socrate, 1/2 s. N.
Le Pin : 1867-1870.

833.   **HALLENCOURT. — H. N.**
Bb. 1885. — Orne.
Par *Dictateur*, 1/2 s. N., et *Ida*, par Niger, 1/2 s. N.
Sa grand'mère : Esméralda, par Elu, 1/2 s. N.
Sa bisaïeule : Alphérie, 1/2 s. N., par Fitz-l'antaloon, P. S. A.
Sa trisaïeule : Ida II, 1/2 s. N., par William, P. S. A.
Sa quadrisaïcule : Ida Iʳᵉ, par Basly, 1/2 s. N.
Ascendante au 5ᵉ degré : fille d'Impérieux, 1/2 s. N.
   —   6ᵉ degré : 1/2 s. N., par Ardrossan, 1/2 s. A.
   —   7ᵉ degré : 1/2 s. N., par Snaïl, P. S. A.
   —   8ᵉ degré : fille de Séduisant, 1/2 s. N.
   —   9ᵉ degré : 1/2 s. N., par Alérion, 1/2 s. A.
   —   10ᵉ degré : 1/2 s. N., par Le Parfait, 1/2 s. A.
Le Pin : depuis 1890.

834.   **HAMBOURG, ex-QUÉBEC (approuvé).**
MM. Marion, 1861-1863 ; Le Sénécal, 1864-1865.
B. 1857 — Normandie.
Par *Québec*, 1/2 s. N., et une fille de Ganymède, 1/2 s. N.
Saint-Lô : 1861-1865.

835.   **HAMEL. — H. N.**
Bb. 1841. — Normandie.
Par *Doyen*, 1/2 s. N., et une fille de Jaggar, 1/2 s. A.
Saint-Lô : 1845-1846 (Langonnet en 1847).

836.   **HAMON. — H. N.**
Bb. 1863. — Orne.
Par *The Norfolk-Phœnomenon*, 1/2 s. A., et une fille de Kramer,
1/2 s. N.
Sa grand'mère : fille de Québec, 1/2 s. N.
Le Pin : 1867-1884.

837.   **HANOVRE. — H. N.**
Bb. 1885. — Manche.
Par *Vautrain*, 1/2 s. N., et *Mignonne*, par Spectre, 1/2 s. N.
Sa grand'mère : fille d'O'Connell, 1/2 s. N.
Saint-Lô : depuis 1889.

838.   **HARDINVAST, ex-HASTINGS. — H. N**
Al. 1885. — Manche.
Par *Alsacien*, 1/2 s. N., et *Lisette*, par Rivoli, 1/2 s. N.
Saint-Lô : depuis 1889.

839. **HARDY.** — H. N.

B. 1880. — Seine-Inférieure.

Par *Normand*, 1/2 s. N., ou *Y. Quicksilver*, 1/2 s. A., et une fille
d'Ouvrier, 1/2 s. N.

Sa grand'mère : Octavia, 1/2 s. N.

Sa bisaïeule : jument anglaise.

Le Pin : depuis 1888.

840. **HAREM.** — H. N.

B. 1841. — Orne.

Par *Pick-Pocket*, P. S. A., , et une fille d'Emule, 1/2 s. N.

Le Pin : 1845 (Cluny en 1846).

841. **HARFLEUR** (approuvé). — M. Lebeurier.

Al. 1885. — Orne.

Par *Gabier*, P. S. A., et une fille de Jactator, 1/2 s. N.

Saint-Lô : depuis 1889.

842. **HARLEY.** — H. N.

N. 1885. — Calvados.

Par *Phaëton*, 1/2 s. N., et *Turlurette*, par Normand, 1/2 s. N.

Sa grand'mère : fille d'Ignace, 1/2 s. N.

Saint-Lô : depuis 1891.

843. **HARMONICA.** — H. N.

B. 1841. — Calvados.

Par *Voltaire*, 1/2 s. N., et une fille de Sylvio, P. S. A.

Le Pin : 1845-1858.

844. **HARMONIEUX** (approuvé). — M. Lepailleur.

B. 1885. — Calvados.

Par *Cordebugle*, 1/2 s. N., et une fille de Seymour, 1/2 s. N.

Saint-Lô : depuis 1890.

845. **HARMONIEUX** (approuvé). — M. de La Ville.

B. 1885. — Normandie.

Par *Uzerche*, 1/2 s. N., et une fille de Jarnac, 1/2 s. N.

Sa grand'mère : fille d'Ugolin, 1/2 s. N.

Saint-Lô : 1889.

846. **HARMONIEUX IV.** — H. N.

B. 1863. — Calvados.

Par *Séducteur* ou *Buci*, 1/2 s. N., et une 1/2 s. N., par The Nemrod,
1/2 s. A.

Saint-Lô : 1867-1881.

847.   **HARO** (approuvé). — M. Pierre.
B 1885. — Calvados.
Par *Alsacien*, 1/2 s. N., et une fille de Dictateur, 1/2 s. N.
Saint-Lô : 1889.

848.   **HAROLD**. — H. N.
Bb. 1885. — Manche.
Par *Spectre*, 1/2 s. N., et *Volante*, par Nicanor, 1/2 s. N.
Sa grand'mère : 1/2 s. N., par Fire-Away, 1/2 s. A.
Le Pin : depuis 1889.

849.   **HARPAGON**. — H. N.
N. 1885. — Manche.
Par *Algésiras*, 1/2 s. N., et *Harmonique*, par Harmonieux, 1/2 s. N.
Sa grand'mère : fille de Fontenay, 1/2 s. N.
Le Pin : 1889-1890.

850.   **HARPALOS**. — H. N.
B. 1841. — Manche.
Par *Y. Gaberlunzie*, 1/2 s. A., et une fille de Saumon, 1/2 s. N.
Saint-Lô : 1845-1853.

851.   **HARPON** (approuvé). — M. Pierre.
B. 1884. — Calvados.
Par *Colporteur*, 1/2 s. N., et une fille de Séduisant, 1/2 s. N.
Saint-Lô : 1891

852.   **HARRY**, ex-**HECTOR**. — H. N.
B. 1885. — Calvados.
Par *Acquila*, 1/2 s. N., et *Orange*, par Normand, 1/2 s. N.
Le Pin : 1889-1890.

853.   **HASARDEUX**. — H. N.
B. 1841. — Orne.
Par *Fortuné*, P. S. A. A., et une 1/2 s. N., par Y. Rattler, 1/2 s. A.
Le Pin : 1845 (Langonnet en 1846).

854.   **HASTINGS**. — H. N.
B. 1885. — Manche.
Par *Président*, 1/2 s. N., et *La Poule*, par Ménélas, 1/2 s. N.
Le Pin : depuis 1889.

855.   **HASTY** (approuvé). — M. Lepileur.
Al. 1885. — Calvados.
Par *Calas*, 1/2 s. N., et *Adèle*, par Ugolin, 1/2 s. N.
Sa grand'mère : fille de Sobriquet, 1/2 s. N.
Saint-Lô : depuis 1889.

856.   **HAUTAIN.** — H. N.
B. 1841. — Calvados.
Par *Xerxès*, 1/2 s. N., et une 1/2 s. N., par Jaggar, 1/2 s. A.
Saint-Lô : 1845-1846 (Saint-Maixent en 1847).

857.   **HAUTAIN** (approuvé). — M. Franchomme.
B. 1846. — Normandie.
Par *Hautain*, 1/2 s. N., et une 1/2 s. N., par Y. Topper, 1/2 s. A.
Saint-Lô : 1849-1862.

858.   **HAUTAIN** (approuvé). — M. Varin.
B. 1863. — Calvados.
Par *The Nemrod*, 1/2 s. A., et une fille d'Ottoman 1/2 s. N.
Sa grand'mère : fille de Tipple-Cider, P. S. A.
Saint-Lô : 1867-1868.

859.   **HAUT-VOL, ex-HÉCLA.** — H. N.
B. 1885. — Calvados.
Par *Auteuil*, 1/2 s. N., et *Coquette*, par Voltaire, 1/2 s. N.
Sa grand'mère : fille de Courcy, 1/2 s. N.
Le Pin : 1889-1891.

860.   **HAVAS, ex-HARDI.** — H. N.
Bb. 1885. — Orne.
Par *Valdempierre*, 1/2 s. N., et *Mondragore*, par Niger,
1/2 s. N.
Sa grand'mère : fille de Taconnet, 1/2 s. N.
Le Pin : depuis 1889.

861.   **HEADER.** — H. N.
B. 1885. — Manche.
Par *Ray-Grass*, 1/2 s. N., et une fille d'Ugolin, 1/2 s. N.
Sa grand'mère : fille d'Aguste, P. S. A.
Saint-Lô : depuis 1889.

862.   **HEARTY.** — H. N.
B. 1885. — Manche.
Par *Thabor*, 1/2 s. N., et *Lisa*, par Phare, 1/2 s. N.
Sa grand'mère : fille d'Impérial, 1/2 s. N.
Saint-Lô : depuis 1889.

863.   **HEAUME.** — H. N.
B. 1885. — Calvados.
Par *Clodomir*, 1/2 s. N., et *Lisette*, par Léotard, 1/2 s. N.
Saint-Lô : depuis 1889.

864. **HÉBREU.** — H. N.
Bb. 1841 — Orne.
Par Y. *Emilius*, P. S. A., et une 1/2 s. N., par Y. Ratiler, 1/2 s. A.
Saint-Lô : 1845-1858.

865. **HÉCLA** (approuvé : M. Hervieu, 1889).
H. N. 1890.
Bb. 1885. — Calvados.
Par *Valdempierre*, 1/2 s. N., et *Peschiera*, par Extase, 1/2 s. N.
Sa grand'mère : fille de Conquérant, 1/2 s. N.
Sa bisaïeule : fille de Dorus, 1/2 s. N.
Sa trisaïeule : fille d'Introuvable, 1/2 s. N.
Sa quadrisaïeule : fille de Royal-George, P. S. A.
Le Pin : depuis 1889.

866. **HECTOMÈTRE,** ex-**HALLALI.** — H. N.
B. 1885. — Manche.
Par *Raming*, 1/2 s. N., et *Bijou*, par Oglio, 1/2 s. N.
Sa grand'mère : fille de Panique, 1/2 s. N.
Saint-Lô : depuis 1889.

867. **HÉGÉSIPPE.** — H. N.
Bb. 1841. — Orne.
Par *Friedland*, P. S. A. et une fille d'Oscar, 1/2 s. N.
Le Pin : 1845-1850 (Langonnet en 1851).

868. **HELDER.** — H. N.
B. 1841. — Calvados.
Par *Émule*, 1/2 s. N., et une fille de Chasseur, 1/2 s. N.
Le Pin : 1845 (Saint-Maixent en 1846).

869. **HELDER** (approuvé). — M. Lebel.
Bb. 1885. — Manche.
Par *Aristocrate*, 1/2 s. N., et une fille de Surveillant, 1/2 s. N.
Sa grand'mère : fille d'Extase, 1/2 s. N.,
Saint-Lô : depuis 1889.

870. **HÉLIOS.** — H. N.
Al. 1863. — Calvados.
Par *Succès*, 1/2 s. N., et *Augusta*, P. S. A., par Y. Colwick.
Saint-Lô : 1868-1882.

871. **HÉLIOTROPE.** — H. N.
Gr. 1841. — Orne.
[Par *Xerxès*, 1/2 s. N., et une fille de D.-I.-O., P. S. A.
Le Pin : 1845-1847 (Saint-Maixent en 1848).

872. **HÉLIOTROPE.** — H. N.
B. 1863. — Orne.
Par *Pledge* ou *Thésée*, 1/2 s. N., et une fille de Séducteur, 1/2 s. N.
Le Pin : 1867-1885.

873. **HÉMEVEZ** (approuvé). — M. Buhot.
Bb. 1877. — Manche.
Par *Jackson*, 1/2 s. N., et une fille de Marengo, 1/2 s. N.
Saint-Lô : 1881-1883.

874. **HENRI.** — H. N.
Gr. 1840. — Orne.
Par *Napoléon*, P. S. A., et une 1/2 s. N., par Y. Rattler, 1/2 s. A.
Le Pin : 1845-1850.

875. **HENRI** (approuvé). — M. Pierre.
Bb. 1885. — Calvados.
Par *Vera-Cruz*, 1/2 s. N., et une fille de Boucanier, 1/2 s. N.
Sa grand'mère : fille d'Arétin, 1/2 s. N.
Saint-Lô : 1889.

876. **HENRIOT.** — H. N.
B. 1863. — Orne.
Par *Thésée*, 1/2 s. N., et une fille de Voltaire, 1/2 s. N.
Sa grand'mère : fille de December, 1/2 s. N.
Sa bisaïeule : Cochlea, P. S. A., par Mameluke.
Le Pin : 1867-1871 (Annecy en 1872).

877. **HÉRACLIUS.** — H. N.
B. 1840. — Calvados.
Par *Voltaire*, 1/2 s. N., et une 1/2 s. N., par Héraclius, 1/2 s. A.
Le Pin : 1845-1847 (Saint-Maixent en 1848).

878. **HÉRACLIUS** (approuvé). — M. Castel.
B. 1863. — Normandie.
Par *Séducteur*, 1/2 s. N., et une fille d'Homère, 1/2 s. N.
Saint-Lô : 1867-1869.

879. **HERBION.** — H. N.
B. 1841. — Orne.
Par *Emule*, 1/2 s. N., et une 1/2 s. N.
Saint-Lô : 1845-1846.

880. **HERBORISTE** (approuvé). — M. Castel.
B. 1863. — Normandie.
Par *Othon*, 1/2 s. N., et une fille de Pledge, 1/2 s. N.
Saint-Lô : 1867-1870.

881.   **HERCULE**. — H. N.
B. 1862. — Orne.
Par *Valdemar*, 1/2 s. N., et une fille de Paradis, 1/2 s. N.
Le Pin : 1867-1871.

882.   **HERCULE** (approuvé). — M. du Châtel.
Bb. 1863. - Normandie.
Par *Y. William*, 1/2 s. N., et une 1/2 s. N.
Saint-Lô : 1867-1869.

883.   **HERCULE-NORMAND**. — H. N.
N. 1885. — Calvados.
Par *Tigris*, 1/2 s. N., et *Commère*, par Normand, 1/2 s. N.
Sa grand'mère : fille de Conquérant, 1/2 s. N.
Sa bisaïeule : Sans-Façons, 1/2 s. N., par Phœnomenon, 1/2 s. A.
Sa trisaïeule : 1/2 s. N., par Télégraph, 1/2 s. A.
Le Pin : depuis 1890.

884.   **HÉRITIER**. — H. N.
Al. 1885. — Manche.
Par *Macouba*, 1/2 s. N., et *Dorade*, 1/2 s. N., par Shamrock, 1/2 s. A.
Sa grand'mère : fille de Quasi, 1/2 s. N.
Sa bisaïeule : fille d'Eminent, 1/2 s. N.
Saint-Lô : depuis 1889.

885.   **HERMAN** (approuvé). — M. Castel.
B. 1858. — Normandie.
Par *Ottoman*, 1/2 s. N., et une fille de Biron, P. S. A.
Saint-Lô : 1862-1863.

886.   **HERMANN** (approuvé). — M. Grente
B. 1885. — Normandie.
Par *Attila*, 1/2 s. N., et une fille de Lavater. 1/2 s. N.
Sa grand'mère : fille de The Heir-of-Linne, P. S. A.
Saint-Lô : depuis 1889.

887.   **HERNANDEZ**. — H. N.
Al. 1885. — Calvados.
Par *Logrono*, P. S. A., et *Bayette*, par Gotha, 1/2 s. N.
Saint-Lô : depuis 1889.

888.   **HÉRODE**. — H. N.
Bb. 1885. — Orne.
Par *Barrabas*, 1/2 s. N., et *La Grisière*, par Séducteur, 1/2 s. N.
Sa grand'mère : Héroïne, P. S. A., par Gladiator.
Le Pin : depuis 1890.

889.   HÉRON (approuvé). — Mme Lereculey.
B. 1885. — Manche.
Par *Alsacien*, 1/2 s. N., et une 1/2 s. N., par *Bravo*, P. S. A.
Sa grand'mère : fille d'Ignoré, 1/2 s. N.
Sa bisaïeule : fille de Pater, 1/2 s. N.
Saint-Lô : depuis 1889.

890.   HÉROS (approuvé). — Mme Canivet.
Bb. 1863. — Normandie.
Par *Beaumanoir*, 1/2 s. N., et une fille de Marengo, P. S. A. A.
Saint-Lô : 1867-1876.

891.   HÉROS. — H. N.
B. 1878. — Sarthe.
Par *Conquérant*, 1/2 s. N., et *Rose-Pompon*, 1/2 s. N..
par Sincerity, P. S. A.
Sa grand'mère : Notre-Dame, par Ipsilanty, 1/2 s. N.
Sa bisaïeule : Xila, 1/2 s. N., par Gainsborough, 1/2 s. A.
Le Pin : 1882-1889.

892.   HERSCHELL. — H. N.
B. 1841. — Orne.
Par *Eylau*, P. S. A. A., et une 1/2 s. N., par Pretender, 1/2 s. A.
Le Pin : 1845-1858.

893.   HEXAMÈTRE. — H. N.
N. 1885. — Orne.
Par *Sir Quid-Pigtail*, P. S. A., ou *Gédéon*, P. S. A. A. et *Juana*,
par Lavater, 1/2 s. N.
Saint-Lô : depuis 1889.

894.   HERZ. — H. N.
B. 1841. — Orne.
Par *Eylau*, P. S. A. A., et une fille d'Impérieux, 1/2 s. N.
Le Pin : 1845-1851.

895.   HIAN. — H. N.
Al. 1885. — Orne.
Par *Beaugé*, 1/2 s. N., et *Fulla*, par Abrantès, 1/2 s. N.
Sa grand'mère : fille d'Élu, 1/2 s. N.
Sa bisaïeule : fille de Valdemar, 1/2 s. N.
Le Pin : 1889-1890 (Angers en 1891).

896.   HICK. — H. N.
Al. 1863. — Orne.
Par *Merlerault* ou *Centaure*, 1/2 s. N., et une 1/2 s. N.,
par Tipple-Cider, P. S. A.
Le Pin : 1867-1882.

9

897. **HIDALGO**. — H. N.
B. 1863. — Calvados.
Par *Séducteur*, 1/2 s. N., et une fille de Pilote, 1/2 s. N.
Le Pin : 1867-1883.

898. **HIDALGO** (approuvé). — M. le Sénécal.
B. 1863. — Normandie.
Par *Urus*, 1/2 s. N., et une fille de Nemrod, 1/2 s. N.
Saint-Lô : 1867.

899. **HIDALGO**. — H. N.
Bb. 1885. — Eure.
Par *Valencourt*, 1/2 s. N., et *Zaine*, par Conquérant, 1/2 s. N.
Sa grand'mère : fille de Carignan, 1/2 s. N.
Saint-Lô : 1889.

900. **HIER**, ex-**HONORABLE**. — H. N.
Al. 1885. — Manche.
Par *Idoménée*, 1/2 s. N., et *Orientale*, par Jackson, 1/2 s. N.
Sa grand'mère : fille d'Hussein, 1/2 s. N.
Saint-Lô : depuis 1889.

901. **HIGHT** (approuvé). — M. Vengeon.
Bb. 1885. — Calvados.
Par *Seymour*, 1/2 s. N., et une fille de Reynolds, 1/2 s. N.
Sa grand'mère : Lisette, 1/2 s. N., par Washington, 1/2 s. Al.
Sa bisaïeule : fille d'Héros, 1/2 s. N.
Saint-Lô : depuis 1889.

902. **HILAIRE**. — H. N.
B. 1841. — Normandie.
Par *Voltaire*, 1/2 s. N., et une fille de Nérestan, 1/2 s. N.
Saint-Lô : 1845-1848.

903. **HILAIRE**. — H. N.
B. 1863. — Calvados.
Par *Victorieux*, 1/2 s. N., et une fille d'Assault, P. S. A.
Le Pin : 1867-1883.

904. **HIMALAYA**. — H. N.
Al. 1885. — Orne.
Par *Calchas*, 1/2 s. N., et *Cornélie*, par Usquebac, 1/2 s. N.
Sa grand'mère : fille d'Hidalgo, 1/2 s. N.
Sa bisaïeule : fille de Lucain, 1/2 s. N.
Sa trisaïeule : fille de William, P. S. A.
Le Pin : depuis 1889.

905.   **HIPPARQUE**. — H. N.
B. 1840. — Orne.
Par *Y. Emilius*, P.S.A., et une fille de Railleur, 1/2 s. N.
Le Pin : 1845-1848 (Braisne en 1849).

906.   **HIPPIAS**. — H. N.
B. 1841. — Orne.
Par *Marengo*, P. S. A. A., et une 1/2 s. N., par Bob-Warwick,
1/2 s. A.
Le Pin : 1845-1846 (Montiérender en 1847).

907.   **HIPPOCRATE**. — H. N.
B. 1839. — Calvados.
Par *Voltaire*, 1/2 s. N., et une 1/2 s. N., par Y. Rattler, 1/2 s. A.
Saint-Lô : 1845-1850.

908.   **HIPPOCRATE**. — H. N.
B. 1863. — Sarthe.
Par *Merlerault*, 1/2 s. N., et une fille de Galion, 1/2 s. N.
Saint-Lô : 1867-1875.

909.   **HIPPOGRIFFE**. — H. N.
Gr. 1841. — Calvados.
Par *Biron*, P. S. A., et une 1/2 s. N., par Talma, 1/2 s. A.
Le Pin : 1845-1846.

910.   **HIPPOLYTE**. — H. N.
B. 1841. — Calvados.
Par *Biron*, P. S. A., et une 1/2 s. N., par Y. Topper, 1/2 s. A.
Saint-Lô : 1845.

911.   **HIPPOS**. — H. N.
B. 1863. — Calvados.
Par *Othon*, 1/2 s. N., et une fille d'Herschell, 1/2 s. N.
Le Pin : 1868-1882.

912.   **HISTORIEN**. — H. N.
B. 1841. — Calvados.
Par *Xerxès*, 1/2 s. N., et une fille de Napoléon, P. S. A.
Saint-Lô : 1845-1860.

913.   **HISTORIQUE**. — M. Bisson.
Bb. 1858. — Normandie.
Par *Historien*, 1/2 s. N., et une fille de Vautour, 1/2 s. N.
Saint-Lô : 1863-1867.

914. **HOBBES** (approuvé). — M. Garnot.
Bb. 1863. — Calvados.
Par *Thésée*, 1/2 s. N., et une fille de Kramer, 1/2 s. N.
Saint-Lô : 1867-1871.

915. **HOCHE**. — H. N.
B. 1885. — Manche.
Par *Attila*, 1/2 s. N., et *Miss Henriette*, par Égésippe, 1/2 s. N.
Sa grand'mère : fille de Sir Henry, 1/2 s. N.
Saint-Lô : 1889-1890.

916. **HOCHET**, ex-**HYPOTHÈSE**. — H. N.
Bb. 1885. — Manche.
Par *Courtomer*, 1/2 s. N., et une fille de Kabin, 1/2 s. N.
Saint-Lô : 1890.

917. **HOLBACK**. — H. N.
B. 1863. — Calvados.
Par *Séducteur*, 1/2 s. N., et une fille de Raphaël, 1/2 s. N.
Sa grand'mère : 1/2 s. N., par Pilot, 1/2 s. A.
Sa bisaïeule : 1/2 s. N., par Bacha, P. S. Ar.
Saint-Lô : 1867-1871.

918. **HOMARD**. — H. N.
Bb. 1885. — Calvados.
Par *Tigris*, 1/2 s. N., et *Diva*, par Normand, 1/2 s. N.
Sa grand'mère : Miss-Mowbray, P. S. A.
Le Pin : depuis 1890.

919. **HOMÈRE**. — H. N.
Bb. 1841. — Orne.
Par *Impérieux*, 1/2 s. N., et une fille de D.-I.-O., P. S. A.
Le Pin : 1845-1863.

920. **HOMONYME**. — H. N.
Bb. 1863 — Calvados.
Par *Bertrand*, 1/2 s. N., et une fille de Motus, 1/2 s. N.
Le Pin : 1867-1869.

921. **HOMONYME** (approuvé). — M. Lecoq.
Al. 1885. — Manche.
Par *Gourmet*, P. S. A., et une fille d'Idoménée, 1/2 s. N.
Sa grand'mère : fille de Bandit, 1/2 s. N.
Saint-Lô : 1889.

922.   **HONFLEUR** (approuvé).
M. Marion, 1867. — Mme Tirard, 1868.
B. 1863. — Normandie.
Par *Tamerlan*, 1/2 s. N., et une fille de Boucanier, 1/2 s. N.
Saint-Lô : 1867-1868.

923.   **HONFLEUR**. — H. N.
B. 1885. — Calvados.
Par *Valencourt*, 1/2 s. N., et *Marjolaine*, par Conquérant, 1/2 s. N.
Saint-Lô : depuis 1889.

924.   **HONGROIS**. — H. N.
B. 1885. — Calvados.
Par *Renémesnil*, 1/2 s. N., et *Lisa*, par Esculape, 1/2 s. N.
Le Pin : depuis 1889.

925.   **HONORABLE**. — H. N.
B. 1841. — Calvados.
Par *Voltaire*, 1/2 s. N., et une fille d'Emule, 1/2 s. N.
Le Pin : 1845-1855.

926.   **HONORABLE** (approuvé).
M. Poisson, 1861. — Société d'Etrepagny, 1862.
B. 1853. — Normandie.
Par *Honorable*, 1/2 s. N., et une fille d'Egrillard, 1/2 s. N.
Saint-Lô : 1861. — Le Pin : 1862-1871.

927.   **HONORABLE**. — H. N.
B. 1863. — Calvados.
Par *The Nemrod*, 1/2 s. A., et une 1/2 s. N., par Tipple-Cider,
P. S. A.
Saint-Lô : 1868.

928.   **HONORABLE** (approuvé). — M. Mette.
Al. 1885. — Calvados.
Par *Barberousse*, 1/2 s. N., et une fille de Kabin, 1/2 s. N.
Sa grand'mère : fille de Lucullus, 1/2 s. N.
Sa bisaïeule : 1/2 s. N., par Sidi, P. S. A.
Sa trisaïeule : fille d'Ignoré, 1/2 s. N.
Saint-Lô : depuis 1889.

929.   **HONORIUS**. — H. N.
Bb. 1841. — Calvados.
Par *Emule*, 1/2 s. N., et une 1/2 s. N., par Jaggar, 1/2 s. A.
Saint-Lô : 1845-1856.

930.   **HORACE.** — H. N.
B. 1841. — Orne.
Par *Pick-Pocket*, P. S. A., et une 1/2 s. N., par Lucholl, 1/2 s. A.
Le Pin : 1845-1846 (Montiérender en 1847).

931.   **HORATIUS** — H. N.
Bb. 1841. — Calvados.
Par *The Juggler*, P. S. A., et une fille de Rhéteur, 1/2 s. N.
Saint-Lô : 1845-1857.

932.   **HORTENSIUS.** — H. N.
B. 1841. — Orne.
Par *Basly*, 1/2 s. N., et une jument anglaise.
Le Pin : 1845 (Angers en 1846).

933.   **HORTENSIUS** (approuvé). — M. Pierre.
B. 1885. — Calvados
Par *Cicéron*, 1/2 s. N., et une fille de Marco-Spada, 1/2 s. N.
Sa grand'mère : fille de Borisow, 1/2 s. N.
Saint-Lô : 1889.

934.   **HOSPODAR.** — H. N.
Al. 1841. — Orne.
Par *Impérieux*, 1/2 s. N, et une 1/2 s. N., par Y. Rattler, 1/2 s. A.
Sa grand'mère : fille de Bacha, P. S. Ar.
Le Pin : 1845-1858.

935.   **HOSPODAR** (approuvé). — M. Simon.
Al. 1852. — Normandie.
Par *Hospodar*, 1/2 s. N., et une 1/2 s. N., par Glocester, 1/2 s. A.
Le Pin : 1859-1861.

936.   **HOSPODAR** (approuvé). — M. Vendel.
Al. 1885. — Normandie.
Par *Gabier*, P. S. A., et une fille de Jactator, 1/2 s. N.
Sa grand'mère : fille de Centaure ou Séducteur, 1/2 s. N.
Le Pin : depuis 1889.

937.   **HOSPODAR** (approuvé). — M. de La Ville.
Al. 1885. — Calvados.
Par *Valère*, 1/2 s. N., et une fille de Pimpant, 1/2 s. N.
Sa grand'mère : fille de Parthenon, 1/2 s. N.
Sa bisaïeule : fille de Fleuron, 1/2 s. N.
Sa trisaïeule : fille d'Hidalgo, 1/2 s. N.
Saint-Lô : depuis 1889.

938. **HOTMAN.** — H. N.
B. 1841. — Calvados.
Par *Biron*, P. S. A., et une 1/2 s. N., par North-Star, 1/2 s. A.
Saint-Lô : 1845-1855.

939. **HOTTENTOT, ex-HIPPOS.** — H. N.
B. 1885. — Manche.
Par *Vanikoro*, 1/2 s. N., et *Irlanda*, par Kabin, 1/2 s. N.
Sa grand'mère : jument irlandaise.
Saint-Lô : depuis 1889.

940. **HOURRAH !** — H. N.
B. 1841. — Calvados.
Par *The Juggler*, P. S. A., et une 1/2 s. N., par Prosélyte, 1/2 s. A.
Le Pin : 1845 (Langonnet en 1846).

941. **HOURVARI, ex-HERMÈS.** — H. N.
B. 1885. — Manche.
Par *Sorcier*, 1/2 s. N., et *Castille*, par Théophile, 1/2 s. N.
Sa grand'mère : fille de Nadar, 1/2 s. N.
Saint-Lô : depuis 1889.

942. **HOUSPIGNOLLES.** — H. N.
B. 1885. — Calvados.
Par *Cambacérès*, 1/2 s. N., et *Palmette*, par Palm, 1/2 s. N.
Sa grand'mère : fille de Printemps, 1/2 s. N.
Saint-Lô : depuis 1889.

943. **HUDSON, ex-HARAS.** — H. N.
B. 1885. — Manche.
Par *Vendôme*, 1/2 s. N., et *Sophie*, par Oranger, 1/2 s. N.
Saint-Lô : depuis 1889.

944. **HUGON.** — H. N.
B. 1840. — Calvados.
Par *Sylvio*, P. S. A., et une fille de Mithridate, 1/2 s. N.
Saint-Lô : 1845-1850 (Libourne en 1851).

945. **HUGON** (approuvé). — M. Pepin
B. 1851. — Normandie.
Par *Hugon*, 1/2 s. N., et une 1/2 s. N.
Saint-Lô : 1856-1864.

946. **HUGUES.** — H. N.
B. 1885. — Orne.
Par *Ximénès*, 1/2 s. N., et *Hermine*, 1/2 s. N., par Patricien, P. S. A.
Sa grand'mère : fille d'Elu, 1/2 s. N.
Saint-Lô : depuis 1889.

947. **HUN**, ex-**HUNTER**. — H. N.
B. 1885. — Calvados.
Par *Phare*, 1/2 s. N., et *Glorieuse*, par Glorieux, 1/2 s. N.
Sa grand'mère : fille de Sauvage, 1/2 s. N.
Saint-Lô : depuis 1889.

948. **HUNALD**. — H. N.
Bb. 1885. — Orne.
Par *Quiclet*. 1/2 s. N., et *Fortunée*, par Thésée, 1/2 s. N.
Sa grand'mère :'1/2 s. N. par Phœnomenon. 1/2 s. A.
Saint-Lô : depuis 1889.

949. **HUNTER**. — H. N.
Ro..1863. — Manche.
Par *Hunting*, 1/2 s. A., et une 1/2 s. N., par Gaberlunzie,
1/2 s. A.
Saint-Lô : 1868-1880.

950. **HURON**. — H. N.
B. 1862. — Orne.
Par *Noteur*, 1/2 s. N., et une fille d'Hospodar, 1/2 s. N.
Le Pin : 1867.

951. **HURRAH**, ex-**HISTORIEN**. — H. N.
B. 1885. — Manche.
Par *Lavater*, 1/2 s. N., et *Orphélie*, par Orphée, 1/2 s. N.
Sa grand'mère : Lady Quid-Juris, 1/2 s. N., par Quid-Juris, P. S. A.
Sa bisaïeule : fille de Lionceau, 1/2 s. N.
Sa trisaïeule : 1/2 s. N., par Marengo, P. S. A. A.
Sa quadrisaïeule : fille de Diomède, 1/2 s. N.
Saint-Lô : depuis 1889.

952. **HUS** (approuvé). — M. Bonpain.
B. 1886. — Normandie.
Par *Niger*, 1/2 s. N., et une fille de Conquérant, 1/2 s. N.
Saint-Lô : depuis 1890.

953. **HUSSEIN**, ex-**HOCHE**. — H. N.
Bb. 1863. — Calvados.
Par *Séducteur*, 1/2 s. N., et *Reine-des-Fleurs*, 1/2 s. N., par
Mastrillo, P. S. A.
Sa grand'mère : 1/2 s. N., par Tipple-Cider, P. S. A.
Sa bisaïeule : fille de Troarn, 1/2 s. N.
Sa trisaïeule : fille de Voltaire, 1/2 s. N.
Sa quadrisaïeule : 1/2 s. N., par Y. Rattler, 1/2 s. A.
Saint-Lô : 1867-1876.

954.   **HYACINTHE**. -- H. N.
B. 1841. — Calvados.
Par *Voltaire*, 1/2 s. N., et une 1/2 s. N., par Y. Rattler, 1/2 s. A.
Le Pin : 1845-1846 (Montiérender en 1847).

955.   **HYSOPE**. — H. N.
B. 1885. — Manche.
Par *Utrecht*, 1/2 s. N., et *Margot*, par Newton, 1/2 s. N.
Sa grand'mère : fille de Beaumanoir, 1/2 s. N.
Saint-Lô : depuis 1889.

956.   **IAMBE**, ex-**IBIS**. — H. N.
B. 1886. — Orne.
Par *Cherbourg*, 1/2 s. N., et *Violette*, par Parthénon, 1/2 s. N.
Sa grand'mère : 1/2 s. N., par Norfolk-Trotter, 1/2 s. A.
Le Pin : depuis 1890.

957.   **IBÈRE**. — H. N.
B. 1842. — Normandie.
Par *Chasseur*, 1/2 s. N., et une 1/2 s. N., par Lucholl, 1/2 s. A.
Saint-Lô : 1846-1854.

958.   **IBIS**. — H. N.
B. 1864. — Calvados.
Par *Conquérant*, 1/2 s. N., et une fille de Ventrebleu, 1/2 s. N.
Saint-Lô : 1868-1869.

959.   **IBIS**. — H. N.
Bb. 1886. — Calvados.
Par *Lavater*, 1/2 s. N., et *Deuil*, par Normand, 1/2 s. N.
Saint-Lô : depuis 1890.

960.   **IBRAHIM**. — H. N.
Bb. 1886. — Calvados.
Par *Noville*, 1/2 s. N., ou *Tigris*, 1/2 s. N., et *Fugitive*, par Lilas,
1/2 s. N.
Sa grand'mère : par Plutus, 1/2 s. N.
Le Pin : depuis 1891.

961.   **IDALIS**. — H. N.
Al. 1842. — Normandie.
Par *Don Quichotte*, P.S.A.A., et une 1/2 s. N., par Chapman, 1/2 s. A.
Le Pin : 1846-1866.

962.   **IDALIS**. — H. N.
Al. 1864. — Sarthe.
Par *Utrecht*, 1/2 s. N., et une fille de Général, 1/2 s. N.
Saint-Lô : 1868.

963.   **IDÉAL.** — H. N.
B. 1842. — Orne.
Par *Impérieux*, 1/2 s. N., et une 1/2 s. N.
Le Pin : 1846-1847.

964.   **IDÉAL** (approuvé). — M. d'Imbleval.
Ro. 1886. — Normandie.
Par *Serpolet-Rouan*, 1/2 s. N , et une fille de Recteur, 1/2 s. N.
Le Pin : depuis 1891.

965.   **IDMON.** — H. N.
Bb. 1842. — Calvados.
Par *Richard*, P. S. A., et *Lisette*, 1/2 s. N.
Le Pin : 1846 (Montiérender en 1847).

966.   **IDOINE** (approuvé). — M. Tourgis.
B. 1886. — Manche.
Par *Utrecht*, 1/2 s. N., et *Bijou*, par Luther, 1/2 s. N.
Sa grand'mère : fille de Nelson, 1/2 s. N.
Saint-Lô : depuis 1890.

967.   **IDOLATRE.** — H. N.
B. 1842. — Calvados.
Par *Voltaire*, 1/2 s. N., et une 1/2 s. N., par Cleveland, 1/2 s. A.
Le Pin : 1846-1849 (Montiérender en 1850).

968.   **IDOLE.** — H. N.
Bb. 1842. — Calvados.
Par *Bitume*, 1/2 s. N., et une jument anglaise.
Saint-Lô : 1846.

969.   **IDOMÉNÉE.** — H. N.
Al. 1864. — Orne.
Par *Sérénader*, 1/2 s. A., et une 1/2 s. N., par Eylau, P. S. A. A.
Saint-Lô : 1868-1890.

970.   **IÉNA.** — H. N.
B. 1842. — Orne.
Par *Mameluke*, P. S. A., et une 1/2 s. N., par Y. Rattler, 1/2 s. A.
Le Pin : 1846-1855.

971.   **IÉNA.** — H. N.
Bb. 1864. — Orne.
Par *Centaure*, 1/2 s. N., et une fille d'Homère, 1/2 s. N.
Le Pin : 1868-1869.

972.   **IF**. — H. N.

B. 1886. — Manche.

Par *Tempête*, 1/2. N., et *Lisette*. par Page, 1/2 s. N.
Sa grand'mère : fille de Quiévrain, 1/2 s. N.
Sa bisaïeule : fille de Jarnac, 1/2 s. N.
Sa trisaïeule : fille de Diégo, 1/2 s. N.
Le Pin : depuis 1890.

973.   **IGNACE**. — H. N.

Al. 1864. — Orne.

Par *Centaure*, 1/2 s. N., et une 1/2 s. N., par Lancrcost, P. S. A.
Le Pin : 1868-1876.

974.   **IGNORÉ**. — H. N.

Bb. 1863. — Manche.

Par *Uzel*, 1/2 s. N., et une fille d'Ugolin, 1/2 s. N.
Sa grand'mère : fille de Ganymède, 1/2 s. N.
Saint-Lô : 1868-1881.

975.   **IGOR**. — H. N.

N. 1886. — Orne.

Par *Cherbourg*, 1/2 s. N., et *Braconnière*, P. S. A.
Saint-Lô : 1890.

976.   **ILLICO**. — H. N.

B. 1864. — Orne.

Par *Centaure*, 1/2 s. N., et une 1/2 s. N., par Stoker, P. S. A.
Sa grand'mère   1/2 s. N., par Pick-Pocket, P. S. A.
Sa bisaïeule : 1/2 s. N., par Y. Rattler, 1/2 s. A.
Sa trisaïeule : L'Aigle, par Highflyer, 1/2 s. N.
Sa quadrisaïeule : Soubrette, 1/2 s. N., par Bacha, P. S. A.
Le Pin : 1868-1878.

977.   **ILLICO** (approuvé). — M. de La Ville.

B. 1886. — Normandie.

Par *Aristocrate*, 1/2 s. N., et une fille de Victorieux, 1/2 s. N.
Saint-Lô : depuis 1890.

978.   **ILLIMITÉ**. — H. N.

B. 1864. — Orne.

Par *Thésée*, 1/2 s. N., et une 1/2 s. N., par Wanderer, 1/2 s. A.
Saint-Lô : 1868-1869.

979.   **ILLINOIS**, ex-**IOWA**. — H. N.

Bb. 1886. — Calvados.

Par *Calas* ou *Arsace*, 1/2 s. N., et *Précieuse*, par Unal, 1/2 s. N.
Sa grand'mère : fille d'Elu, 1/2 s. N.
Saint-Lô : depuis 1890.

980.   **ILLUSTRE.** — H. N.
B. 1886. — Calvados.
Par *Utique*, 1/2 s. N., et *Léda*, par Phare, 1/2 s. N.
Sa grand'mère : fille de Conquérant, 1/2 s.
Saint-Lô : depuis 1890.

981.   **ILOT.** — H. N.
B. 1886. — Calvados.
Par *Phaëton*, 1/2 s. N., et *Neustria*, par Normand, 1/2 s. N.
Sa grand'mère : fille d'Éclipse, 1/2 s. N.
Saint-Lô : depuis 1890.

982.   **ILOTE.** — H. N.
Al. 1886. — Orne.
Par *Beaugé*, 1/2 s. N., et *Eva*, par Phaëton, 1/2 s. N.
Sa grand'mère : Pegriote, par Elu, 1/2 s. N.
Sa bisaïeule : Frétillon, par Solide, 1/2 s. N.
Sa trisaïeule : Pegriote, par Eylau, P. S. A. A.
Sa quadrisaïeule : jument arabe.
Le Pin : depuis 1890.

983.   **IMAN, ex-INTÉRIM.** — H. N.
Al. 1886. — Orne.
Par *Tristan*, 1/2 s. N., et *Florissante*, 1/2 s. A.
Saint-Lô : 1890.

984.   **IMBERT.** — H. N.
Bb. 1842. — Calvados.
Par *Voltaire*, 1/2 s. N., et une 1/2 s. N., par Cleveland, 1/2 s. A.
Saint-Lô : 1846-1852.

985.   **IMMINENT.** — H. N.
Gr. 1842. — Normandie.
Par *Ægyptus*, P. S. A., et une fille de Chasseur, 1/2 s. N.
Le Pin : 1846-1850.

986.   **IMMORTEL.** — H. N.
B. 1842. — Calvados.
Par *Voltaire*, 1/2 s. N., et une 1/2 s. N., par Y. Rattler, 1/2 s. A.
Le Pin : 1846-1847.

987.   **IMMORTEL.** — H. N.
Al. 1886. — Calvados.
Par *Duguesclin*, 1/2 s. N., et *Finette*, par Stade, 1/2 s. N.
Sa grand'mère : fille de Le-More, 1/2 s. N.
Saint-Lô : depuis 1890.

988.   **IMPATIENT** (approuvé). — M. Pierre.
Al. 1886. — Calvados.
Par *Delaware*, 1/2 s. N., et une 1/2 s. N., par Brocardo, P. S. A.
Saint-Lô : depuis 1890.

989.   **IMPÉRATIF**. — H. N.
B. 1864. — Normandie.
Par *Rainbow*, 1/2 s. A., et une fille de Voltaire, 1/2 s. N.
Saint-Lô : 1868-1869.

990.   **IMPÉRIAL**. — H. N.
B. 1842. — Orne.
Par *Eylau*, P. S. A. A., et une 1/2 s. N., par Talma, 1/2 s. A.
Le Pin : 1846-1866.

991.   **IMPÉRIAL** (approuvé). — Mme Duchemin.
B. 1857. — Normandie.
Par *Impérial*, 1/2 s. N., et une 1/2 s. N.
Saint-Lô : 1861-1864.

992.   **IMPÉRIAL**. — H. N.
B. 1864. — Manche.
Par *Ursin*, 1/2 s. N., et une fille de Nemrod, 1/2 s. N.
Saint-Lô : 1868-1880.

993.   **IMPÉRIEUX**. — H. N.
B. 1822. — Normandie.
Par *Y. Rattler*, 1/2 s. A., et une 1/2 s. N., par Volontaire, P. S. A.
Sa grand'mère : fille de Docteur, 1/2 s. N.
Le Pin : 1838-1849.

994.   **IMPÉTUEUX**. — H. N.
Bb. 1864. — Manche.
Par *Belzébuth*, 1/2 s. N., et une fille d'Electeur, 1/2 s. N.
Saint-Lô : 1869-1873.

995.   **IMPÉTUEUX**
Approuvé : M. Ballière fils, 1890 ; M. Lechaptois, 1891.
Bb. 1886. — Normandie.
Par *Apis*, 1/2 s. N., et une fille de Stade, 1/2 s. N.
Sa grand'mère : fille de Saint-Rigomer, 1/2 s. N.
Le Pin : 1890. — Saint-Lô : depuis 1891.

996.   **IMPORTANT**. — H. N.
Bb. 1842. — Calvados.
Par *Emule*, 1/2 s. N., et une 1/2 s. N., par Pick-Pocket, P. S. A.
Le Pin : 1846-1856.

997.   **IMPORTUN**, ex-**IDÉAL**. — H. N.
Bb. 1886. — Calvados.
Par *Baptiste Lemore*, 1/2 s. N., et *Orpheline*, par Tigris, 1/2 s. N.
Sa grand'mère : fille d'Officier, 1/2 s. N.
Saint-Lô : depuis 1890.

998.   **IMPOSTEUR**. — H. N.
B. 1842. — Calvados.
Par *Aï*, 1/2 s. N., et une fille de Chasseur, 1/2 s. N.
Saint-Lô : 1846-1860.

999.   **IMPOSTEUR**. — H. N.
Bb. 1864 — Normandie.
Par *Riga*, 1/2 s. N., et une 1/2 s. N., par Gainsborough, 1/2 s. A.
Saint-Lô : 1871 (Montiérender en 1872).

1000.   **INACHUS**. — H. N.
B. 1842. — Normandie.
Par *Voltaire*, 1/2 s. N., et une 1/2 s. N., par Cleveland. 1/2 s. A.
Saint-Lô : 1863.

1001.   **INAUDI-JACQUES**. — H. N.
B. 1886. — Calvados.
Par *Acquila*, 1/2 s. N., et *Polka*, par Kilomètre, 1/2 s. N.
Saint-Lô : 1890.

1002. INCANDESCENT, ex-**INTERPRÈTE**. — H. N.
B. 1886. — Manche.
Par *Utrecht* ou *Quinte-Curce*, 1/2 s. N., et *Castille*, par Ménélas,
1/2 s. N.
Saint-Lô : depuis 1890.

1003. INCENDIAIRE, ex-**INKERMANN**. — H. N.
B. 1886. — Eure.
Par *Oronte*, 1/2 s. N., et *Mascotte*, par Lavater, 1/2 s. N.
Le Pin : depuis 1890.

1004.   **INCOGNITO** (approuvé). — M. Durand.
B. 1886. — Calvados.
Par *Unorthodox*, 1/2 s. N., et *Surprise*, par Jactator, 1/2 s. N.
Sa grand'mère : fille de Pledge, 1/2 s. N.
Saint-Lô : depuis 1890.

1005.   **INCOMPARABLE**. — H. N.
B. 1842. — Orne.
Par *Olivier-Cromwell*, 1/2 s. A., et une 1/2 s. N., par Pick-Pocket
P. S. A.
Le Pin : 1846-1850 (Blois en 1851).

1006.   **INCONSTANT**. — H. N.
Bb. 1842. — Calvados.
Par *Emule*, 1/2 s. N., et une 1/2 s. N., par Y. Topper, 1/2 s. A.
Saint-Lô : 1846-1853.

1007.   **INCONSTANT**. — H. N.
Bb. 1886. — Manche.
Par *Sénéchal*, 1/2 s. N., et *Rosette*, par Harmonieux, 1/2 s. N.
Saint-Lô : depuis 1890.

1008. INCROYABLE (approuvé). — M. de La Ville.
B. 1886. — Normandie.
Par *Tigris*, 1/2 s. N., et une 1/2 s. N., par Affidavit, P. S. A.
Sa grand'mère : fille d'Unan, 1/2 s. N.
Saint-Lô : 1890.

1009.   **INDEX**. — H. N.
B. 1864. — Orne.
Par *Centaure*, 1/2 s. N., et une fille de Tipple-Cider, P. S. A.
Saint-Lô : 1868-1871.

1010.   **INDIEN**. — H. N.
Gr. 1842. — Orne.
Par *Railleur*, 1/2 s. N., et une 1/2 s. N., par Y. Rattler, 1/2 s. A.
Saint-Lô : 1846-1847 (Langonnet en 1848).

1011.   **INDIGÈNE**. — H. N.
B. 1842. — Orne.
Par *Euriale*, 1/2 s. N., et une 1/2 s. N., par Y. Rattler, 1/2 s. A.
Le Pin : 1846-1848 (Braisne en 1848).

1012. INDIGÈNE (approuvé). — M. Lepileur.
B. 1886. — Calvados.
Par *Calas*, 1/2 s. N., et *Bijou*, par Uzel, 1/2 s. N.
Saint-Lô : depuis 1890.

1013.   **INDIGO**. — H. N.
Al. 1864. — Calvados.
Par *Carignan*, 1/2 s. N., et une 1/2 s. N., par Performer, 1/2 s. A.
Le Pin : 1868-1870.

1014.   **INDIGO**, ex-**IDUS**. — H. N.
Al. 1886. — Manche.
Par *Sirac*, 1/2 s. N., et *Bijou*, par Ray-Grass, 1/2 s. N.
Saint-Lô : depuis 1890.

1015.   **INDO-CHINE.** — H. N.
N. 1886. — Orne.
Par *Cherbourg*, 1/2 s. N., et *Ebène*, par Niger, 1/2 s. N.
Saint-Lô : 1890. — Le Pin : 1891.

1016.   **INFANT.** — H. N.
B. 1864. — Normandie.
Par *Vice-Roi*, 1/2 s. N., et une fille de Junior, 1/2 s. N.
Saint-Lô : 1871 (Rosières en 1872).

1017.   **INFATIGABLE.** — H. N.
B. 1842. — Calvados.
Par *Sylvio*, P.S.A., et une 1/2 s. N.
Saint-Lô : 1846-1850.

1018.   **INFERNAL, ex-IGNOTUS.** — H. N.
B. 1886. — Orne.
Par *Valdempierre*, 1/2 s. N., et *Black-Capucine*, par Niger,
1/2 s. N.
Sa grand'mère : Lucrèce, par Thésée, 1/2 s. N., ou Phœnomenon,
1/2 s. A.
Sa bisaïeule : fille de Centaure, 1/2 s. N.
Sa trisaïeule : fille d'Umber, 1/2 s. N.
Sa quadrisaïeule : fille de Dupleix, 1/2 s. N.
Ascendante au 5e degré : fille de Pilot, 1/2 s. A.
—   6e degré : 1/2 s. N., par Bacha, P. S. Ar.
—   7e degré : fille de Glorieux, 1/2 s. A.
—   8e degré : fille de King-Pepin, P. S. A.
Le Pin : depuis 1890.

1019.   **INFIDÈLE.** — H. N.
B. 1842. — Calvados.
Par *Biron*, P. S. A., et une 1/2 s. N., par Y. Topper, 1/2 s. A.
Saint-Lô : 1846-1850.

1020.   **INFIDÈLE.** — H. N.
B. 1886. — Eure.
Par *Tigris*, 1/2 s. N., et une fille de Conquérant, 1/2 s. N.
Saint-Lô : depuis 1890.

1021.   **INGAMBE.** — H. N.
B. 1886. — Orne.
Par *Usquebac*, 1/2 s. N., et *Cérès*, par Gaulois, 1/2 s. N.
Sa grand'mère : 1/2 s. N., par Coleraine, 1/2 s. A.
Le Pin : depuis 1890.

1022.   INGRAT, ex-ILLUSTRE. — H. N.
B. 1886. — Orne.
Par *Vautrain*, 1/2 s. N., et *Parisienne*, par Ugolin, 1/2 s. N.
Sa grand'mère : fille d'Holback, 1/2 s. N.
Sa bisaïeule : fille de Don-Quichotte, P. S. A. A.
Le Pin : depuis 1890.

1023.   INGRES. — H. N.
B. 1842. — Manche.
Par *Comminges*, P. S. A., et une 1/2 s. N., par Bob (fils d'Eastham,
P. S. A.).
Le Pin : 1846-1848.

1024.   INKERMANN. — H. N.
B. 1864. — Orne.
Par *Utrecht*, 1/2 s. N., et une fille de Kœnigsberg, 1/2 s. N.
Sa grand'mère : 1/2 s. N., par Glocester, 1/2 s. A.
Sa bisaïeule : fille de Sylvio, P. S. A.
Le Pin : 1868-1876..

1025.   INSTAR, ex-ISIGNY. — H. N.
B. 1886. — Orne.
Par *Usquebac*, 1/2 s. N., et *Capucine*, par Quiclet, 1/2 s. N.
Sa grand'mère : fille d'Elu, 1/2 s. N.
Le Pin : depuis 1890.

1026.   INSTITUT (approuvé). — Mme Lereculey.
B. 1864. — Normandie.
Par *Tamerlan*, 1/2 s. N., et une fille de Perfection, 1/2 s. N.
Saint-Lô : 1868-1888.

1027.   INTACT. — H. N.
B. 1864. — Manche.
Par *Quid-Juris*, P. S. A., et une fille de Riga, 1/2 s. N.
Saint-Lô : 1868-1883.

1028.   INTÈGRE (approuvé). — M. Le Marchand.
N. 1886. — Manche.
Par *Belling*, 1/2 s. N., et une fille de Producteur, 1/2 s. N.
Saint-Lô : depuis 1890.

1029.   INTÈGRE (approuvé).
M. Pierre, 1890. — H. N., 1891.
B. 1886. — Calvados.
Par *Y. Fire-Away*, 1/2 s. A., et *Bijou*, par Jovial, 1/2 s. N.
Le Pin : depuis 1890.

10

1030.   **INTENDANT**. — H. N.
Al. 1886. — Sarthe.
Par *Beaugé*, 1/2 s. N., et une fille d'Inkermann, 1/2 s. N.
Saint-Lô : depuis 1891.

1031.   **INTÉRIM**. — H. N.
B. 1842. — Orne.
Par *Xerxès*, 1/2 s. N., et une fille de Windcliff, P. S. A.
Saint-Lô : 1868-1870 (Jussey en 1847).

1032.   **INTÉRIM**. — H. N.
B. 1864. — Calvados.
Par *Buci*, 1/2 s. N., et une fille de Sylvio, P. S. A.
Saint-Lô : 1868-1870 (Pau en 1871).

1033.   **INTÉRIM** (approuvé). — M. Pierre.
B. 1886. — Orne.
Par *Usquebac*, 1/2 s. N., et une fille d'Inkermann, 1/2 s. N.
Sa grand'mère : fille de Séducteur, 1/2 s. N.
Saint-Lô : depuis 1890.

1034.   **INTERLOPE**. — H. N.
B. 1886. — Calvados.
Par *Barberousse*, 1/2 s. N., et *Urgente*, par Urgent, 1/2 s. N.
Sa grand'mère : 1/2 s. N., par Telegraph, 1/2 s. A.
Le Pin : 1890.

1035.   **INTERMÈDE, ex-INTRIGANT**. — H. N.
B. 1886. — Calvados.
Par *Cambacérès*, 1/2 s. N., et *Cantinière*, par Partisan, 1/2 s. N.
Sa grand'mère : fille de Sultan, 1/2 s. N.
Le Pin : depuis 1890.

1036.   **INTERNATIONAL**. — H. N.
N. 1886. — Orne.
Par *Cherbourg*, 1/2 s. N., et *Travailleuse*, 1/2 s. N., par Marx, 1/2 s. R.
Sa grand'mère : Miss-Bell, 1/2 s. Am.
Le Pin : depuis 1890.

1037.   **INTERPRÈTE**. — H. N.
Al. 1842. — Orne.
Par *Impérieux*, 1/2 s. N., et une fille de Séduisant, 1/2 s. N.
Saint-Lô : 1846-1850. — Le Pin : 1851.

1038.   **INTERPRÈTE**. — H. N.
B. 1858. — Manche.
Par *Kapirat*, 1/2 s. N., et une fille de Galba, 1/2 s. N.
Le Pin : 1866-1867.

1039. INTERPRÈTE, ex-**CHARLEMAGNE**.—H. N.
B. 1864. — Orne.
Par *Centaure*, 1/2 s. N., et une fille de Tancrède, 1/2 s. N.
Le Pin : 1868-1884.

1040. INTERPRÈTE (approuvé). — Cte d'Abzac.
B. 1869. — Calvados.
Par *Interprète*, 1/2 s. N., et une fille de Niagara, 1/2 s. N.
Le Pin : 1874-1886.

1041. INTRÉPIDE. — H. N.
Bb. 1841. — Calvados.
Par *The Juggler*, P. S. A., et une 1/2 s. N., par Prosélyte, 1/2 s. A.
Saint-Lô : 1846-1850.

1042. INTRÉPIDE. — H. N.
B. 1886. — Manche.
Par *Reynolds*, 1/2 s. N., et *Ugoline*, par Ugolin, 1/2 s. N.
Sa grand'mère : fille de Nemrod, 1/2 s. N.
Saint-Lô : depuis 1890.

1043. INTRIGANT. — H. N.
B. 1886. — Orne.
Par *Cherbourg*, 1/2 s. N., et *Rosamonde*, par Quiclet, 1/2 s. N.
Sa grand'mère : Alphérie, 1/2 s. N., par Fitz-Pantaloon, P. S. A.
Sa bisaïeule : Ida II, 1/2 s. N., par William, P. S. A.
Sa trisaïeule (voir *Hallencourt*).
Le Pin : 1890.

1044. INTROUVABLE. — H. N.
Bb. 1842. — Orne.
Par *Diomède*, 1/2 s. N., et une fille de Jaguar, 1/2 s. N.
Sa grand'mère : fille de Brigand, 1/2 s. N.
Sa bisaïeule : fille de Volontaire, 1/2 s. N.
Sa trisaïeule : fille de Docteur, 1/2 s. N.
Le Pin : 1846-1849.

1045. INTROUVABLE. — H. N.
B. 1864. — Calvados.
Par *Carignan*, 1/2 s. N., et une fille de Ganimède, 1/2 s. N.
Sa grand'mère : 1/2 s. N., par The Juggler, P. S. A.
Le Pin : 1868-1872.

1046. INTRUS, ex-**CLARBEC**. — H. N.
Al. 1886. — Calvados.
Par *Hippomène*, 1/2 s. Big., et *Fleurette*, par Conquérant, 1/2 s. N.
Sa grand'mère : Fleurette, 1/2 s. N., par The Nemrod, 1/2 s. A.
Sa bisaïeule : fille de Lully, P. S. A.
Sa trisaïeule : fille d'Eylau, P. S. A. A.
Le Pin : 1890.

1047.   **INVARIABLE.** — H. N.
B. 1864. — Orne.
Par *Divan*, 1/2 s. N., et une 1/2 s. N., par Brocardo, P. S. A.
Saint-Lô : 1868-1883.

1048.   **INVENTEUR.** — H. N.
Bb. 1864. — Normandie.
Par *Fitz-Pantaloon*, P. S. A., et une fille d'Egrillard, 1/2 s. N.
Saint-Lô : 1871 (Rosières en 1872).

1049.   **IONIEN** (approuvé). — M. Voisin.
B. 1886. — Manche.
Par *Colporteur*, 1/2 s. N., et *Castille*, par Teinturier, 1/2 s. N.
Saint-Lô : depuis 1890.

1050.   **IOTA.** — H. N.
B. 1842. — Calvados.
Par *Chasseur*, 1/2 s. N., et une 1/2 s. N., par Y. Rattler, 1/2 s. A.
Le Pin : 1846 (Montiérender en 1847).

1051.   **IPSILANTY** (approuvé). — M. Voisin.
N. 1864. — Orne.
Par *The Black-Phœnomenon*, 1/2 s. A., et une 1/2 s. N.,
par Sylvio, P. S. A.
Sa grand'mère : 1/2 s. N., par Valient, 1/2 s. A.
Sa bisaïeule : 1/2 s. N., par D.-I.-O., P. S. A.
Sa trisaïeule : 1/2 s. N., par Bacha, P. S. Ar.
Le Pin : 1868.

1052.   **IRAKE** (approuvé). — M. Buhot.
Al. 1878. — Manche.
Par *Sidi*, P. S. Ar., et une fille de Tamerlan, 1/2 s. N.
Sa grand'mère : fille de Perfection, 1/2 s. N.
Saint-Lô : 1882-1890.

1053.   **IRATUS** (approuvé). — M. Millet.
B. 1886. — Manche.
Par *Lavater*, 1/2 s. N., et une 1/2 s. N., par The Heir-of-Linne, P. S. A.
Sa grand'mère : fille de Kapirat, 1/2 s. N.
Sa bisaïeule : 1/2 s. N., par Adolphus, P. S. A.
Sa trisaïeule : fille de Lionceau, 1/2 s. N.
Saint-Lô : depuis 1890.

1054.   **IRIS.** — H. N.
Bb. 1841. — Calvados.
Par *Bitume*, 1/2 s. N., et une fille de Royal-Georges, P. S. A.
Saint-Lô : 1846-1858.

1055. **IRLANDAIS.** — H. N.
B. 1864. — Calvados.
Par *Séducteur*, 1/2 s. N., et une fille d'Homère, 1/2 s. N.
Le Pin : 1868-1884.

1056. **IRMINSUL.** — H. N.
B. 1842. — Calvados.
Par *Egus*, 1/2 s. N., et une fille d'Y. Rattler, 1/2 s. A.
Le Pin : 1846 (Montiérender en 1847).

1057. **IRONIQUE** (approuvé). — M. de Panthon,
M. Morcel.
B. 1886. — Normandie.
Par *Innocent*, P. S. A., et une fille de Lucullus, 1/2 s. N.
Saint-Lô : depuis 1890.

1058. **IRRÉSISTIBLE.** — H. N.
B. 1864. — Normandie.
Par *Séducteur*, 1/2 s. N., et une fille d'Homère, 1/2 s. N.
Saint-Lô : 1871 (Braisne en 1872).

1059. **ISAAC**, ex-**ISMAËL.** — H. N.
Al. 1886. — Sarthe.
Par *Beaugé*, 1/2 s. N., et *Hélène*, par Elu, 1/2 s. N.
Saint-Lô : 1890.

1060. **ISAÏE.** — H. N.
B. 1886. — Calvados.
Par *Cicéron*, 1/2 s. N., et une fille de Léotard, 1/2 s. N.
Saint-Lô : depuis 1890.

1061. **ISIGNY** (approuvé). — M. S. Auger.
B. 1886. — Manche.
Par *Sorcier*, 1/2 s. N., et une fille de Ratapoil, 1/2 s. N.
Sa grand'mère : fille de Lord, 1/2 s. N.
Saint-Lô : depuis 1890.

1062. **ISMAËL** (approuvé). — M. La Ricque.
Gr. 1864. — Normandie.
Par *Montaigne*, 1/2 s. N., et une fille d'Utrecht, 1/2 s. N.
Le Pin : 1869-1877.

1063. **ISMAËL** (approuvé). — M. Marion père.
B. 1864. — Normandie.
Par *The Heir-of-Linne*, P. S. A., et une fille de Lagopède, 1/2 s. N.
Saint-Lô : 1869.

1064. **ISRAËL.** — H. N.
B. 1842. — Calvados.
Par *Biron*, P. S. A., et une 1/2 s. N.
Le Pin : 1846.

1065. **ISRAÉLITE** (approuvé). — M. de La Ville.
B. 1886. — Normandie.
Par *Orfila*, 1/2 s. N., et une fille de Léotard, 1/2 s. N.
Sa grand'mère : fille de Grégoire, 1/2 s. N.
Saint-Lô : 1890.

1066. **ITAQUE** (approuvé). — M. Pierre.
B. 1886. — Normandie
Par *Cachemire*, 1/2 s. N., et une fille d'Extase, 1/2 s. N.
Saint-Lô : 1890 (exporté en Amérique).

1067. **ITERUM**, ex-**ITALIEN**. — H. N.
B. 1886. — Orne.
Par *Quiclet*, 1/2 s. N., et *Charmante*, par Jactator, 1/2 s. N.
Saint-Lô : depuis 1890.

1068. **ISPAHAN** (approuvé). — Mme V. Champion.
B. 1886. — Manche.
Par *Agnadel*, 1/2 s. N., et *Rigolette*, par Pater, 1/2 s. N.
Sa grand'mère : fille de Samman, 1/2 s. Ar.
Saint-Lô : depuis 1890.

1069. **IVOIRE** (approuvé). — M. Le Marchand.
N. 1886. — Normandie.
Par *Seigneur II*, P. S. A., et une fille d'Ignoré, 1/2 s. N.
Saint-Lô : depuis 1891.

1070. **JACKSON.** — H. N.
B. 1843. — Calvados.
Par *Djiim*, P. S. Ar., et une fille de Y. Rattler, 1/2 s. A.
Saint-Lô : 1847-1848 (Braisne en 1849).

1071. **JACKSON.** — H. N.
Al. 1865. — Calvados.
Par *Taconnet*, 1/2 s. N., et une 1/2 s. N.
Saint-Lô : 1869.

1072. **JACOB** (approuvé). — M. Samson.
B. 1887. — Normandie.
Par *Diablotin*, 1/2 s. N., et une 1/2 s. N., par Phœnomenon, 1/2s.A.
Le Pin : depuis 1891.

1073. **JACOBÉE**. — H. N.
Bb. 1843. — Normandie.
Par *Voltaire*, 1/2 s. N., et une fille d'Emule, 1/2 s. N.
Le Pin : 1847-1849 (Montiérender en 1850).

1074. **JACOBIN**. — H. N.
B. 1865. — Normandie.
Par *Enragé*, 1/2 s. N., et une 1/2 s. N., par Coleraine, 1/2 s. A.
Saint-Lô : 1871 (Rosières en 1872).

1075. **JACOBIN**. ex-**JAGUAR**. — H. N.
B. 1887. — Calvados.
Par *Phare*, 1/2 s. N., et *Valentine*, par Valentino, 1/2 s. N.
Saint-Lô : depuis 1891.

1076. **JACONAS**, ex-**JAVELOT**. — H. N.
B. 1887. — Manche.
Par *Diptère*, 1/2 s. N., et *Lisette*, par Tempête, 1/2 s. N.
Saint-Lô : depuis 1891.

1077. **JACQUARD**. — H. N.
Al. 1865. — Manche.
Par *Kapirat*, 1/2 s. N., et une fille de Ravissant, 1/2 s. N.
Seine-Inférieure : 1877-1879. — Le Pin : 1879-1883.

1078. **JACQUES**. — H. N.
B. 1887. — Calvados.
Par *Coq-à-l'Ane*, 1/2 s. N., et *Bérénice*, par Kilomètre, 1/2 s. N.
Saint-Lô : depuis 1891.

1079. **JACTATOR**. — H. N.
Al. 1865. — Orne.
Par *Elu*, 1/2 s. N., et *Pégriote*, 1/2 s. N., par Eylau, P. S. A. A.
Sa grand'mère : jument arabe.
Le Pin : 1869-1889.

1080. **JACTATOR II**. — H. N.
Al. 1887. — Orne.
Par *Beaugé*, 1/2 s. N., et *Myosotis*, par Elu, 1/2 s. N.
Sa grand'mère : Frétillon, par Solide, 1/2 s. N.
Sa bisaïeule : Pégriote, 1/2 s. N., par Eylau, P. S. A. A.
Sa trisaïeule : jument arabe.
Le Pin : depuis 1891.

1081. **JADIS**. — H. N.
Bb. 1882. — Seine-Inférieure.
Par *Serviteur*, 1/2 s. N., et *Malgré-Moi*, par Trotting-Rattler, 1/2 s. A.
Le Pin : depuis 1887.

1082. **JAFFA** (approuvé). — M. Mesnager.
Al. 1887. — Normandie.
Par *Calas*, 1/2 s. N., et une fille de Ribaud, 1/2 s. N.
Sa grand'mère : fille de Quatre-Cents, 1/2 s. N.
Saint-Lô : depuis 1891.

1083. **JAGELLON**, ex-**MIC-MAC**. — H. N.
B. 1887. — Orne.
Par *Valencourt*, 1/2 s. N., et *Déborah*, par Conquérant, 1/2 s. N.
Saint-Lô : depuis 1891.

1084. **JAGUAR**. — H. N.
B. 1843. — Manche.
Par *Ledstone*, 1/2 s. A., et une fille d'Impérieux, 1/2 s. N.
Le Pin : 1847-1851.

1085. **JAGUAR** (approuvé). — M. Perdriel.
B. 1887. — Normandie.
Par *Lavater*, 1/2 s. N., et une fille de Télémaque, 1/2 s. N.
Saint-Lô : depuis 1891.

1086. **JAIR**. — H. N.
N. 1865. — Manche.
Par *Violent*, 1/2 s. N., et une 1/2 s. N., par Sharavogue, P. S. A.
Saint-Lô : 1869-1876.

1087. **JALAP** (approuvé). — M. Mesnager.
B. 1887. — Normandie.
Par *Épicurien*, 1/2 s. N., et une fille de Macouba, 1/2 s. N.
Saint-Lô : depuis 1891.

1088. **JALOUX**. — H. N.
B. 1887. — Orne.
Par *Phaëton*, 1/2 s. N., et *Lucrèce*, par Centaure, 1/2 s. N.
Sa grand'mère : fille de Lully, P. S. A.
Le Pin : depuis 1891.

1089. **JAMAIS**. — H. N.
Bb. 1887. — Manche.
Par *Vautrain*, 1/2 s. N., et *Lisette*, par Sans-Gêne, 1/2 s. N.
Saint-Lô : depuis 1891.

1090. **JAMBON**. — H. N.
Al. 1864. — Calvados.
Par *Coleraine*, 1/2 s. A., et une fille de Quia, 1/2 s. N.
Saint-Lô : 1869-1871.

1091. **JAMES**, ex-**JARNAC.**
B. 1887. — Orne.
Par *Cherbourg,* 1/2 s. N., et *Cocote,* par Epervier, P. S. A.
Sa grand'mère : Frou-Frou, par Zouave, P. S. A.
Le Pin : depuis 1891.

1092. **JAMES-WATT**. — H. N.
Al. 1887. — Orne.
Par *Phaëton,* 1/2 s. N., et *Dame-d'Honneur,* 1/2 s. N.,
par Vichnou, P. S. A.
Sa grand'mère : Mademoiselle-de-Neuville, par Elu, 1/2 s. N.
Sa bisaïeule : fille de Gaulois ou Inkermann, 1/2 s. N.
Sa trisaïeule : fille de Noteur, 1/2 s. N.
Sa quadrisaïeule : fille d'Hercule, P. S. A.
Le Pin : depuis 1891.

1093. **JANSON**. — H. N.
B. 1843. — Orne.
Par *Doyen,* 1/2 s. N., et une fille d'Y. Reveller, P. S. A.
Le Pin : 1847-1850.

1094. **JANVIER** (approuvé). — M. Le Marchand.
B. 1887. — Normandie.
Par *Delaunay,* 1/2 s. N., et une fille de Dragon, 1/2 s. N.
Saint-Lô : depuis 1891.

1095. **JANVIER** (approuvé). — M. Quesnel.
Bb. 1887. — Normandie.
Par *Dunois,* 1/2 s. N., et une fille de Phare, 1/2 s. N.
Saint-Lô : depuis 1891.

1096. **JANVIER**. — H. N.
Al. 1887. — Manche.
Par *Ermite,* 1/2 s. N., et *Idoménée,* par Idoménée, 1/2 s. N.
Sa grand'mère : fille de Divus, 1/2 s. N.
Saint-Lô : depuis 1891.

1097. **JANUS**. — H. N.
Bb. 1843. — Calvados.
Par *Egus,* 1/2 s. N., et une fille de Nérestan, 1/2 s. N.
Le Pin : 1847-1849.

1098. **JANUS** (approuvé). — M. Castel.
B. 1865. — Normandie.
Par *Qui-Perd-Gagne,* 1/2 s. N., et une fille de Paddy, 1/2 s. N.
Saint-Lô : 1870-1871.

1099.   **JANUS.** — H. N.
B. 1887. — Manche.
Par *Sénéchal*, 1/2 s. N., et *Lapin*, par Harmonieux, 1/2 s. N.
Sa grand'mère : fille de Séduisant, 1/2 s. N.
Le Pin : depuis 1891.

1100.   **JAPHET.** — H. N.
B. 1887. — Calvados.
Par *Eperlan*, 1/2 s. N., et *La Mascotte*, par Templier, 1/2 s. N.
Saint-Lô : depuis 1891.

1101.   **JAPON**, ex-**JAVELOT.** — H. N.
B. 1887. — Manche.
Par *Descartes*, 1/2 s. N., et *Papillon*, par Santerre, 1/2 s. N.
Saint-Lô : depuis 1891.

1102.   **JAPONAIS** (approuvé). — M. de La Ville.
B. 1887. — Normandie.
Par *Diplomate*, 1/2 s. N., et une fille d'Harmonieux, 1/2 s. N.
Saint-Lô : depuis 1891.

1103.   **JARNAC.** — H. N.
B. 1865. — Manche.
Par *Kapirat*, 1/2 s. N., et une fille d'Ursin, 1/2 s. N.
Saint-Lô : 1869-1883.

1104.   **JARNAC** (approuvé). — M. Nicolle.
B. 1886. — Normandie
Par *Alsacien*, 1/2 s. N., et une fille de Mirliton, 1/2 s. N.
Saint-Lô : depuis 1891.

1105.   **JARNAC.** — H. N.
Bb. 1887. — Manche.
Par *Colporteur*, 1/2 s. N., et *Caroline*, par J'y Songerai, 1/2 s. N.
Saint-Lô : depuis 1891.

1106.   **JASEUR.** — H. N.
B. 1887. — Manche.
Par *Sénéchal*, 1/2 s. N., et *Rosette*, par Laboureur, 1/2 s. N.
Saint-Lô : depuis 1891.

1107.   **JASMIN.** — H. N.
Bb. 1843. — Calvados.
Par *Emule*, 1/2 s. N., et une fille de Sylvio, P. S. A.
Le Pin : 1847. — Saint-Lô : 1848-1851.

1108. **JASMIN** (approuvé). — M. Blier.
B. 1887. — Normandie.
Par *Cafarelli* ou *Panique*, 1/2 s. N., et une fille de Saturne, 1/2 s. N.
Saint-Lô : depuis 1891.

1109. **JASMIN** (approuvé). — M. de La Ville.
B. 1887. — Normandie.
Par *Utrecht*, 1/2 s. N., et une fille de Romano, 1/2 s. N.
Saint-Lô : depuis 1891.

1110. **JASMIN IV**. — H. N.
B. 1887. — Calvados.
Par *Sobriquet*, 1/2 s. N., et *Normande*, par Normand, 1/2 s. N.
Sa grand'mère : fille de Washington, 1/2 s. Al.
Saint-Lô : depuis 1891.

1111. **JASON**. — H. N.
Al. 1880. — Sarthe.
Par *Phaëton*, 1/2 s. N., ou *Clear-The-Way*, 1/2 s. A., et une fille de
Kapirat, 1/2 s. N.
Saint-Lô : 1885-1886.

1112. JAVA, ex-JATIVA (approuvé). — M. Le Sénécal.
B. 1865. — Normandie.
Par *Bravo*, P. S. A., et une fille de Camisard, 1/2 s. N.
Saint-Lô : 1869-1875.

1113. **JAVA, ex-JASMIN**. — H. N.
B. 1887. — Manche.
Par *Ussy*, 1/2 s. N., et *Papillon*, par Serviteur, 1/2 s. N.
Saint-Lô : depuis 1891.

1114. **JAVELOT**. — H. N.
B. 1887. — Manche.
Par *Ermite*, 1/2 s. N., et *Bravade*, 1/2 s. N., par Bravo, P. S. A.
Saint-Lô : depuis 1891.

1115. **JAY**. — H. N.
N. 1842. — Calvados.
Par *Bitume*, 1/2 s. N., et une fille de Voltaire, 1/2 s. N.
Saint-Lô : 1847-1862.

1116. **JAY** (approuvé). — M. Marion père.
N. 1857. — Normandie.
Par *Jay*, 1/2 s. N., et une 1/2 s. N.
Saint-Lô : 1861.

1117.   **JAY** (approuvé). — M. Ballière.
Bb. 1886. — Normandie.
Par *Acquila*, 1/2 s. N., et une fille de Louviers, 1/2 s. N.
Le Pin : depuis 1891.

1118.   **JAY** (approuvé). — M. Gost.
N. 1886. — Normandie.
Par *Acquila*, 1/2 s. N., et une fille de Stade, 1/2 s. N.
Le Pin : depuis 1891.

1119.   **JAYET.** — H. N.
B. 1843. — Calvados.
Par *Biron*, P. S. A., et une fille d'Emule, 1/2 s. N.
Saint-Lô : 1847-1850.

1120.   **JEAN-BART.** — H. N.
B. 1865. — Manche.
Par *Ugolin*, 1/2 s. N., et une fille d'Uzel, 1/2 s. N.
Saint-Lô : 1869-1872.

1121.   **JEAN-DE-NIVELLE II.** — H. N.
B. 1887. — Calvados.
Par *Valencourt*, 1/2 s. N., et *Jeanne-d'Arc*, par Conquérant, 1/2 s. N.
Sa grand'mère : Jeanne-la-Folle, par The Heir-of-Linne, P. S. A.
Sa bisaïeule : jument anglaise.
Le Pin : depuis 1891.

1122.   **JEAN-HUSS, ex-JUSTIN.** — H. N.
N. 1887. — Manche.
Par *Trajan*, 1/2 s. N., et *Va-de-Bon-Cœur*, par Hunter, 1/2 s. N.
Saint-Lô : depuis 1891.

1123.   **JEAN-LE-GROS, ex-JUSSEY.** — H. N.
B. 1887. — Manche.
Par *Echec*, 1/2 s. N., et *Rosette*, 1/2 s. N.
Le Pin : depuis 1891.

1124.   **JEAN-SANS-PEUR.** — H. N.
B. 1887. — Manche.
Par *Idoménée*, 1/2 s. N., et *Sophie*, par Pancrace, 1/2 s. N.
Sa grand'mère : fille de Dictateur, 1/2 s. N.
Saint-Lô : depuis 1891.

1125.   **JEFFERSON** (approuvé).
MM. Deslandes, 1865 ; Gaubour, 1867.
B. 1856. — Normandie.
Par *Jefferson*, 1/2 s., et une jument de 1/2 s.
Seine-Inférieure : 1865-1873.

1126. **JEFFERSON** (approuvé). — M. Allain.
B. 1887. — Normandie.
Par *Défendu*, 1/2 s. N., et une fille de Josaphat, 1/2 s. N.
Saint-Lô : depuis 1891.

1127. **JEFFERSON** (approuvé). — M. P. Lemétayer.
N. 1887. — Normandie.
Par *Lavater*, 1/2 s. N., et *Follette II*, P. S. A.
Saint-Lô : depuis 1891.

1128. **JEFFREYS** (approuvé). — M. Marquer.
N. 1887. — Normandie.
Par *Sobriquet*, 1/2 s. N., et une fille de Josaphat, 1/2 s. N.
Saint-Lô : depuis 1891.

1129. **JEFFRIED** (approuvé). — M. de La Ville.
B. 1887. — Normandie.
Par *Utrecht*, 1/2 s. N., et une fille de Stern. 1/2 s. N.
Sa grand'mère : fille de Beaumanoir, 1/2 s. N.
Saint-Lô : depuis 1891.

1130. **JEFFRYS.** — H. N.
B. 1865. — Calvados.
Par *Succès*, 1/2 s. N., et une fille de Novi, 1/2 s. N.
Le Pin : 1869-1880.

1131. **JÉHOVAH.** — H. N.
Bb. 1843. — Calvados.
Par *Egus*, 1/2 s. N., et une fille de The Juggler, P. S. A.
Le Pin : 1847-1851.

1132. **JEMMAPES.** — H. N.
Bb. 1887. — Manche.
Par *Utrecht*, 1/2 s. N., et *Sophie*, par Arétin, 1/2 s. **N.**
Le Pin : depuis 1891.

1133. **JEMMAPES** (approuvé). — M. F. Lepileur.
B. 1887. — Normandie.
Par *Utrecht*, 1/2 s. N., et une fille de Quickly, 1/2 s. N.
Saint-Lô : depuis 1891.

1134. **JENNER** (approuvé). — M. de La Ville.
B. 1887. — Normandie.
Par *Dunois*, 1/2 s. N., et une fille de Le Dard, P. S. A.
Saint-Lô : depuis 1891.

1135.   **J'EN-SUIS, ex-JOCKO.** — H. N.
Ro. 1887. — Orne.
Par *Beaugé*, 1/2 s. N., et *Rouanne*, par Elu, 1/2 s. N.
Le Pin : depuis 1891.

1136.   **JÉRICKO.** — H. N.
B. 1843. — Calvados.
Par *Biron*, P. S. A., et une fille de Voltaire, 1/2 s. N.
Sa grand'mère : 1/2 s. N. par Y. Rattler, 1/2 s. A.
Sa bisaïeule : fille de d'Y. Topper, 1/2 s. A.
Le Pin : 1847-1861-1863. — Paris : 1862.

1137.   **JÉRICKO.** — H. N.
Bb. 1887. — Orne.
Par *Quiclet*, 1/2 s. N., et *Bijou*, par Nouvion, 1/2 s. N.
Sa grand'mère : fille d'Affidavit, P. S. A.
Saint-Lô : depuis 1891.

1138.   **JÉROBOAM.** — H. N.
Bb. 1843. — Normandie.
Par *Diomède*, 1/2 s. N., et une fille de Jaggar, 1/2 s. A.
Saint-Lô : 1847-1860.

1139.   **JÉROME.** — H. N.
B. 1843. — Calvados.
Par *Voltaire*, 1/2 s. N., et une jument anglaise.
Le Pin : 1847. — Saint-Lô : 1848-1859.

1140.   **JET, ex-BLACK-JACK.** — H. N.
N. 1887. — Manche.
Par *Utrecht*, 1/2 s. N., et *Charmante*, par Regnard, 1/2 s. N.
Saint-Lô : depuis 1891.

1141.   **JETON.** — H. N.
Al. 1887. — Manche.
Par *Ecarté*, 1/2 s. N., et *Denise*, par Trompe-la-Mort, 1/2 s. du Midi.
Saint-Lô : depuis 1891.

1142.   **JEUDI** (approuvé). — M. Guillerme.
B. 1887. — Normandie.
Par *Lavater*, 1/2 s. N., et *Prudente*, P. S. A.
Saint-Lô : depuis 1891.

1143.   **JEUMONT, ex-JÉHOVA.** — H. N.
Bb. 1887. — Calvados.
Par *Acquila*, 1/2 s. N., et *Mémorable*, par Elu, 1/2 s. N.
Sa grand'mère : Sylvia, par Valdemar, 1/2 s. N.
Sa bisaïeule : fille de Sylvio, P. S. A.
Le Pin : depuis 1891.

1144. **JOCELYN** (approuvé). — M. du Chatel.
B. 1865. — Normandie.
Par *Beaumanoir*, 1/2 s. N., et une 1/2 s. N., par Robinson, P. S. A.
Saint-Lô : 1869-1874.

1145. **JOCKEY, ex-JASON.** — H. N.
Bb. 1887. — Calvados.
Par *Tigris*, 1/2 s. N., et *Reinette*, par Normand, 1/2 s. N.
Saint-Lô : depuis 1891.

1146. **JOCRISSE, ex-JUPITER VII.** — H. N.
B. 1887. — Orne.
Par *Edimbourg*, 1/2 s. N., et *Niniche*, par Palanquin, 1/2 s. N.
Saint-Lô : depuis 1891.

1147. **JOHN** (approuvé).
M. Le Sérécal, 1869-1874. — H. N., 1875.
B. 1865. — Normandie.
Par *Buci*, 1/2 s. N., et une fille de Rémus, 1/2 s. N.
Saint-Lô : 1869-1884.

1148. **JOINVILLE.** — H. N.
B. 1843. — Calvados.
Par *Oak-Stick*, P. S. A., et une fille d'Y. Rattler. 1/2 s. A.
Le Pin : 1847.

1149. **JOINVILLE II.** — H. N.
B. 1887. — Orne.
Par *Cherbourg*, 1/2 s. N., et *Célimène*, par Niger, 1/2 s. N.
Sa grand'mère : fille de Brocardo, P. S. A.
Saint-Lô : depuis 1891.

1150. **JOLIBOIS.** — H. N.
B. 1887. — Orne.
Par *Cherbourg*, 1/2 s. N., et *Dora*, par Niger, 1/2 s. N.
Sa grand'mère : fille d'Extase. 1/2 s. N.
Saint-Lô : depuis 1891.

1151. **JOLI-CŒUR.** — H. N.
Al. 1865. — Normandie.
Par *Victorieux*, 1/2 s. N., et une fille de Pégase, 1/2 s. N.
Saint-Lô : 1871-1878.

1152. **JONGLEUR.** — H. N.
B. 1865. — Calvados.
Par *Buci*, 1/2 s. N., et une fille de Sultan, 1/2 s. N.
Saint-Lô : 1869-1871.

1153.   **JOQUELET. —** H. N.
Gr. 1843. — Normandie.
Par *Ardoise*, 1/2 s. N., et une fille d'Oscar, 1/2 s. N.
Le Pin : 1847-1853.

1154.   **JOSAPHAT. —** H. N.
Bb. 1865. — Manche.
Par *Ugolin*, 1/2 s. N., et *Gracieuse*, par Horatius, 1/2 s. N.
Sa grand'mère : fille de Ballinkeele, P. S. A.
Saint-Lô : 1869-1884.

1155.   **JOSAPHAT. —** H. N.
B. 1887. — Orne.
Par *Cherbourg*, 1/2 s. N., et *Malvina*, par Buci, 1/2 s. N.
Sa grand'mère : fille d'Aï, 1/2 s. N.
Le Pin : depuis 1891.

1156.   **JOSSELYN. —** H. N.
B. 1887. — Calvados.
Par *Delaware*, 1/2 s. N., et *Iris*, par Roncevaux, 1/2 s. N.
Saint-Lô : depuis 1891.

1157.   **JOSUÉ. —** H. N.
Bb. 1841. — Calvados.
Par *Don-Quichotte*, P. S. A. A., et une fille de Chapman,
1/2 s. A.
Le Pin : 1847 (Montiérender en 1848).

1158.   **JOSUÉ. —**H. N.
B. 1887. — Calvados.
Par *Acquila* ou *Valparaiso*, 1/2 s. N., et *Anisette*, par Irlandais,
1/2 s. N.
Saint-Lô : depuis 1891.

1159.   **JOUBERT. —** H. N.
B. 1843. — Calvados.
Par *Voltaire*, 1/2 s. N., et une 1/2 s. N., par The Juggler,
P. S. A.
Le Pin : 1847-1851 (Saintes en 1852).

1160.   **JOUFFROY. —** H. N.
B. 1887. — Orne.
Par *Edimbourg*, 1/2 s. N., et *Impérieuse*, par Taconnet,
1/2 s. N.
Sa grand'mère : Brocardine, 1/2 s. N., par Brocardo, P.S.A.
Le Pin : depuis 1891.

1161. **JOURNALIER** (approuvé). — M. de Tesson.
Bb. 1887. — Normandie.
Par *Valdempierre*, 1/2 s. N., et une 1/2 s. N., par Phœnomenon,
1/2 s. A.
Sa grand'mère : fille de Pledge, 1/2 s. N.
Saint-Lô : depuis 1891.

1162. **JOUTEUR**. — H. N.
B. 1887. — Manche.
Par *Ermite*, 1/2 s. N., et *Négresse*, 1/2 s. N., par Gibert, P. S. A.
Saint-Lô : depuis 1891.

1163. **JOUTEUR** (approuvé). — M. Pierre.
B. 1887. — Normandie.
Par *Espadem*, 1/2 s. N., et une 1/2 s. N., par Quid-Juris, P. S. A.
Saint-Lô : depuis 1891.

1164. **JOVIAL**. — H. N.
B. 1865. — Calvados.
Par *Pledge*, 1/2 s. N., et *Certitude*, par Myrthe, 1/2 s. N.
Sa grand'mère : Palmyre, par Lucain, 1/2 s. N.
Sa bisaïeule : Sarah, par Xerxès, 1/2 s. N.
Sa trisaïeule : Rataplan, par Voltaire, 1/2 s. N.
Sa quadrisaïeule : Mignonne, par The Juggler, P. S. A.
Le Pin : 1869-1873.

1165. **JOYAU**. — H. N.
B. 1887. — Calvados.
Par *Phare*, 1/2 s. N., et *Glorieuse*, par Glorieux, 1/2 s. N.
Saint-Lô : depuis 1891.

1166. **JOYEUX**, ex-**JOB** (approuvé). — M. Castel.
B. 1865. — Normandie.
Par *Solide*, 1/2 s. N., et une fille de Xerxès, 1/2 s. N.
Saint-Lô : 1869-1870.

1167. **JOYEUX** (approuvé). — M. Milcent.
Al. 1887. — Normandie.
Par *Raifort*, 1/2 s. N., et une 1/2 s. N.
Saint-Lô : depuis 1891.

1168. **JOYEUX** (approuvé). — M. Pierre.
Bb. 1887. — Normandie.
Par *Vert-Luron*, 1/2 s. N., et une fille de Guillaume-le-Conquérant,
1/2 s. N.
Saint-Lô : depuis 1891.

1169. **JOYFULL**. — H. N.
B. 1887. — Calvados.
Par *Duguesclin*, 1/2 s. N., et *Vénus*, 1/2 s. N., par Washington,
1/2 s. Al.
Sa grand'mère : fille de Fol-Espoir, 1/2 s. N.
Le Pin : depuis 1891.

1170. **JUBÉ**, ex-**JAVELOT**. — H. N.
B. 1887. — Manche.
Par *Vert-Galant*, 1/2 s. N., et *Castille*, par Newton, 1/2 s. N.
Sa grand'mère : fille d'Electeur, 1/2 s. N.
Saint-Lô : depuis 1891.

1171. **JUDAS**. — H. N.
B. 1887. — Manche.
Par *Evaux*, 1/2 s. N., et *Rustique*, par Egésippe, 1/2 s. N.
Saint-Lô : depuis 1891.

1172. **JUGURTHA**. — H. N.
B. 1843. — Orne.
Par **Y.** *Emilius*, P. S. A., et une 1/2 s. N., par Y. Rattler, 1/2 s. A.
Sa grand'mère : fille d'Highflyer, 1/2 s. N.
Le Pin : 1847-1860.

1173. **JUILLET** (approuvé). — M. Marion fils.
B. 1865. — Normandie.
Par *Pigeon-Vole*, P. S. A., et une fille de Lagopède, 1/2 s. N.
Saint-Lô : 1869.

1174. **JUIN**, ex-**JANVIER**. — H. N.
N. 1887. — Orne.
Par *Barrabas*, 1/2 s. N., et *Etincelle*, par Galba, 1/2 s. N.
Sa grand'mère, 1/2 s. N., par Eylau, P. S. A. A.
Le Pin : depuis 1891.

1175. **JUJUBE**. — H. N.
B. 1843. — Manche.
Par *Tarrare*, P. S. A., et une 1/2 s. N., par Chapman, 1/2 s. A.
Le Pin : 1847 (Saint-Maixent en 1848).

1176. **JULES-CÉSAR**. — H. N.
B. 1864. — Calvados.
Par *Ottoman*, 1/2 s. N., et une 1/2 s. N., par The Great-Western,
1/2 s. A.
Saint-Lô : 1869-1877.

1177.   **JULIEN** (approuvé). — M. Bisson.
B. 1865. — Normandie.
Par *Fire-Away*, 1/2 s. A., et une 1/2 s. N.
Saint-Lô : 1869-1872.

1178.   **JULIEN**. — H. N.
B. 1865. — Normandie.
Par *Pigeon-Vole*, P. S. A. et une 1/2 s. N., par Eylau, P. S. A. A.
Saint-Lô : 1871. — Seine-Inférieure : 1873-1877.

1179.   **JULIEN** (approuvé). — M. Gost.
Al. 1886. — Normandie.
Par *Beauvoir*, 1/2 s., et *Julienne*, 1/2 s.
Le Pin : depuis 1891.

1180.   **JULIEN**. — H. N.
B. 1887. — Orne.
Par *Cherbourg*, 1/2 s. N., et *Jeanne-d'Arc*, par Rutabaga, 1/2 s. N.
Sa grand'mère : fille de Nouvion, 1/2 s. N.
Sa bisaïeule : fille d'Elu, 1/2 s. N.
Sa trisaïeule : fille de Merlerault, 1/2 s. N.
Le Pin : depuis 1891.

1181.   **JULIUS-CŒSAR**. — H. N.
Ro. 1843. — Orne.
Par *Xerxès*, 1/2 s. N., et une fille d'Oscar, 1/2 s. N.
Le Pin : 1847 (Braisne en 1848).

1182.   **JUNIUS**. — H. N.
B. 1843. — Orne.
Par *Diomède*, 1/2 s. N., et une 1/2 s. N., par Sylvio, P. S. A.
Sa grand'mère : fille de Xerxès, 1/2 s. N.
Sa bisaïeule : 1/2 s. N., par Dangerous, P. S. A.
Sa trisaïeule : fille d'Highflyer, 1/2 s. N.
Sa quadrisaïeule : fille d'Eastham, P. S. A.
Le Pin : 1847-1848 (Rosières en 1849).

1183.   **JUNOT** — H. N.
Al. 1843. — Orne.
Par *Friedland*, P. S. A., et une fille de Chasseur, 1/2 s. N.
Le Pin : 1847-1851 (Villeneuve-sur-Lot en 1852).

1184.   **JUNOT** (approuvé). — M. de La Ville.
B. 1887. — Normandie.
Par *Sacrobosco*, 1/2 s. N., et une fille de Tancrède, 1/2 s. N.
Saint-Lô : depuis 1891.

1185.   **JUPITER III**. — H. N.
Al. 1887. — Manche.
Par *Reynolds*, 1/2 s. N., et *Virgule*, par Lavater, 1/2 s. N.
Saint-Lô : depuis 1891.

1186.   **JURÉ**, ex-**JOINVILLE**. — H. N.
B. 1887. — Manche.
Par *Domino-Noir*, 1/2 s. N., et *Pretty-Boy*, 1/2 s. N., p. Pretty-Boy,
P. S. A.
Sa grand'mère : fille de Kapirat, 1/2 s. N.
Saint-Lô : depuis 1891.

1187.   **JUSANT**. — H. N.
B. 1887. — Orne.
Par *Phaëton*, 1/2 s. N., et *Béatrix*, par Niger, 1/2 s. N.
Sa grand'mère : fille de Pledge, 1/2 s. N.
Saint-Lô : depuis 1891.

1188.   **JUSTIN** (approuvé). — M. Hirard.
B. 1887. — Normandie.
Par *Betting*, 1/2 s. N., et une 1/2 s. N.
Saint-Lô : depuis 1891.

1189. JUVIGNY (approuvé).—MM. Garnot, Lemétayer.
B. 1864. — Manche.
Par *Sinope*, 1/2 s. N., et une 1/2 s. N.
Saint-Lô : 1869-1884.

1190.   **JUVIGNY**. — H. N.
N. 1887. — Orne.
Par *Cherbourg*, 1/2 s. N., et *Formosa*, par Niger, 1/2 s. N.
Sa grand'mère : Confiance, par Gaulois, 1/2 s. N.
Sa bisaïeule : Céline, 1/2 s. N., par Brocardo, P. S. A.
Sa trisaïeule : 1/2 s. N., par Performer, 1/2 s. A.
Sa quadrisaïeule : fille de Massoud, P. S. Ar.
Le Pin : depuis 1891.

1191.   **J'Y-PENSAIS**, ex-**JOYAU**. — H. N.
B. 1887. — Orne.
Par *Edimbourg*, 1/2 s. N., et *Orphise*, par Laboureur, 1/2 s .
Sa grand'mère : fille de Solide, 1/2 s. N.
Le Pin : depuis 1891.

1192.   **J'Y-SONGERAI** (approuvé).
M. E. Revel, 1870-1871. — H. N., 1872.
B. 1865. — Manche.
Par *The Heir-of-Linne*, P. S. A., et une 1/2 s. N., par un fils
de Favori, 1/2 s. N.
Sa grand'mère : fille de Vautour, 1/2 s. N.
Saint-Lô : 1870-1874 (Braisne en 1875).

1193.   **KABIN.** — H. N.
B. 1866. — Calvados.
Par *Uzel*, 1/2 s. N., et une fille d'Urus, 1/2 s. N.
Saint-Lô : 1870-1884.

1194.   **KADMOR.** — H. N.
B. 1844. — Normandie.
Par *Sylvio*, P. S. A., et *La Railleuse*, par Railleur, 1/2 s. N.
Sa grand'mère : fille de Colibry, 1/2 s. N.
Sa bisaïeule : fille d'Y. Rattler, 1/2 s. A.
Le Pin : 1848-1850.

1195.   **KADRIXE.** — H. N.
B. 1844. — Orne.
Par *Eylau*, P. S. A. A., et une fille de Y. Rattler, 1/2 s. A.
Le Pin : 1848 (Libourne en 1849).

1196.   **KAHEL.** — H. N.
Bb. 1865. — Orne.
Par *Prince*, 1/2 s. N., et une fille d'Herschell, 1/2 s. N.
Saint-Lô : 1870-1871.

1197.   **KAÏN.** — H. N.
B. 1843. — Normandie.
Par *Xerxès*, 1/2 s. N., et une fille d'Eclatant, 1/2 s. N.
Saint-Lô : 1848-1852.

1198.   **KAKATOÈS.** — H. N.
Bb. 1866. — Calvados.
Par *Porthos*, 1/2 s. N., et une fille d'Antinoüs, 1/2 s. N.
Le Pin : 1870-1877.

1199.   **KALAVEL.** — H. N.
Bb. 1844. — Calvados.
Par *Emule*, 1/2 s. N., et une 1/2 s. N., par Tarrare, P. S. A.
Le Pin : 1848-1850 (Blois en 1851).

1200.   **KALENDER.** — H. N.
B. 1844. — Orne.
Par *Sylvio*, P. S. A., et une fille de Chasseur, 1/2 s. N.
Le Pin : 1848-1860.

1201.   **KALISTOS.** — H. N.
B. 1844. — Normandie.
Par *Oak-Stick*, P. S. A., et une fille de Railleur, 1/2 s. N.
Le Pin : 1848-1852 (Saintes en 1853).

1202.   **KAMIESH** (approuvé). — M. Mazure.
B. 1851. — Normandie.
Par *Carnassier*, 1/2 s. N., et une 1/2 s. N., par Adolphus, P. S. A.
Saint-Lô : 1856-1867.

1203.   **KAPIRAT**. — H. N.
B. 1844. — Orne.
Par *Voltaire*, 1/2 s. N., et une 1/2 s. N., par The Juggler, P. S. A.
Saint-Lô : 1848-1870.

1204.   **KAPIRAT** (approuvé). — M. Allain.
B. 1873. — Manche.
Par *Quine*, 1/2 s. N., et *Lisette*, par Kapirat, 1/2 s. N.
Sa grand'mère : fille de Quinine, 1/2 s. N.
Sa bisaïeule : fille de Priam, 1/2 s. N.
Saint-Lô : 1877-1886.

1205   **KARAT**. — H. N.
B. 1844. — Calvados.
Par *Fanfare*, 1/2 s. N., et une fille de Prosélyte, 1/2 s. A.
Le Pin : 1848-1858.

1206.   **KARBOUT**. — H. N.
B. 1844. — Calvados.
Par *Chasseur*, 1/2 s. N., et une fille de Lucholl, 1/2 s. A.
Saint-Lô : 1848-1857.

1207.   **KARICAL**. — H. N.
B. 1843. — Orne.
Par *Friedland*, P. S. A., et une fille d'Impérieux, 1/2 s. N.
Le Pin : 1848-1851 (Villeneuve-sur-Lot en 1852).

1208. KARIPA (approuvé). — MM. Tétrel, F. Geoffroy.
B. 1873. — Normandie
Par *Vandermulin*, P. S. A., et une fille de Kapirat, 1/2 s. N.
Saint-Lô : 1881-1886.

1209.   **KEISERLICK**. — H. N.
B. 1844. — Calvados.
Par *Emule*, 1/2 s. N., et une fille d'Octavien, 1/2 s. N.
Saint-Lô : 1848-1853.

1210.   **KELLERMAN**. — H. N.
B. 1866. — Manche.
Par *Victorieux*, 1/2 s. N., et une fille d'Hippocrate, 1/2 s. N.
Saint-Lô : 1870-1874.

1211. **KELME** (approuvé). — M. Le Sénécal.
B. 1844. — Normandie.
Par *Y. Reveller*, P. S. A., et une 1/2 s. N.
Saint-Lô : 1848-1849.

1212. **KÉNILWORTH**. — H. N.
B. 1844. — Orne.
Par *Biron*, P. S. A., et une fille de Prétender, 1/2 s. A.
Le Pin : 1848-1856.

1213. **KENNET**. — H. N.
Bb. 1843. — Calvados.
Par *Egus*, 1/2 s. N., et une 1/2 s. N., par Sylvio, P. S. A.
Saint-Lô : 1848-1849.

1214. **KENT**. — H. N.
B. 1866. — Orne.
Par *Cuningham*, 1/2 s. A., et une fille de Solide 1/2 s. N.
Saint-Lô : 1870-1878.

1215. **KÉPHALÉ**. — H. N.
Bb. 1844. — Calvados.
Par *Oak-Stick*, P. S. A., et une fille d'Hollym, 1/2 s. A.
Saint-Lô : 1848-1850.

1216. **KÉPI**. — H. N.
Al. 1844. — Orne.
Par *Hercule*, 1/2 s. N., et une 1/2 s. N., par Sylvio, P. S. A.
Sa grand'mère : fille d'Oscar, 1/2 s. N.
Le Pin : 1848-1854 (Libourne en 1855).

1217. **KETZER**. — H. N.
B. 1866. — Calvados.
Par *Pledge*, 1/2 s. N., et une fille de Cyclope, 1/2 s. A.
Saint-Lô : 1870-1873.

1218. **KHAN**. — H. N.
Bb. 1843. — Orne.
Par *Sylvio*, P. S. A., et une fille d'Eclatant, 1/2 s. N.
Le Pin : 1848-1849 (Montiérender en 1850).

1219. **KHARO**. — H. N.
B. 1844. — Orne.
Par *Emule*, 1/2 s. N., et une fille de Voltaire, 1/2 s. N.
Le Pin : 1848.

1220. KILOGRAMME, ex-**LUCULLUS** (approuvé).
M. du Chatel.
B. 1866. — Normandie.
Par *Coleraine*, 1/2 s. A., et une fille de Kosack, 1/2 s. N.
Saint-Lô : 1870-1883.

1221. KILOMÈTRE. — H. N.
Bb. 1866. — Calvados.
Par *Conquérant*, 1/2 s. N., et *Yelva*, 1/2 s. N., par The Norfolk.
Phœnomenon, 1/2 s. A.
Sa grand'mère : fille de Black-Jack, 1/2 s. A.
Sa bisaïeule : jument anglaise.
Le Pin : 1871-1879.

1222. KINDLER (approuvé). — M. Le Sénécal.
B. 1831. — Normandie.
Par *North-Star*, 1/2 s. A., et une 1/2 s. N.
Saint-Lô : 1837-1841 (exporté en Italie).

1223. KIRGHIS. — H. N.
B. 1844. — Calvados.
Par *Xerxès*, 1/2 s. N., et une fille de Voltaire, 1/2 s. N.
Le Pin : 1848-1851.

1224. KLAUCK. — H. N.
B. 1866. — Manche.
Par *Etendard*, 1/2 s. N., et une 1/2 s. N., par Isolier, P. S. A.
Sa grand'mère : fille de Tic-Tac, 1/2 s. N.
Le Pin : 1870-1871 (La Roche-sur-Yon en 1872).

1225. KLÉBER (approuvé). — M. Le Sénécal.
B. 1866. — Normandie.
Par *Prétender*, 1/2 s. A., et une fille de Merlerault, 1/2 s. N.
Saint-Lô : 1870-1874.

1226. KNOUT. — H. N.
B. 1844. — Normandie.
Par *Tarrare*, P. S. A., et une fille de Talma, 1/2 s. A.
Le Pin : 1853-1862.

1227. KNOX. — H. N.
B. 1844. — Normandie.
Par *Extrême*, 1/2 s. N., et une 1/2 s. N., par Royal-Oak, P. S. A.
Le Pin : 1848 (Montiérender en 1849)

1228. KOATVEN. — H. N.
B. 1844. — Calvados.
Par *Oak-Stick*, P. S. A., et une fille de Voltaire, 1/2 s. N.
Saint-Lô : 1848-1853.

1229. **KOCIUSKO** (approuvé). — M. Castel.
B. 1866. — Normandie.
Par *Bayard*, 1/2 s. N., et une 1/2 s. N.
Saint-Lô : 1870-1871.

1230. **KŒNIG.** — H. N.
B. 1844. — Orne.
Par *Hégésippe*, 1/2 s. N., et une fille de Vaillant, 1/2 s. N.
Le Pin : 1848-1849 (La Roche-sur-Yon en 1850).

1231. **KŒNIGSBERG.** — H. N.
B. 1844. — Orne.
Par *Fréjus*, 1/2 s. N., et une 1/2 s. N., par Y. Rattler, 1/2 s. A.
Sa grand'mère : fille de Dangerous, P. S. A.
Sa bisaïeule : fille d'Eastham, P. S. A.
Le Pin : 1848-1851.

1232. **KOLAS.** — H. N.
Al. 1866. — Manche.
Par *Kapirat*, 1/2 s. N., et une 1/2 s. N., par Corsair, 1/2 s. A.
Saint-Lô : 1870-1871.

1233. **KOPING.** — H. N.
B. 1866. — Calvados.
Par *Français*, 1/2 s. N., et une 1/2 s. N., par Pick-Pocket, P. S. A.
Le Pin : 1870-1878.

1234. **KORSAC.** — H. N.
B. 1844. — Normandie.
Par *Extrême*, 1/2 s. N., et une 1/2 s. N., par Y. Emilius, P. S. A.
Le Pin : 1848-1850 (Blois en 1851).

1235. **KOSACK.** — H. N.
B. 1844. — Orne.
Par *Sylvio*, P. S. A., et fille de Trotteur, 1/2 s. N.
Le Pin : 1848-1863.

1236. **KOUBO.** — H. N.
B. 1844. — Calvados.
Par *Master-Waggs*, P. S. A., et une fille de Voltaire, 1/2 s. N.
Sa grand'mère : fille d'Y. Topper, 1/2 s. A.
Le Pin : 1848-1851.

1237. **KOUFFAH.** — H. N.
B. 1844. — Calvados.
Par *Voltaire*, 1/2 s. N., et une 1/2 s. N., par Cleveland, 1/2 s. A.
Saint-Lô : 1848-1851.

1238. **KOULIKAN** — H. N., 1848 à 1860
(Approuvé). M. Questel, 1862. — M. Septs, 1865.
B. 1844. — Calvados.
Par *Voltaire*, 1/2 s. N., et une 1/2 s. N., par Prosélyte, 1/2 s. A.
Saint-Lô : 1848-1868.

1239. **KOULIKAN** (approuvé). — M. Chéradame.
B. 1865. — Normandie.
Par *Foulques*, 1/2 s. N., et une 1/2 s. N.
Le Pin : 1870-1888.

1240. **KRAMER**. — H. N.
Al. 1844. — Orne.
Par *Hercule*, 1/2 s. N., et une fille de Chasseur, 1/2 s. N.
Sa grand'mère : fille d'Eclatant, 1/2 s. N.
Le Pin : 1848-1854.

1241. **KUBSECK** ou **KEEPSEAKE** (approuvé).
Mme Tirard.
B. 1865. — Normandie.
Par *Uhlan*, 1/2 s. N., et une fille de Perfection, 1/2 s. N.
Saint-Lô : 1870-1873.

1242. **KURDE**. — H. N.
B. 1844. — Calvados.
Par *Voltaire*, 1/2 s. N., et une 1/2 s. N., par Y. Topper, 1/2 s. A.
Saint-Lô : 1848-1857.

1243. **KURDE** (approuvé).
M. B. Le Petit, 1862. — M. Le Sénécal, 1865.
B. 1857. — Normandie.
Par *Kurde*, 1/2 s. N., et une fille d'Historien, 1/2 s. N.
Saint-Lô : 1862-1869.

1244. **LABÉON**. — H. N.
B. 1845. — Calvados.
Par *Groom*, 1/2 s. A., et une fille de Mahomet, 1/2 s. N.
Saint-Lô : 1849-1852.

1245. **LABOUREUR**. — H. N.
B. 1867. — Orne.
Par *Bassompierre*, 1/2 s. N., *Prétender*, 1/2 s. A., ou *Noteur*,
1/2 s. N., et une 1/2 s. N., par Coleraine, 1/2 s. A.
Saint-Lô : 1871-1890.

1246. **LABRADOR**. — H. N.
Al. 1867. — Sarthe.
Par *Prétender*, 1/2 s. A., et une 1/2 s. N., par William, P. S. A.
Saint-Lô : 1872-1873.

1247.   **LACOUR.** — H. N.
B. 1845. — Orne.
Par *Harlequin*, P. S. A., et une 1/2 s. N., par Buffalo, 1/2 s. A.
Le Pin : 1849-1859.

1248.   **LA DOUCEUR** (approuvé). — Mᵐᵉ Lebrun.
B. 1865. — Manche.
Par *Quasi*, 1/2 s. N., et une fille d'Hyacinthe, 1/2 s. N.
Saint-Lô : 1870-1889.

1249.   **LAFONTAINE.** — H. N.
B. 1867 — Normandie.
Par *Ottoman*, 1/2 s. N., et une fille de Sultan, 1/2 s. N.
Saint-Lô : 1871-1874.

1250.   **LAGOPÈDE.** — H. N.
B. 1845. — Calvados.
Par *Voltaire*, 1/2 s. N., et une 1/2 s. N., par The Juggler, P. S. A.
Saint-Lô : 1849-1866.

1251.   **LAHORE** (approuvé). — M. Le Sénécal.
B. 1848. — Normandie.
Par *Lahore*, 1/2 s. A., et une 1/2 s. N.
Saint-Lô : 1856-1857.

1252.   **LAHORE** (approuvé). — M. Marion père.
B. 1857. — Normandie.
Par *Lahore*, 1/2 s. A., et une 1/2 s. N.
Saint-Lô : 1861.

1253.   **LA JOIE** (approuvé). — M. Guérin.
B. 1873. — Normandie.
Par *Solférino*, 1/2 s. N., et une 1/2 s. N.
Saint-Lô : 1877-1886.

1254.   **LAMA.** — H. N.
B. 1844. — Normandie.
Par *Chasseur*, 1/2 s. N., et une 1/2 s. N., par Y. Topper, 1/2 s. A.
Le Pin : 1849-1856 (Braisne en 1857).

1255.   **LAMBESC.** — H. N.
Al. 1845. — Calvados.
Par *Pégase*, 1/2 s. N., et *Quêteuse* (jument irlandaise).
Le Pin : 1849-1852 (Paris en 1853-1857).

1256.   **LAMBRIS** (approuvé). — Mis de Croix.
N. 1867. — Eure.
Par *Y.*, 1/2 s. N., et *Fiamina*, 1/2 s. N.
Sa grand'mère : Ximène, 1/2 s. N., par Brocardo, P. S. A.
Sa bisaïeule : Manette, 1/2 s. N., par Black-Jack, 1/2 s. A.
Sa trisaïeule : Martinette, 1/2 s. A.
Le Pin : 1872.

1257.   **L'AMI** (approuvé). — M. P. Lepileur.
B. 1877. — Manche.
Par *Bijou*, 1/2 s. N., et *Lysette*, 1/2 s. N.
Saint-Lô : depuis 1882.

1258.   **L'AMI.** — H. N.
Bb. 1878. — Orne.
Par *Parisien*, 1/2 s. N., et une fille de Faliéro, 1/2 s. N.
Le Pin : depuis 1882.

1259.   **LANDAU.** — H. N.
Bb. 1844. — Calvados.
Par *Performer*, 1/2 s. A., et une fille d'Emule, 1/2 s. N.
Saint-Lô : 1849-1856.

1260.   **LANDAU.** — H. N.
Bb. 1867. — Manche.
Par *Tamerlan*, 1/2 s. N., et une fille de Perfection, 1/2 s. N.
Seine-Inférieure : 1878.

1261.   **LANDELLES** (approuvé). — M. d'Aprigny.
B. 1857. — Normandie.
Par *Lahore*, 1/2 s. A., et une fille de Voltaire, 1/2 s. N.
Saint-Lô : 1862.

1262.   **LANS-BORN** (approuvé). — M. du Chatel.
B. 1867. — Normandie.
Par *Kapirat*, 1/2 s. N., et une fille de Lionceau, 1/2 s. N.
Saint-Lô : 1872-1880.

1263.   **LANVINEUX.** — M. Lesaulnier.
Al. 1867. — Normandie.
Par *Trouville*, P. S. A., et une fille de Galion, 1/2 s. N.
Saint-Lô : 1871.

1264.   **LAURÉAT.** — H. N.
B. 1845. — Calvados.
Par *Biron*, P. S. A., et une 1/2 s. N., par Y. Rattler, 1/2 s. A.
Le Pin : 1849-1859.

1265. LAVATER (approuvé). — Mis de Croix 1871.
H. N. 1874.

Bb. 1867. — Eure.
Par Y., 1/2 s. N., ou *Crocus*, 1/2 s. A., et *Candelaria*, 1/2 s. A.
Le Pin : 1871-1873. — Saint-Lô : 1874-1887.

1266.   **LÉANDRE.** — H. N.

B. 1845. — Orne.
Par Y. *Emilius*, P. S. A., et une 1/2 s. N., par Dangerous, 1/2 s. A.
Sa grand'mère : fille d'Eastham, P. S. A.
Le Pin : 1849-1851.

1267.   **LÉGISLATEUR.** — H. N.

B. 1867. — Orne.
Par *Centaure*, 1/2 s. N., et une fille de Kramer, 1/2 s. N.
Sa grand'mère : fille de Pilote, 1/2 s. N.
Sa bisaïeule : 1/2 s. N., par Bacha, P. S. Ar.
Sa trisaïeule : fille de Glorieux, 1/2 s. A.
Sa quadrisaïeule : fille de King-Pepin, 1/2 s. A.
Le Pin : 1871-1888.

1268.   **LEMNOS.** — H. N.

Bb. 1845. — Normandie.
Par *The-Juggler*, P. S. A., et une fille de Voltaire, 1/2 s. N.
Le Pin : 1849-1850 (Rosières en 1851).

1269.   **LE MORE.** — H..N.

Al. 1867. — Calvados.
Par *Estafette*, 1/2 s. N., et une 1/2 s. N., par Coleraine, 1/2 s. A.
Sa grand'mère : 1/2 s. N., par The Great-Western, 1/2 s. A.
Sa bisaïeule : fille de Général, 1/2 s. N.
Le Pin : 1872-1885. — Saint-Lô : 1886.

1270.   **LÉONIDAS.** — H. N.

Bb. 1844. — Calvados.
Par *Don-Quichotte*, P. S. A. A., et une fille de Mystérieux, 1/2 s. N.
Le Pin : 1849-1854.

1271.   **LÉOPARD.** — H. N.

B. 1845. — Manche.
Par *Eastham*, P. S. A., et une 1/2 s. N.
Saint-Lô : 1849-1851.

1272.   **LÉOPARD.** — M. du Chatel.

B. 1867. — Normandie.
Par *Kapirat*, ou *Lionceau*, 1/2 s. N., et une 1/2 s. N.,
par Y. Cydnus, 1/2 s. A.
Saint-Lô : 1871.

1273. **LÉOPOLD.** — H. N.
B. 1867. — Orne.
Par *Utrecht*, 1/2 s. N., et une fille de Centaure, 1/2 s. N.
Saint-Lô : 1872-1873.

1274. **LÉOTARD.** — H. N.
B. 1866. — Manche.
Par *Despote*, 1/2 s. N., et une 1/2 s. N., par Ballinkeele, P. S. A.
Saint-Lô : 1870-1883.

1275. **LICENCIÉ.** — H. N.
B. 1845. — Calvados.
Par *Voltaire*, 1/2 s. N., et une fille d'Emule, 1/2 s. N.
Le Pin : 1849-1852 (Saint-Maixent en 1853).

1276. **LICTEUR.** — H. N.
B. 1845. — Calvados.
Par *Marmot*, P. S. A., et une fille de Voltaire, 1/2 s. N.
Saint-Lô : 1849-1867.

1277. **LIGNAC.** — H. N.
Bb. 1867. — Orne.
Par *Galba*, 1/2 s. N., et une 1/2 s. N., par The Great-Western,
1/2 s. A.
Le Pin : 1872-1873.

1278. **LILAS.** — H. N.
Bb. 1867. — Calvados.
Par *Conquérant*, 1/2 s. N., et une fille de Printemps, 1/2 s. N.
Seine-Inférieure : 1872-1879. — Le Pin : 1879-1881.

1279. **LIONCEAU.** — H. N.
B. 1845. — Orne.
Par *Sylvio*, P. S. A., et une fille de Xerxès, 1/2 s. N.
Saint-Lô : 1849-1863.

1280. **LIONCEAU** (approuvé). — M. Loslier
B. 1880. — Manche.
Par *Hélios*, 1/2 s. N., et *Lise*, par Quine, 1/2 s. N.
Sa grand'mère : fille de Lagopède, 1/2 s. N.
Saint-Lô : depuis 1884.

1281. **LIONCEAU II** (approuvé). — M. Le Royer.
B. 1868. — Normandie.
Par *Vice-Roi*, 1/2 s. N., et une fille de Lionceau, 1/2 s. N.
Saint-Lô : 1872-1881.

1282.   **LION-D'OR. —** H. N.
Al. 1867. — Normandie.
Par *Elu*, 1/2 s. N., et une fille de Centaure, 1/2 s. N.
Saint-Lô : 1871-1872.

1283.   **LIVET. —** H. N.
B. 1882. — Sarthe.
Par *Phaëton*, 1/2 s. N., et *Capucine*, par Crocus, 1/2 s. A., ou
Lavater, 1/2 s. N.
Sa grand'mère : fille de Lucifer, 1/2 s. N.
Le Pin : depuis 1887.

1284.   **LOCKE. —** H. N.
Al. 1867. — Manche.
Par *Quid Juris*, P. S. A., et une fille de Nelson, 1/2 s. N.
Saint-Lô : 1872-1874.

1285.   **LOCOMOTIF. —** H. N.
B. 1845. — Orne.
Par *Emule*, 1/2 s. N., et une 1/2 s. N., par Eylau, P. S. A. A.
Saint-Lô : 1849-1858.

1286.   **LODI. —** H. N.
B. 1867. — Orne.
Par *Noteur*, 1/2 s. N., et une fille de Solide, 1/2 s. N.
Saint-Lô : 1872-1888.

1287.   **LONGPRÉ. —** H. N.
B. 1867. — Calvados.
Par *Français*, 1/2 s. N., et une fille de Sultan, 1/2 s. N.
Le Pin : 1872-1873.

1288.   **LORD** (approuvé). — M. Hamel.
B. 1859. — Manche.
Par *Raglan*, 1/2 s. N., et une fille de Diomède, 1/2 s. N.
Sa grand'mère : fille de Glorieux, 1/2 s. N.
Saint-Lô : 1865.

1289.   **LORD. —** H. N.
Bb. 1867. — Normandie.
Par *Français*, 1/2 s. N., et une 1/2 s. N., par Wanderer, 1/2 s. A.
Saint-Lô : 1871-1874.

1290.   **LOTHAIRE. —** H. N.
B. 1845. — Calvados.
Par *Xerxès*, 1/2 s. N., et une fille de Voltaire, 1/2 s. N.
Le Pin : 1849-1852 (Saintes en 1853).

1291.   **LOTHAIRE** (approuvé). — M. Buhot.
Al. 1850. — Manche.
Par *Memnon*, 1/2 s. N., et une fille de Cydnus, P. S. A
Sa grand'mère : par Marengo, P. S. A.
Saint-Lô : 1856-1861.

1292.   **LOUSTIC.** — H. N.
B. 1867. — Orne.
Par *Utrecht*, 1/2 s. N., et *Frétillon*, par Solide, 1/2 s. N.
Sa grand'mère : Pégriote, 1/2 s. N., par Eylau, P. S. A. A.
Sa bisaïeule : jument arabe.
Le Pin : 1871-1877.

1293.   **LOUVIERS** (approuvé). — M. Castel.
B. 1864. — Normandie.
Par *Taconnet*, 1/2 s. N., et une fille de Séducteur. 1/2 s. N.
Saint-Lô : 1872-1876.

1294.   **LOUVOYEUR.** — H. N.
B. 1823. — Normandie.
Par *Cleveland*, 1/2 s. A., et une 1/2 s. N.
Le Pin : 1833-1841 (Strasbourg en 1841).

1295.   **LOYAL.** — H. N.
N. 1884. — Seine-Inférieure.
Par *Serviteur*, 1/2 s. N., et *Malgré-Moi*, 1/2 s. N.,
par Trotting-Rattler, 1/2 s. A.
Saint-Lô : depuis 1891.

1296.   **LUCAIN.** — H. N. 1849-1863 et en 1865.
Approuvé : M. Aumont, 1863-1865.
B. 1845. — Calvados.
Par *Eylau*, P. S. A. A., et *Désirée*, 1/2 s. N., par Talma, 1/2 s. A.
Sa grand'mère : 1/2 s. N., par Jaggar, 1/2 s. A.
Sa bisaïeule : 1/2 s. N., par Aslan, P. S. Ar.
Sa trisaïeule : 1/2 s. N., par Volontaire, P. S. A.
Sa quadrisaïeule : fille de Glorieux, 1/2 s. A.
Le Pin : 1849-1866.

1297.   **LUCRATIF.** — H. N.
Al. 1867. — Normandie.
Par *Trouville*, P. S. A., et une fille de Sultan, 1/2 s. N.
Le Pin : 1871-1873.

1298.   **LUCULLUS.** — H. N.
B. 1867. — Orne.
Par *Noteur*, 1/2 s. N., et une fille de Merlerault, 1/2 s. N.
Saint-Lô : 1872-1881.

1299.   **LUTH**. — H. N.
B. 1845. — Orne.
Par *Falicro*, 1/2 s. N., et Brigith, 1/2 s.
Saint-Lô : 1849-1861.

1300.   **LUTHER** (approuvé). — M. Buhot.
B. 1867. — Orne.
Par *Utrecht*, ou *Séducteur*, 1/2 s. N., et *Ordelia*,
par Kœnisberg, 1/2 s. N.
Saint-Lô : 1872-1883.

1301.   **LUTIN** (approuvé). — M. Bachelier.
Al. 1868. — Normandie.
Par *Edmond*, 1/2 s. N., et une fille de Taconnet, 1/2 s. N.
Le Pin : 1872-1873.

1302.   **LYCAON**. — H. N.
B. 1845. — Normandie.
Par *Quoniam*, P. S. A., et une fille d'Emule, 1/2 s. N.
Le Pin : 1849-1850.

1303.   **LYCÉEN**. — H. N.
B. 1842. — Calvados.
Par *Félix*, P. S. A., et une 1/2 s. N., par Y. Topper, 1/2 s. A.
Saint-Lô : 1849-1852.

1304.   **LYSIMAQUE**. — H. N.
B. 1844. — Orne.
Par *Doyen*, 1/2 s. N., et une fille d'Hamilton, 1/2 s. N.
Saint-Lô : 1849-1855.

1305.   **MACARONI**. — H. N.
B. 1868. — Manche.
Par *Pater*, 1/2 s. N., et une fille de Nelson, 1/2 s. N.
Le Pin : 1872 (Saintes en 1873).

1306.   **MÂCON**. — H. N.
Gr. 1846. — Orne.
Par *Chasseur*, 1/2 s. N., et une fille de Cancan, 1/2 s. N.
Saint-Lô : 1850-1857.

1307.   **MACOUBA**. — H. N.
Al. 1868. — Orne.
Par *Hick*, 1/2 s. N., et une 1/2 s. N., par Sérénader, 1/2 s. A.
Saint-Lô : 1873-1885.

1308. **MADÈRE.** — H. N.
B. 1868. — Calvados.
Par *Bayard*, ou *Valdemar*, 1/2 s. N., et une fille de
Voltaire, 1/2 s. N.
Saint-Lô : 1872-1884.

1309. **MAGENTA** (approuvé). — M. Couillard.
B. 1856. — Normandie.
Par *Jocko*, P. S. A., et une fille de Pégase, 1/2 s. N.
Saint-Lô : 1861.

1310. **MAGENTA** (approuvé). — M. Castel.
N. 1867. — Normandie.
Par *Ursin*, 1/2 s. N., et une 1/2 s. N., par Eylau, P. S. A. A.
Saint-Lô : 1872.

1311. **MAGICIEN.** — H. N.
B. 1868. — Calvados.
Par *Français*, 1/2 s. N., et une fille de Sultan, 1/2 s. N.
Saint-Lô : 1873-1876.

1312. **MAGISTER** (approuvé). — M. Le Sénécal.
B. 1867. — Normandie.
Par *Garibaldi*, 1/2 s. N., et une 1/2 s. N., par Lahore, 1/2 s. A.
Saint-Lô : 1872-1875.

1313. **MAHOMET.** — H. N.
B. 1823. — Normandie.
Par *Y. Rattler*, 1/2 s. A., et une fille d'Highflyer, 1/2 s. N.
Le Pin : 1828-1845.

1314. **MAJOR** (approuvé). — M. Le Sénécal.
B. 1856. — Normandie.
Par *Historien*, 1/2 s. N., et une 1/2 s. N., par Don-Quichotte,
P. S. A. A.
Saint-Lô : 1861-1862.

1315. **MAJOR** (approuvé). — M. Robert.
Bb. 1868. — Normandie.
Par *Violent*, 1/2 s. N., et une 1/2 s. N., par Corsair, 1/2 s. A.
Saint-Lô : 1872-1873.

1316. **MALAGA** (approuvé). — M. Rihouey.
Bb. 1876. — Normandie.
Par *Orange*, 1/2 s. N., et une fille de Quasi, 1/2 s. N.
Saint-Lô ·· 1880-1882.

1317. **MALAKOFF** (approuvé). — M. Leclerc.
Al. 1856. — Manche.
Par *Guignolet*, P. S. A., et une 1/2 s. N., par Adolphus, P. S. A.
Saint-Lô : 1861-1870.

1318. **MALANDRIN** (approuvé). — M. Couëtil.
B. 1867. — Normandie.
Par *Egésippe*, 1/2 s. N., et une 1/2 s. N.
Saint-Lô : 1872-1887.

1319. **MARASQUIN** (approuvé). — M. Rihouey.
B. 1871. — Normandie.
Par *Kapirat*, 1/2 s. N., et une 1/2 s. N.
Saint-Lô : 1875.

1320. **MARCEAU**. — H. N.
Al. 1867. — Calvados.
Par *Taconnet*, 1/2 s. N., et une fille de Porthos, 1/2 s. N.
Sa grand'mère : fille de Montaigne, 1/2 s. N.
Le Pin : 1872-1885.

1321. **MARCELET**. — H. N.
B. 1868. — Orne.
Par *Centaure*, 1/2 s. N., et une 1/2 s. N., par Brocardo, P. S. A.
Saint-Lô : 1872-1874.

1322. **MARCO-SPADA**
Approuvé : MM. Bourguais, Alexandre Paul.
Bb. 1855. — Normandie.
Par *Adolphus*, P. S. A., et une fille de Lagopède, 1/2 s. N.
Saint-Lô : 1862-1879.

1323. **MARDOCHÉE**. — H. N.
B. 1868. — Manche.
Par *The Heir-of-Linne*, P. S. A., et une 1/2 s. N., par Lahore, 1/2 s. A.
Seine-Inférieure : 1873-1874.

1324. **MARIGNAN**. — H. N.
B. 1868. — Orne.
Par *The Norfolk-Phœnomenon*, 1/2 s. A., et une fille de Pledge, 1/2 s. N.
Sa grand'mère : fille de Tipple-Cider, P. S. A.
Sa bisaïeule : fille de Sylvio, P. S. A.
Le Pin : depuis 1872.

1325. **MARIGNY**. — H. N.
Al. 1868. — Manche.
Par *Ugolin*, 1/2 s. N., et une 1/2 s. N.
Seine-Inférieure : 1872.

1326.   **MARIUS**. — H. N.
B. 1846. — Orne.
Par Y. *Emilius*, P. S. A., et une 1/2 s. N., par Y. Rattler, 1/2 s. A.
Saint-Lô : 1850-1857.

1327.   **MARIUS**. — H. N.
Bb. 1867. — Orne.
Par *Centaure*, 1/2 s. N., et une fille de Kramer, 1/2 s. N.
Sa grand'mère : fille de Pilote, 1/2 s. N.
Sa bisaïeule : 1/2 s. N., par Bacha, P. S. Ar.
Sa trisaïeule : 1/2 s. N., par Glorieux, 1/2 s. A.
Sa quadrisaïeule : 1/2 s. N., par King-Pepin, 1/2 s. A.
Le Pin : 1872.

1328.   **MARIUS**. — H. N.
B. 1868. — Calvados.
Par *Pledge*, 1/2 s. N., et une 1/2 s. N., par Ramsay, P. S. A.
Seine-Inférieure : 1872-1873.

1329.   **MARMOT**. — H. N.
B. 1827. — Orne.
Par *Massoud*, P. S. Ar., et *Miss Stephens*, 1/2 s. A.
Le Pin : 1832-1849.

1330.   **MARMOT**. — M. Levasseur.
B. 1880. — Normandie.
Par *Macouba*, 1/2 s. N., et une fille de Hunter, 1/2 s. N.
Saint-Lô : 1885-1886.

1331.   **MARS** (approuvé). — M. Oblin.
B. 1848. — Orne.
Par *Chasseur*, 1/2 s. N., et une 1/2 s. N.
Saint-Lô : 1853-1863.

1332.   **MARS**. — H. N.
B. 1868. — Calvados.
Par *Glorieux*, 1/2 s. N., et une 1/2 s. N., par Royal-Quand-Même,
P. S. A.
Sa grand'mère : 1/2 s. N., par Corsair, 1/2 s. A.
Sa bisaïeule : fille de Gaberlunzie, 1/2 s. A.
Saint-Lô : 1873-1876.

1333.   **MARTAGON**. — H. N.
B. 1846. — Orne.
Par *Royal-Oak*, P. S. A., et une fille de Dart, 1/2 s. A.
Le Pin : 1850-1856.

1334.　MATHURIN. — H. N.
B. 1868. — Manche.
Par *The Heir-of-Linne*, P. S. A., et une fille de Bamboula, 1/2 s. N.
Saint-Lô : 1872-1887.

1335.　MATINAL (approuvé). **— M. F. Leveillé.**
Bb. 1874. — Manche.
Par *Bravo*, P. S. A., et une fille de Volcan, 1/2 s. N.
Saint-Lô : 1878-1889.

1336.　MAXIME. — H. N.
B. 1846. — Calvados.
Par *The Juggler*, P. S. A., et une fille de Voltaire, 1/2 s. N.
Sa grand'mère : fille de Lucholl, 1/2 s. A.
Le Pin : 1850-1851 (Angers en 1852).

1337.　MAZEPPA. — H. N.
Al. 1868. — Manche.
Par *The Heir-of-Linne*, P. S. A., et une fille d'Ugolin, 1/2 s. N.
Sa grand'mère : fille d'Adolphus, P. S. A.
Le Pin : 1872-1879.

1338.　MÉDICIS. — H. N.
B. 1846. — Orne.
Par *Sylvio*, P. S. A., et *Chloris*, par Marmot, 1/2 s. N.
Le Pin : 1850.|

1339.　MEMENTO. — H. N.
Bb. 1868. — Calvados.
Par *Conquérant*, 1/2 s. N., et une fille de Lucain, 1/2 s. N.
Saint-Lô : 1872-1874.

1340.　MEMNON. — H. N.
Al. 1844. — Manche.
Par *Carnassier*, 1/2 s. N., et une 1/2 s. N., par Marengo, P. S. A. A.
Le Pin : 1850-1859.

1341.　MENANT (approuvé). **— M. Renaud.**
Al. 1865. — Normandie.
Par *Eminent*, 1/2 s. N., et une fille d'Urus, 1/2 s. N.
Saint-Lô : 1869-1889.

1342.　MÉNÉLAS. — H. N.
Al. 1868. — Normandie.
Par *Denmarck*, 1/2. s. A., et une fille de Sultan, 1/2 s. N.
Saint-Lô : 1876-1883.

1343. **MENTOR**. — H. N.
Bb. 1846. — Orne.
Par *Emule*, 1/2 s. N., et une fille d'Impérieux, 1/2 s. N.
Saint-Lô : 1850-1857.

1344. **MENTOR** (approuvé). — M. d'Imbleval.
Bb. 1868. — Normandie.
Par *Sancho*, 1/2 s. N., et une fille de Tarquin, 1/2 s. N.
Seine-Inférieure : 1873-1876.

1345. **MERCURE**. — H. N.
B. 1868. — Calvados.
Par *Conquérant*, 1/2 s. N., et une 1/2 s. N., par Télégraph,
1/2 s. A.
Saint-Lô : 1873-1889.

1346. **MÉRINOS** (approuvé). — M. Blandin.
B. 1859. — Manche.
Par *Urus*, 1/2 s. N., et une fille de Georges, 1/2 s. N.
Saint-Lô : 1863-1869.

1347. **MERLERAULT**. — H. N.
B. 1846. — Orne.
Par *Royal-Oak*, P. S. A., et une 1/2 s. N., par Sylvio, P. S. A.
Sa grand'mère : fille de Friedland, P. S. A.
Le Pin : 1850-1868.

1348. **MESSIRE** (approuvé). — M. G. Marion.
B. 1868. — Normandie.
Par *Hussein*, 1/2 s. N., et une fille d'Ursin, 1/2 s. N.
Saint-Lô : 1873-1876.

1349. **MEXICO**. — H. N.
B. 1863. — Normandie.
Par *Abrantès*, 1/2 s. N., et une 1/2 s. N., par Moustique, P. S. A.
Seine-Inférieure : 1872-1873.

1350. **MÉZIDON** (approuvé). — M. Laumonier.
B. 1857. — Normandie.
Par *Oscar*, 1/2 s. N., et une 1/2 s. N.
Saint-Lô : 1862.

1351. **MIGNON** (approuvé). — M. Lebeurier.
Bb. 1877. — Manche.
Par *Quine*, 1/2 s. N., et une fille de Roustan, 1/2 s. N.
Saint-Lô : 1881-1889.

1352.   **MILANAIS.** — H. N.
B. 1868. — Manche.
Par *Great-Master*, 1/2 s. A., et une 1/2 s. N., par Isolier,
P. S. A.
Saint-Lô : 1872-1882.

1353.   **MILLION.** — H. N.
B. 1868. — Orne.
Par *Séducteur*, ou *Buci*, 1/2 s. N., et *Cérès*, par Thésée,
1/2 s. N.
Sa grand'mère : 1/2 s. N., par Brocardo, P. S. A.
Sa bisaïeule : fille de Lucain, 1/2 s. N.
Le Pin : 1872-1884.

1354.   **MILORD.** — H. N.
Bb. 1867. — Manche.
Par *Ratapoil*, 1/2 s. N., et une fille de Kapirat, 1/2 s. N.
Saint-Lô : 1871-1889.

1355.   **MILTON.** — H. N.
B. 1846. — Calvados.
Par *The Juggler*, P. S. A., et une 1/2 s. N., par Y. Rattler,
1/2 s. A.
Saint-Lô : 1850-1856 (Abbeville en 1857).

1356.   **MINA** (approuvé).
M. de Messey, 1859. — M. de Souchey, 1863.
Bb. 1849. — Normandie.
Par *Rhéteur*, 1/2 s. N., et une 1/2 s. N.
Le Pin : 1859-1863.

1357.   **MINE-D'OR.** — H. N.
Al. 1868. — Manche.
Par *Ugolin*, 1/2 s. N., et une fille d'Ursin, 1/2 s. N
Saint-Lô : 1872-1889.

1358.   **MIRLITON.** — H. N.
B. 1868. — Calvados.
Par *Matinal*, 1/2 s. N., et une 1/2 s. A.
Saint-Lô : 1872-1888.

1359.   **MISTRAL.** — H. N.
B. 1846. — Orne.
Par *Eylau*, P. S. A. A., et une 1/2 s. N., par Royal-Oak, P. S. A.
Le Pin : 1850-1851 (Strasbourg en 1852).

1360.   **MITHRIDATE** (approuvé).
M. Hardel, 1873. — M. Catel, 1884.
Al. 1868. — Normandie.
Par *Torticolis*, P. S. A., et une 1/2 s. N., par Corsair, 1/2 s. A.
Saint-Lô : 1873-1884.

1361.   **MODÈLE** (approuvé). — M. Fauchon.
B. 1875. — Manche.
Par *Lodi*, 1/2 s. N., et une fille de Sancho, 1/2 s. N.
Saint-Lô : 1880-1882.

1362.   **MOGADOR.** — H. N.
B. 1846. — Manche.
Par *Eastham*, P. S. A., et une 1/2 s. N.
Saint-Lô : 1850-1854 (Villeneuve-sur-Lot en 1855).

1363.   **MOKA** (approuvé). — M. Le Sénécal.
B. 1867. — Normandie.
Par *Utrecht*, 1/2 s. N., et une fille de Merlerault, 1/2 s. N.
Saint-Lô : 1872-1875.

1364.   **MONITEUR.** — H. N.
Al. 1868. — Orne.
Par *Hick*, 1/2 s. N., et une fille de Solide, 1/2 s. N.
Seine-Inférieure : 1874-1875.

1365.   **MONSEIGNEUR** (approuvé). — M. Bisson.
B. 1868. — Normandie.
Par *Galba*, 1/2 s. N., et une fille de Jéricko, 1/2 s. N.
Saint-Lô : 1873-1881.

1366.   **MONTAIGNE.** — H. N.
Bb. 1846. — Calvados.
Par *Voltaire*, 1/2 s. N., et une 1/2 s. N., par Biron, P. S. A.
Le Pin : 1850-1860 et 1862-1863. — Paris : 1861.

1367.   **MONTEBELLO.** — H. N.
Bb. 1868. — Manche.
Par *Crater*, 1/2 s., et une 1/2 s. N., par Samman, 1/2 s. Ar.
Saint-Lô : 1873-1884.

1368.   **MONTFORT.** — H. N.
Ro. 1868 — Calvados.
Par un 1/2 s. A. et une 1/2 s. A.
Seine-Inférieure : 1873-1879. — Le Pin : 1879-1885.

1369. **MONTMORENCY. — H. N.**
Al. 1868. — Calvados.
Par *Conquérant*, 1/2 s. N., et *Senorita*, par Bavent, 1/2 s. N.
Sa grand'mère : fille de Séduisant, 1/2 s. N.
Le Pin : 1872-1882 (Hennebont en 1883).

1370. **MONTPENSIER. — H. N.**
B. 1868. — Calvados.
Par *Trouville*, P. S. A., et une fille d'Enragé, 1/2 s. N.
Saint-Lô : 1872-1874.

1371. **MONTREUIL. — M. Questel.**
B. 1858. — Normandie.
Par *Nonus*, 1/2 s. N., et une fille de Labéon, 1/2 s. N.
Saint-Lô : 1863.

1372. **MORGAN** (approuvé). — M. Le Sénécal.
B. 1856. — Normandie.
Par *Noé*, 1/2 s. N., et une fille de Landau, 1/2 s. N.
Saint-Lô : 1861-1872.

1373. **MORTAGNE. — H. N.**
Gr. 1847. — Orne.
Par *Honorable*, 1/2 s. N., et une 1/2 s. N.
Le Pin : 1854-1861 (Abbeville en 1862).

1374. **MOTUS.**
H. N. 1850-1860. — (Approuvé) M. Pepin. 1862-1864.
B. 1845. — Calvados
Par *Voltaire*, 1/2 s. N., et une fille de Nérestan, 1/2 s. N.
Saint-Lô : 1850-1860 et 1862-1864.

1375. **MOUTON** (approuvé). — M. Etieuvre
Ro. 1884. — Manche.
Par *Jackson*, 1/2 s. A., et *Mienne*, par Vernix, 1/2 s. N.
Sa grand'mère : Henriette, 1/2 s.
Saint-Lô : depuis 1888.

1376. **MUPHTI** (approuvé). — M. Bonpain.
B. 1868. — Calvados.
Par *Trouville*, P. S. A., et une fille d'Homère, 1/2 s. N.
Saint-Lô : 1872-1885.

1377. **MUSTAPHA** (approuvé). — M. Bonpain.
Bb. 1868. — Manche.
Par *Giboyer*, 1/2 s. N., et une 1/2 s. N., par Ballinkeele, P. S. A.
Sa grand'mère : fille de Féry, 1/2 s. N.
Saint-Lô : depuis 1873.

1378.   **MYOSOTIS.** — H. N.
Gr. 1846. — Orne.
Par *Henri*, 1/2 s. N., et une 1/2 s. N., par Sylvio, P. S. A.
Le Pin : 1850 (Blois en 1851).

1379.   **MYRTHE.** — H. N.
B. 1846. — Orne.
Par *Homère*, 1/2 s. N., et une fille de Voltaire, 1/2 s. N.,
Le Pin : 1850-1860.

1380.   **MYSTÉRIEUX** (approuvé). — M. A. Duval.
Bb. 1858. — Manche.
Par *Danseur*, 1/2 s. N., et une 1/2 s. N., par Eylau, P. S. A. A
Saint-Lô : 1863-1872.

1381.   **MYSTÉRIEUX** (approuvé). — M. Bonpain.
B. 1869. — Calvados.
Par *Glorieux*, 1/2 s. N., et une fille de Primm, 1/2 s.
Saint-Lô : 1872-1873.

1382.   **N.** (approuvé). — M. Le Vavasseur.
B. 1850. — Normandie.
Par *Adolphus*, P. S. A., et une 1/2 s. N.
Saint-Lô : 1854-1861.

1383.   **N.** (approuvé). — M. Morin.
B. 1843. — Normandie.
Par *Biron*, 1/2 s. N., et une 1/2 s. N.
Saint-Lô : 1847-1849.

1384.   **N.** (approuvé). — M. d'Aprigny.
B. 1849. — Normandie.
Par *Camisard*, 1/2 s. N., et une 1/2 s. N.
Saint-Lô : 1854-1855.

1385.   **N.** (approuvé). — M. Marion père.
B. 1843. — Normandie.
Par *Carnassier*, 1/2 s. N., et une 1/2 s. N., par Massoud, P. S. A.
Saint-Lô : 1848.

1386.   **N.** (approuvé). — M. Tilliard.
B. 1844. — Normandie.
Par *Chasseur*, 1/2 s. N., et une 1/2 s. N.
Saint-Lô : 1848.

1387.   **N**. (approuvé). — M. Yvon.
B.1848 . — Normandie.
Par *Comminges*, P. S. A., et une 1/2 s. N.
Saint-Lô : 1854-1856.

1388.   **N**. (approuvé). — M. d'Aprigny.
B. 1849. — Normandie.
Par *Crésus*, P. S. A., et une 1/2 s. N.
Saint-Lô : 1854-1855.

1389.   **N**. (approuvé). — M. Deslongchamps.
B. 1849. — Normandie.
Par *Don Quichotte*, P. S. A. A., et une fille de Sauvage, 1/2 s. N.
Saint-Lô : 1855-1858 et en 1862.

1390.   **N**. (approuvé). — M. Marion fils.
Bb. 1851. — Normandie.
Par *Don Quichotte*, P. S. A. A., et une 1/2 s. N.
Saint-Lô : 1855-1856.

1391.   **N**. (approuvé). — M. Hamel.
Gr. 1839. — Normandie.
Par *Eastham*, P. S. A., et une 1/2 s. N.
Saint-Lô : 1844-1847.

1392.   **N**. (approuvé). — M. Tilliard.
B. 1844. — Normandie.
Par *Em-ile*, 1/2 s. N., et une 1/2 s. N.
Saint-Lô : 1848.

1393.   **N**. (approuvé). — M. Houssin de Saint-Laurent.
B. 1850. — Normandie.
Par *Historien*, 1/2 s. N., et une 1/2 s. N.
Saint-Lô : 1854-1855.

1394.   **N**. (approuvé). — M. Vibert.
Al. 1850. — Normandie.
Par *Kapirat*, 1/2 s. N., et une 1/2 s. N.
Saint-Lô : 1854.

1395.   **N**. (approuvé). — M. de Chivré.
Bb. 1849. — Normandie.
Par *Karbout*, 1/2 s. N., et une 1/2 s. N.
Saint-Lô : 1854-1857.

1396. N. (approuvé). — M. Lechartier.
B. 1845. — Normandie.
Par *Lagopède,* 1/2 s. N., et une 1/2 s. N.
Saint-Lô : 1854.

1397. N. (approuvé). — M. Le Chevallier.
B. 1851. — Normandie.
Par *Lagopède,* 1/2 s. N., et une 1/2 s. N.
Saint-Lô : 1855-1862.

1398. N. (approuvé). — M. de Beaucoudray.
B. 1853. — Manche.
Par *Lahore,* 1/2 s. A., et une 1/2 s. N.
Saint-Lô : 1857-1861.

1399. N. (approuvé). — M. Conefroy.
Al. 1851. — Normandie.
Par *Marengo,* P. S. A. A., et une 1/2 s. N.
Saint-Lô : 1855.

1400. N. (approuvé). — M. Marion père.
Bb. 1848. — Normandie.
Par *Marengo,* P. S. A. A., et une 1/2 s. N.
Saint-Lô : 1855-1858.

1401. N. (approuvé). — M. Darthenay, 1830-1841.
M. Marie, 1842-1847.
B. 1835. — Normandie.
Par *Marmot,* 1/2 s. N., et une 1/2 s. N.
Saint-Lô : 1839-1847.

1402. N. (approuvé). — M. du Chatel.
B. 1841. — Normandie.
Par *Partisan,* P. S. A. A., et une 1/2 s. N., par Talma, 1/2 s. A.
Saint-Lô : 1846.

1403. N. (approuvé). — M. Marion père.
B. 1851. — Normandie.
Par *Polécat,* P. S. A. et une 1/2 s. N.
Saint-Lô : 1855-1858.

1404. N. (approuvé). — M. du Chatel.
B. 1850. — Normandie.
Par *Ramsay,* P. S. A., et une 1/2 s. N.
Saint-Lô : 1854-1864.

1405. **N**. (approuvé). — M. Hamel.
G. 1836. — Normandie.
Par *Sauvage*, 1/2 s. N., et une 1/2 s. N.
Saint-Lô : 1840-1844.

1406. **N**. (approuvé). — M. Lechartier.
E. 1843. — Normandie.
Par *Y. Rattler*, 1/2 s. A., et une 1/2 s. N.
Saint-Lô : 1848-1850.

1407. **N**. (approuvé). — M. du Chatel.
B. 1850. — Normandie.
Par *William*, P. S. A., et une 1/2 s. N.
Saint-Lô : 1854-1878.

1408. **N**. (approuvé). — M. Marion.
B. 1840. — Normandie.
Par *Xerxès*, 1/2 s. N., et une 1/2 s. N.
Saint-Lô : 1844-1847.

1409. **N**. (approuvé). — M. Buhot.
B. 1838. — Normandie.
Par *Y. Cydnus*, 1/2 s. A., et une 1/2 s. N.
Saint-Lô : 1843.

1410. **N**. (approuvé). — M. de Royville.
N. 1844. — Normandie.
Par *Y. Reveller*, P. S. A., et une fille de Quandros, 1/2 s. N.
Saint-Lô : 1848.

1411. NACQUEVILLE, ex-**ROMULUS** (approuvé).
M. du Chatel.
B. 1857. — Normandie.
Par *Lagopède*, 1/2 s. N., et une 1/2 s. N.
Saint-Lô : 1861-1874.

1412. **NADAR** (approuvé). — M. Bricard.
B. 1869. — Normandie.
Par *Abrantès*, 1/2 s. N., et une fille de Noteur, 1/2 s. N.
Seine-Inférieure : 1873-1886.

1413. **NADAR** (approuvé).
M. Le Sénécal, 1874-1875. — H. N. 1876.
Al. 1869. — Calvados.
Par *Uzel*, 1/2 s. N., et une fille de Ravissant, 1/2 s. N.
Saint-Lô : 1874-1885.

1414.   **NAGEL.** — H. N.
Al. 1869. — Manche.
Par *Idoménée*, 1/2 s. N., et une 1/2 s. N., par Lahore, 1/2 s. A.
Saint-Lô : 1873-1887.

1415.   **NAGEUR** (approuvé). — M. J. Grandin.
Bb. 1880. — Manche.
Par *Nagel*, 1/2 s. N., et une fille de Rosel, 1/2 s. N.
Sa grand'mère : fille de Camisard, 1/2 s. N.
Saint-Lô : depuis 1884.

1416.   **NAÏF.** — H. N.
B. 1869. — Calvados.
Par *Esculape*, 1/2 s. N., et une fille de Sultan, 1/2 s. N.
Seine-Inférieure : 1873.

1417.   **NAMUR.** — H. N.
Bb. 1847. — Manche.
Par *Sir-Henri-Dinsdale*, 1/2 s. A., et *Mazelle*, 1/2 s. N.,
par Tarrare, P. S. A.
Saint-Lô : 1851-1859.

1418.   **NAMPONT.** — H. N.
Al. 1868. — Manche.
Par *Hussein*, 1/2 s. N., et une fille d'Ugolin, 1/2 s. N.
Seine-Inférieure : 1873-1875.

1419.   **NANTEUIL.** — H. N.
Al. 1869. — Calvados.
Par *Ignace*, 1/2 s. N., et une fille de Vol-au-Vent, 1/2 s. N.
Saint-Lô : 1873-1877.

1420.   **NARVAL.** — H. N.
Al. 1869. — Calvados.
Par *Prétender*, 1/2 s. A., et *Protestante*, 1/2 s. A.
Le Pin : 1873-1881.

1421.   **NAVARIN** (approuvé).
M. Gouellain, 1873-1876. — M. Moreau-Chaslon, 1878.
B. 1869. — Normandie.
Par *Glorieux*, 1/2 s. N., et *Nacelle*, par Navigateur, 1/2 s. N.
Seine-Inférieure : 1873-1876. — Le Pin : 1878.

1422.   **NAVIGATEUR.** — H. N.
B. 1847. — Calvados.
Par *Herschell*, 1/2 s. N., et une fille d'Olivier-Cromwell, 1/2 s. A.
Saint-Lô : 1851-1870.

1423. **NÉCROMANCIEN.**
Approuvé : MM. de La Ville, Le Petit.
B. 1869. — Normandie.
Par *Vice-Roi*, 1/2 s. N., et une 1/2 s. N.
Saint-Lô : 1873-1875.

1424. **NECTAR** (approuvé). — M. Le Sénécal.
B. 1868. — Normandie.
Par *Navigateur*, 1/2 s. N., et une fille d'Historien, 1/2 s. N.
Saint-Lô : 1873-1878.

1425. **NÉCY.** — H. N.
B. 1869. — Calvados.
Par *Abrantès*, 1/2 s. N., et *Gazelle*, 1/2 s. N., par Cyclope, 1/2 s. A.
Sa grand'mère : 1/2 s. N., par Governor, P. S. A.
Sa bisaïeule : fille de Mulatto, 1/2 s. A.
Le Pin : 1873-1883.

1426. **NÉGOCIANT.** — H. N.
B. 1869. — Manche.
Par *Vandermulin*, P. S. A., et une fille d'Inkermann, 1/2 s. N.
Saint-Lô : 1873-1876.

1427. **NÉGRO.**
Approuvé : M. Leloutre, 1863 ; M. du Chatel, 1865.
N. 1859. — Normandie.
Par *Hébreu*, 1/2 s. N., et une fille de François Ier, 1/2 s. N.
Saint-Lô : 1863-1884.

1428. **NÉGRO** (approuvé). — M. Royer.
N. 1868. — Orne.
Par *Vicomte*, 1/2 s. N., et une fille de Cormoran, 1/2 s. N.
Le Pin : 1873-1881.

1429. **NÉGRO** (approuvé). — M. Taillefesse.
N. 1871. — Seine-Inférieure.
Par *Ouvrier*, 1/2 s. N., et *Euréka*, P. S. A.
Le Pin : 1879-1882.

1430. **NÉGRO** (approuvé). — M. Chéradame.
Bb. 1875. — Normandie.
Par *Négro* (fils de Vicomte), 1/2 s. N., et une 1/2 s. N.
Le Pin : 1880-1885.

1431. **NÉLATON** (approuvé). — M. Martin.
B. 1869. — Normandie.
Par *Roc*, 1/2 s. N., et une fille de Ravisseur, 1/2 s. N.
Seine-Inférieure : 1873-1876.

1432. **NELSON**. — H. N.
B. 1847. — Calvados.
Par *Galion*, 1/2 s. N., et une 1/2 s. N., par Royal-Georges, P. S. A.
Saint-Lô : 1854-1858.

1433. **NÉLUSKO** (approuvé). — M. du Chatel.
B. 1869. — Normandie.
Par *Beaumanoir*, 1/2 s. N., et une 1/2 s. N.
Saint-Lô : 1873-1875.

1434. **NÉLUSKO**. — H. N.
Al. 1869. — Orne.
Par *Centaure*, 1/2 s. N., et une fille de Chactas, P. S. A.
Le Pin : 1873-1885.

1435. **NEMROD**.
H. N. 1851-1863. (approuvé). M. Herbin, 1864-1867.
B. 1847. — Orne.
Par *Voltaire*, 1/2 s. N., et une fille de Xerxès, 1/2 s. N.
Saint-Lô : 1851-1867.

1436. **NÉPHALION**. — H. N.
Al. 1869. — Orne.
Par *Y. Volunteer*, 1/2 s. A., et *Paquerette*, 1/2 s. N., par D'jam.
P. S. Ar.
Sa grand'mère : fille de Junot, 1/2 s. N.
Sa bisaïeule : fille de D.-I.-O., P. S. A.
Le Pin : 1873-1880.

1437. **NEPTUNE** (approuvé). — M. Constantin.
Bb. 1855. — Calvados.
Par *Mars*, 1/2 s., et une 1/2 s. N.
Saint-Lô : 1862-1871.

1438. **NÉRESTAN**. — H. N.
Bb. 1825. — Normandie.
Par *Cleveland*, 1/2 s. A., et une fille de Chasseur, 1/2 s. N.
Saint-Lô : 1838-1843.

1439. **NESTOR**. — H. N.
B. 1847. — Orne.
Par *Hospodar*, 1/2 s. N., et une 1/2 s. N., par Captain-Candid.
P. S. A.
Sa grand'mère : 1/2 s. N., par Y. Rattler, 1/2 s. A.
Sa bisaïeule : fille de D.-I.-O., P. S. A.
Le Pin : 1851.

1440. NESTORIUS (approuvé). — M. G. Marion.

B. 1869. — Normandie.

Par *Eventail*, 1/2 s. N., et une 1/2 s. N., par The Nemrod, 1/2 s. A.

Saint-Lô : 1872.

1441. NEUBOURG (approuvé). — Mis de Croix.

Bb. 1869. — Eure.

Par *Ipsilanty*, 1/2 s. N., et *Martinette II*, par Pledge, 1/2 s. N.
Sa grand'mère : Manette, par Black-Jack, 1/2 s. A.
Sa bisaïeule : Martinette, 1/2 s. A.

Le Pin : 1873.

1442. **NEUVY.**

Approuvé : M. Chéradame, 1875 ; M. V. Lechaptois, 1888.

B. 1869. — Normandie.

Par *Epouseur*, 1/2 s. N., et une 1/2 s. N.
Le Pin : 1875-1887. — Saint-Lô : 1888-1890.

1443. **NEUVY.** — H. N.

B. 1869. — Sarthe.

Par *Inkermann*, 1/2 s. N., et une fille d'Homère, 1/2 s. N.
Le Pin : 1873-1875.

1444. NEWCASTLE (approuvé). — M. G. Marion.

B. 1869. — Normandie.

Par *Tonnerre-des-Indes*, P. S. A., et une fille de Buci, 1/2 s. N.
Saint-Lô : 1873.

1445. **NEWMARKET.** — H. N.

Bb. 1847. — Calvados.

Par *The Juggler* P. S. A., et une fille de Voltaire, 1/2 s. N.
Saint-Lô : 1851-1863.

1446. **NEWTON.** — H. N.

B. 1869. — Manche.

Par *Invariable*, 1/2 s. N., et une fille de Ravissant, 1/2 s. N.
Saint-Lô : 1873-1881.

1447. **NIAGARA.** — H. N.

B. 1847. — Calvados.

Par *Homère*, ou *Extrême*, 1/2 s. N., et une fille de
The Juggler, P. S. A.
Le Pin : 1851-1865 (Libourne en 1866).

1448. **NICANOR.** — H. N.

B. 1869. — Orne.

Par *Taconnet*, 1/2 s. N., et une fille de Thésée, 1/2 s. N.
Saint-Lô : 1873-1880.

1449.   **NICIAS**. — H. N.
B. 1869. — Calvados.
Par *Torticolis*, P. S. A., et une fille d'Historien, 1/2 s. N.
Saint-Lô : 1873-1876.

1450.   **NIGER** (approuvé). — M. Castel.
Bb. 1857. — Normandie.
Par *Gazeley*, 1/2 s. A., et une 1/2 s. N.
Saint-Lô : 1861.

1451.   **NIGER**.
Approuvé : M. Pannier, 1863; M. Canivet, 1873.
B. 1859. — Normandie.
Par *Jay*, 1/2 s. N., et une fille de Karbout, 1/2 s. N.
Saint-Lô : 1863-1876.

1452.   **NIGER** (approuvé). — M. Ménage.
N. 1869. — Normandie.
Par *Elu*, 1/2 s. N., et une 1/2 s. N., par Tipple-Cider, P. S. A.
Sa grand'mère : fille de Sylvio, P. S. A.
Seine-Inférieure : 1873-1881.

1453.   **NIGER**. — H. N.
N. 1869. — Orne.
P. *The Norfolk-Phœnomenon*, 1/2 s. A., et *Miss-Bell*, 1/2 s. Am.
Le Pin : depuis 1874.

1454.   **NIVELEUR**. — H. N.
B. 1824. — Normandie.
Par *Cleveland*, 1/2 s. A., et une 1/2 s. N.
Saint-Lô : 1829-1840 (Langonnet en 1841).

1455.   **NIZAM** (approuvé). — M. Le Sénécal.
B. 1840. — Normandie.
Par Y. *Cydnus*, 1/2 s. A., et une 1/2 s. N.
Saint-Lô : 1844.

1456.   **NOË**. — H. N.
B. 1847. — Calvados.
Par *Don Quichotte*, P. S. A. A., et *Mouton*, 1/2 s. N.
Saint-Lô : 1851-1858.

1457.   **NOIRMONT** (approuvé). — M. Douesnel.
B. 1869. — Calvados.
Par *The Norfolk-Phœnomenon*, 1/2 s. A., et *Miss-Pierce*, par
Succès, 1/2 s. N.
Sa grand'mère : Lady-Pierce, 1/2 s. Am.
Le Pin : 1873-1874. — Saint-Lô : 1875-1880.

1458.   **NOLLEVAL.** — H. N.
B. 1869. — Calvados.
Par *Esculape*, ou *Français*, 1/2 s. N., et une fille de
Séducteur, 1/2 s. N.
Le Pin : 1873-1882.

1459.   **NOMEN.** — H. N.
Bb. 1869. — Orne.
Par *The Norfolk-Phœnomenon*, 1/2 s. A., et une fille de Pledge,
1/2 s. N.
Le Pin : 1873-1886.

1460.   **NONANT** (approuvé). — M. Brisset.
Bb. 1873. — Calvados.
Par *Uzel*, 1/2 s. N., et une fille d'Unau, 1/2 s. N.
Sa grand'mère : fille de Bravo, P. S. A.
Saint-Lô : depuis 1877.

1461.   **NONUS**, — H. N.
B. 1846. — Manche.
Par *Railleur*, 1/2 s. N., et une fille de Rainbow, 1/2 s. A.
Saint-Lô : 1851-1864.

1462.   **NOPAL.** — H. N.
B. 1869. — Calvados.
Par *Français*, 1/2 s. N., et une fille de Sultan, 1/2 s. N.
Le Pin : 1873-1876. — Saint-Lô : 1877-1883.

1463.   **NORMAND.** — H. N.
Bb. 1847. — Calvados.
Par *Introuvable*, 1/2 s. N., et une fille d'Emule, 1/2 s. N.
Saint-Lô : 1851-1855.

1464.   **NORMAND.** — H. N.
Bb. 1869. — Manche.
Par *Divus*, 1/2 s. N., et une fille de Kapirat. 1/2 s. N.
Sa grand'mère : fille de Débardeur, P. S. A.
Le Pin : 1873-1883.

1465.   **NORMAND** (approuvé). — M. Richard
Al. 1886. — Normandie.
Par *Vieillot*, 1/2 s. N., et une 1/2 s. N., par Shamrock,
1/2 s. A.
Saint-Lô : 1891.

1466. **NORMANDO**. — H. N.
B. 1869. — Orne.
Par *Eclipse*, 1/2 s. N., et *Gazelle*, 1/2 s. N., par
The Norfolk-Phœnomenon, 1/2 s. A.
Sa grand'mère : Herminie, 1/2 s. N., par Wild-Fire, 1/2 s. A.
Sa bisaïeule : fille de Massoud, P. S. Ar.
Seine-Inférieure : 1875-1879. — Le Pin : 1879-1890.

1467. **NOTEUR**. — H. N.
B. 1847. — Orne.
Par *Eylau*, P. S. A. A., et une fille de Diomède, 1/2 s. N.
Sa grand'mère : 1/2 s. N., par Y. Rattler, 1/2 s. A.
Le Pin : 1851-1872.

1468. **NOURRICIER**. — H. N.
Al. 1823. — Normandie.
Par *Y. Rattler*, 1/2 s. A., et une fille de Matador, 1/2 s. N.
Le Pin : 1829-1849.

1469. **NOUVION**. — H. N.
B. 1868. — Orne.
Par *Héliotrope*, 1/2 s. N., et une fille d'Impérieux, 1/2 s. N.
Le Pin : 1873-1889.

1470. **NOVI**. — H. N.
B. 1846. — Calvados.
Par *Extrême*, 1/2 s. N., et une fille de Voltaire, 1/2 s. N.
Saint-Lô : 1851-1867.

1471. **NOVILLE**. — H. N.
N. 1869. — Eure.
Par *Ipsilanty*, 1/2 s. N., et *Thérence*, 1/2 s. N., par Turck,
1/2 s. A.
Sa grand'mère : Esméralda, 1/2 s. N., par Sylvio, P. S. A.
Sa bisaïeule : Mélanie, 1/2 s. A.
Le Pin : depuis 1874.

1472. **NOYAU**. — H. N.
B. 1868. — Calvados.
Par *Navigateur*, 1/2 s. N., et une fille de Perfection, 1/2 s. N.
Saint-Lô : 1873 (Montiérender en 1874).

1473. **OAK**. — H. N.
Bb. 1870. — Manche.
Par *The Heir=of-Linne*, P. S. A., et *Miss-Airel*, par Junior,
1/2 s. N.
Saint-Lô : 1875-1879 (Lamballe en 1880).

1474. OAK-STICK (approuvé). — M. Marion.
B. 1843. — Normandie.
Par *Oak-Stick*, P. S. A., et une fille de Nestor.
Saint-Lô : 1847-1848.

1475. O'BRIEN. — H. N.
B. 1848. — Normandie.
Par *Faust*, 1/2 s. N., et une jument du Cotentin.
Le Pin : 1852-1857 (Cluny en 1858).

1476. OBSERVATEUR. — H. N.
B. 1848. — Calvados.
Par *Introuvable*, 1/2 s. N., et une fille de Xerxès, 1/2 s. N.
Saint-Lô : 1852-1859.

1477. OCCIDENTAL. — H. N.
B. 1870. — Calvados.
Par *Prétender*, 1/2 s. A., et une fille d'Ottoman, 1/2 s. N.
Seine-Inférieure : 1879.

1478. OCÉAN. — H. N.
Bb. 1870. — Manche.
Par *Ugolin*, 1/2 s. N., et une fille de Vandermulin, P. S. A.
Seine-Inférieure : 1875-1876.

1479. O'CONNELL
(Approuvé: M. Le Sénécal, 1875). — H. N., 1876.
Bb. 1870. — Normandie.
Par *Uzel*, 1/2 s. N., et une fille de Navigateur, 1/2 s. N.
Saint-Lô : 1875-1888.

1480. OCTAVE. — H. N.
B 1826. — Normandie.
Par *Cleveland*, 1/2 s. A., et une 1/2 s. N.
Saint-Lô : 1830-1840.

1481. OCTAVO, ex-ORANGER. — H. N.
B. 1869. — Calvados.
Par *Abrantès*, 1/2 s. N., et une fille d'Antinoüs, 1/2 s. N.
Saint-Lô : 1874-1887.

1482. OCTOBRE (approuvé). — M. Castel.
Bb. 1870. — Normandie.
Par *Abrantès*, 1/2 s. N., et une fille de Schamyl, P. S. A.
Saint-Lô : 1874-1876.

1483. **ODOACRE**. — H. N.
B. 1826. — Normandie.
Par *Disciple*, 1/2 s. N., et une 1/2 s. N.
Saint-Lô : 1839-1844. — Le Pin : 1845.

1484. **ŒDIPE** (approuvé). — M. du Chatel.
B. 1849. — Normandie.
Par *Lahore*, 1/2 s. A., et une fille de Fiorenzo, 1/2 s. N.
Saint-Lô : 1855-1870.

1485. **ŒSOPE** (approuvé). — M. Hardy.
Al. 1882. — Manche.
Par *Silhouette*, 1/2 s. N., et une fille de Quasi, 1/2 s. N.
Sa grand'mère : fille d'Eminent, 1/2 s. N.
Sa bisaïeule : fille d'Urus, 1/2 s. N.
Sa trisaïeule : 1/2 s. N., par Marengo, P. S. A. A.
Sa quadrisaïeule : fille de Locomotif, 1/2 s. N.
Saint-Lô : depuis 1886.

1486. **OFFICIER**. — H. N.
Gr. 1848. — Normandie.
Par *Henry*, 1/2 s. N., et une fille de Voltaire, 1/2 s. N.
Le Pin : 1852-1854 (Cluny en 1855).

1487. **OFFICIER**, ex-**ORIENTAL**. — H. N.
B. 1870. — Calvados.
Par *Abrantès*, 1/2 s. N., et *Fleurette*, par Fleuron, 1/2 s. N.
Le Pin : 1874-1885.

1488. **OFFICIEUX**. — H. N.
B. 1848. — Normandie.
Par *Faliero*, 1/2 s. N., et une fille de Y. Emilius, P. S. A.
Le Pin : 1852.

1489. **OGLIO**. — H. N.
Al. 1870. — Orne.
Par *Elu*, 1/2 s. N., et une fille de Fitz-Pantaloon, P. S. A.
Saint-Lô : 1874-1887.

1490. **OISEAU**, ex-**OUDINOT**. — H. N.
Al. 1870. — Calvados.
Par *Ignace*, 1/2 s. N., et une fille de Nestor, 1/2 s. N.
Saint-Lô : 1874-1876.

1491. **OLIO**. — H. N.
Gr. 1848. — Normandie.
Par *Harkaway*, 1/2 s. A., et une 1/2 s. N., par Eylau, P. S. A. A.
Le Pin : 1852-1854 (Abbeville en 1855).

1492.   **OLIVARIUS**. — H. N.
B. 1870. — Calvados.
Par *Dragon*, 1/2 s. N., et une fille de Bisson, 1/2 s. N.
Seine-Inférieure : 1874-1879.

1493.   **OMBRAGE** (approuvé). — M. du Chatel.
B. 1870. — Normandie.
Par *Ugolin*, 1/2 s. N., et une 1/2 s. N., par Corsair, 1/2 s. A.
Saint-Lô : 1875-1877.

1494.   **OMÉGA**. — H. N.
B. 1870. — Calvados.
Par *Esculape*, 1/2 s. N., et *Nostarde*, par Ottoman, 1/2 s. N.
Le Pin : 1874-1882.

1495.   **ONGLET, ex-ORPHÉE**. — H. N.
B. 1869. — Orne.
Par *Séducteur*, 1/2 s. N., et une fille de Solide, 1/2 s. N.
Seine-Inférieure : 1874.

1496.   **ONTARIO**. — H. N.
B. 1870. — Seine-Inférieure.
Par *Bayard*, 1/2 s. N., et une fille de Gédéon.
Seine-Inférieure : 1875-1876.

1497.   **OPÉRA**. — H. N.
B. 1846. — Normandie.
Par *Extrême*, 1/2 s. N., et une fille de Voltaire, 1/2 s. N.
Le Pin : 1852-1855.

1498.   **OPIUM, ex-OPAL**. — H. N.
Al. 1870. — Orne.
Par *Elu*, 1/2 s. N., et *Kremline*, par Kramer, 1/2 s. N.
Le Pin : 1874-1887.

1499.   **OPTIMÉ** ex-**ORGUEILLEUX**. — H. N.
B. 1870. — Manche.
Par *Victorieux*, 1/2 s. N., et *Mira*, par Tamerlan, 1/2 s. N.
Le Pin : depuis 1874.

1500.   **OR**. — H. N.
B. 1848. — Normandie.
Par *Vautour*, 1/2 s. N., et une 1/2 s. N., par Performer, 1/2 s. A.
Le Pin : 1852-1864 (Lamballe en 1865).

1501. **ORAGEUX**. — H. N.
B. 1870. — Calvados.
Par *Esculape*, 1/2 s. N., et une fille de Buci, 1/2 s. N.
Sa grand'mère : fille de Sultan, 1/2 s. N.
Saint-Lô : 1874-1875. — Seine-Inférieure : 1876-1877.

1502. **ORANGE** (approuvé).
MM. Ruault, Lemardelé.
Al. 1870. — Manche.
Par *Succès*, 1/2 s. N., et une fille d'Eminent, 1/2 s. N.
Sa grand'mère : fille d'Urus, 1/2 s. N.
Sa bisaïeule : fille de Locomotif, 1/2 s. N.
Sa trisaïeule : fille de Fanfaron, 1/2 s. N.
Sa quadrisaïeule : fille d'Osman, 1/2 s. N.
Saint-Lô : depuis 1876.

1503. **ORANGER**. — H. N.
Al. 1870. — Orne.
Par *Gaulois*, 1/2 s. N., et *Diane*, par Solide, 1/2 s. N.
Saint-Lô : 1874-1889.

1504. **ORFILA**, ex-**OPULENT**. — H. N.
B. 1870. — Manche.
Par *Giboyer*, 1/2 s. N., et une fille d'Eylau, P. S. A. A.
Saint-Lô : 1875-1888.

1505. **ORGANIQUE** (approuvé). — Mis de Croix.
Bb. 1870. — Eure.
Par *Y.*, 1/2 s. N., *Crocus*, 1/2 s. A., ou *Matchless II*, 1/2 s. A.,
et *Candelaria*, 1/2 s. A.
Le Pin : 1874.

1506. **ORGON**. — H. N.
B. 1826. — Normandie.
Par *Y. Topper*, 1/2 s. A., et une 1/2 s. N.
Le Pin : 1830-1846.

1507. **ORGUEILLEUX**. — H. N.
B. 1848. — Calvados.
Par *Homère*, 1/2 s. N., et une 1/2 s. N., par Royal-George,
P. S. A.
Saint-Lô : 1852-1869.

1508. **ORIBE**. — H. N.
B. 1848. — Orne.
Par *Sylvio*, P. S. A., et une fille de Genetœus, 1/2 s. N.
Le Pin : 1852-1862.

1509.   **ORIENTAL** (approuvé). — M. Castel.
B. 1837. — Normandie.
Par *Pledge*, 1/2 s. N., et *Opale*, P. S. A. A., par Hussein, P. S. Ar.
Saint-Lô : 1877-1887.

1510.   **ORIENTAL, ex-ORAN**. — H. N.
Al. 1870. — Calvados.
Par *Jactator*, 1/2 s. N., et une fille d'Emir, P. S. Ar.
Le Pin : depuis 1874.

1511.   **ORIFLAMME** (approuvé). — M. Papin.
N. 1870. — Calvados.
Par *Sir Edwin-Landsyer*, 1/2 s. A., et une fille de Divus, 1/2 s. N.
Le Pin : 1879-1886.

1512.   **ORIGINAL**. — H. N.
B. 1870. — Calvados.
Par *Denmark* 1/2 s. A., et une fille de Conquérant, 1/2 s. N.
Saint-Lô : 1874-1881.

1513.   **ORIGINAL**. — H. N.
Bb. 1870. — Manche.
Par *Giboyer*, 1/2 s. N., et une fille de Docteur, 1/2 s. N.
Seine-Inférieure : 1874-1879.

1514.   **ORION**. — H. N.
Al. 1870. — Calvados.
Par *Ursin*, 1/2 s. N., ou *Vingt-Mars*, P. S. A., et une fille
de Royal-Quand-Même, P. S. A.
Seine-Inférieure : 1874-1878.

1515.   **ORME** (approuvé). — M. Faucon.
B. 1870. — Normandie.
Par *Inkermann*, 1/2 s. N., et une fille de Noteur, 1/2 s. N.
Sa grand'mère : fille d'Oscar, 1/2 s. N.
Saint-Lô : 1874-1882.

1516.   **ORNEMENT** (approuvé). — M. Héricher.
Bb. 1870. — Normandie.
Par *Conquérant*, 1/2 s. N., et une fille de Brocardo, P.S.A.
Le Pin : 1879-1889.

1517.   **ORONTE, ex-ORANGER**. — H. N.
Al. 1870. — Manche.
Par *The Heir-of-Linne*, P. S. A., et *Ugoline*, par Ugolin, 1/2 s. N.
Sa grand'mère : fille d'Adolphus, P. S. A.
Le Pin : 1874-1890.

1518.   **ORPHÉE.** — H. N.
Al. 1870. — Manche.
Par *The Heir-of-Linne*, P. S. A., et une fille d'Ugolin, 1/2 s. N.
Sa grand'mère : fille d'Uzel, 1/2 s. N.
Saint-Lô : 1875-1887.

1519.   **ORPHELIN** (approuvé). — M. Bonpain.
Bb. 1872. — Calvados.
Par *Jovial*, 1/2 s. N., et une 1/2 s. N., par Trouville, P. S. A.
Saint-Lô : 1876-1884.

1520.   **ORPIN, ex-OPULENT.** — H. N.
B. 1870. — Manche.
Par *Agenda*, 1/2 s. N., et une fille de Diégo, 1/2 s. N.
Seine-Inférieure : 1876-1879.

1521.   **ORVILLE** (approuvé). — M. Le Sénécal.
B. 1870. — Normandie.
Par *Umber*, 1/2 s. N., et une fille d'Abrantès, 1/2 s. N.
Saint-Lô : 1875-1885.

1522.   **OSBALD.** — H. N.
B. 1826. — Normandie.
Par *Cleveland*, 1/2 s. A., et une 1/2 s. N.
Le Pin : 1833-1842 (Jussey en 1843).

1523.   **OSCAR.** — H. N.
Gr. 1821. — Normandie.
Par *Y. Rattler*, 1/2 s. A., et *Soubrette*, par Bacha, P. S. Ar.
Le Pin : 1826-1849.

1524.   **OSMAN.** — H. N.
B. 1825. — Orne.
Par *Vidvid*, 1/2 s. A., et une 1/2 s. N., par Y. Rattler, 1/2 s. A.
Saint-Lô : 1831-1850.

1525.   **OTAGE, ex-ORAGEUX.** — H. N.
B. 1869. — Calvados.
Par *Conquérant*, 1/2 s. N., et une 1/2 s. N., par Performer 1/2 s. A.
Saint-Lô : 1874-1879.

1526.   **OTHELLO.** — H. N.
B. 1847. — Calvados.
Par *Royal-Oak*, P. S. A., et *Cybèle*, par Royal, 1/2 s. N.
Sa grand'mère : Vittoria, par Jaggar, 1/2 s. A.
Saint-Lô : 1852-1856.

1527. **OTHELLO** (approuvé). — Mme Tirard.
Gr. 1857. — Calvados.
Par *Othon*, 1/2 s. N., et une 1/2 s. N.
Saint-Lô : 1862-1869.

1528. **OTHON**. — H. N.
B. 1848. — Normandie.
Par *The Juggler*, F. S. A., et une fille d'Extrême, 1/2 s. N.
Le Pin : 1866 (Braisne en 1867).

1529. **OTTOMAN**. — H. N., 1852-1863.
(Approuvé. — M. Aumont, 1864-1865). — H. N., 1866-1868.
B. 1848. — Normandie.
Par *Faliero*, 1/2 s. N., et une fille de Basly, 1/2 s. N.
Sa grand'mère : fille d'Impérieux, 1/2 s. N.
Le Pin : 1852-1868.

1530. **OTTOMAN** (approuvé). — M. Marion.
B. 1857. — Normandie.
Par *Ottoman*, 1/2 s. N., et une fille de Débardeur, 1/2 s. N.
Saint-Lô : 1861 (Compiègne en 1862).

1531. **OUI**. — H. N.
B. 1870. — Orne.
Par *Inkermann*, 1/2 s. N., et une fille de Destin, 1/2 s. N.
Le Pin : 1874-1880.

1532. **OURAGAN** (approuvé). — M. Richard.
Al. 1875. — Manche.
Par *Ourson*, 1/2 s. N., et une fille de Vincent, 1/2 s. N.
Saint-Lô : 1879-1881.

1533. **OURSON** (approuvé). — M. Hardy.
B. 1860. — Calvados.
Par *Ursin*, 1/2 s. N., et une fille de Balthazar, P. S. A. A.
Saint-Lô : 1864-1886.

1534. **OUVRIER** (approuvé). — M. Fougeron.
Bb. 1848. — Normandie.
Par *Performer*, 1/2 s. A., et *Marquise*, 1/2 s.
Seine-Inférieure : 1866-1868.

1535. **OUVRIER II** (approuvé). — M. Taillefer.
N. 1860. — Normandie.
Par *Ouvrier*, 1/2 s. N., et une 1/2 s. N.
Seine-Inférieure : 1864-1865.

1536.   **OVIDE**. — H. N.
N. 1870. — Manche.
Par *Sir Edwin-Landsyer*, 1/2 s. A., et *Solide*, par Horatius, 1/2 s. N.
Le Pin : 1874-1878.

1537.   **OXYGÈNE**. — H. N.
Gr. 1848. — Normandie.
Par *Voltaire*, 1/2 s. N., et une fille d'Impérieux, 1/2 s. N.
Le Pin : 1852 (Saintes en 1853).

1538.   **PACTOLE** (approuvé). — M. Revel.
B. 1871. — Normandie.
Par *The Heir-of-Linne*, P. S. A., et une fille de Giboyer, 1/2 s. N.
Saint-Lô : 1876.

1539.   **PADDY** (approuvé). — M. du Chatel.
B. 1849. — Normandie.
Par *Incomparable*, 1/2 s. N., et une 1/2 s. N.
Saint-Lô : 1853-1872.

1540.   **PAGE**. — H. N.
Al. 1871. — Manche.
Par *Idoménée*, 1/2 s. N., et *Karaïde*, 1/2 s. N.,
par The Heir-of-Linne, P. S. A.
Sa grand'mère : fille de Paternel, 1/2 s. N.
Le Pin : 1875 Lamballe. — 1876-1880. — Saint-Lô : 1880-1889.

1541.   **PAINS-TAKER**. — H. N.
B. 1849. — Orne.
Par *Habile*, 1/2 s. N., et une fille de Doyen, 1/2 s. N.
Saint-Lô : 1853-1854.

1452.   **PAINS-TAKER** (approuvé). — M. Beaussieu.
Bb 1854. — Normandie.
Par *Pains-Taker*, 1/2 s. N., et une 1/2 s. N.
Saint-Lô : 1859-1861.

1543.   **PALANQUIN**, ex-**PALADIN**. — H. N.
B. 1871. — Sarthe.
Par *Inkermann*, 1/2 s. N., et *Alphérie*, 1/2 s. N.
par Fitz-Pantaloon, P. S. A.
Sa grand'mère : (voir *Hallencourt*).
Le Pin : depuis 1875.

1544   **PALM**. — H. N.
Bb. 1871. — Orne.
Par *Centaure*, 1/2 s. N., et une fille de Thorigny, 1/2 s. N.
Sa grand'mère : fille de Thésée, 1/2 s. N.
Le Pin : 1875-1881.

1545.   **PALMIER**. — H. N.
B. 1871. — Manche.
Par *Kent*, 1/2 s. N., et une fille de Sinope, 1/2 s. N.
Seine-Inférieure : 1879. — Le Pin : 1880-1887.

1546.   **PANCRACE**, ex-**PALESTRO**. — H. N.
B. 1871. — Orne.
Par *Centaure*, 1/2 s. N., et une fille de Prince-Colibri, P. S. A.
Saint-Lô : 1875-1884.

1547.   **PANIQUE** — H. N.
B. 1871. — Calvados.
Par *Jactator*, 1/2 s. N., et une fille d'Hidalgo, 1/2 s. N.
Saint-Lô : 1875-1889.

1548.   **PAPILLON**.
Approuvé : MM. Hébert, 1869 ; Voisin, 1881.
Bb. 1864. — Manche.
Par *Volte-Face*, 1/2 s. N., et *Lisette*, par Hugon, 1/2 s. N.
Saint-Lô : 1869-1889.

1549.   **PARFAIT**. — H. N.
B. 1849. — Calvados.
Par *Important*, 1/2 s. N., et une fille de Biron, P. S. A.
Le Pin : 1853-1855 (Saint-Maixent en 1856).

1550.   **PARIS**. — H. N.
B. 1849. — Manche.
Par *Adolphus*, P. S. A., et une fille de Diomède, 1/2 s. N.
Le Pin : 1853.

1551.   **PARISIEN**. — H. N.
B. 1849. — Calvados.
Par *Ganimède*, 1/2 s. N., et une fille de Biron, P. S. A.
Le Pin : 1853-1855 (Besançon en 1856).

1552.   **PARTHÉNON**, ex-**PYRRHUS**. — H. N.
B. 1871. — Calvados.
Par *Jactator*, 1/2 s. N., et *Brebis*, par Voltaire, 1/2 s. N.
Le Pin : depuis 1875.

1553.   **PARTISAN**. — H. N.
B. 1827. — Orne.
Par *Hamilton*, 1/2 s. N., et une fille de Matador, 1/2 s. N.
Saint-Lô : 1831-1846.

1554.   **PARTISAN**. — H. N.
B. 1827. — Normandie.
Par *Lucholl*, 1/2 s. A., et une 1/2 s. N.
Saint-Lô : 1832-1840.

1555.   **PARTISAN**. — H. N.
B. 1871. — Orne.
Par *Galba*, 1/2 s. N., et une 1/2 s. N., par Wanderer, 1/2 s. A.
Saint-Lô : 1875-1878.

1556.   **PARTNER**. — H. N.
B. 1849. — Calvados.
Par *Kalis*, 1/2 s. N., et une fille de Diomède, 1/2 s. N.
Sa grand'mère : fille de The Juggler, P. S. A.
Le Pin : 1854-1855 (Charleville en 1856).

1557.   **PARVENU**. — H. N.
B. 1849. — Calvados.
Par *Ganimède*, 1/2 s. N., et une 1/2 s. N., par Performer, 1/2 s. A.
Le Pin : 1853 (Abbeville en 1854).

1558.   **PASSE-PARTOUT**. — H. N.
B. 1849. — Calvados.
Par *Important*, 1/2 s. N., et une fille de Marmot, 1/2 s. N.
Saint-Lô : 1853-1854.

1559.   **PATER**. — H. N.
B. 1860. — Manche.
Par *Victorieux*, 1/2 s. N., et une fille de Paternel, 1/2 s. N.
Sa grand'mère : fille d'Assault, P. S. A.
Saint-Lô : 1865-1875.

1560.   **PATERNEL**. — H. N.
B. 1849. — Calvados.
Par *Tipple-Cider*, P. S. A., et une fille de Dupleix, 1/2 s. N.
Saint-Lô : 1853-1860.

1561.   **PATRICE**, ex-**PATRICIEN**. — H. N.
B. 1871. — Calvados.
Par *Coleraine*, 1/2 s. A., et une fille de Pledge, 1/2 s. N.
Saint-Lô : 1875-1888.

1562.   **PATRICK** (approuvé). — M. Canivet.
B. 1871. — Normandie.
Par *Giboyer*, 1/2 s. N., et une 1/2 s. N., par Eylau, P. S. A. A.
Saint-Lô : 1875-1878.

1563. **PATRICK**. — H. N.
N. 1871. — Manche.
Par *Ignoré*, 1/2 s. N., et une fille de Paternel, 1/2 s. N.
Le Pin : 1875-1877.

1564. **PATRIOTE** (approuvé). — M. Lecomte.
·B. 1871. — Seine-Inférieure.
Par *Bayard*, 1/2 s. N., et une fille de Confidence, 1/2 s. N.
Le Pin : 1880-1883.

1565. **PÉDRO**. — H. N.
B. 1871. — Orne.
Par *Galba*, 1/2 s. N., et une fille de Buci, 1/2 s. N.
Le Pin : 1875-1876.

1566. **PÉGASE**. — H. N.
Al. 1827. — Orne.
Par *Eastham*, P. S. A., et une 1/2 s. N., par Y. Rattler, 1/2 s. A.
Saint-Lô : 1832-1849.

1567. **PÉKIN** (approuvé). — M. Le Sénécal.
B. 1859. — Normandie.
Par *Ugolin*, 1/2 s. N., et une 1/2 s. N., par Lahore, 1/2 s. A.
Saint-Lô : 1863-1867.

1568. **PÉLICAN**. — H. N.
B. 1827. — Manche.
Par *Agréable*, 1/2 s. N., et une 1/2 s. N.
Saint-Lô : 1831-1842.

1569. **PÉNITENT**, ex-**PUISSANT**. — H. N.
B. 1871. — Calvados.
Par *Great-Master*, 1/2 s. A., et une fille de Victorieux, 1/2 s. N.
Saint-Lô : 1875-1890.

1570. **PERCY** (approuvé).
MM. Deslandes, 1874; Lemoine, 1881; Poupion, 1883.
B. 1869. — Manche.
Par *Bisson*, 1/2 s. N., et une fille de Pégase, 1/2 s. N.
Saint-Lô : 1874-1883.

1571. **PERFECTION**. — H. N.
Al. 1849. — Orne.
Par *Impérieux*, 1/2 s. N., et une fille de Friedland, P. S. A.
Saint-Lô : 1853-1864.

1572.   **PERPIGNAN**. — H. N.
B. 1871. — Calvados.
Par *Ignace*, 1/2 s. N., et *Hanebane*, par Estafette, 1/2 s. N.
Le Pin : 1875-1877.

1573.   **PÉTRARQUE**. — H. N.
Al. 1871. — Calvados.
Par *Liberator*, 1/2 s. A., et une fille de Trouville, P. S. A.
Saint-Lô : depuis 1875.

1574.   **PEUPLIER**, ex-**POMPIER**. — H. N.
B. 1871. — Calvados.
Par *Bisson*, 1/2 s. N., et une fille de Tyndare, 1/2 s. N.
Sa grand'mère : fille d'Iris, 1/2 s. **N.**
Saint-Lô : 1875-1884.

1575.   **PHAËTON**. — H. N.
Al. 1871. — Manche.
Par *The Heir-of-Linne*, P. S. A., et une 1/2 s. N., par Crocus, 1/2 s. A.
Sa grand'mère : Elisa, 1/2 s. N., par Corsair, 1/2 s. A.
Sa bisaïeule : (Voir *Conquérant*, 1858.)
Le Pin : depuis 1876.

1576.   **PHARAON** (approuvé). — M. de La Ville.
B. 1871. — Calvados.
Par *Buci* ou *Jeffrys*, 1/2 s. N., et une fille de Fleuron, 1/2 s. N.
Saint-Lô : 1876.

1577.   **PHARAON**. — H. N.
B. 1871. — Orne.
Par *Inkermann*, 1/2 s. N., et une fille de Noteur, 1/2 s. N.
Sa grand'mère : fille de Courtisan, 1/2 s. N.
Sa bisaïeule : fille de Merlerault, 1/2 s. N.
Sa trisaïeule : fille de Noteur, 1/2 s. N.
Sa quadrisaïeule : fille d'Eylau, P. S. A. A.
Le Pin : 1875-1881.

1578.   **PHARE**. — H. N.
N. 1871. — Manche.
Par *Pater*, 1/2 s. N., et une fille d'Isolier, P. S. A.
Sa grand'mère : fille de Boucanier, 1/2 s. N.
Saint-Lô : depuis 1875.

1579.   **PHARISIEN** (approuvé). — M. Voisin.
B. 1880. — Manche.
Par *Phare*, 1/2 s. N., et une fille de Garde-à-Vous, 1/2 s. N.
Sa grand'mère : fille de Gazeley, 1/2 s. A.
Saint-Lô : depuis 1884.

1580.   **PHILIDOR**. — H. N.
B. 1848. — Manche.
Par *Favori*, 1/2 s. N., et une fille de Martagon, 1/2 s. N.
Le Pin : 1853-1860.

1581.   **PHILISTE**, ex-**VIVEUR**. — H. N.
B. 1877. — Manche.
Par *Pretty-Boy*, P. S. A., et une fille de Divus, 1/2 s. N.
Sa grand'mère : fille de Perfection, 1/2 s. N.
Saint-Lô : depuis 1882.

1582.   **PHILOSOPHE** (approuvé). — M. Duchemin.
N. 1852. — Calvados.
Par *Lahore*, 1/2 s. A., et une 1/2 s. du Cotentin.
Saint-Lô : 1859-1863.

1583.   **PHOSPHORE** (approuvé). — M. Laisney.
N. 1866. — Normandie.
Par Y. *Phænomenon*, 1/2 s. A., et *Miss-Bell*, 1/2 s. A.
Saint-Lô : 1881.

1584.   **PIERCE-SON** (approuvé). — M. Doisnel.
B. 1858. — Normandie.
Par *Succès*, 1/2 s. N., et *Lady-Pierce*, 1/2 s. Am.
Saint-Lô : 1862-1864.

1585.   **PILOTE**. — H. N.
B. 1849. — Calvados.
Par *Idalis*, 1/2 s. N., et une fille de Royal-George, P. S. A.
Le Pin : 1853-1863 (Libourne en 1864).

1586.   **PIMPANO** (approuvé). — M. Lebel.
Bb. 1875. — Manche.
Par *Gouverneur*, 1/2 s. N., et une fille de Douglas, 1/2 s. N.
Saint-Lô : depuis 1880.

1587.   **PIMPANT**, ex-**PÈRE**. — H. N.
B. 1871. — Calvados.
Par *Vice-Roi*, 1/2 s. N., et une fille de Navigateur, 1/2 s. N.
Le Pin : 1875-1889.

1588.   **PIQUILLO**. — H. N.
B. 1849. — Orne.
Par *Galion*, 1/2 s. N., et *Caroline*, P. S. A., par Harlequin.
Saint-Lô : 1853-1865.

1589. **PIRATE** (approuvé). — M. Pacary.
B. 1856. — Manche.
Par *Lahore*, 1/2 s. A., et une fille de Mystérieux, 1/2 s. N.
Saint-Lô : 1860-1874.

1590. **PLAISANT** (approuvé). — M. de Guette.
B. 1857. — Normandie.
Par *Volontaire*, 1/2 s. N., et une 1/2 s. N.
Saint-Lô : 1862-1869.

1591. **PLASTRON**, ex-**PHÉNIX**. — H. N.
B. 1871. — Calvados.
Par *Liberator*, 1/2 s. A., et une fille de Pledge, 1/2 s. N.
Saint-Lô : 1875-1882.

1592. **PLATON**, ex-**PRODUCTEUR**. — H. N.
N. 1871. — Calvados.
Par *Français*, 1/2 s. N., et une fille d'Abrantès, 1/2 s. N.
Saint-Lô : depuis 1875.

1593. **PLEDGE**. — H. N.
B. 1846. — Orne.
Par *Royal-Oak*, P. S. A., et une 1/2 s. N., par Y. Rattler, 1/2 s. A.
Le Pin : 1850-1860.

1594. **POMPÉE** (approuvé). — M. Pingal.
B. 1856. — Normandie.
Par *Troarn*, 1/2 s. N., et une fille de Jéricko, 1/2 s. N.
Saint-Lô : 1861-1862.

1595. **POMPIER** (approuvé). — M. Lereculey.
B. 1871. — Normandie.
Par *Josaphat*, 1/2 s. N., et une fille de Kapirat, 1/2 s. N.
Saint-Lô : 1875-1880.

1596. **POMPON**. — H. N.
B. 1871. — Calvados.
Par *Noteur* ou *Abrantès*, 1/2 s. N., et *Fil-en-Quatre*, par Umber, 1/2 s. N.
Sa grand'mère : fille de Lucain, 1/2 s. N.
Le Pin : 1875-1888.

1597. PONT-A-MOUSSON (approuvé). — M. du Chatel.
Al. 1871. — Normandie.
Par *Agenda*, 1/2 s. N., et une fille de Fakir, 1/2 s. N.
Saint-Lô : 1875-1883.

1598. **PONT-D'OR** (approuvé). — M. Bienvenu.
B. 1854. — Normandie.
Par *Lahore*, 1/2 s. A., et une 1/2 s. de La Hague.
Saint-Lô : 1859-1863.

1599. **PORPHYRION.** — H. N.
B. 1849. — Orne.
Par *Képi*, 1/2 s. N., et une fille de Xerxès, 1/2 s. N.
Saint-Lô : 1853-1854 (La Roche-sur-Yon en 1855).

1600. **PORTHOS** (approuvé). — M. Duport.
B. 1849. — Normandie.
Par *Adolphus*, P. S A., et une 1/2 s. N.
Le Pin : 1859-1867.

1601. **PORTHOS** (approuvé). — M. Alexandre
B. 1871. — Manche.
Par *Diégo*, 1/2 s. N., et une fille de Fulbert, 1/2 s. N.
Saint-Lô : 1876-1887.

1602. **PORTRAIT** (approuvé). — M. Dufour.
Al. 1879. — Manche.
Par *Silhouette*, 1/2 s. N., et une fille de Sancho, 1/2 s. N.
Sa grand'mère : Mignonne, par Orgueilleux, 1/2 s. N.
Saint-Lô : 1883-1884.

1603. **PRADIER.** — H. N.
B. 1871. — Manche.
Par *Giboyer*, 1/2 s. N., et une fille de Lothaire, 1/2 s. N.
Saint-Lô : 1875-1881.

1604. **PRAXITÈLE.** — H. N.
B. 1871. — Calvados.
Par *Abrantès*, 1/2 s. N., et une fille d'Usité, 1/2 s. N.
Sa grand'mère : fille de Ganimède, 1/2 s. N.
Le Pin : 1875-1886.

1605. **PRÉSIDENT** (approuvé). — M. Marion.
B. 1871. — Normandie.
Par *Interprète*, 1/2 s. N., et une fille d'Abrantès, 1/2 s. N.
Saint-Lô : 1875-1878.

1606. **PRÉSIDENT.** — H. N.
B. 1871. — Calvados.
Par *Interprète*, 1/2 s. N., et *Belle-de-Jour*, par Français, 1/2 s. N.
Sa grand'mère : fille de Québec, 1/2 s. N.
Le Pin : 1875-1876. — Saint-Lô : 1877-1887.

1607.   **PREUX. — H. N.**
B. 1871. — Manche.
Par *Victorieux*, 1/2 s. N., et une fille de Tamerlan, 1/2 s. N.
Sa grand'mère : fille de Boucanier, 1/2 s. N.
Saint-Lô : 1875-1885.

1608.   **PRÉVOYANT. — H. N.**
B. 1830. — Normandie.
Par *Talma*, 1/2 s. A., et une 1/2 s. N., par Y. Rattler, 1/2 s. A.
Sa grand'mère : fille d'Hylactor, 1/2 s. N.
Le Pin : 1834-1842.

1609.   **PRIAM. — H. N.**
B. 1849. — Calvados.
Par *Honorable*, 1/2 s. N., et une 1/2 s. N., par Y. Rattler,
1/2 s. A.
Saint-Lô : 1869-1870.

1610.   **PRINCE. — H. N.**
B. 1849. — Calvados.
Par *Don Quichotte*, P. S. A. A., et une 1/2 s. N., par Marengo,
P. S. A. A.
Le Pin : 1853-1868.

1611.   **PRINTEMPS. — H. N.**
B. 1849. — Orne.
Par *Kadmor*, 1/2 s. N., et une 1/2 s. N., par Friedland, P. S. A.
Sa grand'mère : fille d'Impérieux, 1/2 s. N.
Sa bisaïeule : 1/2 s. N., par Buffalo, 1/2 s. A.
Sa trisaïeule : fille d'Eclatant, 1/2 s. N.
Sa quadrisaïeule : fille de Fortuné, 1/2 s. A.
Le Pin : 1843-1863.

1612.   **PRINTEMPS** (approuvé). — M. Castel.
B. 1871. — Normandie.
Par *The Heir-of-Linne*, P. S. A., et une fille de Hunter, 1/2 s. N.
Saint-Lô : 1875-1876.

1613.   **PROCONSUL. — H. N.**
B. 1871. — Calvados.
Par *Régnier*, 1/2 s. N., et une fille de Baryton, 1/2 s. N.
Le Pin : 1876-1881.

1614.   **PRODUCTEUR** (approuvé). — M. de Basly.
Al. 1871. — Calvados.
Par *Conquérant*, 1/2 s. N., et une fille d'Armateur, 1/2 s. N.
Saint-Lô : 1875-1876.

1615. **PRODUCTEUR**. — H. N.
N. 1871. — Manche.
Par *Y. Performer*, 1/2 s. A., et une fille de Daniel, 1/2 s N.
Sa grand'mère : fille de Jérôme, 1/2 s. N.
Saint-Lô : 1875-1881.

1616. **PROLÉTAIRE**. — H. N.
B. 1849. — Orne.
Par *Marmot*, 1/2 s. N., et une fille de Napoléon, P. S. A.
Le Pin : 1853-1855.

1617. **PROMÉTHÉE**. — H. N.
B. 1849. — Orne.
Par *Idalis*, 1/2 s. N. et *Sarah*, par The Juggler, P. S. A.
Le Pin : 1853-1873.

1618. **PROPORTIONNÉ**. — H. N.
B. 1849. — Calvados.
Par *Ganimède*, 1/2 s. N., et une 1/2 s. N., par Y. Rattler 1/2 s. A.
Le Pin : 1853-1859.

1619. **PROTESTANT** (approuvé). — M. Renauld.
B. 1847. — Manche.
Par *Comminges*, P. S. A., et une fille de Partisan, 1/2 s. N.,
Saint-Lô : 1853-1868.

1620. **PROTHÉE**, ex-**PACHA**. — H. N.
B. 1871. — Calvados.
Par *Esculape*, 1/2 s. N., et une 1/2 s. N., par The Great-Western,
1/2 s. A.
Saint-Lô : 1875-1886.

1621. **PUISSANT** (approuvé).
MM. Lecomte, 1875 ; Le Sénécal, 1876.
B. 1871. — Normandie.
Par *Galba*, 1/2 s. N., et une fille d'Idalis, 1/2 s. N.
Le Pin : 1875. — Saint-Lô : 1876-1878.

1622. **PYRAME**. — H. N.
3. 1829. — Normandie.
Par *Buffalo*, 1/2 s. A., et une 1/2 s. N.
Le Pin : 1833-1851.

1623. **PYRRHUS**. — H. N.
B. 1849. — Calvados.
Par *Governor*, P. S. A., et une fille d'Extrême, 1/2 s. N.
Le Pin : 1853-1860 (Braisne en 1861).

1624. **QUADI** (approuvé). — M. Gost.
B. 1872. — Normandie.
Par *Ignace*, 1/2 s. N., et une fille d'Abrantès, 1/2 s. N.
Saint-Lô : 1877.

1625. **QUADRUPLE**. — H. N.
B. 1872. — Manche.
Par *Kabin*, 1/2 s. N., et une fille de Tamerlan, 1/2 s. N.
Sa grand'mère : fille de Boucanier, 1/2 s. N.
Le Pin : 1876-1889.

1626. **QUAFFÉ** (approuvé). — M. J. Leroy.
B. 1872. — Manche.
Par *Ignoré*, 1/2 s. N., et une fille de Victorieux, 1/2 s. N.
Saint-Lô : 1877-1885.

1627. **QUAFFER**. — H. N.
Al. 1872. — Calvados.
Par *Ignace*, 1/2 s. N., et *Rose-Pompon*, 1/2 s. N., par Brocardo,
P. S. A.
Sa grand'mère : fille de Thésée, 1/2 s. N.
Sa bisaïeule : fille de Séduisant, 1/2 s. N.
Sa trisaïeule : fille de Nestor, 1/2 s. N.
Sa quadrisaïeule : fille de Prosélyte, 1/2 s. A.
Le Pin : 1876.

1628. **QUAKER**. — H. N.
Bb. 1872. — Calvados.
Par *Conquérant*, 1/2 s. N., et une fille d'Impérial, 1/2 s. N.
Saint-Lô : 1876.

1629. **QUALITY**. — H. N.
B. 1850. — Orne.
Par *Tipple-Cider*, P. S. A., et une fille d'Eclatant, 1/2 s. N.
Le Pin : 1854-1859.

1630. **QUALITY**. — H. N.
B. 1872. — Orne.
Par *Thésée* ou *Centaure*, 1/2 s. N., et une 1/2 s. N., par Wanderer,
1/2 s. A.
Saint-Lô : depuis 1876.

1631. **QUANDROS**. — H. N.
Gr. 1827. — Calvados.
Par *Chasseur*. 1/2 s. N., et une 1/2 s. A.
Saint-Lô : 1832-1850.

1632. **QUANQUAM**, ex-**QUINET**. — H. N.
B. 1872. — Orne.
Par *Irlandais*, 1/2 s. N., et une fille de Valdemar, 1/2 s. N.
Saint-Lô : 1876-1877 (Montiérender en 1878).

1633. **QUANTIÈME** (approuvé). — M. Fougeron.
Bb. 1850. — Normandie.
Par *Glocester*, 1/2 s. A., et une 1/2 s. N.
Seine-Inférieure : 1866-1868.

1634. **QUARTERON**. — H. N.
B. 1872. — Orne.
Par *Galba*, 1/2 s. N., et une fille de Vladimir, 1 2 s. N.
Saint-Lô : 1876-1889.

1635. **QUARTIER**. — H. N.
B. 1872. — Manche.
Par *Dagobert*, 1/2 s. N., et une 1/2 s. N., par Gainsborough,
1/2 s. A.
Le Pin : 1876-1886.

1636. **QUARTIER-MAITRE**. — H. N.
B. 1827. — Normandie.
Par *Cleveland*, 1/2 s. A., et une 1/2 s. N.
Le Pin : 1832-1845.

1637. **QUASI**. — H. N.
B. 1850. — Calvados.
Par *Herschell*, 1/2 s. N., et une 1/2 s. N.
Saint-Lô : 1854-1873.

1638. **QUASIMODO** (approuvé). — M. A. Heurtaux.
Al. 1872. — Manche.
Par *Julien*, 1/2 s. N., et une fille d'Eminent, 1/2 s. N.
Saint-Lô : 1876-1889.

1639. **QUASIMODO**. — H. N.
Gr. 1872. — Orne.
Par *Taconnet* 1/2 s. N., et *Mignonne*, 1/2 s.
Le Pin : 1881.

1640. **QUATERNE**. — H. N.
B. 1872. — Calvados.
Par *Jactator*, 1/2 s. N., et une 1/2 s. N., par Trouville, P. S. A.
Sa grand'mère : fille de The Nemrod, 1/2 s. A.
Seine-Inférieure : 1876-1879. — Le Pin : 1879-1885.

1641.   QUATREBARD, ex-QUIRINUS. — H. N.
B. 1872. — Calvados.
Par *Ignace*, 1/2 s. N., et une 1/2 s. N., par Brocardo, P. S. A.
Saint-Lô : 1876-1877.

1642.   QUATRE-BLANC, ex-QUIMPER. — H. N.
N. 1872. — Manche.
Par *Sir Edwin-Landsyer*, 1/2 s. A., et une fille de Riga, 1/2 s. N.
Saint-Lô : 1876-1878.

1643.   QUATRE-BRAS. — H. N.
B. 1872. — Orne.
Par *Taconnet*, 1/2 s. N., et *Biche*, par Centaure. 1/2 s. N.
Seine-Inférieure : 1877-1879. — Le Pin : 1879-1888.

1644.   QUATRE-CENTS, ex-QUARTZ. — H. N.
Al. 1872. — Calvados.
Par *Gotha* ou *Glorieux*, 1/2 s. N., et une fille de Navigateur,
1/2 s. N.
Saint-Lô : depuis 1876.

1645.   QUATRE-SOLS, ex-QUINCONCE. — H. N.
B. 1872. — Manche.
Par *Agenda*, 1/2 s. N., et une fille de Giboyer, 1/2 s. N.
Saint-Lô : 1876-1877.

1646.   QUÉBEC. — H. N.
B. 1850. — Calvados.
Par *Ganimède*, 1/2 s. N., et une fille de Voltaire, 1/2 s. N.
Sa grand'mère : 1/2 s. N., par Cleveland, 1/2 s. A.
Le Pin : 1854-1863.

1647.   QUÉLIER, ex-QUINTILIEN. — H. N.
B. 1872. — Calvados.
Par *Français*, 1/2 s. N., et une fille de Diadème, 1/2 s. N.
Saint-Lô : 1876.

1648.   QUÉMANDEUR, ex-QUAND-MÊME. — H. N.
Al. 1872. — Manche.
Par *Intact*, 1/2 s. N., et une fille d'Ursin, 1/2 s. N.
Saint-Lô : 1876-1886.

1649.   QU'EN-DIRA-T-ON ? — H. N.
Al. 1850. — Orne.
Par *Képi*, 1/2 s. N., et une fille de Xerxès, 1/2 s. N.
Saint-Lô : 1854-1860.

1650. **QU'EN-PENSEZ-VOUS?** — H. N.
Bb. 1872. — Calvados.
Par *Introuvable*, 1/2 s. N., et une fille d'Electrique, P. S. A.
Saint-Lô : 1876-1889.

1651. **QUENTIN.** — H. N.
N. 1872. — Manche.
Par *Léotard*, 1/2 s. N., et une fille de Lahore, 1/2 s. A.
Saint-Lô : 1876-1879.

1652. **QUERCUS** (approuvé). — M. Marion.
Al. 1872. — Normandie.
Par *Interprète*, 1/2 s. N., et une fille de Pledge, 1/2 s. N.
Saint-Lô : 1876.

1653. **QUÉROY**, ex-**QUESTEUR**. — H. N.
Al. 1872. — Manche.
Par *Pater*, 1/2 s. N., et une fille de Kapirat, 1/2 s. N.
Seine-Inférieure : 1876.

1654. **QUERRY**, ex-**QUIBERON**. — H. N.
B. 1872. — Calvados.
Par *Libérator*, 1/2 s. A., et une 1/2 s. N., par Phœnomenon, 1/2 s. A.
Saint-Lô : 1876-1877.

1655. **QUESNEL.** — H. N.
B. 1872. — Calvados.
Par *Ursin*, 1/2 s. N., et une fille de Junior, 1/2 s. N.
Le Pin : 1876-1888.

1656. **QUESSONO.** — H. N.
B. 1872. — Calvados.
Par *Matchless II*. 1/2 s. A., et *Victoria*, par Esculape, 1/2 s. N.
Sa grand'mère : 1/2 s. N., par Lully, P. S. A.
Sa bisaïeule : fille d'Ottoman, 1/2 s. N.
Le Pin : 1876-1885.

1657. **QUESTEUR.** — H. N.
B. 1850. — Manche.
Par *Adolphus*, P. S. A., et une fille de Carnassier, 1/2 s. N.
Saint-Lô : 1854-1856 (Braisne en 1857).

1658. **QUESTIONNEUR.** — H. N.
B. 1872. — Calvados.
Par *Libérator*, 1/2 s. A., et une fille d'Abrantès, 1/2 s. N.
Saint-Lô : 1876-1887.

1659.   **QUESTOR** (approuvé). — M. Touzard.
Bb. 1872. — Manche.
Par *The Heir-of-Linne*, P. S. A., et *Négresse*, par Ugolin, 1/2 s. N.
Sa grand'mère : fille de Lahore, 1/2 s. A.
Saint-Lô : 1877.

1660.   **QUÉTREVILLE**. — H. N.
B. 1872. — Calvados.
Par *Sancho*, 1/2 s. N., et une 1/2 s. N., par Snap, 1/2 s. A.
Saint-Lô : 1876-1877.

1661.   **QUIA**. — H. N.
Bb. 1850. — Orne.
Par *Sylvio*, P. S. A., et une fille d'Aï, 1/2 s. N.
Le Pin : 1854-1873.

1662.   **QUIA**. — H. N.
Bb. 1872. — Manche.
Par *Agenda*, 1/2 s. N., et une fille de Koulikan, 1/2 s. N.
Saint-Lô : 1876-1883.

1663.   **QUIBERON**. — H. N.
Bb. 1850. — Normandie.
Par *Polecat*, P. S. A., et une 1/2 s. N., par Y. Emilius, P. S. A.
Saint-Lô : 1854-1861.

1664.   **QUICKLY**, ex-**QUELQU'UN**. — H. N.
Al. 1872. — Manche.
Par *The Heir-of-Linne*, P. S. A., et une fille d'Ugolin, 1/2 s. N.
Sa grand'mère : fille d'Uzel, 1/2 s. N.
Saint-Lô : 1876-1883.

1665.   **QUICLET**. — H. N.
B. 1872. — Calvados.
Par *Lumineux*, 1/2 s. N., et une fille de Sultan, 1/2 s. N.
Sa grand'mère : fille de Montaigne, 1/2 s. N.
Le Pin : 1876-1886.

1666.   **QUICONQUE**. — H. N.
Al. 1872. — Orne.
Par *Irlandais*, 1/2 s. N., et une fille d'Elu, 1/2 s. N.
Le Pin : 1876-1880 (Pompadour en 1881).

1667.   **QUIÉVRAIN**. — H. N.
B. 1872. — Calvados.
Par *Denmark*, 1/2 s. A., et une fille de Pledge, 1/2 s. N.
Saint-Lô : 1876-1884.

1668. **QUILLEBŒUF**. — H. N.
B. 1850. — Orne.
Par *Kramer*, 1/2 s. N., et une 1/2 s. N., par Eastham, P, S. A.
Sa grand'mère : fille d'Y-Highflyer, 1/2 s. N.
Sa bisaïeule : fille de Séduisant, 1/2 s. N.
Sa trisaïeule : 1/2 s. N., par Lancastre, 1/2 s. A.
Sa quadrisaïeule : fille de Le Renard, 1/2 s. N.
Le Pin : 1854-1856.

1669. **QUIMPER** (approuvé). — M. Richard.
B. 1872. — Calvados.
Par *Intact*, 1/2 s. N., et une fille de Beaumarchais, 1/2 s. N.
Saint-Lô : 1876-1880.

1670. **QUIMPERLÉ** (approuvé). — M. Rihouey.
B. 1872. — Normandie.
Par *Ignace*, 1/2 s. N., et une 1/2 s. N.
Saint-Lô : 1876-1889.

1671. **QUINE**. — H. N.
B. 1849. — Manche.
Par *Crésus*, P. S. A., et une fille de Sauvage, 1/2 s. N.
Saint-Lô : 1854-1863.

1672. **QUINE** (approuvé). — M. Faucon.
Fb. 1861. — Normandie.
Par *Quinine*, 1/2 s. N., et une fille de Ferdinand 1/2 s. N.
Saint-Lô : 1865-1885.

1673. **QUINE** (approuvé). — M. d'Imbleval.
B. 1872. — Normandie.
Par *J'y Songerai*, 1/2 s. N., et une 1/2 s. N.
Seine-Inférieure : 1876.

1674. **QUINERIS** (approuvé). — M. A. Duval.
3b. 1872. — Calvados.
Par *Douglas*, 1/2 s. N., et une fille de Y. William, 1/2 s. N.
Saint-Lô : 1876-1881.

1675. **QUINET**. — H. N.
B. 1872. — Orne.
Par *Inkermann*, ou *Irlandais*, 1/2 s. N., et une 1/2 s. N.,
par Phœnomenon, 1/2 s. A.
Saint-Lô : 1876.

1676. **QUINEY**. — H. N.
B. 1872. — Manche.
Par *Hussein*, 1/2 s. N., et une fille de Paddy, 1/2 s. N.
Seine-Inférieure : 1878-1879.

1677. **QUININE**. — H. N.
B. 1850. — Calvados.
Par *Médoc*, 1/2 s. N., et une fille de Lord-Grey, 1/2 s. N.
Saint-Lô : 1854-1873.

1678. **QUININE** (approuvé). — M. F. Villain.
N. 1883. — Manche.
Par *Montebello*, 1/2 s. N., et une fille de Quinola, 1/2 s. N.
Saint-Lô : 1886-1888.

1679. **QUINOA**. — H. N.
B. 1850. — Orne.
Par *Sylvio*, P. S. A. et une fille d'Extrême, 1/2 s. N.
Le Pin : 1854 (Arles en 1855).

1680. **QUINOLA** (approuvé). — Mᵐᵉ Leboucher.
B. 1868. — Manche.
Par *Quinc*, 1/2 s. N., et *Bourelte*, par Lagopède, 1/2 s. N.
Saint-Lô : 1872-1889.

1681. **QUINOLA**. — H. N.
Al. 1872. — Calvados.
Par *Conquérant*, 1/2 s. N., et une fille de Schamyl, P. S. A.
Saint-Lô : 1882-1884.

1682. **QUINOLA** (approuvé). — M. du Chatel.
B. 1872. — Normandie.
Par *Torticolis*, P. S. A., et une fille de Lagopède, 1/2 s. N.
Saint-Lô : 1876-1887.

1683. **QUINTE-CURCE**. — H. N.
B. 1872. — Sarthe.
Par *Elu*, 1/2 s. N., et une fille de Thésée, 1/2 s. N.
Sa grand'mère : fille de Solide, 1/2 s. N.
Saint-Lô : depuis 1876.

1684. **QUINTESSENCE**. — H. N.
Al. 1872. — Manche.
Par *Ignoré*, 1/2 s. N., et une fille de Tapageur, 1/2 s. N.
Le Pin : 1876.

1685. **QUINTILLIEN**. — H. N.
B. 1872. — Calvados.
Par *Conquérant*, 1/2 s. N., et *Brebis*, 1/2 s.
Seine-Inférieure : 1877-1879.

1686. **QUINTUS, ex-QUOLIBET.** — H. N.
B. 1872. — Orne.
Par *Lucratif*, 1/2 s. N., et une fille d'Esculape, 1/2 s. N.
Saint-Lô : depuis 1876.

1687. **QUINZE-VINGT, ex-QUÊTEUR.** — H. N.
Al. 1872. — Calvados.
Par *Interprète*, 1/2 s. N., et une 1/2 s. N., par The Nemrod,
1/2 s. A.
Seine-Inférieure : 1877.

1688. **QUI-PERD-GAGNE.** — H. N.
B. 1850. — Calvados.
Par *Eylau*, P. S. A. A., et une 1/2 s. A.
Saint-Lô : 1854-1870.

1689. **QUIPROQUO** (approuvé). — M. de Basly.
Bb. 1872. — Normandie.
Par *Gouverneur*, 1/2 s. N., et une 1/2 s. N., par Matchless, 1/2 s. A.
Saint-Lô : 1876-1885.

1690. **QUIPROQUO.** — H. N.
B. 1872. — Calvados.
Par *Introuvable*, 1/2 s. N., et *Frétillon*, 1/2 s. N., par Highlander,
1/2 s. A.
Sa grand'mère : fille de Fitz-Pantaloon, P. S. A.
Sa bisaïeule : fille de Volontaire, 1/2 s. N.
Sa trisaïeule : fille de Voltaire, 1/2 s. N.
Le Pin : 1876.

1691. **QUIRINUS.** — H. N.
Gr. 1828. — Normandie.
Par *Oscar*, 1/2 s. N., et une 1/2 s. N., par Tigris, P. S. A.
Saint-Lô : 1833-1842.

1692. **QUIRINUS.** — H. N.
Al. 1872. — Calvados.
Par *Jacobin*, 1/2 s. N., et une 1/2 s. N., par Highlander, 1/2 s. A.
Sa grand'mère : fille de Turcaret, 1/2 s. N.
Seine-Inférieure : 1877-1879. — Le Pin : depuis 1879.

1693. **QUIROGA.** — H. N.
B. 1833. — Normandie
Par *Quiroga*, 1/2 s. N., et une 1/2 s. N.
Le Pin : 1846 (Montiérender en 1847).

1694. **QUISSAC**. — H. N.
B. 1872. — Manche.
Par *Kabin*, 1/2 s. N., et une fille de Feu-de-Joie, 1/2 s. N.
Le Pin : 1876-1878 (Pompadour en 1879).

1695. **QUITRI**. — H. N.
Bb. 1872. — Orne.
Par *Taconnet*, 1/2 s. N., et une fille de Thésée, 1/2 s. N.
Saint-Lô : 1876-1888.

1696. QUITUS, ex-QUARTIER-MAITRE. — H. N.
B. 1872. — Manche.
Par *Jambon* ou *Hippocrate*. 1/2 s. N., et une fille de Rivoli,
1/2 s. N.
Saint-Lô : 1877-1887.

1697. **QUI-VA-LA!** — H. N.
Bb. 1872. — Calvados.
Par *Jongleur*, 1/2 s. N., et une fille de Succès, 1/2 s. N.
Le Pin : 1876-1880 (Blois en 1881).

1698. **QUIVIÈRE**. — H. N.
B. 1872. — Manche.
Par *Inventeur*, 1/2 s. N., et une fille de Forey, 1/2 s. N.
Le Pin : 1876-1877 (Besançon en 1878).

1699. **QUI-VIVE!** — H. N.
B. 1872. — Calvados.
Par *Affidavit*, P. S. A., et une fille d'Esculape, 1/2 s. N.
Sa grand'mère : fille de Baryton, 1/2 s. N.
Sa bisaïeule : fille de Biron, P. S. A.
Saint-Lô : depuis 1876.

1700. **QUI-VIVE !** (approuvé). — M. Lecomte.
Bb. 1887. — Sarthe.
Par *Tigris*, 1/2 s. N., et *Suzon*, par Phaéton, 1/2 s. N.
Sa grand'mère : Lisette, par Séducteur, 1/2 s. N.
Sa bisaïeule : fille de Jéricko, 1/2 s. N.
Sa trisaïeule : 1/2 s. N., par Paradox, P. S. A.
Sa quadrisaïeule : Fragile, par Y. Topper, 1/2 s. A.
Le Pin : depuis 1891.

1701. **QUOLIBET**. — H. N.
Bb. 1872. — Eure.
Par *Gall*, 1/2 s. N., et une 1/2 s. A.
Le Pin : 1881-1888.

1702. **QUONIAM** (approuvé). — M. Queshel.
B. 1872. — Manche.
Par *Josaphat*, 1/2 s. N., et une fille de Guillaume-le-Conquérant, 1/2 s. N.
Saint-Lô : depuis 1876.

1703. **QUOTIDIEN**. — H. N.
Al. 1850. — Orne.
Par *Kramer*, 1/2 s. N., et une fille d'Hector, 1/2 s. N.
Sa grand'mère : fille d'Impérieux, 1/2 s. N.
Le Pin : 1351-1855 (Charleville en 1856).

1704. **QUOTIDIEN** (approuvé). — M. Bonpain.
Al. 1874. — Calvados.
Par *Glorieux*, 1/2 s. N., et une fille d'Ugolin, 1/2 s. N.
Saint-Lô : 1878-1886.

1705. **QUOTIDIEN** (approuvé). — M. Le Sénécal.
Bb. 1872. — Normandie.
Par *Ignoré*, 1/2 s. N., et une fille de Riga, 1/2 s. N.
Saint-Lô : 1877-1879.

1706. **QUOTIÈS**. — H. N.
B. 1872. — Sarthe
Par *Trouville*, P. S A., et une fille de Bassompierre, 1/2 s. N.
Sa grand'mère : Ida, 1/2 s. N., par William, P. S. A.
Sa bisaïeule : Ida, par Basly, 1/2 s. N.
Le Pin : 1876-1884.

1707. **QUO-USQUE**. — H. N.
B. 1850. — Calvados.
Par *Kurde*, 1/2 s. N., et *Mouton*, 1/2 s. N., par Don-Quichotte,
P. S. A. A.
Saint-Lô : 1854-1862.

1708. **QUOUSQUE**, ex-**QUINE**. — H. N.
Al. 1872. — Calvados.
Par *Marquis*, 1/2 s. N., et une 1/2 s. A.
Seine-Inférieure : 1876.

1709. **QU'Y-MET-ON ?** — H. N.
N. 1887. — Sarthe.
Par *Edimbourg*, 1/2 s. N., et *Lycopode*, par Phaëton, 1/2 s. N.
Sa grand'mère : Jeune-Elisa, par Kapirat, 1/2 s. N.
Sa bisaïeule : Elisa, 1/2 s. N., par Corsair, 1/2 s. A.
Sa trisaïeule : Elise, 1/2 s. N., par Marcellus, P. S. A.
Sa quadrisaïeule : La Panachée, 1/2 s. N., par D.-I.-O., P. S. A.
Son ascendante au 5e degré : La Belle-Matador, par Matador, 1/2 s. N.
Son ascendante au 6e degré : fille de Sommerset, P. S. A.
Le Pin : depuis 1891.

1710.   **RABAGAS** (approuvé). — M. Castel.
B. 1873. — Normandie.
Par *Léotard*, 1/2 s. N., et une fille de Navigateur, 1/2 s. N.
Saint-Lô : 1877-1878.

1711.   **RABAIS.** — H. N.
Al. 1873. — Calvados.
Par *Ignace*, 1/2 s. N., et une fille d'Henriot, 1/2 s. N.
Saint-Lô : 1877-1884.

1712.   **RACAN** (approuvé). — Mme Lepetit.
B. 1873. — Manche.
Par *Mirliton*, 1/2 s. N., et une fille de Bravo, P. S. A.
Saint-Lô : 1878-1883.

1713.   **RACINE.** — H. N.
B. 1851. — Orne.
Par *Sylvio*, P. S. A., et une 1/2 s. N., par Y. Rattler, 1/2 s. A.
Saint-Lô : 1855-1862.

1714.   **RACOLEUR,** ex-**ROYAL.** — H. N.
B. 1873. — Orne.
Par *Abrantès*, 1/2 s. N., et *Myosotis*, par Elu, 1/2 s. N.
Sa grand'mère : Frétillon, par Solide, 1/2 s. N.
Sa bisaïeule : Pégriote, 1/2 s. N., par Eylau, P. S. A. A.
Sa trisaïeule : jument arabe.
Le Pin : 1877-1884.

1715.   **RADEAU,** ex-**RACINE.** — H. N.
Al. 1873. — Manche.
Par *Torticolis*, P. S. A., et une fille de Lothaire, 1/2 s. N.
Le Pin : 1877-1881.

1716.   **RADICAL.** — H. N.
B. 1829. — Normandie.
Par Y. *Topper*, 1/2 s. A., et une 1/2 s. N.
Le Pin : 1833-1840.

1717.   **RADICAL.** — H. N.
B. 1851. — Orne.
Par *Tipple-Cider*, P. S. A., et une fille de Voltaire, 1/2 s. N.
Saint-Lô : 1855-1857.

1718.   **RADIS.** — H. N. 1855.
(Approuvé : M. Bourget, 1864-1865.) — — H. N., 1866.
B. 1851. — Calvados.
Par *Homère*, 1/2 s. N., et une 1/2 s. N.
Le Pin : 1855-1878.

1719.   RAGLAN, ex-RUBIS. — H. N.
Al. 1851. — Orne.
Par *Kramer*, 1/2 s. N., et une fille d'Impérieux, 1/2 s. N.
Saint-Lô : 1855-1859. — Le Pin : 1860.

1720.   RAIFORT, ex-RIVAL. — H. N.
Al. 1873. — Calvados.
Par *Glorieux*, 1/2 s. N., et une fille de Succès, 1/2 s. N.
Sa grand'mère : fille de Don-Quichotte, P. S. A. A.
Le Pin : 1877-1887.

1721.   RAILLEUR. — H. N.
B. 1828. — Orne.
Par *Y. Rattler*, 1/2 s. A., et *Laigle*, par Highflyer, 1/2 s. N.
Sa grand'mère : fille de Bacha, P. S. Ar.
Le Pin : 1832-1843. — Saint-Lô : 1844-1846.

1722.   RAISTAN (approuvé). — M. Joret.
Al. 1879. — Manche.
Par *Président*, 1/2 s. N., et *Corine*, par Roustan, 1/2 s. N.
Sa grand'mère : fille de Gallois, 1/2 s. N.
Saint-Lô : 1883-1884.

1723.   RALPH. — H. N.
B. 1873. — Manche.
Par *Egésippe*, 1/2 s. N., et une fille de Kapirat, 1/2 s. N.
Saint-Lô : 1877-1882.

1724.   RAMA (approuvé). — M. Bonpain.
B. 1875. — Calvados.
Par *Josaphat*, 1/2 s. N., et une fille de D'Artagnan, 1/2 s. N.
Saint-Lô : 1880-1882.

1725.   RAMAS (approuvé). — M. Lebas.
Al. 1873. — Normandie.
Par *Léotard*, 1/2 s. N., et une fille de Y. Reveller, 1/2 s. N.
Saint-Lô : 1877-1878.

1726.   RAMAZAN, ex-RABELAIS (approuvé).
MM. Blondel, Dudouit, Guillerme.
Ro. 1873. — Normandie.
Par *Clear-the-Way*, 1/2 s. A., et une fille de Plutus, P. S. A.
Saint-Lô : depuis 1878.

1727.   RAMEAU-D'OR. — H. N.
Al. 1873. — Manche.
Par *Dagobert*, 1/2 s. N., et une fille d'Adolphus, P. S. A.
Seine-Inférieure : 1877-1879.

1728.   **RAMING**. — H. N.
B. 1873. — Calvados.
Par *Le More*, 1/2 s. N., et une fille de Beaumanoir, 1/2 s. N.
Saint-Lô : depuis 1878.

1729.   **RAMSAY, ex-PRINCE**. — H. N.
B. 1872. — Normandie.
Par *Norfolk-Trotter*, 1/2 s. A., et une 1/2 s. N.
Seine-Inférieure : 1877.

1730.   **RAPHAËL**. — H. N.
B. 1848. — Orne.
Par *Iéna*, 1/2 s. N., et une 1/2 s. N., par Pilot, 1/2 s. A.
Sa grand'mère : 1/2 s. N., par Bacha, P. S. Ar.
Sa bisaïeule : 1/2 s. N., par Glorieux, 1/2 s. A.
Sa trisaïeule : fille de King-Pepin, 1/2 s. A.
Le Pin : 1854-1856.

1731.   **RAPHAËL** (approuvé). — M. Marion père.
B. 1856. — Normandie.
Par *Raphaël*, 1/2 s. N., et une 1/2 s. N.
Saint-Lô : 1860-1864.

1732.   **RAPHAËL** (approuvé). — M. Marion.
B. 1857. — Normandie.
Par *Raphaël*, 1/2 s. N., et une 1/2 s. N.
Saint-Lô : 1861-1862.

1733.   **RAPIDE** (approuvé). — M. Faucon.
Bb. 1877. — Normandie.
Par *Orme*, 1/2 s. N., et une fille de Quine, 1/2 s. N.
Saint-Lô : 1881-1888.

1734.   **RATAPOIL** (approuvé). — M. d'Aprigny.
B. 1852. — Normandie.
Par *Milton*, 1/2 s. N., et une fille de Voltaire, 1/2 s. N.
Saint-Lô : 1856-1876.

1735.   **RATIER, ex-ROYAL**. — H. N.
B. 1873. — Manche.
Par *Sydmonton* ou *Pretty-Boy*, P. S. A., et une fille de Giboyer,
1/2 s. N.
Saint-Lô : 1877-1878.

1736. RATISBONNE (approuvé). — Mis de Falandre.
Al. 1851. — Orne.
Par *Kadmor* ou *Képi*, 1/2 s. N., et une 1/2 s. N.
Le Pin : 1859-1861.

1737. **RAVISSANT**. — H. N.
B. 1851. — Calvados.
Par *Ramsay*, P. S. A., et une fille de Voltaire, 1/2 s. N.
Sa grand'mère : 1/2 s. N., par Y. Rattler, 1/2 s. A.
Saint-Lô : 1855-1865.

1738. **RAVISSEUR** (approuvé). — M. Le Sénécal.
B. 1850. — Normandie.
Par *Dorus*, 1/2 s. N., et une fille d'Eylau, P. S. A. A.
Saint-Lô : 1855-1871.

1739. RAY-GRASS, ex-**ROYAL-QUAND-MÊME.**
H. N.
B. 1873. — Calvados.
Par *Abrantès*, 1/2 s. N., et une fille de Séducteur, 1/2 s. N.
Saint-Lô : depuis 1877.

1740. **RÈCHE,** ex-**RIVAL**. — H. N.
N. 1873. — Manche.
Par *Argonaut*, P. S. A., et une fille de Kapirat, 1/2 s. N.
Le Pin : 1877-1880 (Libourne en 1881).

1741. **RÉCIF.** — H. N.
Al. 1873. — Orne.
Par *Taconnet*, 1/2 s. N., et une fille de Kramer, 1/2 s. N
Saint-Lô : 1877-1884.

1742. **RÉCIPIENT** (approuvé). — M. Marion.
Bb. 1873. — Normandie.
Par *J'y-Songerai*, 1/2 s. N., et une jument anglaise.
Saint-Lô : 1877.

1743. **RÉCOLLET.** — H. N.
Al. 1851. — Orne.
Par *Boléro*. 1/2 s. N., et une fille de Décember, 1/2 s. N.
Le Pin : 1855-1858 (Angers en 1859).

1744. **RECTEUR,** ex-**RADIS**. — H. N.
B. 1873. — Orne.
Par *Élu* ou *Héliotrope*, 1/2 s. N., et une fille d'Utrecht, 1/2 s. N.
Sa grand'mère : 1/2 s. N., par Tipple-Cider, P. S. A.
Sa bisaïeule : fille d'Hamilton, 1/2 s. N.
Seine-Inférieure : 1877-1879.
Le Pin : 1879-1880 (Compiègne en 1881).

1745. **RÉDEMPTEUR, ex-RAGEUR.** — H. N.
N. 1873. — Orne.
Par *Vicomte*, 1/2 s. N., et une fille de Diadème, 1/2 s. N.
Sa grand'mère : fille de Prométhée, 1/2 s. N.
Saint-Lô : 1877.

1746. **RÉGÉNÉRATEUR.** — H. N.
Al. 1873. — Calvados.
Par *Montpensier*, 1/2 s. N., et une fille de Glorieux, 1/2 s. N.
Sa grand'mère : fille de Succès, 1/2 s. N.
Le Pin : 1877-1889.

1747. **REGNARD, ex-ROGER-BONTEMPS.**
H. N.
B. 1873. — Orne.
Par *Abrantès*, 1/2 s. N., et une fille d'Elu, 1/2 s. N.
Saint-Lô : 1877-1884.

1748. **RÉGNIER.** — H. N.
B. 1851. — Orne.
Par *Noteur*, 1/2 s. N., et une 1/2 s. N. par Pick-Pocket, P. S. A.
Sa grand'mère : fille d'Impérieux, 1/2 s. N.
Le Pin : 1856-1874.

1749. **REGRET** (approuvé). — M. Alexandre.
Bb. 1873. — Calvados.
Par *Conquérant*, 1/2 s. N., et une 1/2 s. N., par Stoker, P. S. A.
Saint-Lô : 1877-1888.

1750. **REGRETTÉ.** — H. N.
Gr. 1829. — Normandie.
Par *Y. Rattler*, 1/2 s. A., et une 1/2 s. N.
Le Pin : 1833-1849.

1751. **RÉGULIER** (approuvé). — M. Buhot.
B. 1850. — Manche.
Par *Y. Cydnus*, 1/2 s. A., et une fille de Pivert, 1/2 s. N.
Saint-Lô : 1859-1863.

1752. **RÉGULIER.** — H. N.
Al. 1873. — Calvados.
Par *Impérial*, 1/2 s. N., et une fille de Navigateur, 1/2 s. N.
Seine-Inférieure : 1877-1879. — Le Pin : 1879-1889.

1753. REMARQUABLE (approuvé). — M. Le Sénécal.
B. 1873. — Normandie.
Par *Jactator*, 1/2 s. N., et une fille d'Honorable, 1/2 s. N.
Saint-Lô : 1877-1878.

1754.   **REMOULEUR.** — H. N.
B. 1873. — Orne.
Par *Kilomètre*, 1/2 s. N., et une fille de Galba, 1/2 s. N.
Sa grand-mère : fille de Jéricko, 1/2 s. N.
Seine-Inférieure : 1877-1879. — Le Pin : 1880-1882.

1755.   **RÉMUS.** — H. N.
B. 1851. — Orne.
Par *Merlerault*, 1/2 s. N., et une fille de Xerxès, 1/2 s. N.
Sa grand'mère : fille de Glocester, 1/2 s. A.
Sa bisaïeule : fille de Jaggar, 1/2 s. A.
Sa trisaïeule : fille de Gallipoly, P. S. Ar.
Le Pin : 1855-1858.

1756.   **RÉMUS** (approuvé). — M. Gost.
B. 1873. — Calvados.
Par *Estafette*, 1/2 s. N., et une fille d'Unau, 1/2 s. N.
Saint-Lô : 1877-1879.

1757.   **RENAISSANT.** — H. N.
Bb. 1873. — Manche.
Par *Marcelet*, 1/2 s. N., et une fille de Lagopède, 1/2 s. N.
Le Pin : 1877-1890.

1758.   **RENARD.** — H. N.
B. 1873. — Calvados.
Par *Jean-Bart*, 1/2 s. N., et une fille de Ferragus, P. S. A.
Saint-Lô : 1877.

1759.   **RENÉMESNIL.** — H. N.
B. 1873. — Calvados.
Par *Fleuron*, 1/2 s. N., et *La Lully*, 1/2 s. N., par Lully, P. S. A.
Sa grand'mère : fille d'Idalis, 1/2 s. N.
Le Pin : 1877-1888.

1760.   **RENOLD** (approuvé). — M. Duval.
Bb. 1873. — Calvados.
Par *Diadème*, 1/2 s. N., et une fille de Porthos, 1/2 s. N.
Saint-Lô : 1877-1883.

1761.   **RENOMMÉ.** — H. N.
Bb. 1873. — Calvados.
Par *Esculape*, 1/2 s. N., et une fille d'Abrantès, 1/2 s. N.
Sa grand'mère : fille de Destin, 1/2 s. N.
Saint-Lô : 1877.

1762.   **RÉOLES**. — H. N.
B. 1873. — Orne.
Par *Vicomte*, 1/2 s. N., et une fille de Cormoran, 1/2 s. N.
Le Pin : 1878-1880.

1763.   **REPIC** (approuvé). — M. Gost.
Al. 1873. — Calvados.
Par *Lion-d'Or*, 1/2 s. N., et une 1/2 s. N.
Saint-Lô : 1877.

1764.   **REPRODUCTEUR**. — H. N.
Bb. 1873. — Manche.
Par *Ignoré*, 1/2 s. N., et une fille de Beaumanoir, 1/2 s. N.
Saint-Lô : 1877-1879.

1765.   **REQUIN**, ex-**RUBIS**. — H. N.
Bb. 1873. — Calvados.
Par *Montpensier*, 1/2 s. N., et une fille de Glorieux, 1/2 s. N.
Saint-Lô : 1877

1766.   **RÉSERVÉ** (approuvé). — M. Douasnard.
B. 1873. — Normandie.
Par *Bravo*, P. S. A., et une fille de Royal, 1/2 s. N.
Saint-Lô : 1877-1886.

1767.   **RÉUNI** (approuvé). — M. Castel.
B. 1873. — Normandie
Par *Vladimir*, 1/2 s. N., et une fille d'Ottoman, 1/2 s. N.
Saint-Lô : 1877-1878.

1768.   **RÉVEILLON**. — H. N.
B. 1873. — Manche.
Par *J'y-Songerai*, 1/2 s. N., et une fille d'Agenda, 1/2 s. N.
Sa grand'mère : fille de Vandermulin, P. S. A.
Seine-Inférieure : 1878. — Le Pin : depuis 1879.

1769.   **RÉVEILLON** (approuvé). — M. Le Sénécal.
Al. 1873. — Normandie.
Par *Mazeppa*, 1/2 s. N., et une fille de Conquérant, 1/2 s. N.
Saint-Lô : 1877-1885.

1770.   **REYNOLDS**. — H. N.
Al. 1873. — Calvados.
Par *Conquérant*, 1/2 s. N., et *Miss Pierce*, par Succès, 1/2 s. N.
Sa grand'mère : Lady-Pierce (américaine).
Saint-Lô : depuis 1880.

1771. **RHÉTEUR**. — H. N.
B. 1829. — Normandie.
Par *Impérieux*, 1/2 s. N., et une fille d'Emilius, 1/2 s. N.
Le Pin : 1833-1854.

1772. **RHINGRAVE**. — H. N.
B. 1829. — Normandie.
Par *Y. Topper*, 1/2 s. A., et une 1/2 s. N.
Le Pin : 1833-1840.

1773. **RIBAUD**, ex-**RAJAH**. — H. N.
B. 1873 — Manche.
Par *Ugolin*, 1/2 s. N., et une 1/2 s. N., par Vandermulin, P. S. A.
Sa grand'mère : 1/2 s. N., par Sir Henry-Dimsdale, 1/2 s. A.
Saint-Lô : 1877-1883.

1774. **RIBÉRA**. — H. N.
Gr. 1850. — Normandie
Par *Démocrate*, 1/2 s. N., et une 1/2 s. N.
Le Pin : 1855 (Langonnet en 1856).

1775. **RICHARD**. — H. N.
Gr. 1850. — Normandie.
Par *Débardeur*, 1/2 s. N., et une 1/2 s. N.
Le Pin : 1855 (Langonnet en 1856).

1776. **RICHARD**, ex-**RIVOLI**. — H. N.
Al. 1873. — Orne.
Par *Elu*, 1/2 s. N., et une 1/2 s. N., par Coleraine, 1/2 s. A.
Sa grand'mère : fille de Montaigne, 1/2 s. N.
Saint-Lô : 1877-1890.

1777. **RIGA**. — H. N.
Bb. 1851. — Calvados.
Par *Kurde*, 1/2 s. N., et une fille de Vautour, 1/2 s. N.
Saint-Lô : 1856-1867.

1778. **RIGHT**, ex-**PRÉSIDENT**. — H. N.
B. 1873. — Seine-Inférieure.
Par *Y. Quick-Silver*, 1/2 s. A., et une 1/2 s. N., par Y. Performer,
1/2 s. A.
Le Pin : 1879-1888.

1779. **RIPOSTE**. — H. N.
Bb. 1829. — Normandie.
Par *Patriot*, 1/2 s. A., et une 1/2 s. N.
Saint-Lô : 1833-1842.

1780. **RIVERAIN.** — H. N.
B. 1873. — Calvados.
Par *Illico* ou *Mazeppa*, 1/2 s. N., et Lisette, 1/2 s. N.
Le Pin : 1877.

1781. **RIVOLI.** — H. N.
B. 1851. — Calvados.
Par *Ramsay*, P. S. A., et une fille de Junot, 1/2 s. N.
Saint-Lô : 1855-1870.

1782. **RIVOLI** (approuvé). — M. Lemonnier.
B. 1875. — Calvados.
Par *Conquérant*, 1/2 s. N., et une 1/2 s. N., par Coleraine, 1/2 s. A.
Le Pin : 1881-1886.

1783. **ROBERT** (approuvé). — M. Mette.
B. 1871. — Calvados.
Par *Y. Ulmaire*, 1/2 s. N., et une fille de Y. Lahore, 1/2 s. N.
Saint-Lô : 1875-1888.

1784. **ROBINSON.** — H. N.
B. 1873. — Manche.
Par *Gouverneur*, 1/2 s. N., et une fille de The Heir-of-Linne, P. S. A.
Sa grand'mère : fille de The Caster, P. S. A.
Saint-Lô : 1877-1880.

1785. **ROBINSON CRUSOË**
B. 1848. — Normandie.
Par *Adolphus*, P. S. A., et une fille de Carnassier, 1/2 s. N.
Saint-Lô : 1853-1861.

1786. **ROB-ROY.** — H. N.
Ro. 1870. — Manche.
Par *The Great-Gun* et une 1/2 s. N., par Phœnomenon, 1/2 s. A.
Le Pin : 1879-1886.

1787. **ROBUSTE** (approuvé). — M. Macé.
B. 1879. — Manche.
Par *Quaffé*, 1/2 s. N., et *Fidèle*, par Foulques, 1/2 s.
Sa grand'mère : Mignonne, 1/2 s. N., par Sonnant, P. S. A.
Saint-Lô : depuis 1883.

1788. **ROC.** — H. N.
B. 1851. — Calvados.
Par *Lucain*, 1/2 s. N., et une 1/2 s. N., par The Juggler, P. S. A.
Saint-Lô : 1855-1872.

1789.   **ROCROI**. — H. N.
B. 1851. — Orne.
Par *Sylvio*, P. S. A., et une fille de Glandier, 1/2 s. N.
Saint-Lô : 1855-1872.

1790.   **RODON** (approuvé). — M. du Chatel.
B. 1873. — Normandie.
Par *Lucullus*, 1/2 s. N., et une fille de Dictateur, 1/2 s. N.
Saint-Lô : 1877-1883.

1791.   **ROGER-BONTEMPS**. — H. N.
B. 1873. — Calvados.
Par *Léotard*, 1/2 s. N., et une fille de Carmin, 1/2 s. N.
Le Pin : 1877-1887.

1792.   **ROLLON** (approuvé). — Duc de Vicence.
N. 1873. — Eure.
Par *Lavater*, 1/2 s. N., et *Espérance I*re, 1/2 s. N., par
The Norfolk-Phœnomenon, 1/2 s. A.
Sa grand'mère : La Mal-Jugée, 1/2 s. N., par Rob-Roy, P. S. A.
Sa bisaïeule : issue de Noisette, P. S. A.
Saint-Lô : 1878-1890.

1793.   **ROMAIN** (approuvé). — M. Paillette.
Al. 1873. — Manche.
Par *Lodi*, 1/2 s. N., et une fille d'Urus, 1/2 s. N.
Sa grand'mère : fille de Fanfaron, 1/2 s. N.
Sa bisaïeule : fille de Navigateur, 1/2 s. N.
Sa trisaïeule : fille d'Hyacinthe, 1/2 s. N.
Sa quadrisaïeule : fille d'Electeur, 1/2 s. N.
Saint-Lô : 1877-1889.

1794.   **ROMANO**. — H. N.
B. 1873. — Manche.
Par *Auguste*, P. S. A., et une fille d'Agenda, 1/2 s. N.
Sa grand mère : fille de Lahore, 1/2 s. A.
Saint-Lô : 1877-1888.

1795.   **ROMULUS**. — H. N.
B. 1828. — Normandie.
Par *Lucknoll*, 1/2 s. A., et une 1/2 s. N.
Le Pin : 1833-1841.

1796.   **RONCEVAUX** (approuvé). — M. du Chatel.
B. 1873. — Normandie.
Par *Kilogramme*, 1/2 s. N., et une fille d'Œdipe, 1/2 s. N.
Saint-Lô : 1877-1884.

1797.   **RONCEVAUX**. — H. N.
Al. 1873. — Calvados.
Par *Sir Edwin-Landsyer*, 1/2 s. A., et une fille de Torticolis,
P. S. A.
Le Pin : 1877-1880 (Angers en 1881).

1798.   **ROSIER**. — H. N.
Al. 1851. — Orne.
Par *Tipple-Cider*, P. S. A., et une fille d'Emule, 1/2 s. N.
Le Pin : 1871-1873.

1799.   **ROSNY**. — H. N.
B. 1873. — Orne.
Par *Sincerity*, P. S. A., et une fille de Centaure, 1/2 s. N.
Saint-Lô : 1877-1885.

1800.   **ROSSIGNOL**. — H. N.
B. 1851. — Calvados.
Par *Homère*, 1/2 s. N., et une fille de The Juggler, P. S. A.
Saint-Lô : 1855-1863.

1801.   **ROSSIGNOL** (approuvé). — M. Chesnay.
N. 1857. — Calvados.
Par *Iris*, 1/2 s. N., et une jument du Bessin.
Saint-Lô : 1863-1874.

1802.   **ROSTRUM**, ex-**RONCEVAUX**. — H. N.
Bb. 1873. — Manche.
Par *Pater* ou *Violent*, 1/2 s. N., et une fille d'Isolier, P. S. A.
Saint-Lô : 1877-1884.

1803.   **ROUBLARD**. — H. N.
B. 1873. — Calvados.
Par *Uzel*, 1/2 s. N., et une fille d'Urus, 1/2 s. N.
Le Pin : 1877-1890.

1804.   **ROUBLE**, ex-**RATTLER**. — H. N.
Al. 1873. — Manche.
Par *Agenda*, 1/2 s. N., et une fille d'Electeur, 1/2 s. N.
Seine-Inférieure : 1877-1879. — Le Pin : depuis 1880.

1805.   **ROURICK** (approuvé). — M. Torcapel.
B. 1873. — Calvados.
Par *Noteur*, 1/2 s. N., et une 1/2 s. N.
Le Pin : depuis 1877.

1806.   **ROUSSEAU**. — H. N.
B. 1851. — Orne.
Par *Merlerault*, 1/2 s. N., et une 1/2 s. N., par Eylau, P. S. A. A.
Sa grand'mère : 1/2 s. N., par Pretender, 1/2 s. A.
Le Pin : 1855-1858.

1807.   **ROUSTAN** (approuvé). — M. Barbé.
Al. 1857. — Manche.
Par *Marengo*, P. S. A. A., et une fille d'Hyacinthe, 1/2 s. N.
Saint-Lô : 1862-1880.

1808.   **ROUSTAN** (approuvé). — M. Barbé.
Al. 1885. — Manche.
Par *Santerre*, 1/2 s. N., et *Coquette*, par Roustan, 1/2 s. N.
Sa grand'mère : Cocotte, par Faucon, 1/2 s. N.
Saint-Lô : depuis 1890.

1809.   **ROZEL** (approuvé). — M. Brisset.
B. 1853. — Normandie.
Par *Ballinkeele*, P. S. A., et une 1/2 s. N., par Bob-Warwick, 1/2 s. A.
Saint-Lô : 1862-1863.

1810.   **RUBENS** (approuvé). — M. Gost.
B. 1873. — Calvados.
Par *Esculape*, 1/2 s. N., et une fille d'Hallebardier, 1/2 s. N.
Saint-Lô : 1877.

1811.   **RUDOLPHI** (approuvé). — M. Le Sénécal.
B. 1856. — Normandie.
Par *Pledge*, 1/2 s. N., et une 1/2 s. N., par Glocester, 1/2 s. A.
Saint-Lô : 1863-1872.

1812.   **RUSTIQUE** (approuvé). — M. Marion.
B. 1873. — Normandie.
Par *Bassompierre*, 1/2 s. N., et une 1/2 s. N.
Saint-Lô : 1877.

1813.   **RUTABAGA**. — H. N.
B. 1851. — Manche.
Par *Sir Henry-Dimsdale*, 1/2 s. A., ou *Jay*, 1/2 s. N., et une fille
de Boucanier, 1/2 s. N.
Le Pin : 1855-1865 (Cluny en 1866).

1814.   **RUTABAGA**, ex-**RUBENS**. — H. N.
B. 1873. — Calvados.
Par *Gaulois*, 1/2 s. N., et une fille de Français, 1/2 s. N.
Sa grand'mère : fille de Montmorency, 1/2 s. N.
Le Pin : depuis 1877.

1815. **SABINUS** (approuvé). — M. Le Sénécal.
Al. 1874. — Normandie.
Par *Gall,* 1/2 s. N., et une fille d'Elu, 1/2 s. N.
Saint-Lô : 1878-1884.

1816. **SABORD** — H. N.
B. 1874. — Sarthe.
Par *Gall,* 1/2 s. N., et *Ecolière,* par Extase, 1/2 s. N.
Sa grand'mère : Thérésa, par Destin, 1/2 s. N.
Sa bisaïeule : Brillante, par Jéricko, 1/2 s. N.
Sa trisaïeule : Ida, par Basly, 1/2 s. N.
Le Pin : depuis 1878.

1817. **SABREUR**. — H. N.
N. 1852. — Calvados.
Par *Hégésippe,* 1/2 s. N., ou *Telegraph.* 1/2 s. A., et une 1/2 s. N.
par The Juggler, P. S. A.
Le Pin : 1856-1863 (Libourne en 1864).

1818. **SACKOS** (approuvé). — M. Bourguais.
Al. 1856. — Normandie.
Par *Don-Quichotte,* P. S. A. A., et une 1/2 s. N., par Eastham,
P. S. A.
Saint-Lô : 1863-1883.

1819. **SACROBOSCO.** — H. N.
B. 1874. — Manche.
Par *Pretty-Boy,* P. S. A., et une fille de Giboyer, 1/2 s. N.
Sa grand'mère : fille de Tarrare, P. S. A.
Saint-Lô : 1878-1887.

1820. **SAILLANT.** — H. N.
B. 1852. — Manche.
Par *Lahore,* 1/2 s. A., et une fille de Biron, P. S. A.
Saint-Lô : 1856-1861.

1821. **SAINT-CLOUD.** — H. N.
Al. 1874. — Calvados.
Par *Gaulois,* 1/2 s. N., et une 1/2 s. N., par Pretender, 1/2 s. A.
Sa grand'mère : fille de Buci, 1/2 s. N.
Saint-Lô : 1878-1886.

1822. **SAINT-GERBOLD**. — H. N.
B. 1874. — Orne.
Par *Elu,* 1/2 s. N., et une fille d'Esculape, 1/2 s. N.
Sa grand'mère : fille de Valdemar, 1/2 s. N.
Saint-Lô : 1878-1881.

1823. **SAINT-LO.** — H. N.
Al. 1874. — Calvados.
Par *Ignace*, 1/2 s. N., et *Rose-Pompon*, 1/2 s. N., par Brocardo,
P. S. A.
Sa grand'mère : fille de Thésée, 1/2 s. N.
Sa bisaïeule : fille de Séduisant, 1/2 s. N.
Sa trisaïeule : fille de Nestor, 1/2 s. N.
Sa quadrisaïeule : 1/2 s. N., par Prosélyte, 1/2 s. A.
Le Pin : 1878-1880.

1824. **SAINT-MELAINE.** — H. N.
B. 1886. — Calvados.
Par *Valencourt*, 1/2 s. N., et une fille de Noville ou Normand, 1/2 s. N.
Saint-Lô : depuis 1890.

1825. **SAINT-POIS** (approuvé). — M. Lemardelé.
Bb. 1854. — Manche.
Par *Navigateur*, 1/2 s. N., et *Rosette*, par Hyacinthe, 1/2 s. N.
Saint-Lô : 1862-1881.

1826. **SAINT-RIGOMER.** — H. N.
B. 1874. — Sarthe.
Par *Gall*, 1/2 s. N., et *Fatincy*, par Tipple-Cider, P. S. A.
Sa grand'mère : fille d'Eylau, P. S. A. A.
Le Pin : depuis 1878.

1827. **SALIN**, ex-**SIRE**. — H. N.
B. 1874. — Orne.
Par *Abrantès*, 1/2 s. N., et une fille d'Utrecht, 1/2 s. N.
Sa grand'mère : fille de Montaigne, 1/2 s. N.
Saint-Lô : 1878-1880.

1828. **SALVATOR** (approuvé). — M. Chesnay.
Bb. 1877. — Manche.
Par *Shamrock*, 1/2 s. A., et *Plaisante*, par Garus, 1/2 s. N.
Sa grand'mère : Plaisante, par Newmarket, 1/2 s. N.
Saint-Lô : 1881-1883.

1829. **SAMSON** (approuvé). — M. Magnier.
B. 1852. — Calvados.
Par *Kurde*, 1/2 s. N., et une 1/2 s. N., par Don-Quichotte, P. S. A. A.
Seine-Inférieure : 1869.

1830. **SANCHO** (approuvé). — M. Le Chevallier.
B. 1855. — Normandie.
Par *Don-Quichotte*, P. S. A. A., et une 1/2 s. N.
Saint-Lô : 1862-1881.

1831.   **SANCHO** (approuvé). — M. Planquette.
B. 1855. — Calvados.
Par *Don-Quichotte*, P. S. A. A., et une fille de Vautour, 1/2 s. N.
Saint-Lô : 1868-1872.

1832.   **SANDEAU.** — H. N.
B. 1852. — Calvados.
Par *Lucain*, 1/2 s. N., et une fille de Voltaire, 1/2 s. N.
Sa grand'mère, 1/2 s. N., par Y. Rattler, 1/2 s. A.
Le Pin : 1856-1857.

1833.   **SANGUIN**, ex-**SALPÊTRE**. — H. N.
B. 1874. — Calvados.
Par *Irlandais*, 1/2 s. N., et une fille de Vingt-Mars, P. S. A.
Saint-Lô : 1878-1887.

1834.   **SANS-GÊNE.** — H. N.
B. 1863. — Orne.
Par *Centaure*, 1/2 s. N., et une fille de Doyen, 1/2 s. N.
Saint-Lô : 1867-1874.

1835.   **SANS-PEUR** (approuvé). — M. Groucy.
Bb. 1859. — Manche.
Par *Bayard*, 1/2 s. N., et *Cydnuse*, par Cydnus, 1/2 s. N.
Saint-Lô : 1865-1876.

1836.   **SANTERRE.** — H. N.
B. 1874. — Manche.
Par *Ugolin*, 1/2 s. N., et une 1/2 s. N., par Quid-Juris, P. S. A.
Sa grand'mère : fille de Lionceau, 1/2 s. N.
Sa bisaïeule : 1/2 s. N., par Marengo, P. S. A. A.
Sa trisaïeule : fille de Diomède, 1/2 s. N.
Saint-Lô : depuis 1878.

1837.   **SAPAJOU.** — H. N.
Al. 1852. — Calvados.
Par *Ganimède*, 1/2 s. N., et *Miss-Allen*, P. S. A.
Paris 1857 (Charleville en 1858).

1838.   **SAPHIR** (approuvé). — M. Le Sénécal.
N. 1874. — Normandie.
Par *Trip*, 1/2 s. A., et une fille d'Institut, 1/2 s. N.
Saint-Lô : 1878-1879.

1839.   **SAUTERNE.** — H. N.
Bb. 1852. — Orne.
Par *Wildfire*, 1/2 s. A., et une fille de Janson, 1/2 s. N.
Le Pin : 1856-1858.

1840. **SATURNE**. — H. N.
Al. 1874. — Calvados.
Par *Conquérant*, 1/2 s. N., et *Victoire*, P. S. A.
Saint-Lô : 1878-1883.

1841. **SAUMON**. — H. N.
B. 1829. — Normandie.
Par *Hamilton*, 1/2 s. N., et une fille d'Emilius, 1/2 s. N.
Saint-Lô : 1834-1844.

1842. **SAUTERNE** (approuvé). — M. Le Sénécal.
B. 1855. — Normandie.
Par *Adolphus*, P. S. A., et une fille de Lysimaque, 1/2 s. N.
Saint-Lô : 1859-1862.

1843. **SAUTEUR**. — H. N.
B. 1874. — Sarthe.
Par *Abrantès*, 1/2 s. N., et une fille de Centaure, 1/2 s. N.
Saint-Lô : 1878-1882.

1844. **SAUVAGE**. — H. N.
Bb. 1830. — Normandie.
Par *Fermier*, 1/2 s. N., et une 1/2 s. N.
Saint-Lô : 1834-1845.

1845 **SAUVAGE** (approuvé).
M. Corbin. — M. Desmannetaux.
B. 1837. — Normandie.
Par *Sauvage*, 1/2 s. N., et une 1/2 s. N.
Saint-Lô : 1842-1846.

1846. **SAUVAGE** (approuvé). — M. Questel.
N. 1859. — Normandie.
Par *Saillant*, 1/2 s. N., et une fille de Nonant, 1/2 s. N.
Saint-Lô : 1864-1869.

1847. **SAUVAGE** (approuvé). — M. Vibert.
Bb. 1861. — Normandie.
Par *Nelson*, 1/2 s. N., et une fille de Sauvage, 1/2 s. N.
Saint-Lô : 1865-1870.

1848. **SAUVAGEON**. — H. N.
B. 1874. — Sarthe.
Par *Héliotrope*, 1/2 s. N., et une fille d'Elu, 1/2 s. N.
Saint-Lô : 1878-1890.

1849.   **SAXON, ex-SAPEUR**. — H. N.
B. 1874. — Calvados.
Par *Esculape*, 1/2 s. N., et *Jubine*, par Abrantès, 1/2 s. N.
Sa grand'mère : fille de Séducteur, 1/2 s. N.
Le Pin : 1878-1883.

1850.   **SCAPIN**. — H. N.
B. 1852. — Orne.
Par *Noteur*, 1/2 s. N., et *Trompeuse*, 1/2 s. N., par Sylvio,
P. S. A.
Le Pin : 1856-1857 (Perpignan en 1858).

1851   **SCAPIN**. — H. N.
B. 1874. — Calvados.
Par *Interprète*, 1/2 s. N., et une fille d'Abrantès, 1/2 s. N.
Saint-Lô : 1880-1881.

1852.   **SCHAH, ex-SAPHIR**. — H. N.
B. 1874. — Orne.
Par *Abrantès*, 1/2 s. N., et une fille d'Eln. 1/2 s. N.
Sa grand'mère : fille de Solide, 1/2 s. N.
Saint-Lô : 1878-1886.

1853.   **SCHILLER, ex-SAPHIR**. — H. N.
B. 1874. — Calvados.
Par *Dragon*, P. S. A., et une fille de Vice-Roi, 1/2 s. N.
Saint-Lô : 1878-1886.

1854.   **SCIPION**. — H. N.
B. 1830. — Normandie.
Par *Cleveland*, 1/2 s. A., et une 1/2 s. N.
Saint-Lô : 1839-1844.

1855.   **SCIPION** (approuvé). — M. C. Forcinal.
B. 1874. — Orne.
Par *Centaure*, 1/2 s. N., et une 1/2 s. N., par The Norfolk-
Phœnomenon, 1/2 s. A.
Le Pin : 1880-1886.

1856.   **SÉDUCTEUR**. — H. N.
B. 1852. — Orne.
Par *Noteur*, 1/2 s. N., et une fille de Fatibello, 1/2 s. N.
Sa grand'mère : fille de Railleur, 1/2 s. N.
Sa bisaïeule : fille d'Eastham, P. S. A.
Le Pin : 1856-1875.

1857. **SÉDUISANT.** — H. N.
Bb. 1852. — Calvados.
Par *Ramsay*, P. S. A., et une fille de Voltaire, 1/2 s. N.
Le Pin : 1856-1858 (Saintes en 1859).

1858. **SÉDUISANT** (approuvé). — M. Lebourgeois.
B. 1858. — Normandie.
Par *Andromède*, 1/2 s. N., et une 1/2 s. N.
Saint-Lô : 1863-1864.

1859. **SÉDUISANT** (approuvé). — M. Duchemin.
B. 1861. — Manche.
Par *Lagopède*, 1/2 s. N., et *Coralie*, par Koulikan, 1/2 s. N.
Sa grand'mère : fille de Volontaire, 1/2 s. N.
Saint-Lô : 1866-1876.

1860. **SÉJAN.** — H. N.
Al. 1874. — Manche.
Par *Hussein*, 1/2 s. N., et *Mazette*, par Electeur, 1/2 s. N.
Le Pin : 1878.

1861. **SÉLIM** (approuvé). — M. Chéradame.
Al. 1851. — Normandie.
Par *Rob-Roy*, P. S. A., et une 1/2 s. N.
Le Pin : 1871-1876.

1862. **SÉNÉCHAL.** — H. N.
B. 1874. — Calvados.
Par *Jactator* ou *Estafette*, 1/2 s. N., et une 1/2 s. N., par Libérator.
1/2 s. A.
Sa grand'mère : fille de Sganarelle, 1/2 s. V.
Saint-Lô : 1878-1890.

1863. **SERGENT** (approuvé). — Mme Tirard.
Bb. 1874. — Normandie.
Par *Tamberlick*, P. S. A., et une 1/2 s. N., par The Norfolk-
Phœnomenon, 1/2 s. A.
Saint-Lô : 1878-1883.

1864. **SÉRIEUX** (approuvé). — M. Durozier, 1878 ;
H. N., 1879.
B. 1874. — Manche.
Par *Ugolin*, 1/2 s. N., et une fille de Jarnac, 1/2 s. N.
Sa grand'mère : fille de Diégo, 1/2 s. N.
Saint-Lô : depuis 1878.

1865. **SERPOLET-BAI.** — H. N.
Bb. 1874. — Calvados.
Par *Normand*, 1/2 s. N., et *Margot,* par Dorus, 1/2 s. N.
Sa grand'mère : fille d'Introuvable, 1/2 s. N.
Sa bisaïeule : fille de Royal-George, P. S. A.
Le Pin : 1878-1882.

1866. **SERPOLET-ROUAN.** — H. N.
Ro. 1874. — Seine-Inférieure.
Par *Conquérant*, 1/2 s. N., et une fille de Confidence, 1/2 s. N.
Seine-Inférieure : 1879. — Le Pin : depuis 1879.

1867. **SERVITEUR.** — H. N.
Bb. 1852. — Calvados.
Par *Jéricko*, 1/2 s. N., et une 1/2 s. N., par Friedland, P. S. A.
Saint-Lô : 1856.

1868. **SERVITEUR** (approuvé). — M. Merlin.
Bb. 1874. — Seine-Inférieure.
Par *Normand*, 1/2 s. N., et *Victorieuse*, par Bayard, 1/2 s. N.
Sa grand'mère : 1/2 s. A.
Le Pin : 1881-1888.

1869. **SERVITEUR.** — H. N.
B. 1874. — Manche.
Par *Ugolin*, 1/2 s. N., et une fille de Riga, 1/2 s. N.
Saint-Lô : 1878-1890.

1870. **SEUL** (approuvé). — M. Marion.
B. 1874. — Normandie.
Par *Esculape*, 1/2 s. N.
Saint-Lô : 1878-1879.

1871. **SEUL.** — H. N.
B. 1874. — Manche.
Par *J'y-Songerai*, 1/2 s. N., et *La Zélée*, P. S. A.,
par Allez-y-Gaiement.
Seine-Inférieure : 1878-1879. — Le Pin : depuis 1879.

1872. **SEYMOUR.** — H. N.
B. 1874. — Calvados.
Par *Ménélas*, 1/2 s. N., et *Bouteille-à-l'Encre*, P. S. A.
Saint-Lô : depuis 1878.

1873. **SHÉRIF** (approuvé). — M. V. Morcel.
B. 1877. — Calvados.
Par *Josaphat*, 1/2 s. N., et une fille d'Essence, 1/2 s. N.
Saint-Lô : 1881-1889.

1874.   **SICLE**. — H. N.
B. 1874. — Manche.
Par *Newton*, 1/2 s. N., et une 1/2 s. N., par Trouville, P. S. A.
Sa grand'mère : fille de Kapirat, 1/2 s. N.
Le Pin : 1878-1879.

1875.   **SILHOUETTE**. — H. N.
Al. 1874. — Calvados.
Par *Glorieux*, 1/2 s. N., et une fille de Navigateur, 1/2 s. N.
Saint-Lô : 1878-1888.

1876.   **SILKY** (approuvé). — M. Le Sénécal.
Bb. 1837. — Normandie.
Par *Obéron*, 1/2 s. Al., et une 1/2 s. N.
Saint-Lô : 1842-1843.

1877.   **SILLERY**. — H. N.
B. 1874. — Manche.
Par *Ugolin*, 1/2 s. N., et *Rapide*, par Giboyer, 1/2 s. N.
Le Pin : 1876-1890.

1878.   **SILVESTRE**, ex-**SOUVENIR**. — H. N.
B. 1874. — Orne.
Par *Héliotrope*, 1/2 s. N., et une fille d'Elu, 1/2 s. N.
Sa grand'mère : fille de Doyen, 1/2 s. N.
Saint-Lô : 1878-1887.

1879.   **SIMÉON**, ex-**SEUL**. — H. N.
B. 1874. — Orne.
Par *Abrantès*, 1/2 s. N., et une fille de Solide, 1/2 s. N.
Sa grand'mère : fille de Tipple-Cider, P. S. A.
Saint-Lô : 1878-1886.

1880.   **SING** (approuvé). — M. Vibert.
B. 1858. — Normandie.
Par *Lahore*, 1/2 s. A., et une fille de Saumon, 1/2 s. N.
Saint-Lô : 1862.

1881.   **SINON**. — H. N.
B. 1852. — Sarthe.
Par *Noteur*, 1/2 s. N., et une fille d'Eylau, P. S. A. A.
Sa grand'mère : fille de Fortuné, P. S. A. A.
Sa bisaïeule : fille de Vampire, P. S. A.
Le Pin : 1856 (Rosières en 1857).

1882.   **SINOPE** (approuvé). — M. Mazure.
B. 1851. — Normandie.
Par *Adolphus*, P. S. A., et une fille de Diomède, 1/2 s. N.
Saint-Lô : 1856-1865.

1883.   **SIR-HENRY**. — H. N.
B. 1874. — Orne.
Par *El Hermel*, P. S. Ar., et une fille de Centaure, 1/2 s. N.
Saint-Lô : 1878-1882.

1884.   **SIROC**. — H. N.
B. 1874. — Sarthe.
Par *Gall*, 1/2 s. N., et une fille de Solide, 1/2 s. N.
Sa grand'mère : fille d'Utrecht, 1/2 s. N.
Saint-Lô : depuis 1878.

1885.   **SIR-ROBERT** (approuvé).
M. G. Chatel, 1850. — M. Le Sénécal, 1859.
Bb. 1844. — Normandie.
Par *Y. Eastham*, 1/2 s. N., et une fille de Turn, 1/2 s. N.
Saint-Lô : 1850-1867.

1886.   **SOBRIQUET**. — H. N.
N. 1874. — Eure.
Par *Lavater*, 1/2 s. N., et une fille d'Ipsilanty, 1/2 s. N.
Saint-Lô : 1878-1886.

1887.   **SOCRATE**. — H. N.
B. 1852. — Orne.
Par *Pledge*, 1/2 s. N., et une fille de Dupleix, 1/2 s. N.
Sa grand'mère : 1/2 s. N., par Pilot, 1/2 s. A.
Sa bisaïeule : 1/2 s. N., par Bacha, P. S. Ar.
Sa trisaïeule : fille de Glorieux, 1/2 s. A.
Sa quadrisaïeule : fille de King-Pepin, 1/2 s. A.
Le Pin : 1856 (Pompadour en 1857).

1888.   **SOCRATE** (approuvé). — Mme Tirard.
N. 1874. — Normandie.
Par *Conquérant*, 1/2 s. N., et une fille de Printemps, 1/2 s. N.
Saint-Lô : 1878-1879.

1889.   **SOCRATE** (approuvé).
M. A. Pierre, 1878. — M. Le Sénécal, 1880.
B. 1874. — Orne.
Par *Trouville*, P. S. A., et une 1/2 s. N., par Pretender, 1/2 s. A.
Sa grand'mère : fille d'Utrecht, 1/2 s. N.
Saint-Lô : depuis 1878.

1890. **SOCRATE** (approuvé). — M. L. Hardy.
B. 1874. — Manche.
Par *Victorieux* 1/2 s. N., et une fille de Séduisant, 1/2 s. N.
Sa grand'mère : fille de Riga, 1/2 s. N.
Saint-Lô : 1879-1888.

1891. **SODIUM** (approuvé). — M. Gost.
B. 1874. — Normandie.
Par *Normand*, 1/2 s. N., et une fille de Conquérant, 1/2 s. N.
Saint-Lô : 1878-1879.

1892. **SOLDAT**, ex-**SÉNATEUR**. — H. N.
B. 1874. — Calvados.
Par *Normand*, 1/2 s. N., et *Pervenche*, par Utrecht, 1/2 s. N.
Le Pin : depuis 1879.

1893. **SOLFÉRINO** (approuvé). — M. Légeard.
B. 1858. — Manche.
Par *Grosley*, 1/2 s. N., et une fille d'Othello, 1/2 s. N.
Saint-Lô : 1862-1881.

1894. **SOLIDE** (approuvé). — M. Langlois.
Gr. 1852. — Normandie.
Par *Mâcon*, 1/2 s. N., et une 1/2 s. N.
Saint-Lô : 1856-1863.

1895. **SOLIDE**. — H. N.
B. 1852. — Calvados.
Par *Nestor*, 1/2 s. N., et une fille de Jaggar, 1/2 s. A.
Le Pin : 1856-1863 et de 1866 à 1870.

1896. **SOLITAIRE**. — H. N.
Bb. 1852. — Calvados.
Par *Courtisan*, 1/2 s. N., et une fille de Glocester, 1/2 s. A.
Le Pin : 1856 (Saint-Maixent en 1857).

1897. **SOLON**. — H. N.
Bb. 1874. — Manche.
Par *Quine*, 1/2 s. N., et *Bijou*, par Fierazo, 1/2 s. N.
Sa grand'mère : fille de Gallois, 1/2 s. N.
Le Pin : 1878.

1898. **SOLVABLE**. — H. N.
B. 1852. — Calvados.
Par *Tipple-Cider*, P. S. A., et une fille de Voltaire, 1/2 s. N.
Saint-Lô : 1856-1868.

1899.   **SORCIER**, ex-**SULLY**. — H. N.
B. 1874. — Orne.
Par *Elu*, 1/2 s. N., et une fille de Tipple-Cider, P. S. A.
Sa grand'mère : fille de Sylvio, P. S. A.
Saint-Lô : depuis 1878.

1900.   **SPECTRE**, ex-**SAPHIR**.
B. 1874. — Orne.
Par *Gall* ou *Abrantès*, 1/2 s. N., et une fille d'Elu, 1/2 s. N.
Sa grand'mère : fille de Solide, 1/2 s. N.
Saint-Lô : 1878-1885.

1901.   **SPINOSA**, ex-**SANS-SOUCI**. — H. N.
B. 1874. — Manche.
Par *Ignoré*, 1/2 s. N., et une 1/2 s., par Vandermulin, P. S. A.
Sa grand'mère : fille de Jay, 1/2 s. N.
Seine-Inférieure : 1878.

1902.   **STADE**. — H. N.
B. 1874. — Calvados.
Par *Jactator*, 1/2 s. N., et *Hortensia*, par Pledge, 1/2 s. N.
Sa grand'mère : fille d'Homère, 1/2 s. N.
Sa bisaïeule : fille d'Egus, 1/2 s. N.
Le Pin : 1878-1890.

1903.   **STANISLAS**, ex-**SARRAZIN**. — H. N.
B. 1874. — Orne.
Par *Abrantès*, 1/2 s. N., et *Miss-Carlotta*, par Séducteur, 1/2 s. N.
Sa grand'mère : fille de Kœnigsberg, 1/2 s. N.
Sa bisaïeule : 1/2 s. N., par Glocester, 1/2 s. A.
Sa trisaïeule : fille de Sylvio, P. S. A.
Le Pin : 1878-1879.

1904.   **STERN**, ex-**SOUVENIR**. — H. N.
Al. 1874. — Calvados.
Par *Mazeppa*, 1/2 s. N., et une fille de Séducteur, 1/2 s. N.
Saint-Lô : 1878-1883.

1905.   **STICK**. — H. N.
B. 1850. — Orne.
Par *Impérieux*, 1/2 s. N., et une fille de Paradox, P. S. A.
Saint-Lô : 1854-1860.

1906.   **STOFFLES** (approuvé). — M. Fauchon.
B. 1875. — Manche.
Par *The Heir-of-Linne*, P. S. A., et une 1/2 s. N.
Saint-Lô : 1879-1886.

1907.   SUBLIME (approuvé). — M. Le Sénécal.
Al. 1874. — Normandie.
Par *Fugitif*, 1/2 s. N., et une fille de Valdemar, 1/2 s. N.
Saint-Lô : 1878-1882.

1908.   SUCCÈS. — H. N.
Al. 1852. — Calvados.
Par *Telegraph*, 1/2 s. A., et une 1/2 s. N., par The Juggler, P. S. A.
Sa grand'mère : 1/2 s. N., par Y. Topper, 1/2 s. A.
Saint-Lô : 1857-1871.

1909.   SUFFRAGE. — H. N.
B. 1874. — Manche.
Par *Pater*, 1/2 s. N., et *Florence*, par Ignoré, 1/2 s. N.
Sa grand'mère : fille de Riga, 1/2 s. N.
Le Pin : 1878-1881 (Hennebont en 1882).

1910.   SULTAN. — H. N.
B. 1852. — Calvados.
Par *Tipple-Cider*, P. S. A., et une fille de Voltaire, 1/2 s. N.
Le Pin : 1856-1863.

1911.   SUPERBE. — H. N.
Gr. 1852. — Orne.
Par *Kramer*, 1/2 s. N.
Le Pin : 1856-1860.

1912.   SUPERLATIF. — H. N.
Bb. 1852. — Calvados.
Par *Tipple-Cider*, P. S. A., et une 1/2 s. N., par The Juggler, P. S. A.
Sa grand'mère : 1/2 s. N., par Y. Rattler, 1/2 s. A.
Le Pin : 1856-1857 (Pau en 1858).

1913.   SURVEILLANT. — H. N.
Al. 1874. — Sarthe.
Par *Élu*, 1/2 s. N., et une fille de Solide, 1/2 s. N.
Sa grand'mère : fille d'Eylau, P. S. A. A.
Saint-Lô : depuis 1878.

1914.   SYPHON (approuvé). — Mme Lepetit.
B. 1874. — Normandie.
Par *Auguste*, P. S. A., et une fille de Sans-Gêne, 1/2 s. N.
Saint-Lô : 1878-1886.

1915.   SYRIACUSE. — H. N.
B. 1874. — Manche.
Par *Kent*, 1/2 s. N., et une fille de Giboyer, 1/2 s. N.
Saint-Lô : 1878-1884.

1916. **TABAC.** — H. N.
Bb. 1875. — Manche.
Par *Ignoré*, 1/2 s. N., et *Bijou*, par Beaumanoir, 1/2 s. N.
Sa grand'mère : fille de Marengo, P. S. A. A.
Saint-Lô : depuis 1879

1917. **TABAGO** (approuvé). — M. Carnet.
Al. 1875. — Normandie.
Par *Macouba*, 1/2 s. N., et une fille d'Urus, 1/2 s. N.
Saint-Lô : 1880.

1918. **TABAR** (approuvé). — M. Gost.
B. 1875. — Calvados.
Par *Newton*, 1/2 s. N., et une fille d'Ugolin, 1/2 s. N.
Saint-Lô : 1879. — Le Pin : 1880.

1919. **TABARIN.** — H. N.
B. 1875. — Calvados.
Par *Brindisi*, P. S. A., et une 1/2 s. N., par Liberator, 1/2 s. A.
Sa grand'mère : fille de Trouville, P. S. A.
Saint-Lô : 1879-1885.

1920. **TACONNET.** — H. N., 1857.
(Approuvé : M. Aumont, 1864-1865). — H. N., 1866.
B. 1853. — Orne.
Par *Idalis*, 1/2 s. N., et une fille de Faust, 1/2 s. N.
Le Pin : 1857-1874.

1921. **TAFFETAS** (approuvé). — M. Bisson.
B. 1875. — Normandie.
Par *Bigarreau*, P. S. A., et une 1/2 s. N.
Saint-Lô : 1879-1882.

1922. **TAKER** (approuvé). — M. Castel.
Bb. 1875. — Normandie.
Par *Idoménée*, 1/2 s. N., et une fille de Faust, 1/2 s. N.
Sa grand'mère : 1/2 s. N., par Lahore, 1/2 s. A.
Saint-Lô : 1879-1880.

1923. **TALION** (approuvé). — M. Fougeron.
Gr. 1853. — Manche.
Par *The Nemrod*, 1/2 s. A., et une 1/2 s. N.
Seine-Inférieure : 1866-1867.

1924. **TALION** (approuvé). — M. de La Ville.
B. 1875. — Calvados.
Par *Liberator*, 1/2 s. A., et une 1/2 s. N., par Trouville, P. S. A.
Saint-Lô : 1879.

1925. **TALLEYRAND.**
H. N., 1857. (Approuvé : M. Lecoispellier, 1864.)
B. 1853. — Calvados.
Par *Tipple-Cider*, P. S. A., et une 1/2 s. N., par Y. Rattler,
1/2 s. A.
Saint-Lô : 1857-1864.

1926. **TALLEYRAND.** — H. N.
B. 1875. — Calvados.
Par *Liberator*, 1/2 s. A. et *La Colonne*, 1/2 s. N., par Fire-Away,
1/2 s. A.
Sa grand'mère : jument américaine.
Seine-Inférieure 1879. — Le Pin : depuis 1880.

1927. **TALLIEN.** — H. N., 1857.
(Approuvé : MM. Houssin, 1864 ; du Châtel, 1869.)
B. 1853. — Manche.
Par *Corsair*, 1/2 s. A., et une 1/2 s. N., par Adolphus, P. S. A.
Le Pin : 1857-1868. — Saint-Lô : 1869-1880.

1928. **TALMA** (approuvé). — Cte Dauger.
Bb. 1875. — Calvados.
Par *Kilomètre* ou *Noville*, 1/2 s. N., et *Royale-Topaze*, P. S. A.,
par Royal-Quand-Même.
Saint-Lô : 1880-1882. — Le Pin : 1883-1884.

1929. **TALMA** (approuvé). — M. Buhot.
Bb. 1875. — Calvados.
Par *Conquérant*, 1/2 s. N., et une 1/2 s. N., par Stoker. P. S. A.
Saint-Lô : 1881-1884.

1930. **TAM.** — H. N.
Al. 1875. — Calvados.
Par *Mithridate*, 1/2 s. N., et *Roulot*, par Navigateur, 1/2 s. N.
Le Pin : 1879-1882 (Rosières en 1883).

1931. **TAMAR.** — H. N.
Al. 1875. — Calvados.
Par *Jactator*, 1/2 s. N., et *Rigolette*, par Français, 1/2 s. N.
Le Pin : 1879.

1932. **TAMBOUR.** — H. N.
B. 1853. — Calvados.
Par *Wanton*, P. S. A., et une fille de Herschell, 1/2 s. N.,
ou Pretender, 1/2 s. A.
Le Pin : 1857.

1933.   **TAMBOUR-BATTANT. — H. N.**
B. 1875. — Calvados.
Par *Interprète*, 1/2 s. N., et *Valentine*, par Eventail, 1/2 s. N.
Le Pin : depuis 1879.

1934.   **TAMERLAN. — H. N.**
B. 1853. — Calvados.
Par *Gainsborough*, 1/2 s. A., et *Miss-Allen*, P. S. A.,
par Captain-Candid.
Saint-Lô : 1857-1871.

1935.   **TAM-TAM. — H. N.**
Bb. 1875. — Calvados.
Par *Interprète*, 1/2 s. N., et *Célina*, 1/2 s. N., par Trouville,
P. S. A.
Sa grand'mère : fille de Solide, 1/2 s. N.
Sa bisaïeule : fille de Québec, 1/2 s. N.
Seine-Inférieure : 1879. — Le Pin : depuis 1880.

1936.   **TANCRÈDE. — H. N.**
Al. 1853. — Orne.
Par *The Roué*, P. S. A., et une 1/2 s. N., par Eylau, P. S. A. A.
Sa grand'mère : fille de Mahomet, 1/2 s. N
Sa bisaïeule : 1/2 s. N., par Y. Rattler, 1/2 s. A.
Le Pin : 1857-1863.

1937.   **TANCRÈDE. — H. N.**
B. 1875. — Orne.
Par *Elu* ou *Gall*, 1/2 s. N., et une fille de Solide, 1/2 s. N.
Saint-Lô : 1879-1883.

1938.   **TANGER** (approuvé). — M. de Basly.
B. 1853. — Calvados.
Par *Boléro*, P. S. A., et une fille de Voltaire, 1/2 s. N.
Saint-Lô : 1857-1865.

1939.   **TANNEGUY**, ex-**TRIBUN. — H. N.**
B. 1875. — Orne.
Par *Héliotrope*, 1/2 s. N., et *Orange*, par Elu, 1/2 s. N.
Sa grand'mère : fille de Solide, 1/2 s. N.
Le Pin : 1879-1883.

1940.   **TAPAGEUR** (approuvé). — M. Luce.
B. 1855. — Normandie.
Par *Ballinkeele*, P. S. A., et une fille de Zig-Zag, 1/2 s. N.
Saint-Lô : 1863-1877.

1941.   **TAPAGEUR**. — H. N.
Al. 1875. — Orne.
Par *Trouville*, P. S. A. et *Azurine*, par Séducteur, 1/2 s. N.
Le Pin : 1879-1885.

1942.   **TARARE**. — H. N.
B. 1875. — Manche.
Par *Jarnac*, 1/2 s. N., et *Émigrée*, par Hussein, 1/2 s. N.
Seine-Inférieure : 1879. — Le Pin : 1879-1880.
(Compiègne en 1881.)

1943.   **TARQUIN**. — H. N.
Bb. 1853. — Orne,
Par *The Repealer*, 1/2 s. A., et une fille de Sylvio, P. S. A.
Saint-Lô : 1857-1864.

1944.   **TARQUINIUS** (approuvé). — M. Hébert.
B. 1858. — Normandie.
Par *Tarquin*, 1/2 s. N., et une fille de Kurde, 1/2 s. N.
Saint-Lô : 1862.

1945.   **TEINTURIER**. — H. N.
Al. 1875. — Orne.
Par *Gaulois*, *Centaure* ou *Gall*, 1/2 s. N., et une fille de Vladimir,
1/2 s. N.
Saint-Lô : depuis 1879.

1946.   **TÉLÉMAQUE**. — H. N.
B. 1875. — Normandie.
Par *Noville*, 1/2 s. N., et *Cérès*, par Affidavit, P. S. A.
Saint-Lô : 1880-1883.

1947.   **TÉLÈME**. — H. N.
B 1831. — Normandie.
Par *Y. Rattler*, 1/2 s. A., et une 1/2 s. N.
Le Pin : 1835-1840 (Strasbourg en 1841).

1948.   **TEMPÊTE**. — H. N.
B. 1875. — Calvados.
Par *Conquérant*, 1/2 s. N., et *Olga*, par Abrantès, 1/2 s. N.
Saint-Lô : depuis 1879.

1949.   **TEMPLIER**, ex-**TABLEAU**.
B. 1875. — Orne.
Par *Patricien*, P. S. A., et *Dame-de-Pique*, par Elu, 1/2 s. N.
Sa grand'mère : fille de Centaure, 1/2 s. N.
Saint-Lô : 1879-1880.

1950.   TENANCIER (approuvé). — M. de La Ville.
Bb. 1875. — Calvados.
Par *Marcelet*, 1/2 s. N., et une fille de Vice-Roi, 1/2 s. N.
Saint-Lô : 1879.

1951.   TÉNIERS. — H. N.
B. 1853. — Calvados.
Par *Kenilworth*, 1/2 s. N., et une 1/2 s. N., par The Juggler.
P. S. A.
Sa grand'mère : 1/2 s. N., par Y. Rattler, 1/2 s. A.
Le Pin : 1857-1859 (Braisne en 1860).

1952.   TERGNIER, ex-**TIGRIS**. — H. N.
Al. 1875. — Manche.
Par *Sackos*, 1/2 s. N., et *Gisèle*, P.S.A., par Royal-Quand-Même.
Seine-Inférieure : 1879.

1953.   TERRIEN, ex-**TALISMAN**. — H. N.
B. 1875. — Manche.
Par *Lucullus*, 1/2 s. N., et *Fleur*, par Victorieux, 1/2 s. N.
Le Pin : 1879.

1954.   THABOR. — H. N.
B. 1875. — Manche.
Par *Gouverneur*, 1/2 s. N., et *Warwick*, 1/2 s. N.,
par Quid-Juris, P. S. A.
Sa grand'mère : Warwick, par Abrantès, 1/2 s. N.
Saint-Lô : 1879.

1955.   THÉMISTOCLÈS. — H. N.
Al. 1875. — Calvados.
Par *Centaure*, 1/2 s. N., et *Hermine*, par Abrantès, 1/2 s. N.
Le Pin : 1879-1880 (Compiègne en 1881).

1956.   THÉOPHILE, ex-**TERRE-A-TERRE**.
H. N.
B. 1875. — Calvados.
Par *Centaure*, 1/2 s. N., et *Française*, par Français, 1/2 s. N.
Saint-Lô : 1879-1890.

1957.   THERSANDRE (approuvé).
MM. Bonpain, 1879; Alexandre, 1883.
B. 1875. — Calvados.
Par *Elu*, 1/2 s. N., et une fille d'Irlandais, 1/2 s. N.
Saint-Lô : 1879-1885.

1958.   **THÉSÉE. — H. N.**
Bb. 1853. — Calvados.
Par *Gainsborough*, 1/2 s. A., et une fille de Xerxès, 1/2 s. N.
Le Pin : 1857-1872.

1959.   **THÉVELOT** (approuvé). — M. Couëtel.
B. 1875. — Normandie.
Par *Harmonieux*, 1/2 s. N., et une fille de Bravo, P. S. A.
Saint-Lô : 1879-1883.

1960.   **THIERCEVILLE** (approuvé).
M. Mezaire, 1856 ; M. de Basly, 1859.
Al. 1852. — Calvados.
Par *Crésus*, P. S. A., et une fille de Vautour, 1/2 s. N.
Saint-Lô : 1856-1864.

1961.   **THORIGNY. — H. N.**
B. 1853. — Orne.
Par *Merlerault*, 1/2 s. N., et une fille d'Hector, 1/2 s. N.
Le Pin : 1857-1866.

1962.   **TIBÈRE** (approuvé). — M. Vibert.
Bb. 1854. — Normandie.
Par *Lahore*, 1/2 s. A., et une jument cotentine.
Saint-Lô : 1860-1872.

1963.   **TIBÈRE.**
Approuvé : MM. Pierre, 1879 ; Le Sénécal : 1890.
Al. 1875. — Calvados.
Par *Egésippe*, 1/2 s. N., et une fille d'Ignoré, 1/2 s. N.
Sa grand'mère : fille de Karbout, 1/2 s. N.
Saint-Lô : depuis 1879.

1964.   **TIBÈRE II** (approuvé). — M. Le Sénécal.
B. 1875. — Normandie.
Par *Ambition*, 1/2 s. A., et une fille de Conquérant, 1/2 s. N.
Saint-Lô : 1879.

1965.   **TIBERT** (approuvé). — M. Mette.
B. 1876. — Calvados.
Par *Y. Ulmaire*, 1/2 s. N., et une fille de Y. Lahore, 1/2 s. N.
Saint-Lô : 1881-1885.

1966.   **TIC-TAC. — H. N.**
B. 1850. — Orne.
Par *Tipple-Cider*, P. S. A., et une fille de Xerxès, 1/2 s. N.
Saint-Lô : 1854-1864.

1967.   **TIGRIS**. — H. N.
Bb. 1875. — Manche.
Par *Lavater*, 1/2 s. N., et *Modestie*, 1/2 s. N.,
par The Heir-of-Linne, P. S. A.
Sa grand'mère : fille d'Ugolin, 1/2 s. N.
Sa bisaïeule : 1/2 s. N., par Lahore, 1/2 s. A.
Le Pin : depuis 1879.

1968.   **TITON**. — H. N.
B. 1875. — Orne.
Par *Héliotrope*, 1/2 s. N., et *Riche*, par Elu, 1/2 s. N.
Le Pin : 1879-1882.

1969.   **TITUS**. — H. N.
B. 1853. — Manche.
Par *Marius*, 1/2 s. N., et une 1/2 s. N.
Le Pin : 1857-1858 (Besançon en 1859).

1970.   **TOCQUEVILLE** (approuvé). — M. du Chatel.
B. 1875. — Normandie.
Par *Victorieux*, 1/2 s. N., et une fille de Tamerlan, 1/2 s. N.
Sa grand'mère : 1/2 s. N., par Sir Henry-Dimsdale, 1/2 s. A.
Saint-Lô : 1879-1887.

1971.   **TOISON-D'OR**. — H. N.
N. 1875. — Manche.
Par *Argonaut*, P. S. A., et *Rosalba*, par Ignoré, 1/2 s. N.
Sa grand'mère : fille d'Ursin, 1/2 s. N.
Saint-Lô : 1879-1882.

1972.   **TORICELLI** (approuvé). — M. Fougeron.
B. 1853. — Normandie.
Par *Noé*, 1/2 s. N., et une 1/2 s. N., par Burleigh.
Seine-Inférieure : 1866-1867.

1973.   **TORIGNY** (approuvé). — M. du Chatel.
Al. 1875. — Normandie.
Par *Nanteuil*, 1/2 s. N., et une fille d'Agenda, 1/2 s. N.
Sa grand'mère : fille d'Ursin, 1/2 s. N.
Saint-Lô : depuis 1879.

1974.   **TORRENT**. — H. N.
B. 1875. — Orne.
Par *Nouvion*, 1/2 s. N., et *Cybèle*, 1/2 s. N., par Prince-Colibri.
P. S. A
Sa grand'mère : fille de Martagon, 1/2 s. N.
Seine-Inférieure : 1879. — Le Pin : 1880-1883.

1975. **TORY**, ex-**TÉLÉGRAPHE**. — H. N.
B. 1875. — Manche.
Par *Villiers*, 1/2 s. N., et *Bijou*, par Ratapoil, 1/2 s. N.
Le Pin : 1879-1890.

1976. **TOUL**, ex-**TORTICOLIS**. — H. N.
B. 1875. — Orne.
Par *Abrantès*, 1/2 s. N., et *Sylvia*, par Valdemar, 1/2 s. N.
Sa grand'mère : fille de Sylvio, P. S. A.
Saint-Lô : 1879-1880.

1977. **TOURISTE** (approuvé). — M. Fénardent.
N. 1875. — Manche.
Par *Bienaimé*, 1/2 s. N., et *Bergère*, par Dictateur, 1/2 s. N.
Sa grand'mère : fille de Désiré, 1/2 s. N.
Saint-Lô : 1879-1887.

1978. **TOURVILLE**. — H. N.
N. 1875. — Manche.
Par *Ignoré*, 1/2 s. N., et *Charlotte*, par Gouverneur, 1/2 s. N.
Sa grand'mère : fille de Lionceau, 1/2 s. N.
Saint-Lô : 1879-1890.

1979. **TOXI** (approuvé). — M. Gost.
Bb. 1875. — Calvados.
Par *Ovide*, 1/2 s. N., et une fille de Séducteur, 1/2 s. N.
Saint-Lô : 1879.

1980. **TRAJAN**. — H. N.
Al. 1875. — Calvados.
Par *Conquérant*, 1/2 s. N., et *Georgette*, par J'y-Songerai, 1/2 s. N.
Saint-Lô : 1879-1890.

1981. **TRAQUENARD**. — H. N.
B. 1875. — Manche.
Par *Lans-Born*, 1/2 s. N., et *Pauline*, par Y. Reveller, 1/2 s. N.
Le Pin : 1879-1889.

1982. **TRAVELLER** (approuvé). — M. de Basly.
Bb. 1873. — Manche.
Par *Lavater*, 1/2 s. N., et une fille de Succès, 1/2 s. N.
Sa grand'mère : fille de Kapirat, 1/2 s. N.
Sa bisaïeule : Elisa, 1/2 s. N., par Corsair, 1/2 s. A.
Saint-Lô : 1880.

1983. **TREMPLIN** (approuvé). — M. Lechartier.
B. 1859. — Normandie.
Par *Québec*, 1/2 s. N., et une 1/2 s. N., par Gainsborough, 1/2 s. A.
Saint-Lô : 1863-1876.

1984.   **TRENTE-UN. — H. N.**
B. 1875. — Calvados.
Par *Normand*, 1/2 s. N., et *Peschiera*, par Extase, 1/2 s. N.
Sa grand'mère : fille de Conquérant, 1/2 s. N. (V. Cherbourg.)
Saint-Lô : 1879-1890.

1985.   **TRIANCOURT. — H. N.**
Al. 1875. — Calvados.
Par *Normand*, 1/2 s. N., et *Pomponette*, par Ignace, 1/2 s. N.
Sa grand'mère : 1/2 s. N. par Brocardo, P. S. A.
Sa bisaïeule : fille de Thésée, 1/2 s. N.
Sa trisaïeule : fille de Séduisant, 1/2 s. N.
Sa quadrisaïeule : fille de Nestor, 1/2 s. N.
Ascendante au 5e degré : 1/2 s. N., par Prosélyte, 1/2 s. A.
Le Pin : 1879 (Besançon en 1880).

1986. TRIBUTAIRE, ex-**TENTATEUR. — H. N.**
B. 1875. — Orne.
Par *Sincerity*, P. S. A., et *Déception*, par Noteur, 1/2 s. N.
Sa grand'mère : 1/2 s. N., par Stoker, P. S. A.
Sa bisaïeule : fille d'Aï ou Voltaire, 1/2 s. N.
Le Pin : 1879-1880.

1987.   **TRIOLET. — H. N.**
B. 1853. — Manche.
Par *Bullinkcele*, P. S. A., et une fille de Sauvage, 1/2 s. N.
Saint-Lô : 1857-1858.

1988.   **TRIOLET. — H. N.**
Al. 1875. — Calvados.
Par *Montpensier*, 1/2 s. N., et *La Blonde*, par Succès, 1/2 s. N.
Le Pin : 1880-1883.

1989.   **TRISTAN. — H. N.**
B. 1875. — Calvados.
Par *Interprète*, 1/2 s. N., et *Carlotta*, P.S.A., par West-Australian.
Le Pin : depuis 1879.

1990.   **TROARN. — H. N.**
B. 1850. — Calvados.
Par *Ganimède*, 1/2 s. N., et une 1/2 s. N., par The Juggler, P.S.A.
Sa grand'mère : 1/2 s. N., par Y. Rattler, 1/2 s. A.
Le Pin : 1854-1861 (Abbeville en 1862).

1991. TROCADÉRO (approuvé). — MM. Simon, Chédeville.
Al. 1854. — Normandie.
Par *Idalis*, 1/2 s. N., et une 1/2 s. N.
Le Pin : 1859-1873.

1992.   **TROIS-MARS**. — H. N.
Al. 1875. — Calvados.
Par *Hick*, 1/2 s. N., et *Mademoiselle-de-Varaville*, par Ignace,
1/2 s. N.
Sa grand'mère : fille de Nestor, 1/2 s. N.
Saint-Lô : 1879-1883.

1993.   **TROMP**, ex-**TANCRÈDE**. — H. N.
Al. 1875. — Calvados.
Par *Affidavit*, P. S. A., et *Cocotte*, 1/2 s. N.
Saint-Lô : 1879-1881.

1994.   **TRONCHET**, ex-**TURENNE**. — H. N.
Al. 1875. — Calvados.
Par *Montmorency*, 1/2 s. N., et une fille de Bijou, 1/2 s. N.
Saint-Lô : 1879-1881.

1995.   **TROPIQUE**. — H. N.
B. 1875. — Sarthe.
Par *Gall*, 1/2 s. N., et *Ne-m'oubliez-pas*, par Gaulois, 1/2 s. N.
Sa grand'mère : fille de Destin, 1/2 s. N.
Saint-Lô : depuis 1879.

1996.   **TROUBLE**. — H. N.
Al. 1875. — Calvados.
Par *Centaure*, 1/2 s. N., et *Fleurette*, par Fleuron, 1/2 s. N.
Le Pin : 1879-1888.

1997.   **TROUVÈRE**. — H. N.
Bb. 1875. — Manche.
Par *Montebello*, 1/2 s. N., et *Lisette*, par Quinine, 1/2 s. N.
Saint-Lô : depuis 1879.

1998.   **TRUCHMAN**, ex-**TRÉSOR**. — H. N.
Al. 1875. — Sarthe.
Par *El-Ghor*, P. S. Ar., et *Florissante*, par Elu, 1/2 s. N.
Saint-Lô : 1880-1885.

1999.   **TRUN**, ex-**SÉLIM**. — H. N.
Al. 1875. — Orne.
Par *Taconnet*, 1/2 s. N., et *Unique*, par Centaure, 1/2 s. N.
Le Pin : depuis 1879.

2000.   **TRUPLU**. — H. N.
Al. 1875. — Manche.
Par *Mine-d'Or*, 1/2 s. N., et *Lisette*, par Beaumanoir, 1/2 s. N.
Sa grand'mère : 1/2 s. N., par Corsair, 1/2 s. A.
Saint-Lô : depuis 1879.

2001.   **TUDIEU**. — H. N.

B. 1875. — Calvados.
Par *Estafette*, 1/2 s. N., et *Tulipe*, par Jactator, 1/2 s. N.
Saint-Lô : depuis 1879.

2002.   **TUG**. — H. N.

B. 1875. — Sarthe.
Par *Elu* ou *Oméga*, 1/2 s. N., et *Lisa*, par Gaulois, 1/2 s. N.
Sa grand'mère : 1/2 s. N., par Prétender, 1/2 s. A.
Sa bisaïeule : fille de Solide, 1/2 s. N.
Sa trisaïeule : fille d'Ottoman, 1/2 s. N.
Sa quadrisaïeule : fille de William, P. S. A
Le Pin : 1880-1884.

2003.   **TURCARET**. — H. N.

Al. 1853. — Manche.
Par *Ballinkcele*, P. S. A., et une fille de Diomède, 1/2 s. N.
Saint-Lô : 1857-1866.

2004.   **TURCO**. — H. N.

Al. 1875. — Calvados.
Par *Hick*, 1/2 s. N., et *Carlotta*, par Ignace, 1/2 s. N.
Sa grand'mère : fille d'Usager, 1/2 s. N.
Sa bisaïeule : fille de Sabreur, 1/2 s. N.
Sa trisaïeule : fille de Niagara, 1/2 s. N.
Le Pin : 1879-1883.

2005.   **TURENNE** (approuvé). — M. Marion.

Al. 1875. — Normandie.
Par *Montmorency*, 1/2 s. N., et une jument anglaise.
Saint-Lô : 1879.

2006.   **TURENNE** (approuvé). — M. Le Sénécal.

N. 1875. — Normandie.
Par *Niger*, 1/2 s. N., et *La Grisière*, P. S. A.
Saint-Lô : 1879-1881.

2007.   **TURN** (approuvé). — M. Le Sénécal.

B. 1832. — Normandie.
Par *Y. Topper*, 1/2 s. A., et une 1/2 s. N.
Saint-Lô : 1837-1846.

2008.   **TYNDARE**. — H. N.

B. 1853. — Manche.
Par *Ballinkecle*, P. S. A., et une 1/2 s. N.
Saint-Lô : 1857-1863.

2009. TYPIQUE, ex-TYROLIEN. — H. N.
B. 1875. — Calvados.
Par *Hick*, 1/2 s. N., et *Ottomane*, par Ottoman, 1/2 s. N.
Le Pin : 1879-1884.

2010. UBERAC. — H. N.
B. 1876. — Manche.
Par *Pater*, 1/2 s. N., et *Mignonne*, par Ugolin, 1/2 s. N.
Sa grand'mère : Ravissante, par Ravissant, 1/2 s. N.
Le Pin : 1880-1885 (La Roche en 1886).

2011. UCKER, ex-UGOLIN. — H. N.
B. 1876. — Manche.
Par *Pétrarque*, 1/2 s. N., et *Vermoutte*, par Vermouth, P. S. A.
Le Pin : 1880-1886.

2012. UCLÈS (approuvé). — M. Revel.
B. 1876. — Normandie.
Par *Noville*, 1/2 s. N., et une fille de Partisan, 1/2 s. N.
Saint-Lô : 1880.

2013. UGOLIN. — H. N. 1858.
(Approuvé. M. Herbin, 1864-1865). — H. N., 1866.
B. 1854. — Orne.
Par *Parisien*, 1/2 s. N., et une 1/2 s. N.
Saint-Lô : 1858-1880.

2014. UGOLIN II (approuvé). — M. Bon.
B. 1870. — Normandie.
Par *Ugolin*, 1/2 s. N., et une fille d'Ursin, 1/2 s. N.
Saint-Lô : depuis 1876.

2015. UHLAN. — H. N.
B. 1854. — Orne.
Par *Y. Superior*, 1/2 s. A., et une fille de Galion, 1/2 s. N.
Saint-Lô : 1858-1868.

2016. UJIJI. — H. N.
Bb. 1876. — Orne.
Par *Hannon*, 1/2 s. N., et *Favorite*, par Elu, 1/2 s. N.
Sa grand'mère : fille de Séducteur, 1/2 s. N.
Saint-Lô : 1880-1883.

2017. ULEX, ex-ULYSSE. — H. N.
Al. 1876. — Manche.
Par *Egésippe*, 1/2 s. N., et *Agenda*, par Agenda, 1/2 s. N.
Le Pin : 1880-1881.

2018.   **ULLAO.** — H. N.
B. 1876. — Calvados.
Par *Noville*, 1/2 s. N., et *Lisa*, 1/2 s. N., par Shales, 1/2 s. A.
Le Pin : depuis 1880.

2019.   **ULLOA** (approuvé). — M. du Chatel.
Bb. 1876. — Normandie.
Par *Newton*, 1/2 s. N., et une 1/2 s. N., par Liverpool, 1/2 s. A.
Saint-Lô : 1880-1886.

2020.   **ULM** (approuvé). — M. Marion.
B. 1876. — Normandie.
Par *Dragon*, 1/2 s. N., et une fille de Rudolphi, 1/2 s. N.
Saint-Lô : 1880.

2021.   **ULM.** — H. N.
B. 1876. — Calvados.
Par *Noville*, 1/2 s. N., et une fille de Conquérant, 1/2 s. N.
Saint-Lô : depuis 1881.

2022.   **ULMAIRE.** — H. N., 1858.
(Approuvé : M. Aumont, 1863.) — H. N., 1867.
B. 1854. — Orne.
Par *Parisien*, 1/2 s. N., et une fille d'Hospodar, 1/2 s. N.
Le Pin : 1858-1874.

2023.   **ULRICH II.** — H. N.
N. 1876. — Calvados.
Par *Noville*, 1/2 s. N., et *Yelva*, 1/2 s. N., par The Norfolk-
Phœnomenon, 1/2 s. A.
Sa grand'mère : Nanette, par Black-Jack, 1/2 s. A.
Sa bisaïeule : Martinette (anglaise).
Le Pin : 1881-1887.

2024.   **ULTIMATUM.** — H. N.
B. 1876. — Calvados.
Par *Telegraph*, P. S. A., et *Corinne*, 1/2 s. A.
Le Pin : 1880-1888.

2025.   **ULTRA** (approuvé). — M. de La Ville.
B. 1876. — Calvados.
Par *Jambes-d'Argent*, 1/2 s. N., et une fille de John-Bull, 1/2 s. N.
Saint-Lô : 1880.

2026.   **ULTRA** (approuvé). — M. Le Sénécal.
B. 1876. — Normandie.
Par *Noville*, 1/2 s. N., et une fille de Carignan, 1/2 s. N.
Saint-Lô : 1880-1882.

2027. **ULYSSE**. — H. N.
B. 1854. — Calvados.
Par *Schanyl*, P. S. A., et une fille de Pledge, 1/2 s. N.
Saint-Lô : 1858-1874.

2028. **ULYSSE** (approuvé). — M. Lereculey.
N. 1876. — Normandie.
Par *Noville*, 1/2 s. N., et une fille de Condé, 1/2 s. N.
Saint-Lô : 1880-1883.

2029. **ULYSSE II**. — H. N.
N. 1876. — Calvados.
Par *Noville*, 1/2 s. N., et une 1/2 s. Irl.
Saint-Lô : depuis 1881.

2030. **ULYSSE III**. — H. N.
Al. 1876. — Normandie.
Par *Niger*, 1/2 s. N., et une fille de Conquérant, 1/2 s. N.
Saint-Lô : 1880-1883.

2031. **UMAIRE** (approuvé). — M. de La Ville.
B. 1876. — Calvados.
Par *Julien*, 1/2 s. N., et une fille de Lion.
Saint-Lô : 1880.

2032. **UMBER**. — H. N., 1858.
(Approuvé : M. Riom, 1863.) — H. N., 1866.
B. 1854. — Orne.
Par *Pledge*, 1/2 s. N., et une fille de Polecat, P. S. A.
Le Pin : 1858-1874.

2033. **UMBRA** (approuvé). — M. de La Ville.
B. 1876. — Calvados.
Par *Phare*, 1/2 s. N., et une fille de Beaumanoir, 1/2 s. N.
Saint-Lô : 1880.

2034. **UN**. — H. N.
Al. 1876. — Orne.
Par *Niger*, 1/2 s. N., et *Branche-d'Or*, 1/2 s. N., par Telegraph,
1/2 s. A.
Sa grand'mère : 1/2 s. N., par Phœnomenon, 1/2 s. A.
Sa bisaïeule : fille de Thésée, 1/2 s. N.
Sa trisaïeule : fille de Martagon, 1/2 s. N.
Le Pin : 1883-1889.

2035. **UNAL**, ex-**USURPATEUR**. — H. N.
Bb. 1876. — Sarthe.
Par *Hannon*, 1/2 s. N., et *Conquête*, par Général, 1/2 s. N.
Sa grand'mère : fille de Tipple-Cider, P. S. A.
Sa bisaïeule : fille d'Eylau, P. S. A. A.
Le Pin : 1880-1885.

2036. **UNANIME**. — H. N.
B. 1832. — Normandie.
Par *Y. Topper*, 1/2 s. A., et une 1/2 s. N., par Lucholl, 1/2 s. A.
Saint-Lô : 1840-1848.

2037. **UNANIME** (approuvé). — M. Le Sénécal.
B. 1876. — Normandie.
Par *Gaulois*, 1/2 s. N., et une fille de Taconnet, 1/2 s. N.
Saint-Lô : 1880-1885.

2038. **UNAU**. — H. N., 1858.
(Approuvé : M. Houssin, 1863; M. Le Sénécal, 1868.)
B. 1854. — Manche.
Par *Nemrod*, 1/2 s. N., et une fille d'Electeur, 1/2 s. N.
Le Pin : 1858-1863. — Saint-Lô : 1864-1879.

2039. **UND**. — H. N.
B. 1876. — Manche.
Par *Nethou*, P. S. A., et *Zelia*, par Uhlan, 1/2 s. N.
Le Pin : 1880 (Perpignan en 1881).

2040. **UNDERHAM**, ex-**URFÉ**. — H. N.
Bb. 1876. — Calvados.
Par *Jactator*, 1/2 s. N., et *La Brune*, 1/2 s. N. par Phœnomenon,
1/2 s. A.
Sa grand'mère : fille de Martagon, 1/2 s. N.
Le Pin : 1880-1884.

2041. **UNGUIFÈRE**, ex-**ULM**. — H. N.
B. 1876. — Calvados.
Par *Palm*, 1/2 s. N., et une fille d'Umber, 1/2 s. N.
Sa grand'mère : fille d'Illico, 1/2 s. N.
Le Pin : 1880.

2042. **UNICOLORE**, ex-**ULRICH**. — H. N.
Al. 1876. — Manche.
Par *Kabin*, 1/2 s. N., et *Cocotte*, 1/2 s. N., par Tamberlick, P. S. A.
Sa grand'mère : fille de Perfection, 1/2 s. N.
Le Pin : depuis 1880.

2043. UNICORNE, ex-ULTIMATUM. — H. N.
B. 1876. — Calvados.
Par *Noville*, 1/2 s. N., et *Keste*, P. S. A.
Saint-Lô : 1880-1884.

2044. UNIFORME (approuvé). — M. Legentil.
Al. 1876. — Manche.
Par *Pretty-Boy*, P. S. A., et une 1/2 s. N., par Corsair, 1/2 s. A.
Saint-Lô : 1882-1883.

2045. UNIFORME (approuvé). — Mⁱˢ de Triquerville.
B. 1876. — Calvados.
Par *Sydmonton* ou *Pretty-Boy*, P. S. A., et une fille de Dictateur,
1/2 s. N.
Sa grand'mère : 1/2 s. N., par Corsair, 1/2 s. A.
Le Pin : 1880.

2046. UNINSKY. — H. N.
B. 1876. — Normandie.
Par *Ignoré*, 1/2 s. N., et une fille de Pont-d'Or, 1/2 s. N.
Le Pin : 1880-1884.

2047. UNION-JACK, ex-UNANIME. — H. N.
N. 1876. — Manche.
Par *Shamrock*, 1/2 s. A., et *La Riche*, par Ourson, 1/2 s. N.
Sa grand'mère : fille de Quasi, 1/2 s. N.
Saint-Lô : 1880.

2048. UNIQUE. — H. N.
Al. 1876. — Calvados.
Par *Liberator*, 1/2 s. A., et *Victorine*, par Volcano, P. S. A.
Sa grand'mère : Colombine, par Harlequin, P. S. A.
Le Pin : 1880-1890.

2049. UNORTHODOX, ex-UZEL. — H. N.
B. 1876. — Orne.
Par *Elu*, 1/2 s. N., et *Précieuse*, par Noteur, 1/2 s. N.
Sa grand'mère : fille d'Hercule, 1/2 s. N.
Le Pin : 1880-1889.

2050. UNTERNHER, ex-USURPATEUR. — H. N.
Al. 1876. — Normandie.
Par *Irlandais*, 1/2 s. N., et une fille d'Esculape, 1/2 s. N.
Sa grand'mère : fille de Galba, 1/2 s. N.
Saint-Lô : 1880-1881.

2051. **UNYOK**, ex-**ULM**. — H. N.
N. 1876. — Eure.
Par *Palm*, 1/2 s. N., et *Ordonnance*, par Y., 1/2 s. N.
Le Pin : 1880-1883.

2052. **UPAS**. — H. N.
Bb. 1876. — Orne.
Par *Kilomètre*, 1/2 s. N., et *Pantomime*, P. S. A., par Charlatan.
Saint-Lô : 1883-1885. — Le Pin : 1886-1888.

2053. **URAC**. — H. N.
Al. 1876. — Manche.
Par *Luther*, 1/2 s. N., et *Bijou*, par Régulier. 1/2 s. N.
Saint-Lô : 1880-1885.

2054. **URA-DE-BON-CŒUR**. — H. N.
B. 1876. — Orne.
Par *Oriental*, 1/2 s. N., et *Espérance*, par Taconnet, 1/2 s. N.
Sa grand'mère : fille de Centaure, 1/2 s. N.
Saint-Lô : 1880-1884.

2055. **URANIUM**. — H. N.
B. 1854. — Manche.
Par *Robinson*, P. S. A., et une 1/2 s. N., par Sir-Henry-Dimsdale,
1/2 s. A.
Saint-Lô : 1858-1864.

2056. **URBAIN** (approuvé). — M. du Chatel.
B. 1876. — Normandie.
Par *Beaumanoir*, 1/2 s. N., et une 1/2 s. N.
Saint-Lô : depuis 1880.

2057. **URBAIN** (approuvé). — M. Bonpain.
B. 1876. — Orne.
Par *Gall*, 1/2 s. N., et une fille de Y. Volunteer, 1/2 s. A.
Saint-Lô : 1880-1882.

2058. **URDOS**. — H. N.
Al. 1876. — Orne.
Par *Gall*, 1/2 s. N., et *Froufrou*, 1/2 s., par Zouave, P. S. A.
Sa grand'mère : jument limousine.
Saint-Lô : 1880-1885.

2059. **URGENT**. — H. N.
B. 1832. — Normandie.
Par Y. *Rattler*, 1/2 s. A., et une 1/2 s. N., par Vidvid, 1/2 s. A.
Le Pin : 1836-1842 (Saint-Maixent en 1843).

2060. **URGENT** (approuvé). — M. Le Sénécal.
B. 1876. — Normandie.
Par *Normand*, 1/2 s. N., et une fille de J'y-Songerai, 1/2 s. N.
Saint-Lô : 1881-1887.

2061. **URIC** (approuvé). — M. Lereculey.
Al. 1876. — Normandie.
Par *Narval*, 1/2 s. N., et une fille de Hautain, 1/2 s. N.
Saint-Lô : 1880-1884.

2062. **URIEL**. — H. N.
B. 1876. — Calvados.
Par *Conquérant*, 1/2 s. N., et *Miss-Pierce*, par Succès, 1/2 s. N.
Sa grand'mère : Lady-Pierce, 1/2 s. Am.
Le Pin : depuis 1881.

2063. **URIMESNIL**, ex-**URGENT**. — H. N.
B. 1876. — Manche.
Par *Partisan*, 1/2 s. N., et *Lisette*, par Jarnac, 1/2 s. N.
Sa grand'mère : fille de Sinope, 1/2 s. N.
Le Pin : 1880-1882.

2064. **URION**, ex-**UTILE**. — H. N.
B. 1876. — Calvados.
Par *Hick*, 1/2 s. N., et *Poulot*, par Abrantès, 1/2 s. N.
Sa grand'mère : fille de Ramsay, P. S. A.
Le Pin : 1880-1881 (Blois en 1882).

2065. **URNAU** (approuvé). — M. P. Marcel.
B. 1876. — Orne.
Par *Wingrave*, P. S. A., et une 1/2 s. N., par Fitz-Pantaloon,
P. S. A.
Saint-Lô : depuis 1880.

2066. **UROCH**. — H. N.
B. 1854. — Orne.
Par *Tipple-Cider*, P. S. A., et une fille d'Émule, 1/2 s. N.
Saint-Lô : 1858-1860.

2067. **URSEL**, ex-**UTILE**. — H. N.
B. 1876. — Orne.
Par *Abrantès*, 1/2 s. N., et *Orange*, par Elu, 1/2 s. N.
Sa grand'mère : fille de Séducteur, 1/2 s. N.
Sa bisaïeule : fille de Prince, 1/2 s. N.
Le Pin : 1880 (Villeneuve-sur-Lot en 1881).

2068.   **URSIN**. — H. N.
B. 1854. — Calvados.
Par *Homère*, 1/2 s. N., et une fille de Saumon, 1/2 s. N.
Saint-Lô : 1858-1872.

2069.   **URSIN** (approuvé). — M. de Basly.
B. 1854. — Calvados.
Par *Ramsay*, P. S. A., et une fille de Ganymède, 1/2 s. N.
Saint-Lô : 1858-1867 et 1869-1870.

2070.   **URSON**, ex-**UNANIME**. — H. N.
Al. 1876. — Manche.
Par *Laboureur*, 1/2 s. N., et *Mouvette*, par Forey, 1/2 s. N.
Le Pin : depuis 1880.

2071.   **URUS**. — H. N.
Al. 1854. — Calvados.
Par *Coleraine*, 1/2 s. A., et une fille de Lucain, 1/2 s. N.
Saint-Lô : 1858-1868.

2072.   **USAGER**. — H. N.
B. 1854. — Calvados.
Par *Proportionné*, 1/2 s. N., et une fille d'Impérial, 1/2 s. N.
Le Pin : 1858-1863.

2073.   **USELLAS**, ex-**URUS**. — H. N.
B. 1876. — Orne.
Par *Nouvion*, 1/2 s. N., et *Amie*, par Elu, 1/2 s. N.
Sa grand'mère : fille de Doyen, 1/2 s. N.
Saint-Lô : depuis 1880.

2074.   **USHER**, ex-**USURPATEUR**. — H. N.
B. 1876. — Orne.
Par *Inkerman*, 1/2 s. N., et *Violette*, par Estafette, 1/2 s. N.
Le Pin : 1880-1885.

2075.   **USIGNY**, ex-**URGENT**. — H. N.
B. 1876. — Eure.
Par *Norfolk-Trotter*, 1/2 s. A., et *Martinette*, par Pledge, 1/2 s. N.
Sa grand'mère : 1/2 s. N., par Black-Jack, 1/2 s. A.
Le Pin : 1880 (Montiérender en 1881).

2076.   **USINUS**. — H. N.
B. 1876. — Calvados.
Par *Le More*, 1/2 s. N., et *Fanchette*, par Esculape, 1/2 s. N.
Sa grand'mère : fille de Pledge, 1/2 s. N.
Saint-Lô : 1880-1881.

2077.   **USITÉ**. — H. N., 1858.
(Approuvé : M. Bourget, 1863.) — H. N. 1866.
B. 1854. — Orne.
Par *Eperon*, 1/2 s. N., et une fille de Mahomet, 1/2 s. N.
Le Pin ; 1858-1872.

2078.   **USQUEBAC**. — H. N.
B. 1876. — Orne.
Par *Elu*, 1/2 s. N., et *Fidélité*, par Noteur, 1/2 s. N.
Sa grand'mère : fille de Courtisan, 1/2 s. N.
Sa bisaïeule : fille de Merlerault, 1/2 s. N.
Sa trisaïeule : fille de Noteur, 1/2 s. N.
Le Pin : depuis 1880.

2079.   **USSEL**, ex-**UNIFORME**. — H. N.
B. 1876. — Orne.
Par *Vermouth*, P. S. A., et *Duchesse*, par Inkermann, 1/2 s. N.
Saint-Lô : 1880-1887.

2080.   **USSIER**, ex-**UZEL**. — H. N.
B. 1876. — Manche.
Par *Orphée*, 1/2 s. N., et *Orientale*, 1/2 s. N., par Quaker, P. S. A.
Sa grand'mère : fille de Succès, 1/2 s. N.
Sa bisaïeule : 1/2 s. N., par Corsair, 1/2 s. A.
Sa trisaïeule : fille de Marcellus, P. S. A.
Le Pin : 1880 (Angers en 1881).

2081.   **USSY**. — H. N.
Al. 1854. — Manche.
Par *Ballinkeele*, P. S. A., et une 1/2 s. N., par Marengo, P. S. A. A.
Saint-Lô : 1858-1862.

2082.   **USSY**. — H. N.
B. 1876. — Manche.
Par *Oak*, 1/2 s. N., et *Christianne*, par Kapiraï, 1/2 s. N.
Sa grand'mère : fille de Débardeur, P. S. A.
Saint-Lô : 1880-1889.

2083.   **USTARIT**. — H. N.
B. 1876. — Orne.
Par *Gaulois*, 1/2 s. N., et *Lina*, par Jéricko, 1/2 s. N.
Sa grand'mère : fille de Djarr, P. S. Ar.
Saint-Lô : 1880-1885.

2084.   **USUEL** (approuvé). — M. Lescallier.
B. 1861. — Normandie.
Par *Usité*, 1/2 s. N., et une fille de Québec, 1/2 s. N.
Saint-Lô : 1865-1873.

2085. **USUEL**. — H. N.
Al. 1876. — Orne.
Par *Gall*, 1/2 s. N., et *Fillette*, par Elu, 1/2 s. N.
Sa grand'mère : fille de Trouville, P. S. A.
Saint-Lô : depuis 1880.

2086. **USUFRUIT**. — H. N.
B. 1876. — Calvados.
Par *Torrent*, P. S. A., et *Jenny-l'Ouvrière*, par Extase, 1/2 s. N.
Sa grand'mère : fille d'Epsom ou Eclipse, 1/2 s. N.
Sa bisaïeule : fille de Sabreur, 1/2 s. N.
Sa trisaïeule : fille de Niagara, 1/2 s. N.
Le Pin : 1880 (Angers en 1881).

2087. **USURIER** (approuvé). — M. Foucault.
B. 1876. — Orne.
Par *Séducteur*, 1/2 s. N., et une fille d'Epouseur, 1/2 s. N.
Sa grand'mère : fille d'Idalis, 1/2 s. N.
Le Pin : 1881-1887.

2088. **UTEL**, ex-**URGENT**. — H. N.
B. 1876. — Manche.
Par *Kabin*, 1/2 s. N., et *Lisette*, par Victorieux, 1/2 s. N.
Sa grand'mère : fille de Camisard, 1/2 s. N.
Le Pin : depuis 1880.

2089. **UTILE**. — H. N.
B. 1854. — Orne.
Par *Wanderer*, 1/2 s. A., et une fille de Prince, 1/2 s. N.
Saint-Lô : 1858-1869.

2090. **UTILE-A-TOUT** (approuvé). — M. du Chatel.
Bb. 1876. — Normandie.
Par *Lavater*, 1/2 s. N., et une fille de Paternel, 1/2 s. N.
Saint-Lô : 1880-1881.

2091. **UTILIS**, ex-**UKASE**. — H. N.
Bb. 1876. — Calvados.
Par *Washington*, 1/2 s. Al., et *Bijou*, par Niger, 1/2 s. N.
Le Pin : 1880-1885.

2092. **UTIQUE**, ex-**UN**. — H. N.
Al. 1876. — Calvados.
Par *Jactator*, 1/2 s. N., et *Sarah*, 1/2 s.
Saint-Lô : depuis 1880.

2093. **UTIQUE** (approuvé). — M. Pierre.
Al. 1876. — Calvados.
Par *Orphée*, 1/2 s. N., et *Elisa*, 1/2 s. N., par Corsair, 1/2 s. A.
Saint-Lô : 1880-1881.

2094. **UTOPISTE**. — H. N.
B. 1832. — Normandie.
Par *Talma*, 1/2 s. A., et une 1/2 s. N., par Saunthon, 1/2 s. A.
Le Pin : 1836-1840.

2095. **UTRECHT**. — H. N.
B. 1854. — Orne.
Par *Prince*, 1/2 s. N., et une 1/2 s. N., par Eylau, P. S. A. A.
Sa grand'mère : fille de Mahomet, 1/2 s. N.
Sa bisaïeule : 1/2 s. N., par Y. Rattler, 1/2 s. A.
Le Pin : 1858-1867.

2096. **UTRECHT**. — H. N.
Bb. 1876. — Calvados.
Par *Palm*, 1/2 s. N., et *Pomme-d'Amour*, 1/2 s. N.,
par Pretender, 1/2 s. A.
Saint-Lô : 1880-1888.

2097. **UVERNET, ex-URSIN**. — H. N.
B. 1876. — Sarthe.
Par *Niger*, 1/2 s. N., et *Ecolière*, par Extase, 1/2 s. N.
Sa grand'mère: Thérésa, par Destin, 1/2 s. N.
Sa bisaïeule : Brillante, par Jéricko, 1/2 s. N.
Sa trisaïeule, Ida, par Basly, 1/2 s. N.
Le Pin : 1880.

2098. **UZEL**. — H. N., 1858.
(Approuvé : M. Le Sénécal, 1863.) — H. N., 1875.
B. 1854. — Calvados.
Par *Myrthe*, 1/2 s. N., et une 1/2 s. N., par Ramsay, P. S. A.
Saint-Lô : 1858-1878.

2099. **UZEMAIN, ex-ULM**. — H. N.
B. 1876. — Orne.
Par *Gaulois*, 1/2 s. N., et *Mika*, 1/2 s. N., par Brocardo, P. S. A.
Le Pin : 1880-1886.

2100. **UZERCHE**. — H. N.
B. 1876. — Calvados.
Par *Normand*, 1/2 s. N., et *Boréale*, par Extase, 1/2 s. N.
Sa grand'mère : fille d'Epaminondas, 1/2 s. N.
Saint-Lô : 1880-1884. — Le Pin : 1885.

2101.   **UZOS**, ex-**UHLAN**. — H. N.
Bb. 1876. — Manche.
Par *Ignoré*, 1/2 s. N., et une 1/2 s. N., par Auguste, P. S. A.
Sa grand'mère : fille d'Ursin, 1/2 s. N.
Le Pin : depuis 1880.

2102.   **VA-DE-BON-CŒUR**. — H. N.
B. 1855. — Orne.
Par *Prince-Colibri*, P. S. A., et une fille de Gradivus, 1/2 s. N.
Sa grand'mère : fille d'Eclatant, 1/2 s. N.
Saint-Lô : 1859-1878.

2103.   **VA-DE-BON-CŒUR** (approuvé).
M. Bisson.
B. 1863. — Orne.
Par *Valdemar*, 1/2 s. N., et une 1/2 s. N., par Bolero, P. S. A.
Saint-Lô : 1867-1880.

2104.   **VAGABOND**. — H. N.
B. 1877. — Calvados
Par *Phare*, 1/2 s. N., et *Etoile*, par Urus, 1/2 s. N.
Sa grand'mère : fille d'Orgueilleux, 1/2 s. N.
Saint-Lô : depuis 1881.

2105.   **VA-GAIEMENT** (approuvé).
M. du Chatel.
B. 1877. — Normandie.
Par *Newton*, 1/2 s. N., et une 1/2 s. N.
Saint-Lô : 1881-1882.

2106.   **VAGUEMESTRE**. — H. N.
Al. 1877. — Manche.
Par *El-Ghor*, P. S. Ar., et une fille de Bienaimé, 1/2 s. N.
Saint-Lô : 1881-1883.

2107.   **VAILLANT**. — H. N.
B. 1877. — Calvados.
Par *Sincerity*, ou *Montfort*, P. S. A., et Lady-Stanhope,
1/2 s. Am.
Le Pin : 1881.

2108.   **VAINQUEUR** (approuvé). — M. Luce.
Bb. 1858. — Manche.
Par *Samman*, P. S. Ar., et une fille de Lionceau, 1/2 s. N.
Saint-Lô : 1862-1866.

2109.   **VALDEMAR. — H. N.**
B. 1855. — Orne.
Par *Pledge*, 1/2 s. N., et une fille d'Oscar, 1/2 s. N.
Sa grand'mère : 1/2 s. N., par Jaggar, 1/2 s. A.
Le Pin : 1859-1868.

2110.   **VALDEMPIERRE. — H. N.**
Bb. 1877. — Calvados.
Par *Normand*, 1/2 s. N., et *Rosière*, par Conquérant, 1/2 s. N.
Sa grand'mère : fille de Perruquier, 1/2 s. N.
Sa bisaïeule : fille de Succès, 1/2 s. N.
Sa trisaïeule : jument anglaise.
Le Pin : depuis 1882.

2111.   **VAL-DE-SÉE** (approuvé). — M. Richard.
Al. 1885. — Manche.
Par *Shamroch*, 1/2 s. A., et une 1/2 s. N., par Piston, P. S. A.
Sa grand'mère : fille de Peuplier, 1/2 s. N.
Sa bisaïeule : fille d'Hélios, 1/2 s. N.
Saint-Lô : depuis 1889.

2112.   **VALENCOURT** (approuvé). — M. Lemonnier.
B. 1877. — Normandie.
Par *Niger*, 1/2 s. N., et une 1/2 s. N., par Fitz-Pantaloon, P. S. A.
Sa grand'mère : 1/2 s. N., par William, P. S. A.
Sa bisaïeule : fille de Easly, 1/2 s. N.
Le Pin : depuis 1883.

2113.   **VALENTIN. — H. N.**
Bb. 1877. — Eure.
Par *Palm*, 1/2 s. N., et *Précieuse*, 1/2 s. N., par Affidavit, P. S. A.
Saint-Lô : depuis 1881.

2114.   **VALENTINO. — H. N.**
B. 1877. — Manche.
Par *Quickly*, 1/2 s. N., et *Cocotte*, par Victorieux, 1/2 s. N.
Sa grand'mère : fille de Beaumarchais, 1/2 s. N.
Saint-Lô : depuis 1881.

2115.   **VALÈRE, ex-VOLTAIRE. — H. N.**
Al. 1877. — Orne.
Par *Parthénon*, 1/2 s. N., et *Bijou*, par Hidalgo, 1/2 s. N.
Le Pin : depuis 1881.

2116.   **VALÉRIEN, ex-VALOGNES.**
Al. 1877. — Manche.
Par *Orphée*, 1/2 s. N., et une fille de Nemrod, 1/2 s. N.
Sa grand'mère : fille de Lahore, 1/2 s. A.
Saint-Lô : 1881-1884. — Le Pin : 1885.

2117.   **VALEUREUX**. — H. N.
Gr. 1854. — Orne.
Par *Dorus*, 1/2 s. N., et une 1/2 s. N.
Le Pin : 1859-1861.

2118.   **VALLON**. — H. N.
B. 1832. — Normandie.
Par *Jaggar*, 1/2 s. A., et une 1/2 s. N., par D.-I.-O., P. S. A.
Saint-Lô : 1837-1843 (Jussey en 1844).

2119.   **VALOIS** (approuvé). — M. Leroy.
Al. 1877. — Calvados.
Par *Pimpant*, 1/2 s. N., et une fille de Navigateur. 1/2 s. N.
Sa grand'mère : fille de Vice-Roi, 1/2 s. N.
Saint-Lô : depuis 1882.

2120.   **VALPARAISO**. — H. N.
B. 1877. — Calvados.
Par *Noville*, 1/2 s. N., et *Cérès*, 1/2 s. N., par Affidavit, P. S. A.
Sa grand'mère : Espérance, par Unau, 1/2 s. N.
Sa bisaïeule : Cybèle, par Royal, 1/2 s. N.
Sa trisaïeule : 1/2 s. N., par Jaggar, 1/2 s. A.
Sa quadrisaïeule : fille d'Aslan (turc).
Le Pin : 1881-1886.

2121.   **VAMBA**. — H. N.
B. 1877. — Orne.
Par *Palanquin*, 1/2 s. N., et *Cérès*, par Valdemar, 1/2 s. N.
Sa grand'mère : fille de Kramer, 1/2 s. N.
Saint-Lô : 1881-1890.

2122.   **VAMPA** (approuvé). — M. Delaruc.
B. 1876. — Manche.
Par *Plastron*, 1/2 s. N., et une 1/2 s. N.
Saint-Lô : depuis 1880.

2123.   **VAMPIRE**. — H. N.
B. 1877. — Orne.
Par *Législateur*, 1/2 s. N., et *Coquette*, par Désiré, 1/2 s. N.
Sa grand'mère : fille de Quality, 1/2 s. N.
Sa bisaïeule : fille d'Officier, 1/2 s. N.
Le Pin : depuis 1881.

2124.   **VANIKORO**, ex-**VULCAIN**. — H. N.
B. 1877. — Manche.
Par *Quality*, 1/2 s. N., et *Nidja*, par Kapirat, 1/2 s. N.
Sa grand'mère : fille de Lionceau, 1/2 s. N.
Saint-Lô : depuis 1881.

2125. VARENNES, ex-**VAUTOUR**. — H. N.
Al. 1877. — Manche.
Par *Nadar*, 1/2 s. N., et une fille de Pater, 1/2 s. N.
Sa grand'mère : fille de Pékin, 1/2 s. N.
Saint-Lô : depuis 1881.

2126. VASSKA (approuvé). — M. Chéradame.
B. 1877. — Normandie.
Par *Héliotrope*, 1/2 s. N., et une fille de Vicomte, 1/2 s. N.
Le Pin : 1881.

2127. VA-TOUT. — H. N.
B. 1877. — Calvados.
Par *Normand*, 1/2 s. N., et *Modestie*, par Ignace, 1/2 s. N.
Sa grand'mère : fille de Dorus, 1/2 s. N.
Saint-Lô : 1881-1883.

2128. VAUCOULEURS, ex-**VERNET**. — H. N.
Al. 1877. — Orne.
Par *Sincerity*, P. S. A., et *Polka*, par Buci, 1/2 s. N.
Sa grand'mère : fille de Jéricko, 1/2 s. N.
Saint-Lô : depuis 1881.

2129. VAUDEVILLE (approuvé). — M. de Basly.
N. 1855. — Calvados.
Par *Calderstone*, P. S. A., et une 1/2 s. N., par The Juggler,
P. S. A.
Saint-Lô : 1859-1866.

2130. VAUTOUR. — H. N.
B. 1829. — Normandie.
Par *Y. Rattler*, 1/2 s. A., et une 1/2 s. N., par Lattitat, 1/2 s. A.
Sa grand'mère : fille de Y. Morwick, 1/2 s. A.
Le Pin : 1833-1850.

2131. VAUTOUR. — H. N.
B. 1877. — Manche.
Par *Jackson*, 1/2 s. N., et *Miss-Pretty-Boy*, 1/2 s. N.,
par Pretty-Boy, P. S. A.
Sa grand'mère : fille de Kapirat, 1/2 s. N.
Saint-Lô : 1881-1886.

2132. VAUTRAIN. — H. N.
Bb. 1877. — Orne.
Par *Quiclet*, 1/2 s. N., et *Camélia*, par Dictateur, 1/2 s. N.
Sa grand'mère : fille de Sylvio, P. S. A.
Saint-Lô : 1881-1886.

2133. **VEAU-D'OR**, ex-**VIRGILE**. — H. N.
Al. 1877. — Calvados.
Par *Libérator*, 1/2 s. A., et *Eluc*, par Elu, 1/2 s. N.
Sa grand'mère : fille de Phœnomenon, 1/2 s. A.
Le Pin : 1881-1885.

2134. **VÉDA**, ex-**VIOLENT**. — H. N.
B. 1877. — Orne.
Par *Koping*, 1/2 s. N., et *Lisa*, par Irlandais, 1/2 s. N.
Le Pin : 1881-1887.

2135. **VÉGÈS**, ex-**VOLTAIRE**. — H. N.
B. 1877. — Calvados.
Par *Quadruple*, 1/2 s. N., et une fille d'Interprète, 1/2 s. N.
Sa grand'mère : fille d'Eperon, 1/2 s. N.
Le Pin : depuis 1881.

2136. **VÉLASQUEZ**, ex-**VRAI**. — H. N.
B. 1877. — Calvados.
Par *Interprète*, 1/2 s. N., et *Eclatante*, par Umber, 1/2 s. N.
Sa grand'mère : fille d'Ottoman, 1/2 s. N.
Saint-Lô : 1881-1885.

2137. **VÉLOCE**. — H. N.
B. 1855. — Manche.
Par *Adolphus*, P. S. A., et une fille de Namur, 1/2 s. N.
Le Pin : 1859.

2138. **VÉLOCIPÈDE** (approuvé). — M. Duguey.
Bb. 1877. — Manche.
Par *Niger*, 1/2 s. N., et une fille de Junior, 1/2 s. N.
Saint-Lô : 1881-1883.

2139. **VENDÔME**. — H. N.
B. 1877. — Sarthe.
Par *Abrantès*, 1/2 s. N., et *Bluette*, 1/2 s. N., par Patricien,
P. S. A.
Sa grand'mère : fille de Solide, 1/2 s. N.
Saint-Lô : 1881-1885.

2140. **VENDU**, ex-**VICOMTE**.
B. 1877. — Calvados.
Par *Irlandais*, 1/2 s. N., et *Lisette*, par Le More, 1/2 s. N.
Sa grand'mère : fille de Taconnet, 1/2 s. N.
Saint-Lô : depuis 1881.

2141. **VENGEUR**. — H. N.
Bb. 1877. — Orne.
Par *Norfolk-Trotter*, 1/2 s. A.; et *Céline*, par Séducteur, 1/2 s. N.
Sa grand'mère : fille de Tipple-Cider, P.S.A.
Saint-Lô : 1881-1883.

2142. **VENGEUR**. — H. N.
B. 1877. — Manche.
Par *Lavater*, 1/2 s. N., et *Cendrillon*, 1/2 s. N.,
par The Heir-of-Linne, P. S. A.
Sa grand'mère : 1/2 s. N., par Corsair, 1/2 s. A.
Sa bisaïeule : fille de Labéon, 1/2 s. N.
Le Pin : depuis 1882.

2143. **VENTREBLEU**. — H. N.
B. 1855. — Calvados.
Par *Troarn*, 1/2 s. N., et une 1/2 s. N., par The Juggler, P. S. A.
Le Pin : 1859-1874.

2144. **VERA-CRUZ**, ex-**VIVAT**. — H. N.
N. 1877. — Orne.
Par *Phaëton*, 1/2 s. N., et *Minerve*, par Abrantès, 1/2 s. N.
Sa grand'mère : 1/2 s. N., par William, P. S. A.
Sa bisaïeule : 1/2 s. N., par Schamyl, P. S. A.
Le Pin : depuis 1881.

2145. **VERDUN**. — H. N.
B. 1877. — Orne.
Par *Hannon*, 1/2 s. N., et *Hélène*, par Héliotrope, 1/2 s. N.
Saint-Lô : 1881-1884.

2146. **VERJUS** (approuvé). — M. Vivier.
B. 1877. — Normandie.
Par *Radis*, 1/2 s. N., et une fille d'Inkermann, 1/2 s. N.
Saint-Lô : 1881-1884.

2147. **VERMILLON** (approuvé).
M. Gost, 1881 ; Mme Tirard, 1882.
N. 1877. — Normandie.
Par *Schamyl*, 1/2 s. L., et une fille de Jay, 1/2 s. N.
Le Pin : 1881-1887.

2148. **VERMOUTH** (approuvé). — M. Rihouey.
N. 1863. — Normandie.
Par *Talleyrand*, 1/2 s. N., et une fille de Stick, 1/2 s. N.
Saint-Lô : 1868-1878.

2149. **VERNI**, ex-**VERNEUIL**. — H. N.
B. 1877. — Orne.
Par *Oméga*, 1/2 s. N., et *Célina*, par Hilaire, 1/2 s. N.
Saint-Lô : depuis 1881.

2150. **VERNIX** (approuvé). — M. Hallais.
B. 1860. — Normandie.
Par *Utile*, 1/2 s. N., et une 1/2 s. N., par Gaberlunzie, 1/2 s. A.
Saint-Lô : 1865-1878.

2151. **VERNON** (approuvé). — M. Pesteur.
B. 1877. — Normandie.
Par *Ivanoff*, P. S. A., et une fille d'Inkermann, 1/2 s. N.
Le Pin : 1881.

2152. **VERNON**. — H. N.
B. 1877. — Orne.
Par *Norfolk-Trotter*, 1/2 s. A., et *Tontine*, par Héliotrope, 1/2 s. N.
Sa grand'mère : fille de Pledge, 1/2 s. N.
Le Pin 1881-1887.

2153. **VERRIER**. — H. N.
B. 1877. — Manche.
Par *Peuplier*, 1/2 s. N., et *Finette*, par Quinine, 1/2 s. N.
Saint-Lô : 1881-1884.

2154. **VERSEAU** (approuvé).
M. Castel, 1881 ; Mme Tirard, 1884.
B. 1877. — Normandie.
Par *Impérial*, 1/2 s. N., et une 1/2 s. N., par Dragon, P. S. A.
Saint-Lô : 1881-1886.

2155. **VERT-GALANT**. — H. N.
B. 1877. — Manche.
Par *Lavater*, 1/2 s. N., et une 1/2 s. N., par The Heir-of-Linne, P.S.A.
Sa grand'mère : fille de Lagopède, 1/2 s. N.
Saint-Lô : depuis 1881.

2156. **VERT-LURON**. — H. N.
B. 1877. — Calvados.
Par *Interprète*, 1/2 s. N., et une fille de Vladimir, 1/2 s. N.
Saint-Lô : depuis 1881.

2157. **VERY-GOOD**. — H. N.
B. 1878. — Calvados.
Par *Oronte*, 1/2 s. N., et une fille de Conquérant, 1/2 s. N.
Saint-Lô : 1882-1884.

2158. **VERY-MUTCH**. — H. N.
Al. 1877. — Manche.
Par *Nadar*, 1/2 s. N., et *Rosette*, 1/2 s. N.
Saint-Lô : 1881-1883.

2159. **VÉSUVE**. — H. N.
B. 1877. — Manche.
Par *Lavater*, 1/2 s. N., et une 1/2 s. N., par The Heir-of-Linne,
P. S. A.
Sa grand'mère : fille d'Electeur, 1/2 s. N.
Le Pin : depuis 1881.

2160. **VETO**. — H. N.
Al. 1877. — Calvados.
Par *Ménélas*, 1/2 s. N., et *Inès*, P. S. A.
Le Pin : 1881-1882 (Rosières en 1883).

2161. **VICE-CONSUL**. — H. N.
B. 1877. — Calvados.
Par *Oronte*, 1/2 s. N., et *Georgette*, par Usité, 1/2 s. N.
Sa grand'mère : fille de Tambour, 1/2 s. N.
Le Pin : depuis 1881.

2162. **VICE-PRÉSIDENT**. — H. N.
B. 1877. — Manche.
Par *Ugolin*, 1/2 s. N., et *Lady-Quid-Juris*, 1/2 s. N.,
par Quid-Juris, P. S. A.
Sa grand'mère : fille de Lionceau, 1/2 s. N.
Sa bisaïeule : fille de Marengo, P. S. A. A.
Saint-Lô : depuis 1881.

2163. **VICE-ROI**. — H. N., 1859.
(Approuvé : M. Le Sénécal, 1863).
B. 1855. — Orne.
Par *Gainsborough*, 1/2 s. A., et une fille de Merlerault, 1/2 s. N.
Saint-Lô : 1859-1881.

2164. **VICI, ex-VARLOPE**. — H. N.
Bb. 1877. — Calvados.
Par *Extase*, 1/2 s. N., et *Près-de-Terre*, par Abrantès, 1/2 s. N.
Le Pin : 1881-1885.

2165. **VICO, ex-VALMY**. — H. N.
N. 1877. — Manche.
Par *Ignoré*, 1/2 s. N., et *La Foudre*, par Pater, 1/2 s. N.
Sa grand'mère : fille de Kapirat, 1/2 s. N.
Le Pin : depuis 1881.

2166. **VICOMTE**. — H. N.
B. 1855. — Orne.
Par *Prince-Colibri*, P. S. A., et une fille d'Idéal, 1/2 s. N.
Le Pin : 1859-1878.

2167. **VICTORIEUX**. — H. N.
B. 1855. — Orne.
Par *Pledge*, 1/2 s. N., et une fille d'Incomparable, 1/2 s. N.
Saint-Lô : 1859-1878.

2168. **VIDI**, ex-**VAUTOUR**. — H. N.
B. 1877. — Orne.
Par *Quiclet*, 1/2 s. N., et *Juliette*, par Inkermann, 1/2 s. N.
Le Pin : 1881-1885.

2169. **VIEILLOT**, ex-**VAN-DYCK**. — H. N.
Bb. 1877. — Calvados.
Par *Elu*, 1/2 s. N., et une fille de Noteur, 1/2 s. N.
Saint-Lô : 1881-1888.

2170. **VIF-ARGENT** (approuvé). — M. Pierre.
B. 1877. — Manche.
Par *Ignoré*, 1/2 s. N., et une fille de Pater, 1/2 s. N.
Sa grand'mère : fille d'Egésippe, 1/2 s. N.
Saint-Lô : depuis 1881.

2171. **VIGILANT** (approuvé). — M. Duguey.
B. 1873. — Manche.
Par *Introuvable*, 1/2 s. N., et une fille de Junior, 1/2 s. N.
Sa grand'mère : fille d'Iris, 1/2 s. N.
Sa bisaïeule : fille d'Electeur, 1/2 s. N.
Sa trisaïeule : 1/2 s. N., par Y. Gaberlunzie, 1/2 s. A.
Sa quadrisaïeule : fille de Hyacinthe, 1/2 s. N.
Saint-Lô : 1877-1889.

2172. **VIGILANT** (approuvé). — M. Barbé.
Bb. 1880. — Manche.
Par *Silhouette*, 1/2 s. N., et une fille de Roustan, 1/2 s. N.
Sa grand'mère : fille de Faucon, 1/2 s. N.
Saint-Lô : 1886.

2173. **VIGILANT** (approuvé). — M. Godard
B. 1881. — Normandie.
Par *Macouba*, 1/2 s. N., et une fille de Monseigneur, 1/2 s. N.
Saint-Lô : 1885-1888.

2174.   **VIGNERON**. — H. N.
B. 1855. — Calvados.
Par *Tipple-Cider*, P. S. A., et une 1/2 s. N., par The Juggler, P. S. A.
Saint-Lô : 1859-1862.

2175.   **VIGNOBLE**. — H. N.
B. 1877. — Orne.
Par *Koping*, 1/2 s. N., et *Gabrielle*, par Séducteur, 1/2. s. N.
Sa grand'mère : fille de Galion, 1/2 s. N.
Saint-Lô : 1881-1884.

2176.   **VIGOUREUX** (approuvé). — M. Vibert.
B. 1858. — Normandie.
Par *Corsair*, 1/2 s. A., et une 1/2 s. N.
Saint-Lô : 1863-1872.

2177.   **VILLAGEOIS**. — H. N.
E. 1855. — Calvados.
Par *Tipple-Cider*, P. S. A., et une fille de Dupleix, 1/2 s. N.
Sa grand'mère : fille de Pick-Pocket, P. S. A.
Le Pin : 1859-1861 (Blois en 1862).

2178.   **VILLENEUVE**. — H. N.
N. 1877. — Calvados.
Par *Liberator*, 1/2 s. A., et *Friquette*, 1/2 s. N., par Washington,
1/2 s. Al.
Le Pin : 1881-1890.

2179. **VIMOUTIERS** (approuvé). — M. Le Sénécal.
B. 1877. — Normandie.
Par *Léotard*, 1/2 s. N., et une fille de Jean-Bart, 1/2 s. N.
Saint-Lô : 1881.

2180.   **VINCENT**. — H. N.
B. 1855. — Calvados.
Par *Raphaël*, 1/2 s. N., et une fille de Lucain, 1/2 s. N.
Saint-Lô : 1859.

2181.   **VINCENT** (approuvé). — M. Richard.
Bb. 1871. — Manche.
Par *Ourson*, 1/2 s. N., et une fille de Vincent, 1/2 s. N.
Saint-Lô : 1875.

2182.   **VIOLENT**. — H. N.
Bb. 1855. — Calvados.
Par *Orgueilleux*, 1/2 s. N., et une fille de Vautour, 1/2 s. N.
Saint-Lô : 1859-1878.

2183. VIRGILE. — H. N
N. 1855. — Calvados.
Par *Myrthe*, 1/2 s. N., et une fille de Voltaire, 1/2 s. N.
Le Pin : 1859-1861.

2184. VIRGILE (approuvé). — M. du Chatel.
B. 1877. — Normandie.
Par *Mazeppa*, 1/2 s. N., et une 1/2 s. N.
Saint-Lô : 1881-1882.

2185. VIRGILE. — H. N.
B. 1877. — Orne.
Par *Quiclet*, 1/2 s. N., et *Exposante*, par Séducteur, 1/2 s. N.
Saint-Lô : depuis 1881.

2186. VIRIL. — H. N.
B. 1877. — Calvados.
Par *Montfort*, P. S. A., et *Vaillante*, par Interprète, 1/2 s. N.
Sa grand'mère : 1/2 s. N., par Pretender, 1/2 s. A.
Saint-Lô : 1881-1886.

2187. VITAL. — H. N.
Al. 1877. — Calvados.
Par *Montfort*, P. S. A., et une fille d'Interprète, 1/2 s. N.
Sa grand'mère : fille de Buci, 1/2 s. N.
Saint-Lô : depuis 1881.

2188. VITE, ex-VOLONTAIRE. — H. N.
Bb. 1877. — Calvados.
Par *Centaure*, 1/2 s. N., et *Atalante*, par Montmorency, 1/2 s. N.
Sa grand'mère : fille de Français, 1/2 s. N.
Saint-Lô : depuis 1881.

2189. VITRIER (approuvé). — M. Angot.
B. 1876. — Manche.
Par *Ugolin*, 1/2 s. N., et une fille de Belzébuth, 1/2 s. N.
Saint-Lô : 1881-1884.

2190. VIVANT (approuvé). — M. Castel.
B. 1877. — Normandie.
Par *Magicien*, 1/2 s. N., et une fille de Volcan, 1/2 s. N.
Saint-Lô : 1881.

2191. VIVEUR. — H. N.
Bb 1831. — Normandie.
Par *Pope*, 1/2 s. A., et une fille d'Ajax, 1/2 s. N.
Saint-Lô : 1837-1846.

2192.   **VIVEUR**. — H. N.
Al. 1877. — Orne.
Par *Hannon*, 1/2 s. N., et *Favorite*, par Elu, 1/2 s. N.
Sa grand'mère : fille de Séducteur, 1/2 s. N.
Sa bisaïeule : fille de Kœnigsberg, 1/2 s. N.
Sa trisaïeule : 1/2 s. N., par Glocester, 1/2 s. A.
Sa quadrisaïeule : fille de Sylvio, P. S. A.
Le Pin : depuis 1881.

2193.   **VIZIR**. — H. N.
Bb. 1855. — Orne.
Par *Brocardo*, P. S. A., et une 1/2 s. N., par Sylvio, P. S. A.
Le Pin : 1859 (Angers en 1860).

2194.   **VLADIMIR**. — H. N.
B. 1855. — Orne.
Par *Sylvio*, P. S. A., et une fille d'Impérieux, 1/2 s. N.
Sa grand'mère : 1/2 s. N., par Napoléon, P. S. A.
Sa bisaïeule : 1/2 s. N., par Cammerton, P. S. A.
Sa trisaïeule : 1/2 s. N., par Colonel, 1/2 s. A.
Sa quadrisaïeule : 1/2 s. du Merlerault.
Le Pin : 1859-1878.

2195.   **VOILA**. — H. N.
B. 1877. — Calvados.
Par *Conquérant*, 1/2 s. N., et *Rigolette*, 1/2 s. N., par Pretender,
1/2 s. A.
Sa grand'mère : 1/2 s. N., par Governor, P. S. A.
Le Pin : 1881-1888.

2196.   **VOISIN**. — H. N.
B. 1855. — Manche.
Par *Lionceau*, 1/2 s. N., et une fille de Diomède, 1/2 s. N.
Le Pin : 1859-1861.

2197.   **VOLANT**. — H. N.
B. 1855. — Sarthe.
Par *Noteur*, 1/2 s. N., et une fille de Tipple-Cider, P. S. A.
Saint-Lô : 1859-1879.

2198.   **VOL-AU-VENT**. — H. N.
Al. 1877. — Manche.
Par *Kabin*, 1/2 s. N., et *Brebis*, par Tamerlan, 1/2 s. N.
Sa grand'mère : fille de Triolet, 1/2 s. N.
Saint-Lô : depuis 1881.

2199.   **VOLCAN.** — H. N.
B. 1855. — Orne.
Par *Prince-Colibri*, P. S. A., et une 1/2 s. N., par Sylvio, P. S. A.
Saint-Lô : 1859-1869.

2200.   **VOLCAN** (approuvé). — M. de La Ville.
Bb. 1877. — Calvados.
Par *Centaure*, 1/2 s. N., et une fille de Français, 1/2 s. N.
Saint-Lô : 1881.

2201. VOLEUR, ex-**VADIUS**, ex-**VIRAGO**. — H. N.
Al. 1877. — Calvados.
Par *Liberator*, 1/2 s. A., et *Colombine*, 1/2 s. N., par Orphelin, P. S. A.
Sa grand'mère : fille de Conquérant, 1/2 s. N.
Saint-Lô : depuis 1881.

2202.   **VOLGA.** — H. N.
B. 1877. — Manche.
Par *Uzel*, 1/2 s. N., et *Sophie*, par Pékin, 1/2 s. N.
Le Pin : depuis 1881.

2203.   **VOLNAY.** — H. N.
B. 1855. — Manche.
Par *Robinson*, P. S. A., et une 1/2 s. N., par Y. Cydnus, 1/2 s. A.
Saint-Lô : 1859. — Le Pin : 1860.

2204.   **VOLONTAIRE.** — H. N.
B. 1833. — Normandie.
Par *Y. Rattler*, 1/2 s. A., et une 1/2 s. N. de la Vallée d'Auge.
Le Pin : 1837-1851.

2205.   **VOLTA.** — H. N.
Bb. 1855. — Calvados.
Par *Lacour*, 1/2 s. N., et une fille de Général, 1/2 s. N.
Le Pin : 1859-1863.

2206.   **VOLTA** (approuvé). — M. Questel.
Bb. 1860. — Normandie.
Par *Eylau*, P. S. A. A., et une fille de Mystérieux, 1/2 s. N.
Saint-Lô : 1864-1884.

2207.   **VOLTAIRE.** — H. N.
B. 1833. — Orne.
Par *Impérieux*, 1/2 s. N., et une 1/2 s. N., par Pilot, 1/2 s. A.
Sa grand'mère : fille de Bacha, P. S. Ar.
Le Pin : 1837-1851.

2208.　　**VOLTAIRE** (approuvé).
MM. Bouchard, 1855 ; Lecomte, 1862.
B. 1851. — Normandie.
Par *Koulikan*, 1/2 s. N., et une fille de Pégase, 1/2 s. N.
Saint-Lô : 1855-1867.

2209.　　**VOLTAIRE** (approuvé).
MM. Duguey, 1875-1876 ; Robert, 1878.
B. 1871. — Calvados.
Par *Kapirat*, 1/2 s. N., et une fille de Junior, 1/2 s. N.
Saint-Lô : 1875-1876 et depuis 1878.

2210.　　**VOLTE-FACE**. — H. N.
B. 1855. — Orne.
Par *Homère*, 1/2 s. N., et une fille d'Honorable, 1/2 s. N.
Saint-Lô : 1859-1873.

2211. VOLTE-FACE, ex-**VENTREBLEU**. — H. N.
B. 1877. — Calvados.
Par *Phare*, 1/2 s. N., et *Glorieuse*, par Glorieux, 1/2 s. N.
Sa grand'mère : fille de Navigateur, 1/2 s. N.
Sa bisaïeule : fille de Royal-Quand-Même, P. S. A
Saint-Lô : depuis 1881.

2212.　　**VOLTIGEUR**. — H. N.
B. 1855. — Calvados.
Par *Boléro*, P. S. A., et une 1/2 s. N., par Dart, 1/2 s. A.
Le Pin : 1859-1860.

2213.　　**VOUGEOT**. — H. N.
B. 1877. — Calvados.
Par *Normand*, 1/2 s. N., et une fille d'Irlandais, 1/2 s. N.
Le Pin : depuis 1881.

2214.　　**VOUZIERS**. — H. N.
Bb. 1877. — Manche.
Par *Ignoré*, 1/2 s N., et *Cerisette*, par Pater, 1/2 s. N.
Sa grand'mère : fille de The Heir-of-Linne, P. S. A.
Le Pin : 1881-1887.

2215.　　**VOYAGEUR**. — H. N.
Bb. 1877. — Seine-Inférieure.
Par *Palm*, 1/2 s. N., et *Bichette*, 1/2 s. N., par Y. Gaberlunzie,
1/2 s. A.
Saint-Lô : 1883-1890.

2216. **VULCAIN** (approuvé). — M. Richer.
B. 1847. — Normandie.
Par *Hector*, 1/2 s. N., et *Analie*, P. S. A., par Holbein.
Le Pin : 1859-1861.

2217. **WELLINGTON** (approuvé). — M. Colas.
B. 1886. — Normandie.
Par *Colporteur*, 1/2 s. N., et une 1/2 s. N.
Le Pin : depuis 1890.

2218. **X., ex-XORITÈS.** — H. N.
Gr. 1834. — Normandie.
Par *Burgos*, P. S. A., et une 1/2 s. N., par Chapman, 1/2 s. A.
Saint-Lô : 1838.

2219. **XANTHIUM.** — H. N.
Al. 1834. — Normandie.
Par *Impérieux*, 1/2 s. N., et une fille de Néron.
Saint-Lô : 1838.

2220. **XARIPHUS.** — H. N.
Bb. 1834. — Normandie.
Par *Prosélyte*, 1/2 s. A., et une 1/2 s. N.
Saint-Lô : 1838-1841 (Saint-Maixent en 1842).

2221. **XÉROPHASIUS.** — H. N.
B. 1834. — Normandie.
Par *North-Star*, 1/2 s. A., et une 1/2 s. N., par Lucholl, 1/2 s. A.
Le Pin : 1839-1840 (Strasbourg en 1841).

2222. **XÉROPHTALMISTE.** — H. N.
B. 1834. — Normandie.
Par *Eastham*, P. S. A., et une 1/2 s. N., par Y. Rattler, 1/2 s. A.
Saint-Lô : 1838-1850.

2223. **XERXÈS.** — H. N.
B. 1834. — Normandie.
Par *Y. Rattler*, 1/2 s. A., et une fille d'Highflyer, 1/2 s. N.
Le Pin : 1839-1852. — Saint-Lô : 1853.

2224. **XIMÉNÈS.** — H. N.
B. 1872. — Orne.
Par *Noteur*, 1/2 s. N., et *Libertine*, 1/2 s. N., par Usbekyeh, P. S. Ar.
Sa grand'mère : 1/2 s. N., par Phœnomenon, 1/2 s. A.
Sa bisaïeule : 1/2 s. N., par Performer, 1/2 s. A.
Sa trisaïeule : fille de Napoléon, P. S. A.
Sa quadrisaïeule : fille de Cammerton. P. S. A.
Le Pin : depuis 1876.

2225.   **Y**. — H. N.
N. 1858. — Eure.
Par *The Norfolk-Phænomenon*, 1/2 s. A., et *Henriette*, 1/2 s. N.,
par Invincible, P. S. A.
Sa grand'mère : fille de Hunterman, 1/2 s. A.
Le Pin : 1862-1863.

2226.   **YACOUB**. — H. N.
Ro. 1879. — Seine-Inférieure.
Par *Y. Quick-Silver*, 1/2 s. A., et *Halfane*, par Bayard. 1/2 s. N.
Le Pin : depuis 1884.

2227.   Y. ERIDAN (approuvé). — M. Leguédois.
B. 1846. — Manche.
Par *Eridan*, 1/2 s. N., et une 1/2 s. du Cotentin.
Saint-Lô : 1852-1862.

2228.   Y. IMPOSTEUR (approuvé). — M. de la Hougue.
B. 1864. — Normandie.
Par *Imposteur*, 1/2 s. N., et une fille d'Hotman, 1/2 s. N.
Saint-Lô : 1868-1883.

2229.   Y. KAPIRAT. — H. N.
B. 1881. — Sarthe.
Par *Phaëton*, 1/2 s. N., et *Jeune-Elisa*, par Kapirat, 1/2 s. N.
Le Pin : depuis 1886.

2230.   Y. KLÉBER (approuvé). — M. Fardin.
B. 1854. — Calvados.
Par *Kléber*, 1/2 s. N., et une 1/2 s. N.
Saint-Lô : 1859-1865.

2231.   Y. LAHORE (approuvé). — M. Puiné.
B. 1848. — Manche.
Par *Lahore*, 1/2 s. A., et une 1/2 s. du Cotentin.
Saint-Lô : 1854-1861.

2232.   Y. LAHORE (approuvé). — M. Vibert.
B. 1861. — Normandie.
Par *Y. Lahore*, 1/2 s. N., et une 1/2 s. N., par Don-Quichotte,
P. S. A. A.
Saint-Lô : 1865-1870.

2233.   Y. NELSON (approuvé). — M. Vibert.
B. 1854. — Normandie.
Par *Nelson*, 1/2 s. N., et une 1/2 s. N., par Bob-Warwick. 1/2 s. A.

2234.   **Y. OTHON**. — H. N.
B. 1862. — Normandie.
Par *Othon*, 1/2 s. N., et une 1/2 s. N.
Le Pin : 1866-1880.

2235.   **Y. PÉGASE** (approuvé). — M. Le Sénécal.
B. 1844. — Normandie.
Par *Pégase*, 1/2 s. N., et une 1/2 s. N., par Y. Cydnus, 1/2 s. A.
Saint-Lô : 1848-1865.

2236.   **Y. PÉKIN** (approuvé). — Mme Canivet.
B. 1865. — Normandie.
Par *Pékin*, 1/2 s. N., et une fille de Vice-Roi, 1/2 s. N.
Saint-Lô : 1869-1878.

2237.   **Y. RABELAIS** (approuvé). — M. Hue.
B. 1857. — Normandie.
Par *Rabelais*, P. S. A., et une 1/2 s. N., par Don-Quichotte, P. S. A. A.
Saint-Lô : 1863-1867.

2238.   **Y. RAMSAY** (approuvé). — M. du Chatel.
B. 1850. — Normandie
Par *Ramsay*, P. S. A., et une fille de Benvenuto, 1/2 s. N.
Saint-Lô : 1854-1864.

2239.   **Y. ULMAIRE**.
(Approuvé) : M. Paris, 1864 ; Mme Tirard, 1865.
B. 1860. — Normandie.
Par *Ulmaire*, 1/2 s. N., et une fille d'Oxygène, 1/2 s. N.
Le Pin : 1864. — Saint-Lô : 1865-1881.

2240.   **ZAIN**. — H. N.
Bb. 1835. — Normandie.
Par *Eastham*, P. S. A., et *Quêteuse*, 1/2 s. A.
Saint-Lô : 1840-1842 (Saint-Maixent en 1843).

2241.   **ZAMOR** (approuvé). — M. Magniez.
B. 1859. — Eure.
Par *Gainsborough*, 1/2 s. A., et une 1/2 s. N., par Black-Jack,
1/2 s. A.
Seine-Inférieure : 1870-1872.

2242.   **ZÉNITH**. — H. N.
Gr. 1835. — Normandie.
Par *Québec*, 1/2 s. N., et une 1/2 s. N., par Eastham, P. S. A.
Saint-Lô : 1839 (Strasbourg en 1840).

2243.   **ZÉRO**. — H. N.
B. 1835. — Normandie.
Par *Ardrossan*, 1/2 s. A., et une 1/2 s. N.
Saint-Lô : 1839-1840.

2244.   **ZIG-ZAG**. — H. N.
B. 1835. — Normandie.
Par *Talma*, 1/2 s. A., et une 1/2 s. N., par North-Star, 1/2 s. A.
Saint-Lô : 1839-1854.

ÉTALONS

IMPORTÉS DANS LES CIRCONSCRIPTIONS DU PIN
ET DE SAINT-LO

ÉTALONS

Importés dans les circonscriptions du Pin et de Saint-Lô

2245. **ALEXANDER**, 1/2 s. A. — H. N.
B. 1833.
Par *West-By*, P. S. A., et une jument du Cleveland.
Saint-Lô : 1840-1843 (Saint-Maixent en 1844).

2246. **ALTHORP-WONDER**, 1/2 s. A. — H. N.
Ro. 1885. — Angleterre.
Par *Star-of-the-East* et *Fanny*.
Le Pin : depuis 1890.

2247. **AMBITION**, 1/2 s. A. — H. N.
Aub. 1865. — Angleterre.
Par *Y. Phœnomenon*, 1/2 s. A., et une fille de Performer,
1/2 s. A.
Le Pin : 1874-1881.

2248. **AMIRAL**, 1/2 s. V. — H. N.
Ro. 1855. — Vendée.
Par *Intact*, 1/2 s. V., et une jument anglaise.
Le Pin : 1860.

2249. **ASPHALTE**, 1/2 s. — H. N.
B. 1856. — Mayenne.
Par *Velox*, P. S. A., et une 1/2 s.
Saint-Lô : 1860-1862. — Le Pin : 1862.

2250. **AZOF**, 1/2 s. R. — H. N.
N. 1853. — Russie.
De race Orloff.
Saint-Lô : 1864-1866.

2251.   **BABY**, 1/2. s. R. (approuvé).
MM. Renaux, 1877-79 ; Lepetit, 1880.
Bb. 1865. — Russie.
De race Orloff.
Saint-Lô : 1877-1880.

2252.   **BAGOT**, 1/2 s. A. — H. N.
Bl. 1838. — Angleterre.
Par *Yorck*, P. S. A.
Le Pin : 1852-54 (Lamballe en 1855).

2253.   **BAJAZET**, 1/2 s. V. — H. N.
B. 1857. — Vendée.
Par *Necker*, 1/2 s. N., et une jument poitevine.
Saint-Lô : 1861-1862.

2254.   **BARON-KNIGHT**, 1/2 s. A. — H. N.
N. 1860. — Angleterre.
Saint-Lô : 1864-1871.

2255.   **BARONNET**, 1/2 s. A. — H. N.
Bb. 1827. — Angleterre.
Par Y. *Sir Oliver*, P. S. A., et une 1/2 s. A., par Saxe-Cobourg, P. S. A.
Le Pin : 1833-1840.

2256.   **BELLFUNDER**, 1/2 s. A. — H. N.
Bb. 1875. — Angleterre.
Le Pin : 1882.

2257.   **BLACK-JACK**, 1/2 s. A. — H. N.
N. 1835. — Angleterre.
Saint-Lô : 1842-1850.

2258.   **BLEDELOW**, 1/2 s. A. — H. N.
Gr. 1879. — Angleterre.
Le Pin : depuis 1882.

2259.   **BOB-WARWICK**, 1/2 s. A. — H. N.
B. 1823. — Angleterre.
Par *Vaillant*, 1/2 s. A., et une 1/2 s. A.
Saint-Lô : 1831-1840.

2260.   **BOYARD**, 1/2 s. R. — H. N.
N. 1863. — Russie.
De race Orloff.
Saint-Lô : 1869-1883.

2261.   **BRANDON**, 1/2 s. A. — H. N.
Al. 1873. — Angleterre.
Par *Goldfinder*, 1/2 s. A., et une fille de Norfolk-Héro, 1/2 s. A
Le Pin : depuis 1879.

2262.   **BUFFALO**, 1/2 s. A. — H. N.
B. 1821. — Angleterre.
Par *Holme*, P. S. A., et une fille d'Isaac, dit le Petit, 1/2 s. A.
Le Pin : 1827-1840 (Pompadour en 1841).

2263.   **CAVALIERI**, 1/2 s. V. — H. N.
Al. 1880. — Vendée.
Par *Thuriféraire*, 1/2 s. N., et une 1/2. s. V., par Karmignac,
1/2 s. N.
Saint-Lô : depuis 1886.

2264.   **CHAMPION-OF-ENGLAND**, 1/2 s. A.
(Approuvé). — M. Tirard.
B. — Angleterre.
Saint-Lô : 1865-1866.

P.S.A

2265.   **CLEAR-THE-WAY**, 1/2 s. A. — H. N.
Ro. 1864. — Angleterre.
Par Y. *Phœnomenon*, 1/2 s. A., et une fille de Hue-and-Cry-Shales,
1/2 s. A.
Le Pin : 1872-1882 (Montiérender en 1883).

2266.   **CLEVELAND**, 1/2 s. A. — H. N.
B. 1818. — Angleterre.
Le Pin : 1833-1840.

2267.   **CLEVELAND**, 1/2 s. A. — H. N.
B. 1845. — Angleterre.
Par *Master-George*, P. S. A., et une fille de Barnaby, 1/2 s. A.
Le Pin : 1853 (Saint-Maixent en 1854).

2268.   **COLERAINE**, 1/2 s. A. — H. N., 1852-1863.
(Approuvé : M. Aumont, 1864-1866.) — H. N., 1867-1870.
Al. 1843. — Angleterre.
Par *Coleraine*, 1/2 s. A.
Le Pin : 1852-1870.

2269.   **COLONEL**, 1/2 s. A. — H. N.
Al. 1835. — Angleterre.
Par *The Colonel*, P. S. A.
Saint-Lô : 1843-1854.

2270. **COPENHAGEN**, 1/2 s. A. — H. N.
Bb. 1861. — Angleterre.
Par *Newminster*, P. S. A., et *Birdhill's dam*.
Le Pin : 1876-1880.

2271. **CORSAIR**, 1/2 s. A. — H. N.
Al. 1845. — Angleterre.
Par *Knox's-Corsair*, 1/2 s. A., et une fille de Cleveland, 1/2 s. A.
Saint-Lô : 1852-1860.

2272. **CORSAIRE**, 1/2 s. — H. N.
B. 1870. — Aisne.
Par *Agenda*, 1/2 s. N., et *Elise*, par Kapirat, 1/2 s. N.
Sa grand'mère : Elisa, 1/2 s. N., par Corsair, 1/2 s. A.
Le Pin : 1873-1878.

2273. **CROCUS**, 1/2 s. A. (approuvé).
Mis de Croix.
Bb. 1857. — Angleterre.
Le Pin : 1864-1871.

2274. **CUNINGHAM**, 1/2 s. A. — H. N.
B. 1850. — Angleterre.
Le Pin : 1864-1870.

2275. **CYCLOPE**, 1/2 s. A. — H. N.
B. 1855. — Angleterre.
Le Pin : 1859-1864.

2276. **CZAR**, 1/2 s. V. — H. N.
B. 1858. — Vendée.
Par *Joigny*, 1/2 s. V., et une fille d'Amadis, 1/2 s. V.
Le Pin : 1862-1864 (Montiérender en 1865).

2277. **DANISCHOFF**, 1/2 s. R. (approuvé).
M. Lavalette.
Aub. 1875. — Russie.
De race Orloff.
Le Pin : 1880-1883.

2278. **DART**, 1/2 s. A. — H. N.
B. 1827. — Angleterre.
Par *Dart*, P. S. A., et une fille de Loadstone, 1/2 s. A.
Le Pin : 1833-1845 (Braisne en 1846).

2279. **DÉCORATEUR**, 1/2 s. V. — H. N.
E. 1859. — Vendée.
Par *Sir Benjamin*, P. S. A., et une 1/2 s. V., par Necker, 1/2 s. N.
Saint-Lô : 1863.

2280. **DENMARK**, 1/2 s. A. — H. N.
Al. 1862. — Angleterre.
Par *Sir Charles*, P. S. A., et *Merryman-Grand*, 1/2 s. A.
Le Pin : 1867-1881.

2281. **DEVER**, 1/2 s. Irl. — H. N.
Bb. 1847. — Irlande.
Par *Irish-Nemrod*, 1/2 s. Irl., et une jument irlandaise.
Le Pin : 1852-1856 (Tarbes en 1857.)

2282. **DICTATOR**, 1/2 s. A. — H. N.
Gr. 1829. — Angleterre.
Par *Camillus*, P. S. A., et une 1/2 s. A., par Bradbury, P. S. A.
Sa grand'mère : fille de Sauncelot, 1/2 s. A.
Le Pin : 1836-1840 (Langonnet en 1841).

2283. **DISTINCTION II**, 1/2 s. A. — H. N.
Aub. 1874. — Angleterre.
Par *Achille*, 1/2 s. A., et une fille de Haughton-Merry-Legs, 1/2 s. A.
Le Pin : 1880.

2284. **DRIVER**, 1/2 s. A. — H. N.
Ro. 1844. — Angleterre.
Par *Old-Phœnomenon*, 1/2 s. A., et *Mystic*, par Hedley, 1/2 s. A.
Saint-Lô : 1851-1855.

2285. **DUC**, 1/2 s. Al. — H. N.
B. 1827. — Allemagne.
Par *Saint-Patrick*, 1/2 s. A., et une jument du Holstein.
Le Pin : 1834-1841 (Langonnet en 1842).

2286. **FARMER'S-FRIEND**, 1/2 s. A.
(Approuvé). — M. Tirard.
B.   . — Angleterre.
Saint-Lô : 1865-1866.

2287. **FAUST**, 1/2 s. R. — H. N.
N. 1863. — Russie.
De race Orloff.
Saint-Lô : 1869-1872 (Besançon en 1873).

2288.   **FIRE-AWAY,** 1/2 s. A. — H. N.
B. 1826. — Angleterre.
Par *Fire-Away*, 1/2 s. A., et une 1/2 s. A., trotteuse.
Le Pin : 1835-1841. — Saint-Lô : 1842-1844.

2289.   **FIRE-AWAY,** 1/2 s. A. — H. N.
B. 1848. — Angleterre.
Le Pin : 1866-1867.

2290.   **GABERLUNZIE,** 1/2 s. A. — H. N.
Bb. 1834. — Angleterre.
Par *Gaberlunzie*, P. S. A., et une 1/2 s. A.
Le Pin : 1844-1847 (La Roche en 1848).

2291.   **GAINSBOROUGH,** 1/2 s. A. — H. N.
B. 1845. — Angleterre.
Par *Gainfull*, 1/2 s. A., et une 1/2 s. A.
Le Pin : 1852-1855.

2292.   **GARIBALDI,** 1/2 s. A. — H. N.
B. 1857. — Angleterre.
Par *Performer*, 1/2 s. A., et une fille de Black-Pretender, 1/2 s. A.
Saint-Lô : 1865-1866.

2293.   **GARIBALDI II,** 1/2 s. A. — H. N.
Al. 1860. — Angleterre.
Par *Tom-Worth*, 1/2 s. A., et une fille de The Norfolk-Cob, 1/2 s. A.
Saint-Lô : 1867-1874.

2294.   **GAZELEY,** 1/2 s. A. — H. N.
B. 1845. — Angleterre.
Par *Redshank*, P. S. A., et une fille de Paulinus, 1/2 s. A.
Le Pin : 1851-1863. — Saint-Lô : 1864.

2295.   **GÉNÉRAL-GRANT,** 1/2 s. Am. — H. N.
B. 1875. — Amérique.
Par *Royal-Georges*, 1/2 s. Am., et *Star-of-the-West*, 1/2 s. Am.
Le Pin : 1882-1886.

2296.   **GLOCESTER,** 1/2 s. A. — H. N.
B. 1831. — Angleterre.
Par *Régent*, P. S. A., et une 1/2 s. A.
Le Pin : 1838-1849.

2297. **GOLDFINDER**, 1/2 s. A.
Al. 1873. — Angleterre.
Le Pin : depuis 1881.

2298. **GORÜNE**, 1/2 s. R. (approuvé).
M. Bassigny.
N. 1876. — Russie.
Par *Gorüne*, 1/2 s. R., et *Razoumnaja*, 1/2 s. R.
Sa grand'mère : Zmeïka, 1/2 s. R.
Sa bisaïeule : Razgoula, 1/2 s. R.
Sa trisaïeule : Malkla, 1/2 s. R.
Sa quadrisaïeule : Kadost, 1/2 s. R.
Le Pin : depuis 1888.

2299. **GRANT, ex-FISKILL**, 1/2 s. Am. — H. N.
B. 1875. — Amérique.
Par *Nicotine*, 1/2 s. Am., et une fille de Y. Engineer, 1/2 s. Am.
Saint-Lô : 1880-1886.

2300. **GREAT-MASTER**, 1/2 s. A. — Angleterre.
Par *Atonisher*, 1/2 s. A., et une fille de Catlager, 1/2 s. A.
Saint-Lô : 1867-1870.

2301. **HADJY**, 1/2 s. Ar. — Cte d'Amilly.
B. 1881. — Turquie.
Le Pin : depuis 1886.

2302. **HAPHAZARD**, 1/2 s. R.
Approuvé : Société hippique d'Etrepagny.
B. 1847. — Russie.
Le Pin : 1859-1864.

2303. **HARKAWAY**, 1/2 s. A. — H. N.
Gr. 1839. — Angleterre.
Par *Whalebone*, P. S. A., et une 1/2 s. A.
Le Pin : 1847-1854 (Lamballe en 1855).

2304. **HIGHLANDER**, 1/2 s. A. — H. N.
B. 1820. — Angleterre.
Saint-Lô : 1828-1840 (Langonnet en 1841).

2305. **HIGHLANDER**, 1/2 s. A. — H. N.
B. 1857. — Angleterre.
Par *Pyrrhus-the-First*, P. S. A., et Plunstead, 1/2 s. A.
Le Pin : 1864-1867.

2306.   **HIPPOMÈNE**, 1/2 s. du Midi. — H. N.
B. 1876. — Gironde.
Par *Bagdad*, P. S. A., et *Barbe-d'Or*, par Mogador, 1/2 s. Big.
Sa grand'mère : fille de Y. Phœnomenon, 1/2 s. A.
Le Pin : depuis 1886.

2307.   **HOLLYM**, 1/2 s. A. — H. N.
B. 1832. — Angleterre.
Par *Admiral*, 1/2 s. A., et une 1/2 s. A.
Le Pin : 1836-1847.

2308.   **HUNTER**, 1/2 s. Irl. — H. N.
Ro. 1840. — Irlande.
Saint-Lô : 1847-1856 (Tarbes en 1857).

2309.   **HUNTING**, 1/2 s. A. — H. N.
Ro. 1857. — Angleterre.
Le Pin : 1861. — Saint-Lô : 1862.

2310.   **JACKSON**, ex-**QUICK-SILVER**,
1/2 s. A. — H. N.
B. 1869. — Angleterre.
Par *Jackson's-Quicksilver* et *Tamworth*.
Saint-Lô : 1875-1884.

2311.   **JUNIOR**, 1/2 s. — H. N.
B. 1848. — Mayenne.
Par *Tipple-Cider*, P. S. A., et une 1/2 s. N.
Saint-Lô : 1854-1866.

2312.   **KENSINGTON**, 1/2 s. A. — H. N.
Aub. 1878. — Angleterre.
Le Pin : 1882 (Lamballe en 1883).

2313.   **KING-OF-THE-GIPSIES**, 1/2 s. A. — H. N.
Bb. 1875. — Angleterre.
Le Pin : 1881 (Blois en 1882).

2314.   **KOZYR**, 1/2 s. R. — H. N.
N. 1877. — Russie.
Ascendance paternelle : Son père, *Warwar* ; son grand-père, Tuman ; son bisaïeul, Gorjun ; son trisaïeul, Ussan ; son quadrisaïeul, Besmienk ; son ascendant au 5ᵉ degré, Atlassny ; son ascendant au 6ᵉ degré, Muschik I ; son ascendant au 7ᵉ degré, Ljubassny, issu de Bars.
Ascendance maternelle : Sa mère, *Kokclka* ; sa grand'mère, Well-

saria ; sa bisaïeule, Sadornaja ; sa trisaïeule, Gornostaya ; sa quadrisaïeule, Boyatirka ; son ascendant au 5e degré, Stschejuma ; son
ascendante au 6e degré, Dogonnaïcha ; son ascendante au 7e degré,
Pavolina ; son ascendante au 8e degré, Popeschnaya, par Poteschy.
Saint-Lô : depuis 1889.

2315.　　　**LAHORE**, 1/2 s. A. — H. N.
B. 1840. — Angleterre.
Par *Ledstone*, P. S. A.
Saint-Lô : 1847-1864.

2316.　　　**LAMPLIGHTER**, 1/2 s. A. — H. N.
Bb. 1873. — Angleterre.
Le Pin : 1880-1890.

2317.　　　**LIBÉRATOR**, 1/2 s. A. — H. N.
Al. 1863. — Angleterre.
Par *Garibaldi*, 1/2 s. A., et une fille d'Old-Phœnomenon, 1/2 s. A.
Le Pin : 1869-1885.

2318.　　　**LITTLE-MODEL**, 1/2 s. A. — H. N.
Al. 1869. — Angleterre.
Par *Beart's-Fire-Away* et une fille de James-Griggs'Merrylegs.
Saint-Lô : 1875.

2319.　　　**LIVERPOOL**, 1/2 s. A. — H. N.
Bb. 1838. — Angleterre.
Saint-Lô : 1852-1856.

2320.　　　**LORD-CLYDE**, 1/2 s. A. — H. N.
B. 1859. — Angleterre.
Le Pin : 1866 (Montiérender en 1867).

2321.　　　**LORD-PENZANCE**, 1/2 s. A. — H. N.
B. 1874. — Angleterre.
Le Pin : 1880-1882.

2322.　　　**MAGNAT**, 1/2 s. A. — H. N.
B. 1875. — Angleterre.
Par *Hue-and-Cry-Shales*, 1/2 s. A., et une fille de Fire-Away, 1/2 s. A.
Le Pin : 1879.

2323.　　　**MATCHLESS**, 1/2 s. A. — H. N.
B. 1855. — Angleterre.
Par *Willesdin*, 1/2 s. A., et une 1/2 s. A.
Le Pin : 1862. — Saint-Lô : 1863-1869.

2324.   **MATCHLESS II**, 1/2 s. A. — H. N.
Al. 1862. — Angleterre.
Par *Matchless*, 1/2 s. A., et une fille de Flying-Buck, 1/2 s. A.
Le Pin : 1869-1871.

2325.   **MERRY-LEGGS**, 1/2 s. A.
Approuvé : Mis de Croix.
B. 1855. — Angleterre.
Le Pin : 1864-1865.

2326.   **MERRY-LEGGS**, 1/2 s. A. — H. N.
B. 1875. — Angleterre.
Le Pin : 1880-1882 (Rosières en 1883).

2327.   **MIRACLE**, 1/2 s. A. — H. N.
Bb. 1837. — Angleterre.
Par *Rainbow*, 1/2 s. A., et une fille de Camel, 1/2 s. A.
Saint-Lô : 1844-1848.

2328.   **MORGAN**, 1/2 s. Am. — H. N., 1863.
Approuvé : M. Herbin, 1864.
N. 1857. — Amérique.
Par *Y. Morril*, 1/2 s. Am., et une fille de The Black-Hank-Horse,
1/2 s. Am.
Saint-Lô : 1863-1864.

2329.   **MOUNTEBANK**, 1/2 s. A. — H. N.
B. 1831. — Angleterre.
Par *Belzoni*, P. S. A., et *Pantomime*, 1/2 s. A., par Grimaldi, P. S. A.
Le Pin : 1835-1840 (Cluny en 1881).

2330.   **MULTUM-IN-PARVO**, 1/2 s. A. — H. N.
Bb. 1842. — Angleterre.
Par *Whalebone*, P. S. A. et une 1/2 s. A.
Le Pin : 1851-1852.

2331.   **NAPIER**, 1/2 s. A. — H. N.
B. 1863. — Angleterre.
Par *Catton*, 1/2 s. A., et une fille de Old-Phœnomenon, 1/2 s. A.
Sa grand'mère : fille de Old-Fire-Away, 1/2 s. A.
Saint-Lô : 1869-1872 (Montiérender en 1873).

2332.   **NORFOLK-HERO**, 1/2 s. A. (approuvé).
M. de Montauzan.
N. 1872. — Angleterre.
Le Pin : 1880-1881.

2333. **NORFOLK-TROTTER**, 1/2 s. A. — H. N.
Bb. 1867. — Angleterre.
Par *Tice's-Prickwillow*, 1/2 s. A., et Samuel-Grimmeïs, 1/2 s. A.
Le Pin : 1875-1888.

2334. **NORTH-STAR**, 1/2 s. A. — H. N.
Al. 1877. — Angleterre.
Le Pin : depuis 1882.

2335. **OBÉRON**, 1/2 s. Al. — H. N.
B. 1826. — Allemagne.
Par *Actæus*, P. S. A., et une 1/2 s. M.
Le Pin : 1834-1841 (Strasbourg en 1842).

2336. **OCTAVIUS**, 1/2 s. A. — H. N.
B. 1831. — Angleterre.
Par *Octavius*, P. S. A., et une 1/2 s. A.
Le Pin : 1838-1841 (Montiérender en 1842).

2337. **OLIVIER-CROMWEL**, 1/2 s. A. — H.N.
B. 1832. — Angleterre.
Le Pin : 1839-1847 (Braisne en 1848).

2338. **PERFORMER**, 1/2 s. A. — H. N.
Bb. 1834. — Angleterre.
Par *Performer*, 1/2 s. A., et une fille d'Old-Président, 1/2 s. A.
Le Pin : 1844-1855.

2339. **PERFORMER**, 1/2 s. A. — H. N.
Aub. 1872. — Angleterre.
Par *Performer*, 1/2 s. A., et une fille de Norfolk-Champion, 1/2 s. A.
Seine-Inférieure : 1878-1879. — Le Pin : 1880-1881.

2340. **PHILOSOPHE**, 1/2 s. B. (approuvé).
M. Belloir.
B. 1878. — Ille-et-Vilaine.
Par *Richepanse*, 1/2 s. N., et une fille de Champaubert, 1/2 s. N.
Saint-Lô : depuis 1882.

2341. **PHŒNOMENON**, 1/2 s. A. — H. N.
Al. 1875. — Angleterre.
Le Pin : 1882-1890.

2342. **PIMLICO**, 1/2 s. A. — H. N.
B. 1855. — Angleterre.
Saint-Lô : 1863-1873.

2343.   **POLKANTCHICK**, 1/2 s. R.
MM. de Günsburg et Popoff.
Gr. 1871. — Russie.
Par *Dujak*, 1/2 s. R., et *Zabara*, 1/2 s. R.
Le Pin : 1881-1882.

2344.   **PRÉSIDENT**, 1/2 s. A. — M. Ballière.
B. 1871. — Angleterre.
Par *Bay-Président*, 1/2 s. A., et la mère de Wildfire.
Sa grand'mère : mère de Greenwich-Cob.
Le Pin : 1875-1883.

2345.   **PRETENDER**, 1/2 s. A. — H. N.
B. 1823. — Angleterre.
Par *Holme*, P. S. A., et une fille de King-of-the-Country, 1/2 s. A.
Le Pin : 1830-1841 (Strasbourg en 1842).

2346.   **PRETENDER**, 1/2 s. A. — H. N.
Al. 1859. — Angleterre.
Le Pin : 1865-1881.

2347.   **PRICKWILLOW I**er, 1/2 s. A. — H. N.
B. 1870. — Angleterre.
Par *Saint-Giles*, et une 1/2 s. A., par Sir-Charles.
Saint-Lô : 1876-1886.

2348.   **PRICKWILLOW II**, 1/2 s. A. — H. N.
Al. 1872. — Angleterre.
Par *Tice's-Prickwillow*, 1/2 s. A., et une 1/2 s. A.,
par Prince-Batthiany, P. S. Ar.
Saint-Lô : 1880-1886.

2349.   **PRIDE-OF-THE-NORTH**, 1/2 s. A.
H. N.
Bb. 1857. — Angleterre.
Saint-Lô : 1862.

2350.   **RAINBOW**, 1/2 s. A. — H. N.
B. 1851. — Angleterre.
Le Pin : 1862-1863.

2351.   **RAPID-ROAN**, 1/2 s. A. — H. N.
Ro. 1861. — Angleterre.
Par *Y. Performer*, 1/2 s. A., et *Lady-Bird*, P. S. A.
Le Pin : 1875-1882.

2352.   **ROBIN-HOOD**, 1/2 s. A. — H. N.
B. 1844. — Angleterre.
Par *Swift*, 1/2 s. A., et une 1/2 s. A.
Le Pin : 1852-1865 (La Roche-sur-Yon en 1866).

2353.   **RUBENS**, 1/2 s. A. — H. N.
B. 1844. — Angleterre.
Par *Tiger*, P. S. A., et une fille de Volunteer, 1/2 s. A.
Saint-Lô : 1853-1856.

2354.   **SALEM**, 1/2 s. Ar. (approuvé).
M. Langlois, 1873. — H. N., 1874.
Gr. 1866. — Afrique.
Saint-Lô : 1873 (La Roche-sur-Yon en 1874).

2355.   **SARCUS**, 1/2 s. — H. N.
Bb. 1873. — Oise.
Par *Bayard*, 1/2 s. N., et une fille de Fidèle-au-Malheur,
1/2 s. N.
Sa grand'mère : Forfeta, P. S. A., par Harkaway.
Seine-Inférieure : 1879. — Le Pin : 1880-1889.

2356.   **SCHAMYL**, 1/2 s. L. — H. N.
Al. 1868. — Haute-Vienne.
Par *Narvaëz*, 1/2 s. N., et une fille de Malton, P. S. A.
Saint-Lô : 1875-1882.

2357.   **SERENADER**, 1/2 s. A. — H. N.
Al. 1851. — Angleterre.
Par *The Troubadour*.
Le Pin : 1862-1863 (Lamballe en 1864).

2358.   **SERIOSNOY**, 1/2 s. R. — H. N.
Gr. 1863. — Russie.
De race Orloff.
Seine-Inférieure : 1872.

2359.   **SGANARELLE**, 1/2 s. V. — H. N.
Bb. 1852. — Vendée.
Par *Molière*, 1/2 s. N., et une 1/2 s. V., par Talma, 1/2 s. A.
Le Pin : 1856-1861 (Charleville en 1862).

2360.   **SHALES**, 1/2 s. A. — H. N.
Al. 1857. — Angleterre.
Le Pin : 1864-1878.

2361.   **SHAMROCK**, 1/2 s. A. — H. N.
Al. 1870. — Angleterre.
Par *Sheperd F. Knapp*, 1/2 s. Am., et White-Stockings, 1/2 s. A.
Saint-Lô : depuis 1874.

2362. **SIR EDWIN LANDSYER**, 1/2 s. A. — H. N.
N. 1862. — Angleterre.
Par *Fire-Away*, 1/2 s. A., et une fille de Cliff-Fire-Away, 1/2 s. A.
Sa grand'mère : fille de l'erformer, 1/2 s. A.
Saint-Lô : 1869-1880.

2363. SIR HENRY-DIMSDALE, 1/2 s. A. — H. N.
Gr. 1834. — Angleterre.
Par *Old Président*, 1/2 s. A., et une fille de Camel, P. S. A.
Saint-Lô : 1845-1852.

2364.   **SIR MATHEW**, 1/2 s. A. — H. N.
B. 1873. — Angleterre.
Par *Sir Hercules*, P. S. A., et une fille de Tharston.
Saint-Lô : 1880-1884.

2365. **SMOLENSK**, 1/2 s. R. (approuvé). — M. Magniez.
Gr. 1858. — Russie.
Par *Krolich I*.
Seine-Inférieure : 1869.

2366.   **SNAP**, 1/2 s. A. — H. N.
B. 1851. — Angleterre.
Par *Haughton-Merry-Leggs* et une fille de Président.
Saint-Lô : 1856-1864.

2367. **SPEECH**, ex-**SULTAN**, 1/2 s. V. — H. N.
B. 1874. — Vendée.
Par *Lahire*, 1/2 s. N., et une 1/2 s. V., par Jambes-d'Argent,
1/2 s. N.
Seine-Inférieure : 1878-1879.

2368.   **SPORTSMAN**, 1/2 s. A. — H. N.
Bb. 1853. — Angleterre.
Par *The Steamer*.
Saint-Lô : 1862-1865.

2369.   **TALLY-HO**, 1/2 s. A. — H. N.
Ro. 1885. — Angleterre.
Par *Tally-Ho*, et une jument irlandaise.
Le Pin : depuis 1890.

2370.	**TALMA**, 1/2 s. A. — H. N.
B. 1822. — Angleterre
Par un 1/2 s. A. et une P. S. A.
Saint-Lô : 1836-1845. — Le Pin : 1846.

2371.	**TAMBOW**, 1/2 s. R.
Bb. 1870. — Russie.
Le Pin : 1880-1881.

2372.	**TELEGRAPH**, 1/2 s. A. — H. N.
Al. 1844. — Angleterre.
Par *Old Phœnomenon* et une fille de Old Gramby.
Le Pin : 1851-1858.

2373.	**TELEGRAPH**, 1/2 s. A. — H. N.
Al. 1864. — Angleterre.
Par *Telegraph.* 1/2 s. A., et une fille de Joseph-Andren.
Le Pin : 1869-1870.

2374.	**THE COLONEL**, 1/2 s. A. — H. N.
Ro. 1850. — Angleterre.
Par *Phœnomenon*, 1/2 s. A., et une fille de Y. Darnley.
Sa grand'mère : 1/2 s. par Y. Emilius, P. S. A.
Sa bisaïeule : fille de Old-Norfolk-Phœnomenon, 1/2 s.
Sa trisaïeule : fille de Old-Pretender, 1/2 s.
Le Pin : 1856-1863.

2375.	**THE DRUM-MAJOR**, 1/2 s. A. — H. N.
B. 1833. — Angleterre.
Le Pin : 1839-1841 (Saint-Maixent en 1842).

2376.	**THE GREAT-WESTERN**, 1/2 s. A.
H. N.
Bb. 1847. — Angleterre.
Par *The Steamer*, P. S. A., et une fille de The General, 1/2 s.
Le Pin : 1852-1861 (Blois en 1862).

2377.	**THE MILLER**, 1/2 s. A. — H. N.
Aub. 1875. — Angleterre.
Le Pin : 1879.

2378.	**THE MONK**, 1/2 s. A. — H. N.
Bb. 1859. — Ecosse.
Saint-Lô : 1866-1868.

20

2379.   **THE NEMROD**, 1/2 s. A. — H. N.
B. 1849. — Angleterre.
Par *Fowler*, 1/2 s. A.
Le Pin : 1853-1863.

2380.   **THE NORFOLK-CHAMPION**, 1/2 s. A.
H. N.
Gr. 1845. — Angleterre.
Par *Old-Phœnomenon*.
Le Pin : 1851-1852 (Abbeville en 1853).

2381.   **THE NORFOLK-CHAMPION**, 1/2 s. A.
(Approuvé). — M. d'Imbleval.
Gr. 1846. — Angleterre.
Par *Thenn* ou *Mersous*.
Seine-Inférieure : 1864.

2382. **THE NORFOLK-PHŒNOMENON**, 1/2 s. A.
H. N.
N. 1845. — Angleterre.
Par *Old-Phœnomenon*, 1/2 s. A.
Le Pin : 1851-1872.

2383.   **THE NORFOLK-STAR**, 1/2 s. A.
H. N.
B. 1855. — Angleterre.
Saint-Lô : 1860-1862 (Hennebont en 1863).

2384.   **THE REPEALER**, 1/2 s. A. — H. N.
Al. 1843. — Angleterre.
Par *Corch*, 1/2 s. A.
Le Pin : 1852-1858 (Lamballe en 1859).

2385.   **THYM**, 1/2 s. V. — H. N.
B. 1875. — Vendée.
Par *Glaneur*, *Kapirat II* ou *Karibon*, 1/2 s. N., et une 1/2 s. V.,
par *Vulgaire*, 1/2 s. N.
Saint-Lô : depuis 1879.

2386.   **TRÉSORIER**, ex-**TRÉSOR**, 1/2 s. V.
H. N.
B. 1875. — Vendée.
Par *Jambes-d'Argent*, 1/2 s. N., et une 1/2 s. V., par Molière,
1/2 s. N.
Saint-Lô : depuis 1879.

2387. **TRIP**, 1/2 s. A. — H. N.
Bb. 1862. — Angleterre.
Par *Fire-Away*, 1/2 s. A., et une fille de Performer, 1/2 s. A.
Sa grand'mère : fille de Phœnomenon.
Sa bisaïeule : fille de Eripeer.
Le Pin : 1865. — Saint-Lô : 1866-1875.

2388. **TROMPE-LA-MORT**, 1/2 s. Big. — H. N.
B. 1873. — Hautes-Pyrénées.
Par *Ceylon*, P. S .A., et une 1/2 s. Big., par Karchane, P. S. Ar.
Saint-Lô : 1878-1879.

2389. **TROTTEN-RATTLER**, 1/2 s. A. (approuvé).
M. Campion.
Bb. 1856. — Angleterre.
Seine-Inférieure : 1864-1876.

2390. **TURK**, 1/2 s. A. — H. N.
Bb. 1835. — Angleterre.
Le Pin : 1852-1853.

2391. **TURPEN**, 1/2 s. A. — H. N.
B. 1860. — Angleterre.
Le Pin : 1865-1867.

2392. **TURPIN**, 1/2 s. A. — H. N.
B. 1845. — Angleterre.
Par *Haughton-Merry-Leggs*, 1/2 s. A., et une fille de Benninbrough.
Saint-Lô : 1851-1858 (Cluny en 1859).

2393. **ULBACH**, 1/2 s. V. — H. N.
E. 1876. — Vendée.
Par *Glaneur*, P. S. A., et une 1/2 s. V., par John-Bull, 1/2 s. N.
Sa grand'mère : 1/2 s. Irl.
Le Pin : 1880-1888.

2394. **VASKA**, 1/2 s. R. — H. N.
Eb. 1861. — Russie.
Le Pin : 1868-1870.

2395. **VAUBAN**, 1/2 s. — H. N.
B. 1855. — Sarthe.
Par *Igor*, 1/2 s. N., et une 1/2 s., par Y. Rattler, 1/2 s. A.
Saint-Lô : 1859-1863.

2396. **VESPER**, 1/2 s. A. — H. N.
Ro. 1885. — Angleterre.
Par *Roan-Confidence* et *Hurdle*.
Le Pin : depuis 1890.

2397. VIDAME, 1/2 s. V. (approuvé). — M. de La Ville.
Al. 1877. — Vendée.
Par *Kapirat II*, 1/2 s. N., et une 1/2 s. V., par Acacia, 1/2 s. N.
Saint-Lô : 1881.

2398. VOROJEY, 1/2 s. R. (approuvé). — M. Samson.
Gr. 1871. — Russie.
Par *Granite*, 1/2 s. R., et *Dossanitza*, 1/2 s. R.
Sa grand'mère : Groza, 1/2 s. R.
Sa bisaïeule : Tcharodieïka, 1/2 s. R.
Le Pin : 1881-1886.

2399. **WANDERER**, 1/2 s. A. — H. N.
B. 1840. — Angleterre.
Par *Mad*.
Le Pin : 1852-1863.

2400. **WASHINGTON**, 1/2 s. Al.
(Approuvé : MM. Baudouin, 1868 ; Gaillard, 1882.)
H. N., 1883.
N. 1864. — Prusse.
Par *Washington*, 1/2 s., de race Trakehnen, et *Préciosa*, 1/2 s.,
de race Trakehnen.
(Washington, par The Cryer, P. S. A., et Thalestris, de race Tra-
kenhen, par Blackamoor, ex-Rana, P. S. A.)
Saint-Lô : 1868-1887.

2401. **WATTON**, 1/2 s. A. — H. N.
Ro. 1864. — Angleterre.
Le Pin : 1873-1875.

2402. **WESTMINSTER**, 1/2 s. A. — H. N.
Aub. 1874. — Angleterre.
Le Pin : depuis 1881.

2403. **WILDFIRE**, 1/2 s. A. — H. N.
Ro. 1846. — Angleterre.
Par *Old-Phœnomenon*, 1/2 s. A., et *Fareway*, 1/2 s. A.
Le Pin : 1851-1854.

2404. **WILDFIRE**, 1/2 s. A. — H. N.
Al. 1854. — Angleterre.
Par *The Troubadour*, 1/2 s. A.
Le Pin, en 1862 et 1865 (Lamballe en 1863, 1864 et 1866).

2405. **Y. AMBITION**, 1/2 s. A. — H. N.
Aub. 1873. — Angleterre.
Seine-Inférieure : 1878-1879. — Le Pin : 1880-1881.

2406. **Y. BRILLIANT**, 1/2 s. A. — H. N.
Bb. 1850. — Angleterre.
Par *Brilliant*, P. S. A., et *Champagne*, 1/2 s. A.
Le Pin : 1856-1857 (La Roche-sur-Yon en 1858).

2407. **Y. CYDNUS**, 1/2 s. A. — H. N.
Al. 1828. — Angleterre.
Par *Cydnus*, P. S. A., et une 1/2 s. A.
Saint-Lô : 1835-1846.

2408. **Y. DEFENSE**, 1/2 s. A. — H. N.
B. 1829. — Angleterre.
Par *Grand-Turc*, 1/2 s. A., et une fille de Driver, 1/2 s. A.
Saint-Lô : 1844-1850.

2409. **Y. FIRE-AWAY**, 1/2 s. A. — H. N.
Bb. 1875. — Angleterre.
Le Pin : 1881-1885.

2410. **Y. GABERLUNZIE**, 1/2 s. A. — H. N.
B. 1830. — Angleterre.
Par *Gaberlunzie*, P. S. A., et une 1/2 s. du Cleveland.
Saint-Lô : 1834-1852.

2411. **Y. GARIBALDI**, 1/2 s. A. — H. N.
Al. 1872. — Angleterre.
Par *Garibaldi*, 1/2 s. A., et une fille de Vilox.
Saint-Lô : 1877-1890 (Lamballe en 1891).

2412. **Y. GOBBO**, 1/2 s. A. — H. N.
B. 1849. — Angleterre.
Par *Gobbo*, 1/2 s. A., et une fille de Paul-Pry.
Le Pin : 1857-1859 (Saintes en 1860).

2413. **Y. NAYLOR**, 1/2 s. A. — H. N.
Bb. 1847. — Angleterre.
Par *Nimrod*, 1/2 s. A., et une fille de Old-Barnaby.
Saint-Lô : 1853-1863.

2414.   Y. ORVILLE, 1/2 s. A. — H. N.
Ro. 1837. — Angleterre.
Par *Rainbow*, P. S. A., et une 1/2 s. A., par Grey-Orville, P. S. A.
Le Pin : 1844-1848 (Lamballe en 1849).

2415.   Y. PERFORMER, 1/2 s. A. — H. N.
B. 1855. — Angleterre.
Par Y. *Pretender*, 1/2 s. A., et une fille de Norfolk-Phœnomenon,
1/2 s. A.
Sa grand'mère : 1/2 s. A., par Catton, P. S. A.
Saint-Lô : 1865-1870.

2416.   Y. PHŒNOMENON, 1/2 s. A. — H. N.
B. 1857. — Angleterre.
Par *Phœnomenon*, 1/2 s. A., et une 1/2 s. A.
Saint-Lô : 1864-1870 (Pau en 1871).

2417.   Y. PHŒNOMENON, 1/2 s. A. — H. N.
Bb. 1857. — Angleterre.
Par *Wildfire*, 1/2 s. A.
Le Pin : 1862-1863.

2418.   Y. QUICK-SILVER, 1/2 s. A.
(Approuvé). — M. Merlin.
Ro. 1860. — Angleterre.
Par *Quick-Silver*, 1/2 s. A.
Le Pin : 1880.

2419.   Y. RAINBOW, 1/2 s. A. — H. N.
B. 1824. — Angleterre.
Par *Rainbow*, P. S. A., et une fille de Old-Runaway.
Saint-Lô : 1839-1843.

2420.   Y. RED-DEER, 1/2 s. Irl. — H. N.
Al. 1868. — Irlande.
Par *Red-Deer*, P. S. A., et une fille de Reymard, 1/2 s. A.
Saint-Lô : 1873.

2421.   Y. SHALES, 1/2 s. A. — H. N.
B. 1858. — Angleterre.
Par *Shales*, 1/2 s. A.
Le Pin : 1867-1869.

2422.   Y. SHALES II, 1/2 s. A. — H. N.
B. 1863. — Angleterre.
Par *Quick-Silver*, 1/2 s. A., et une fille de Performer, 1/2 s. A.
Le Pin : 1869-1876.

2423. **Y. SUPERIOR**, 1/2 s. Irl. — H. N.
B. 1840. — Irlande.
Par *Superior*, 1/2 s. A.
Le Pin : 1851-1854.

2424. **Y. SYMMETRY**, 1/2 s. A. — H. N.
B. 1830. — Angleterre.
Par *Old-Symmetry*, 1/2 s. A.
Saint-Lô : 1838-1851.

2425. **Y. VOLUNTEER**, 1/2 s. A. — H. N.
Al. 1861. — Angleterre.
Par *Fire-Away*, 1/2 s. A.
Le Pin : 1867-1870 (Tarbes en 1871).

3°

ÉTALONS DE DEMI-SANG

AYANT FAIT LA MONTE EN NORMANDIE

MAIS POUR LESQUELS IL N'A ÉTÉ POSSIBLE DE RETROUVER NI L'ORIGINE
NI LE LIEU DE NAISSANCE

MAIS

2426

2427

2428

2429

2430

2431

2432

ÉTALONS DE DEMI-SANG

Ayant fait la monte en Normandie

MAIS POUR LESQUELS IL N'A ÉTÉ POSSIBLE DE RETROUVER NI L'ORIGINE
NI LE LIEU DE NAISSANCE

2426. **ABDALLAH** (approuvé). — M. du Chatel.
B. 1853.
Saint-Lô : 1859-1860.

2427. **ACHILLE** (approuvé). — M. Perpère.
Gr. 1861.
Le Pin : 1866-1873.

2428. **AGRICOLE** (approuvé). — M. Lecoq.
1852.
Saint-Lô : 1856.

2429. **AGUADO** (approuvé). — M. Blaise.
B. 1845.
Saint-Lô : 1850-1851.

2430. **AMBASSADEUR** (approuvé). — M. Le Vavasseur.
Al. 1839.
Saint-Lô : 1854-1855.

2431. **ARGENCES** (approuvé). — M. Le Normand.
B. 1853.
Saint-Lô : 1859. — Le Pin : 1860.

2432. **BAMBOCHE** (approuvé). — M. de Basly.
B. 1856.
Saint-Lô : 1860.

2433.   **BARÊME** (approuvé). — M. de Basly.
B. 1857.
Saint-Lô : 1861-1862.

2434.   **BATACLAN** (approuvé). — M. Marion.
B. 1856.
Saint-Lô : 1860.

2435.   **BÉBÉ** (approuvé). — M. de Vigneral.
Gr. 1858.
Le Pin : 1869-1871.

2436   **BERTHRAME** (approuvé). — M. Le Sénécal.
Al. 1856.
Saint-Lô : 1860-1861.

2437.   **BERTRAM** (approuvé). — M. de Royville.
B. 1842.
Saint-Lô : 1847-1850.

2438.   **BIGARREAU** (approuvé). — M. Laffitte.
B. 1867.
Le Pin : 1875-1879.

2439.   **BIRIBI** (approuvé). — M. Marion.
Bb. 1856.
Saint-Lô : 1860.

2440.   **BIRMINHAM** (approuvé). — M. Lecoq.
Gr. 1845.
Saint-Lô : 1850.

2441.   **BIRON** (approuvé). — M. Deslongchamps.
B. 1852.
Saint-Lô : 1856.

2442.   **BITUME** (approuvé). — M. Langlois.
N. 1843.
Saint-Lô : 1850-1860.

2443.   **BLAINVILLE** (approuvé). — M. Marion.
Al. 1853.
Saint-Lô : 1857-1859.

2444. **BON-ESPOIR** (approuvé). — M. Fardouët.
Gr. 1862.
Le Pin : 1867.

2445. **BON-TON** (approuvé). — M. Le Sénécal.
B. 1841.
Saint-Lô : 1848-1854.

2446. **BOUCANIER** (approuvé). — M. Marion.
B. 1856.
Saint-Lô : 1860-1861.

2447. **BOURGEOIS** (approuvé). — M. Théault.
Gr. 1840.
Saint-Lô : 1850-1853.

2448. **BOURGMESTRE** (approuvé). — M. de Basly.
Al. 1856.
Saint-Lô : 1860-1861.

2449. **BOUTON** (approuvé). — M. Le Sénécal.
B. 1841.
Saint-Lô : 1850-1854.

2450 **BRELAN** (approuvé). — M. de Basly.
Al. 1857.
Saint-Lô : 1861.

2451. **BROUGHAM** (approuvé). — M. Le Sénécal.
B. 1855.
Saint-Lô : 1859-1860.

2452. **BUISSON** (approuvé). — M. Marion.
Bb. 1853.
Saint-Lô : 1857-1858.

2453. **BUISSON** (approuvé). — M. Letourneur.
B. 1858.
Saint-Lô : 1863.

2454. **CABRION** (approuvé). — M. Le Sénécal.
B. 1842.
Saint-Lô : 1846.

2455. **CAMISARD** (approuvé). — M. Buhot.
B. 1842.
Saint-Lô : 1846-1847.

2456. **CAMISARD** (approuvé). — M. d'Aprigny.
B. 1854.
Saint-Lô : 1859.

2457. **CANDIDAT** (approuvé). — M. Mauger.
B. 1851.
Saint-Lô : 1855.

2458. **CAP DE MAURE** (approuvé). — M. de Basly.
B. 1854.
Saint-Lô : 1858-1859.

2459. **CARNASSIER** (approuvé). — M. Lechevalier.
B. 1852.
Saint-Lô : 1856-1857.

2460. **CARNAVAL** (approuvé). — M. de Basly.
B. 1852.
Saint-Lô : 1858.

2461. **CARPIQUET** (approuvé). — M. d'Aprigny.
B. 1852.
Saint-Lô : 1857-1858.

2462. **CHARLES** (approuvé). — M. de Lallée.
B. 1841.
Saint-Lô : 1846-1847.

2463. **CHARLOT** (approuvé). — M. Castel.
B. 1851.
Saint-Lô : 1855-1856.

2464. **CHESTERFIELD** (approuvé). — M. Le Sénécal.
B. 1851.
Saint-Lô : 1856-1857.

2465. **CLOVIS** (approuvé). — M. de Basly.
B. 1852.
Saint-Lô : 1856.

2466. **CODRUS** (approuvé). — M. Marion.
Gr. 1858.
Saint-Lô : 1862.

2467. **COLON** (approuvé). — M. Vallée.
B. 1860.
Le Pin : 1864-1871.

2468. **COLONEL** (approuvé). — M. Carbonnel.
Bb. 1836.
Saint-Lô : 1856-1858.

2469. **COLONEL** (approuvé). — Mme Carbonnel.
B. 1847.
Saint-Lô : 1861-1863.

2470. **CONDÉ** (approuvé). — M. Duval.
B. 1855. — Manche.
Saint-Lô : 1860-1861.

2471. **CORBIN.** — H. N.
B. 1864.
Saint-Lô : 1871 (Montiérender en 1872).

2472. **CRÉANCIER** (approuvé). — M. Créances.
B. 1852.
Saint-Lô : 1858-1860.

2473. **CRÉSUS** (approuvé). — M. Laumonier.
Bb. 1850.
Saint-Lô : 1854-1857.

2474. **CULTOR** (approuvé). — M. Castel.
N. 1860.
Saint-Lô : 1867-1868.

2475. **CYDNUS** (approuvé). — M. Buhot.
Al. 1847.
Saint-Lô : 1852-1855.

2476. **DAMAS** (approuvé). — M. Houssin.
B. 1859.
Le Pin : 1863.

2477.   **DAMIER** (approuvé). — M. Simon.
B. 1859.
Le Pin : 1863-1866.

2478.   **DIAMANT** (approuvé). — M. Léger.
B. 1842.
Saint-Lô : 1846-1847.

2479.   **DIOMÈDE** (approuvé). — M. de Royville.
B. 1842.
Saint-Lô : 1847.

2480.   **DIOMÈDE** (approuvé). — M. Raquidel.
B. 1847.
Saint-Lô : 1853.

2481.   **DIOMÈDE** (approuvé). — Mme Duchemin.
N. 1849.
Saint-Lô : 1853-1855.

2482.   **DIOMÈDE** (approuvé). — M. Deslongchamps.
B. 1852.
Saint-Lô : 1856.

2483.   **DISTINGUÉ** (approuvé). — M. Chéradame.
B. 1849.
Le Pin : 1859-1870.

2484.   **DJEMMA** (approuvé). — M. D'Arthenay.
B. 1842.
Saint-Lô : 1847

2485.   **DON-QUICHOTTE** (approuvé). — M. Marion.
B. 1840.
Saint-Lô : 1844.

2486.   **DON-QUICHOTTE** (approuvé).
M. Laumonier.
B. 1848.
Saint-Lô : 1853-1854.

2487.   **EASTHAM** (approuvé). — M. Camus.
B. 1845.
Saint-Lô : 1850.

2488. **ELIM** (approuvé). — M. Le Sénécal.
B. 1848.
Saint-Lô : 1852.

2489. **ESCULAPE** (approuvé). — M. Le Vavasseur.
B. 1853.
Saint-Lô : 1857.

2490. **ESSEX** (approuvé). — M. Le Sénécal.
B. 1857.
Saint-Lô : 1861.

2491. **EXTRÊME** (approuvé). — M. Marion.
Bb. 1844.
Saint-Lô : 1850.

2492. **FARMER** (approuvé). — M. Simon.
Bb. 1860.
Le Pin : 1864-1866.

2493. **FAVORI** (approuvé). — M. Oblin.
B. 1850.
Saint-Lô : 1854-1857.

2494. **FÉLIN** (approuvé). — M. Lechartier.
B. 1841.
Saint-Lô : 1846-1847.

2495. **FÉLIX** (approuvé). — M. Le Sénécal.
B. 1842.
Saint-Lô : 1846-1847.

2496. **FERMIER** (approuvé). — M. Lechartier.
B. 1837.
Saint-Lô : 1842-1843.

2497. **FORTUNÉ** (approuvé). — M. Marion.
B. 1837.
Saint-Lô : 1842-1846.

2498. **FORTUNÉ** (approuvé). — M. Marion.
B. 1856.
Saint-Lô : 1860-1861.

2499. **FOULQUES** (approuvé). — M. Chéradame.
B.
Le Pin : 1866-1870.

2500. **FRANCONI** (approuvé). — M. Morin.
Gr. 1844
Saint-Lô : 1850-1856.

2501. **FRANKLIN** (approuvé). — M. Le Sénécal.
B. 1852.
Saint-Lô : 1856-1858.

2502. **FRIEDLAND** (approuvé). — M. Le Sénécal.
B. 1842.
Saint-Lô : 1846-1847.

2503. **FRITZ** (approuvé). — M. Simon.
Bb. 1859.
Le Pin : 1864-1865.

2504. **GABERLUNZIE** (approuvé). — M. Lechevallier.
Gr. 1842.
Saint-Lô : 1847-1851.

2505. **GAMIN** (approuvé). — M. du Poirier.
B. 1845.
Saint-Lô : 1850-1853.

2506. **GEORGES** (approuvé). — M. Montreuil.
Gr. 1859.
Le Pin : 1864.

2507. **GERMANICUS** (approuvé). — M. Foyot.
B. 1862.
Le Pin : 1866-1867.

2508. **GLORIEUX** (approuvé). — M. Hamel.
Gr. 1825.
Saint-Lô : 1832-1842.

2509. **GLORIEUX** (approuvé). — M. Alexandre.
Gr. 1838.
Saint-Lô : 1843-1858.

2510. **GRIMACE** (approuvé). — M. Le Sénécal.
Gr. 1846.
Saint-Lô : 1850-1852.

2511. **GRIS** (approuvé). — M. Hamel.
Gr. 1839.
Saint-Lô : 1844-1850.

2512. **HARPALOS** (approuvé). — M. Marion.
Al. 1854.
Saint-Lô : 1858.

2513. **HENRI** (approuvé). — M. Perpère.
Gr. 1861.
Le Pin : 1866.

2514. **HENRI** (approuvé). — M. Perpère.
Gr. 1866.
Le Pin : 1871-1872.

2515. **HERCULE** (approuvé). — M. de Royville.
Bb. 1842.
Saint-Lô : 1846.

2516. **HIDALGO** (approuvé). — M. Le Sénécal.
B. 1844.
Saint-Lô : 1848.

2517. **HORACE** (approuvé). — M. Le Sénécal.
B. 1852.
Saint-Lô : 1857-1862.

2518. **HOTMAN** (approuvé). — M. Lahougue.
B. 1840.
Saint-Lô : 1856.

2519. **HUGUENOT** (approuvé). — M. Bachelier.
B. 1863.
Le Pin : 1868-1873.

2520. **HYACINTHE** (approuvé). — M. Couëtel.
N. 1841.
Saint-Lô : 1845-1846.

2521. **IMPÉRIAL** (approuvé). — M. Lechartier.
B. 1851.
Saint-Lô : 1862.

2522. **INCAS** (approuvé). — M. d'Aprigny.
Gr. 1843.
Saint-Lô : 1847-1848.

2523. **INCONSTANT** (approuvé). — M. Varin.
Bb. 1852.
Saint-Lô : 1856

2524. **INFATIGABLE** (approuvé). — M. Chevallier.
B. 1850. — Manche.
Saint-Lô : 1854-1857.

2525. **INKERMANN** (approuvé). — M. de Chivré.
Bb. 1852.
Saint-Lô : 1856-1866.

2526. **IRIS** (approuvé). — M. Bicot.
B. 1850.
Saint-Lô : 1854-1857.

2527. **IRIS** (approuvé). — M. Eudes.
B. 1852.
Saint-Lô : 1856.

2528. **IRWIN** (approuvé). — M. Morin.
B. 1843.
Saint-Lô : 1847.

2529. **ISMAËL** (approuvé). — M. Le Sénécal.
B. 1842.
Saint-Lô : 1846.

2530. **JASEUR** (approuvé). — M. Le Sénécal.
N. 1845.
Saint-Lô : 1849-1852.

2531. **JAU** (approuvé). — M. Marion.
N. 1857.
Saint-Lô : 1861.

2532. **JEAN-JACQUES** (approuvé). — M. Le Sénécal.
N. 1842.
Saint-Lô : 1846-1847.

2533. **JEAN-SANS-PEUR** (approuvé). — M. Bourget.
B. 1860.
Le Pin : 1865-1866.

2534. **JOCKO** (approuvé). — M. Marion.
B. 1852.
Saint-Lô : 1856.

2535. **JOÊ** (approuvé). — M. Chéradame.
Gr. 1856.
Le Pin : 1866-1878.

2536. **JOINVILLE** (approuvé). — M. Marion.
Bb. 1853.
Saint-Lô : 1857.

2537. **JOSIAS** (approuvé). — M. Le Sénécal.
Bb. 1843.
Saint-Lô : 1847.

2538. **KADOUR** (approuvé). — M. Le Sénécal.
B. 1856.
Saint-Lô : 1860-1861.

2539. **KALED** (approuvé). — M. Lechartier.
B. 1845.
Saint-Lô : 1850-1853.

2540. **KLÉBER** (approuvé). — M. de Basly.
Bb. 1845.
Saint-Lô : 1853-1860.

2541. **LANSQUENET** (approuvé). — M. Robert.
B. 1846.
Saint-Lô : 1857.

2542. **LE TOPPER** (approuvé). — M. Lebreton.
B. 1830.
Saint-Lô : 1835-1843.

2543. **LORD MORPETH** (approuvé). — M. de Royville.
Bb. 1838.
Saint-Lô : 1843.

2544 **LUCAIN** (approuvé). — M. Mauger.
B. 1852.
Saint-Lô : 1856.

2545. **LYCAS** (approuvé). — M. de Basly.
B. 1845.
Saint-Lô : 1849.

2546. **LYMODORE** (approuvé). — M. Lesueur.
Bb. 1845.
Saint-Lô : 1849-1856.

2547. **MAITRE** (approuvé). — M. Marion.
B. 1857.
Saint-Lô : 1862-1863.

2548. **MAJOR** (approuvé). — M. Buhot.
Al. 1851.
Saint-Lô : 1855-1856.

2549. **MARENGO** (approuvé). — M. Cosnefroy.
Gr. 1842.
Saint-Lô : 1847.

2550. **MARENGO** (approuvé). — M. Duval.
B. 1850.
Saint-Lô : 1856.

2551. **MARENGO** (approuvé). — M. Marion.
B. 1854.
Saint-Lô : 1858.

2552. **MARTIN** (approuvé). — M. Lagalle.
B. 1841.
Saint-Lô : 1846-1851.

2553. **MAZARA** (approuvé). — M. Castel.
Bb. 1856.
Saint-Lô : 1860.

2554. **MÉLÉAGRE** (approuvé). — M. d'Aprigny.
B. 1856.
Saint-Lô : 1860.

2555. **MENTOR** (approuvé). — M. Morin.
B. 1840.
Saint-Lô : 1846-1847.

2556. **MÉRINO** (approuvé). — M. Le Sénécal.
Bb. 1841.
Saint-Lô : 1846-1854.

2557. **MIGNON** (approuvé). — M. Fouché.
Bb. 1852.
Saint-Lô : 1856.

2558. **MILIANA** (approuvé). — M. du Chatel.
B. 1841.
Saint-Lô : 1847.

2559. **MILTON** (approuvé). — M. Le Sénécal.
B. 1852.
Saint-Lô : 1856

2560. **MONARQUE** (approuvé). — M. Morin.
B. 1850.
Saint-Lô : 1854.

2561. **MONARQUE** (approuvé). — M. Perpère.
Gr. 1863.
Le Pin : 1864-1870.

2562. **MONITOR**. — H. N.
B. 1859.
Le Pin : 1865-1873.

2563. **MON-PLAISIR** (approuvé). — M. Chéradame.
Bb. 1873.
Le Pin : 1880-1889.

2564. **MONSIEUR-DE-JUAYE** (approuvé).
M. Le Sénécal.
B. 1843.
Saint-Lô : 1847.

2565. **MOUSTACHE** (approuvé). — M. Fauteil.
Bb. 1852.
Saint-Lô : 1856.

2566. **MOUTON** (approuvé). — M. Tréquilly.
B. 1847.
Saint-Lô : 1852-1858.

2567. **MOUTON** (approuvé). — M. Lebouché.
N. 1847.
Saint-Lô : 1852-1853.

2568. **MOUTON** (approuvé). — M. de Chivré.
Gr. 1852.
Saint-Lô : 1859-1860.

2569. **MYRTHE** (approuvé). — M. Marion.
B. 1851.
Saint-Lô : 1856.

2570. **NACOT** (approuvé). — M. Chéradame.
Bb. 1866.
Le Pin : 1873-1875.

2571. **NAPOLÉON** (approuvé). — M. Marion.
B. 1842.
Saint-Lô : 1847-1848.

2572. **NASSAU** (approuvé). — M. de Basly.
B. 1847.
Saint-Lô : 1853.

2573. **NAVARRIN** (approuvé). — M. Marion.
B. 1856.
Saint-Lô : 1860-1861.

2574. **NAVIGATEUR** (approuvé). — M. Lemardelé.
Bb. 1852.
Saint-Lô : 1856.

2575 **NÈGRE** (approuvé). — M. Castel.
N. 1855.
Saint-Lô : 1859-1860.

2576. **NEWMARKET** (approuvé). — M. Guestel.
Bb. 1846.
Saint-Lô : 1864.

2577. **NOÈ** (approuvé). — M. Laumonier.
B. 1851.
Saint-Lô : 1856.

2578. **NOLUS** (approuvé). — M. Brion.
B. 1869.
Le Pin : 1873.

2579. **NORMAND** (approuvé). — M. Tirard.
B. 1847.
Saint-Lô : 1852-1854.

2580. **NOVATEUR** (approuvé). — M. Montreuil.
B. 1859.
Le Pin : 1863-1864.

2581. **N.**, par *Don Quichotte* (approuvé).
M. Deslongchamps.
B 1850.
Saint-Lô : 1855-1858.

2582. **N.**, par *Don-Quichotte* (approuvé). — M. Marion fils.
Bb. 1851.
Saint-Lô : 1855-1856.

2583. **N.** (approuvé). — M. Cossin.
B. 1833.
Saint-Lô : 1837-1846.

2584. **N.** (approuvé). — M. Bouchard.
B. 1836.
Saint-Lô : 1841-1843.

2585. **N.** (approuvé). — M. Buhot.
Bb. 1836.
Saint-Lô : 1841-1846.

2586. **N.** (approuvé). — M. Mondain.
B. 1837.
Saint-Lô : 1841-1842.

2587.

N. (approuvé). — M. Théault.
Gr. 1840.
Saint-Lô : 1849.

2588.

N. (approuvé). — M. Lechartier.
B. 1840.
Saint-Lô : 1844-1847.

2589.

N. (approuvé). — M. Hamel.
B. 1840.
Saint-Lô : 1849.

2590.

N. (approuvé). — M. Libran.
Gr. 1841.
Saint-Lô : 1849-1850.

2591.

N. (approuvé). — M. Esnée.
Bb. 1841.
Saint-Lô : 1847.

2592.

N. (approuvé). — M. Guérin.
B. 1842.
Saint-Lô : 1849.

2593.

N. (approuvé). — M. Delongray.
B. 1842.
Saint-Lô : 1848-1850.

2594.

N. (approuvé). — M Duguet.
B. 1843.
Saint-Lô : 1848-1850.

2595.

N. (approuvé). — M. Léger.
B. 1843.
Saint-Lô : 1849-1850.

2596.

N. (approuvé). — M. Canivet.
B. 1843.
Saint-Lô : 1850.

2597.

N. (approuvé). — M. Langlois.
N. 1843.
Saint-Lô : 1850.

2598.   **N.** (approuvé). — M. Michel.
B. 1844.
Saint-Lô : 1849-1850.

2599.   **N.** (approuvé). — M. Lemardelé.
B. 1844.
Saint-Lô : 1849-1850.

2600.   **N.** (approuvé). — M. Leblond.
B. 1844.
Saint-Lô : 1849.

2601.   **N.** (approuvé). — M. Vibert.
B. 1844.
Saint-Lô : 1849.

2602.   **N.** (approuvé). — M. Duhaut.
Al. 1844.
Saint-Lô : 1848-1849.

2603.   **N.** (approuvé). — M. Le Sénécal.
B. 1844.
Saint-Lô : 1848-1850.

2604.   **N.** (approuvé). — M. Lechartier.
B. 1845.
Saint-Lô : 1849-1850.

2605.   **N.** (approuvé). — M. Fortin.
B. 1845.
Saint-Lô : 1849.

2606.   **N.** (approuvé). — M. de Royville.
B. 1845.
Saint-Lô : 1849.

2607.   **N.** (approuvé). — M. Painchaud.
Gr. 1845.
Saint-Lô : 1849.

2608.   **N.** (approuvé). — M. Dartenay.
B. 1845.
Saint-Lô : 1849.

2609. N. (approuvé). — M. Lagalle.
B. 1845.
Saint-Lô : 1849.

2610. N. (approuvé). — M. du Poirier.
B. 1845.
Saint-Lô : 1849.

2611. N. (approuvé). — Mme Cossin.
B. 1845.
Saint-Lô : 1849-1850.

2612. N. (approuvé). — M. Blaise.
B. 1845.
Saint-Lô : 1849-1850.

2613. N. (approuvé). — M. Lecoq.
Al. 1845.
Saint-Lô : 1850.

2614. N. (approuvé). — M. Marion.
B. 1845.
Saint-Lô : 1850.

2615. N. (approuvé). — M. Guérin.
B. 1845.
Saint-Lô : 1850-1851.

2616. N. (approuvé). — M. Delabroize.
Gr. 1845.
Saint-Lô : 1850-1851.

2617. N. (approuvé). — M. Herbert.
B. 1845.
Saint-Lô : 1850-1851.

2618. N. (approuvé). — M. Lecoq.
Gr. 1845.
Saint-Lô : 1850-1851.

2619. N. (approuvé). — M. Vibert.
B. 1845.
Saint-Lô : 1850.

2620. **N**. (approuvé). — M. Buhot.
Al. 1846.
Saint-Lô : 1850.

2621. **N**. (approuvé). — M. d'Aprigny.
B. 1846.
Saint-Lô : 1850.

2622. **N**. (approuvé). — M. du Chatel.
B. 1846.
Saint-Lô : 1850.

2623. **N**. (approuvé). — M. Salles.
B. 1846.
Saint-Lô : 1850.

2624. **N**. (approuvé). — M. Mauger.
Al. 1850.
Saint-Lô : 1854.

2625. **N**. (approuvé). — M. Vigé.
Gr. 1850.
Saint-Lô : 1855-1856.

2626. **N**. (approuvé). — M. Brouard.
B. 1852.
Saint-Lô : 1856-1857.

2627. **N**. (approuvé). — M. Marc.
B. 1859.
Saint-Lô : 1863.

2628. **OBLIGEANT** (approuvé). — M. Morin.
B. 1849.
Saint-Lô : 1854-1856.

2629. **OCTAVE** (approuvé). — M. Brisset.
B. 1839.
Saint-Lô : 1844-1845.

2630. **ODACRE** (approuvé). — M. Herbert.
B. 1845.
Saint-Lô : 1850-1856.

2631. **ORATEUR** (approuvé). — M. Morin.
B. 1849.
Saint-Lô : 1854-1856.

2632. **ORLOFF** (approuvé). — Cte de Triquerville.
Bb. 1861.
Le Pin : 1875 (Compiègne en 1876).

2633. **ORNAC** (approuvé). — M. Leboiteux.
B. 1844.
Saint-Lô : 1850-1853.

2634. **OTHELLO** (approuvé). — M. du Chatel.
Gr. 1848.
Saint-Lô : 1852-1853.

2635. **OTHON II** (approuvé). — M. Bourget.
B. 1861.
Le Pin : 1866.

2636. **OUBLIÉ** (approuvé). — M. Marescot.
B. 1870.
Seine-Inférieure : 1874.

2637. **PARACELSE** (approuvé). — M. Marion.
B. 1857.
Saint-Lô : 1861.

2638. **PATERNO** (approuvé). — M. Duchemin.
N. 1854.
Saint-Lô : 1858.

2639. **PEERLESS** (approuvé). — M. Castel.
B. 1849.
Saint-Lô : 1854-1856.

2640. **PÉGASE** (approuvé). — M. Le Sénécal.
B. 1844.
Saint-Lô : 1850-1858.

2641. **PERFORMER** (approuvé). — M. de Beaucoudray.
B.
Saint-Lô : 1858.

2642. **PERRUQUIER** (approuvé). — M. de Basly.
B. 1849.
Saint-Lô : 1854-1858.

2643. **PÉTERSTROF** (approuvé). — M. Le Sénécal.
B. 1854.
Saint-Lô : 1858-1861.

2644. **PHOSPHORE** (approuvé). — M. Le Sénécal.
Al. 1849.
Saint-Lô : 1853.

2645. **PIRATE** (approuvé). — M. Le Sénécal.
Bb. 1848.
Saint-Lô : 1853-1854.

2646. **POPE** (approuvé). — M. Thorel.
B. 1835.
Saint-Lô : 1841-1844.

2647. **POPE** (approuvé). — M. Leguédois.
B. 1852.
Saint-Lô : 1856.

2648. **POTENTAT** (approuvé). — M. d'Heudières.
B. 1871.
Le Pin : 1875 (Angers en 1876).

2649. **PRÉFÉRÉ** (approuvé). — M. de Basly.
B. 1845.
Saint-Lô : 1853-1861.

2650. **PRETTY** (approuvé). — M. Castel.
Bb. 1849.
Saint-Lô : 1854-1857.

2651. **PRINTANO** (approuvé). — M. Le Sénécal.
Bb. 1848.
Saint-Lô : 1853-1854.

2652. **PROSCRIT** (approuvé). — M. Marion.
B. 1848.
Saint-Lô : 1853-1854.

2653. **PYLADE** (approuvé). — M. Marion.
Gr. 1841.
Saint-Lô : 1847-1852.

2654. **QUALIS** (approuvé). — M. Mauger.
B. 1850.
Saint-Lô : 1854-1857.

2655. **QUANDROS** (approuvé). — M. Poret.
Gr. 1854.
Saint-Lô : 1859-1860.

2656. **QU'EN-DIRA-T-ON?** (approuvé).
M. de Basly.
B. 1850.
Saint-Lô : 1855-1856.

2657. **QUIA** (approuvé). — M. Marion.
Gr. 1857.
Saint-Lô : 1861-1862.

2658. **QUIBUS** (approuvé). — M. Le Sénécal.
B. 1849.
Saint-Lô : 1853-1859.

2659. **QUINE** (approuvé). — M. Le Sénécal.
B. 1849.
Saint-Lô : 1854-1857.

2660. **QUINTAL** (approuvé). — M. de Basly.
Al. 1850.
Saint-Lô : 1854-1855.

2661. **QUINTILIEN** (approuvé). — M. de Basly.
B. 1850.
Saint-Lô : 1854.

2662. **QUOMODO** (approuvé). — M. de Basly.
B. 1850.
Saint-Lô : 1854

2663. **RABUTEAU** (approuvé). — M. Buhot.
Gr. 1854.
Saint-Lô : 1858.

2664. **RAILLEUR** (approuvé). — M. Jehenne.
B. 1848.
Saint-Lô : 1853-1857.

2665. **RAPHAËL** (approuvé). — M. Marion.
B. 1854.
Saint-Lô : 1858.

2666. **RAPIDE** (approuvé). — M. Mauger.
Al. 1851.
Saint-Lô : 1855-1856.

2667. **RATON** (approuvé). — M. de Basly.
Al. 1851.
Saint-Lô : 1855.

2668. **RAVIER** (approuvé). — M. Le Sénécal.
B. 1854.
Saint-Lô : 1858.

2669. **RÉGENT** (approuvé). — M. Le Sénécal.
B. 1851.
Saint-Lô : 1855-1856.

2670. **REGRETTÉ** (approuvé). — M. Le Sénécal.
Bb. 1840.
Saint-Lô : 1846-1847.

2671. **REGRETTÉ** (approuvé). — M. Le Sénécal.
B. 1846.
Saint-Lô : 1850.

2672. **RÉMUS** (approuvé). — M. Le Sénécal.
Al. 1850.
Saint-Lô : 1854-1857.

2673. **REPEALER** (approuvé). — M. Marion.
Al. 1854.
Saint-Lô : 1858-1859.

2674. **RÉSOLU** (approuvé). — M. Guérin.
Al. 1855.
Saint-Lô : 1860-1861.

2675.   **REVERDI** (approuvé). — M. du Chatel.
B. 1851.
Saint-Lô : 1855-1858.

2676.   **RIO** (approuvé). — M. Le Sénécal.
B. 1850.
Saint-Lô : 1854.

2677. **RISQUE-TOUT** (approuvé). — M. du Chatel.
B. 1851.
Saint-Lô : 1855-1859

2678.   **RIVAL** (approuvé). — M. de Basly.
Gr. 1846.
Saint-Lô : 1853.

2679.   **ROBINSON** (approuvé). — M. Marion.
B. 1855.
Saint-Lô : 1859.

2680.   **ROBINSON** (approuvé). — M. Chéradame.
Bb. 1861.
Le Pin : 1865.

2681.   **ROBUSTE** (approuvé). — M. Le Sénécal.
Gr. 1851.
Saint-Lô : 1855.

2682.   **RODRIGUES** (approuvé). — M. Bourget.
Gr. 1859.
Le Pin : 1865-1867.

2683.   **ROLLAND** (approuvé). — M. Le Sénécal.
Al. 1851.
Saint-Lô : 1855-1860.

2684.   **ROMULUS** (approuvé). — M. Lefebvre.
Bb. 1841.
Saint-Lô : 1845-1856.

2685.   **ROYAL-OAK** (approuvé). — M. Castel.
B. 1857.
Saint-Lô : 1861.

2686. **SACRISTAIN** (approuvé). — M. de Basly.
B. 1852.
Saint-Lô : 1856.

2687. **SAINT-GERMAIN** (approuvé). — M. Marion.
Gr. 1854.
Saint-Lô : 1858-1859.

2688. **SALOMON** (approuvé). — M. de Basly.
B. 1852.
Saint-Lô : 1856.

2689. **SAMSON** (approuvé). — M. de Basly.
B. 1852.
Saint-Lô : 1856-1857.

2690. **SANCHO** (approuvé). — M. Le Sénécal.
Bb. 1844.
Saint-Lô : 1848.

2691. **SANS-TACHE** (approuvé). — M. de Basly.
B. 1852.
Saint-Lô : 1856-1857.

2692. **SCAM** (approuvé). — M. Le Sénécal.
B. 1839.
Saint-Lô : 1843.

2693. **SÉBASTOPOL** (approuvé). — M. Viger.
N. 1853.
Saint-Lô : 1858-1859.

2694. **SIMON** (approuvé). — M. Marion.
B. 1857.
Saint-Lô : 1861.

2695. **SIR HENRY** (approuvé). — M. Lechartier.
B. 1848.
Saint-Lô : 1853-1854.

2696. **SIR WATSON** (approuvé). — M. Le Sénécal.
Bb. 1839.
Saint-Lô : 1846-1854.

2697.   **SOLIDE** (approuvé). — M. Chéradame.
B. 1860.
Le Pin : 1866-1871.

2698.   **SURPRENANT** (approuvé). — M. Lemulois.
B. 1857.
Saint-Lô : 1861.

2699.   **SYLVINO** (approuvé). — M. d'Arthenay.
B. 1842.
Saint-Lô : 1847.

2700.   **SYLVIO** (approuvé). — M. Mauger.
B. 1852.
Saint-Lô : 1856.

2701.   **TALMA** (approuvé). — M. Marion.
Gr. 1840.
Saint-Lô : 1846.

2702.   **TARRARE** (approuvé). — M. Pépin.
Bb. 1855.
Saint-Lô : 1859-1860.

2703.   **TARTARE** (approuvé). — M. Le Sénécal.
Bb. 1845.
Saint-Lô : 1849-1857.

2704.   **TAYLOR** (approuvé). — M. Le Sénécal.
Bb. 1852.
Saint-Lô : 1857-1858.

2705.   **TÉLÉMAQUE** (approuvé). — M. d'Arthenay.
Gr. 1841.
Saint-Lô : 1846-1847.

2706.   **TOURTEREAU** (approuvé). — M. de Basly.
B. 1853.
Saint-Lô : 1857-1858.

2707.   **TUDOR** (approuvé). — Mis de Cornulier.
N. 1875.
Saint-Lô : 1879.

2708.   **UGON** (approuvé). — M. Pépin.
B. 1851.
Saint-Lô : 1859-1864.

2709. **UKASE** (approuvé). — M. de Basly.
B. 1854.
Saint-Lô : 1858.

2710. **ULTRA** (approuvé). — M. de Basly.
B. 1854.
Saint-Lô : 1858-1859.

2711. **UNIFORME** (approuvé). — M. de Basly.
Bb. 1854.
Saint-Lô : 1858.

2712. **UNIVERSEL** (approuvé). — M. de Basly.
B. 1854.
Saint-Lô : 1858-1860.

2713. **UTOPISTE** (approuvé). — M. de Basly.
Bb. 1855.
Saint-Lô : 1859.

2714. **VAILLANT** (approuvé). — M. Lechartier.
B. 1848.
Saint-Lô : 1853-1861.

2715. **VAILLANT** (approuvé). — M. Le Sénécal.
B. 1848.
Saint-Lô : 1860.

2716. **VALENCIENNES** (approuvé). — M. Marion.
B. 1851.
Saint-Lô : 1859-1860.

2717. **VALMY** (approuvé). — M. de Basly.
Al. 1856.
Saint-Lô : 1860.

2718. **VAMPIRE** (approuvé). — M. Marion.
B. 1855.
Saint-Lô : 1859.

2719. **VAN-HORICK** (approuvé). — M. de Basly.
Al. 1855.
Saint-Lô : 1859.

2720. **VATICAN** (approuvé). — M. Marion.
Al. 1854.
Saint-Lô : 1858.

2721. **VAUTOUR** (approuvé). — M. Mauger.
Bb. 1835.
Saint-Lô : 1840-1847.

2722. **VÉRITÉ** (approuvé). — M. Marion.
B. 1855.
Saint-Lô : 1859.

2723. **VIGILANT** (approuvé). — M. Marion.
B. 1855.
Saint-Lô : 1859-1860.

2724. **VILLONS** (approuvé). — M. Marion.
B. 1853.
Saint-Lô : 1857.

2725. **VOL-AU-VENT** (approuvé). — M. de Basly.
B. 1852.
Saint-Lô : 1856.

2726. **VOLONTAIRE** (approuvé). — M. Le Sénécal.
Bb. 1839.
Saint-Lô : 1845-1867.

2727. **VOLONTAIRE** (approuvé). — M. Tirard.
Bb. 1851.
Saint-Lô : 1855-1856.

2728. **WILIONS** (approuvé). — M. Marion père.
Saint-Lô : 1850.

2729. **Y. BALLINKEELE** (approuvé). — M. Marion.
Al. 1853.
Saint-Lô : 1857-1858.

2730. **Y. BURNING** (approuvé). — M. Leboiteux.
Bb. 1844.
Saint-Lô : 1855.

2731.   **Y. CYDNUS** (approuvé). — M. Le Sénécal.
B. 1842.
Saint-Lô : 1846.

2732.   **Y. CYDNUS** (approuvé). — M. Le Sénécal.
B. 1844.
Saint-Lô : 1848-1850.

2733.   **Y. EASTHAM** (approuvé). — M. Caré.
B. 1840.
Saint-Lô : 1849-1856.

2734. **Y. GABERLUNZIE** (approuvé). — M. Barbanchon.
Bb. 1836.
Saint-Lô : 1841-1846.

2735.   **Y. GEORGES** (approuvé). — M. Lepicard.
Bb. 1857.
Seine-Inférieure : 1861 et 1863-1867.

2736. **Y. HOSPODAR** (approuvé). — M. de Beaucoudray.
Al. 1854. — Orne.
Saint-Lô : 1859-1867.

2737. **Y. HYACINTHE** (approuvé). — M. Delongraye.
B. 1842.
Saint-Lô : 1846-1862.

2738.   **Y. KADMOR** (approuvé). — M. Marion.
B. 1853.
Saint-Lô : 1857-1858.

2739.   **Y. KURDE** (approuvé). — M. Le Sénécal.
Bb. 1852.
Saint-Lô : 1857-1858.

2740.   **Y. LE DEY** (approuvé). — M. de Bérenger.
Bb. 1837.
Saint-Lô : 1842-1846.

2741.   **Y. LUCAIN** (approuvé). — M. Castel.
B. 1851.
Saint-Lô : 1859-1861.

2742.   **Y. RAILLEUR** (approuvé). — M. Jehenne.
B. 1848.
Saint-Lô : 1855-1861.

2743.   **Y. REVELLER** (approuvé). — M. Lebrun.
Gr. 1841.
Saint-Lô : 1849-1850.

2744.   **Y. REVELLER** (approuvé). — M. Sibran.
Gr. 1844.
Saint-Lô : 1855-1863.

2745.   **ZÉPHIR** (approuvé). — M. Poret.
B. 1849.
Saint-Lô : 1853-1855.

2746.   **ZIG-ZAG** (approuvé). — M. Robert.
B. 1836.
Saint-Lô : 1856.

SECTION NORMANDE

APPENDICE

ÉTALONS DE PUR-SANG

AYANT FAIT LA MONTE EN NORMANDIE

ÉTALONS DE PUR-SANG

Ayant fait la monte en Normandie

2747. **ABDERHAM**, P. S. Ar.   S.B.F., t.V, p.519.
H. N.
Bl. 1862. — Orient. — Importé en 1876.
De race Hamdani-Semri.
Le Pin : 1877-1879.

2748. **ADOLPHO**, P. S. A.   S.B.F., t.II, p.2.
Cte d'Abzac.
B. 1848. — France.
Par *Polecat* et *Ablette*, par Agreeable.
Le Pin : 1871-1873.

2749. **ADOLPHUS**, P. S. A.   S.B.F., t.II, p.2.
H. N.
B. 1839. — France.
par *Royal-Oak* et *Anna*, par Godolphin.
Saint-Lô : 1845-1865.

2750. **AFFIDAVIT**, ex-**SIRAUDIN**,   S.B F., t.II, p.3.
P. S. A. — H. N.
Al. 1861. — France.
Par *Javelot* et *Dahlia*, par Caravan ou Nuncio.
Le Pin : 1867-1880.

2751. **ALBION**, P. S. A.   S.B.F., t.VII., p.2.
Mis du Hallay.
B. 1878. — France.
Par *Consul* et *The Abbess*, par Atherstone.
Le Pin : 1883-1884.

2752. **ALHAMBRA**, P. S. A. S.B.F., t.VIII, p.1.
M. Moreau-Chaslon.
B. 1879. — France.
Par *Consul* et *The Abbess*, par Atherstone.
Le Pin : 1886-1890.

2753. **ALI-BEY-ABOU-DJABAL**, S.B.F., t.VI, p.672.
ex-**SAMHAN**, P. S. Ar. — H. N.
Gr. 1868.
De la tribu des Beni-Sacr.
Saint-Lô : 1881 (Pompadour en 1882).

2754. **ALLA-KÉRIM**, P. S. Ar. S.B.F., t.VII, p.784.
H. N.
Al. 1877. — Orient. — Importé en 1882.
De race Giffli; sa mère Saglawie-Gedran.
Saint-Lô : 1882 (Rodez en 1883).

2755. **ANACHARSIS**, P. S. A. S.B.F., t.VII, p.3.
H. N.
B. 1877. — France.
Par *Vermouth* et *Anecdote*, par Fitz-Gladiator.
Saint-Lô : 1882-1889.

2756. **ANDROCLÈS**, P.S.A. S.B.F., t.V, p.1.
M. Moreau-Chaslon.
B. 1870. — France.
Par *Dollar* et *Alabama*, par Light ou Serious.
Le Pin : 1884.

2757. **ANGORA**, P. S. A. S.B.F., t.I, p.6.
H. N.
B. 1839. — France.
Par *Lottery* et *Young-Mouse*.
Saint-Lô : 1844.

2758. **APOLLON**, P. S. A. S.B.F., t.V, p.2.
M. Moreau-Chaslon.
Al. 1870. — France.
Par *Vermouth* et *Anecdote*, par Fitz-Gladiator.
Le Pin : 1884-1887.

2759. **AQUILIN**, P. S. A. S.B.F., t.VIII, p.2.
M. Balensi.
Bb. 1878. — France.
Par *Uhlan* et *Attraction*, par Argonaut.
Le Pin : 1884-1885.

2760. **ARGONAUT**, P. S. A.   S.B.F., t.II, p.8.
Bᵒⁿ de Schickler, 1868. — H. N., 1874.
B. 1859. — Angleterre. — Importé en 1867.
Par *Stockwell* et *Aphrodite*, par Bay-Middleton.
Saint-Lô : 1868-1880.

2761. **ASSAM**, P. S. Ar.   S.B.F., t.I, p.428.
H. N., 1850. — M. de Beaucoudray, 1863.
B. 1841. — Orient. — Importé en 1850.
Son père : Saklawi, arabe.
Sa mère : Djulfe, arabe.
Saint-Lô : 1854-1865.

2762. **ASSAULT**, P. S. A.   S.B.F., t.II, p.10.
H. N.
B. 1845. — Angleterre. — Importé en 1851.
Par *Touchstone* et *Ghuznee*, par Pantaloon.
Saint-Lô : 1855-1860.

2763. **ASTER**, P. S. A.   S.B.F., t.IV, p.2.
H. N.
Bb. 1863. — Angleterre. — Importé en 1874.
Par *Planet* et *Tidy*, par Irish-Birdcatcher.
Saint-Lô : 1875-1884.

2764. **ATHOS**, P. S. A.   S.B.F., t.II, p.10.
M. de Basly.
B. 1853. — France.
Par *Schamyl* et *Cochlea*, par Mameluke.
Saint-Lô : 1858.

2765. **ATLANTIC**, P. S. A.   S.B.F., t.IV, p.2.
Bᵒⁿ de Schickler.
Al. 1871. — Angleterre. — Importé en 1874.
Par *Thormanby* et *Hurricane*, par Wild-Dayrell.
Saint-Lô : depuis 1876.

2766. **ATLAS**, P. S. A.   S.B.F., t.III, p.2.
M. Frontin.
B. 1866. — France.
Par *The Nabob* et *Agar*, par Sting.
Le Pin : 1873 (exporté en 1873).

2767. **AUCKLAND**, P. S. A.   S.B.F., t.II, p.11
H. N.
Bb. 1839. — Angleterre. — Importé en 1852.
Par *Touchstone* et *Maid-of-Honor*, par Champion.
Saint-Lô : 1853 (Abbeville en 1854). Paris 1858.

2768. **AUGUSTE, ex-LE POLONAIS,** S.B.F., t.III, p.2.
P. S. A. — H. N.
B. 1863. — France.
Par *Monarque* et *Etoile-du-Nord*, par The Baron.
Saint-Lô : 1870-1875 (Hennebont en 1876.)

2769. **AVOR,** P.S.A. S.B.F., t.IX, p.4.
M. Desclos.
B. 1881. — France.
Par *Dollar* et *Finlande*, par Ion.
Le Pin : 1889.

2770. **BAGDADLI,** P. S. Ar. S.B.F., t.II, p.1094.
H. N.
Gr. 1843. — Orient. — Importé en 1850.
Le Pin : 1859-1862 (Pompadour en 1863).

2771. **BAKALOUM,** P. S. A. S.B.F., t.II, p.48.
H. N.
B. — 1856. — France.
Par *The Baron* ou *Ion*, et *Sérénade*, ex-*Posthume*,
par Royal-Oak.
Le Pin : 1862-1863.

2772. **BALAGNY,** P. S. A. S.B.F., t.VI, p.3.
Cte de Lagrange.
B. 1874. — France.
Par *Henry* et *Néméa*, par Fitz-Gladiator.
Le Pin : 1880-1881.

2773. **BALLINKEELE,** P. S. A. S.B.F., t.I, p.8.
B. 1839. — Angleterre. — Importé en 1850.
Par *Irish-Birdcatcher* et *Perdita*, par Langar.
Saint-Lô : 1851-1861.

2774. **BALLON,** P. S. A. S.B.F., t.VII, p.4.
Al. 1876. — France.
Par *Ruy-Blas* et *Ballerine*, par Dollar.
Saint-Lô : 1882-1889.

2775. **BALTHAZAR,** P. S. A. A. S.B.F., t.II, p.48.
M. de Basly.
B. 1848. — France.
Par *Royal-Oak* et *Aménaïde*, A. A., par Napoléon.
Saint-Lô : 1858-1861.

2776. **BALZAN**, P. S. A. S.B.F., t.IX, p.4.
Mis Maison.

B. 1883. — France.
Par *Balagny* ou *Wellingtonia* et *Queen-of-the-Valley*,
par King-of-the-Forest.
Le Pin : depuis 1889.

I, p.2.

2777. **BARDFORD**, P. S. A. S.B.F., t.IV, p.3.
H. N.

B. 1867. — Angleterre. — Importé en 1873.
Par *Thornanby* et *Blue-Bell*, par Heron.
Le Pin : 1873 (Rodez en 1874).

X, p.4.

2778. **BARIOLET**, P. S. A. S.B.F., t.VII, p.5.
M. Ephrussi. — H. N. 1885.

Al. 1878. — France.
Par *Trocadéro* et *Bariolette*, par Orphelin.
Le Pin : 1884.

p.1091.

2779. **BASILE**, P. S. A. S.B.F., t.IX, p.5.
M. P. Auvray.

B. 1878. — France.
Par *Ruy-Blas* et *Basilia*, par Trumpeter.
Le Pin : depuis 1880.

I, p.18.

2780. **BEAUMESNIL**, P. S. A. S.B.F., t.IX, p.5.
H. N.

B. 1882. — France.
Par *Blenheim* et *Brown-Rosalind*, par Sundeelah.
Le Pin : 1890.

I, p.3.

2781. **BEAU-MERLE**, P. S. A. S.B.F., t.IV., p.2.
M. Aumont.

Al. 1872. — Angleterre. — Importé en 1875.
Par *Victorious* et *Merlette*, par The Baron.
Le Pin : 1876-1886.

I, p.8.

2782. **BEGGARMAN**, P. S. A. S.B.F., t.I, p.9.
H. N.

B. 1835. — Angleterre. — Importé en 1841.
Par *Zingance* et *Adeline*, par Soothsayer.
Le Pin : 1842-1843 (Pompadour en 1844).

II, p.4.

2783. **BÉGONIA**, P. S. A. S.B.F., t.VIII, p.117.
M. Desclos.

B. 1885. — France.
Par *Plutus* et *Belle-Etoile*, par Light.
Le Pin : depuis 1891.

I, p.18.

2784. **BELLE-ISLE**, P. S. A. S.B.F., t. VII, p.6,
H. N.

Bb. 1876. — France.
Par *Ruy-Blas* et *Bénédictine*, ex-*Charmette*, par Palestro.
Saint-Lô : 1881-1890.

2785. **BEN-HUSSEIN**, P.S. Ar. S.B.F., t.II, p.1097,
H. N

B. 1852. — France.
Par *Hussein* et *Némésis*, par Saoud.
Le Pin : 1863.

2786. **BÉRENGER**, P. S. A. S.B.F., t I, p.11,
H. N.

B. 1844. — France.
Par *Y. Emilius* et *Cloton*, par Eastham.
Le Pin : 1848-1851 (Pau en 1852).

2787. **BIGARREAU**, P. S. A. S.B.F., t.IV, p.4,
MM. Laffite — de Beauregard — Cte de Mœüs.

B. 1867. — France.
Par *Light* et *Bataglia*, ex-*Cochlea*, par Melbourne.
Le Pin : 1878-1879.

2788. **BIRON**, P. S. A. S.B.F., t.I, p.11,
H. N.

B. 1833. — France.
Par *Captain-Candid* et *Hélène*, par Eastham.
Le Pin : 1837-1846 (Braisne en 1847).

2789. **BLACK-DOMINO**, P. S. A. S.B.F., t.I, p.11,
M. Bunel.

N. 1838. — France.
Par *Y. Reveller* et *Don-Cossack* mare.
Saint-Lô : 1844.

2790. **BLACK-EYES**, P. S. A. S.B.F., t.II, p.19,
H. N.

Al. 1856. — France.
Par *Malton* et *Rosabelle*, par Terror ou Premium.
Le Pin : 1866 (Cluny en 1867).

2791. **BLENHEIM**, P. S. A. S.B.F., t.V, p.3,
H. N.

B. 1868. — Angleterre. — Importé en 1877.
Par *Oxford* et *Miss-Livingstone*, par The Flying-Dutchman.
Le Pin : 1878-1881 (Angers en 1882).

2792. **BLINKOOLIE**, P. S. A.   S.B.F., .V, p.3.
H. N.

B. 1864. — Angleterre. — Importé en 1875.
Par *Rataplan* et *Queen-Mary*, par Gladiator.
Le Pin : 1880 (Blois en 1881).

2793. **BOÏADOR**, P. S. A.   S.B.F., t.IX, p.G.
M. Moreau-Chaslon.

B. 1874. — France.
Par *Vermouth* et *La Bossue*. par De Clare.
Le Pin : depuis 1880.

2794. **BOIARD**, P. S. A.   S.B.F., t.V, p.3.
Bon de Rothschild.

B. 1870. — France.
Par *Vermouth* et *La Bossue*, par De Clare.
Le Pin : 1876-1885.

2795. **BOISSY**, P. S. A.   S.B.F., t.IX, p.5.
H. N.

Al. 1881. — France.
Par *Verdun* et *Belle-Etoile*, par First-Born.
Le Pin : depuis 1888.

2796. **BOLÉRO**, P. S. A.   S.B.F., t.1, p.12.
H. N.

B. 1844. — France.
Par *Emilius* et *Doris*.
Le Pin : 1848-1861 (Blois en 1862).

2797. **BORDER-MINSTREL**,   S.B.F., t.VIII, p.1.
P. S. A. — H. N.

Al. 1880. — Angleterre. — Importé en 1884.
Par *Tynedale* et *Glee*, par Adventurer.
Le Pin : depuis 1886.

2798. **BOULET**, P. S. A.   S.B.F., t.V, p.4.
H. N.

B. 1871. — France.
Par *Monarque* et *Cremorne*, ex-*Traviata*, par Wild-Dayrell.
Seine-Inférieure : 1876-1879. — Le Pin : 1879 (Aurillac en 1880).

2799. **BOULOUF**, P. S. A.   S.B.F., t VII, p.G.
M. H. Say.

Al. 1875 — France.
Par *Clotaire* ou *Berryer* et *Nice*, par Ion.
Le Pin : 1885-1886.

2800. **BRAVO**, P. S. A.   S.B.F., t.II, p.21.
H. N.

Bb. 1854. — France.
Par *Sylvio* et *Belle-de-Nuit*, par Y. Emilius.
Saint-Lô : 1858-1874.

2801. **BRINDISI**, P. S. A.   S.B.F., t.III, p.3.
H. N.

Al. 1861. — Angleterre. — Importé en 1872.
Par *Rataplan* et *Misletoë*,
par Melbourne.
Le Pin : 1872-1880. — Saint-Lô : 1881-1882.

2802. **BROCARDO**, P. S. A.   S.B.F., t.I, p.11.
H. N., 1853. — M. Aumont, 1863.

Bb. 1843. — Angleterre. — Importé en 1848.
Par *Touchstone* et *Brocarde*, par Pantaloon.
Le Pin : 1853-1863.

2803. **BRODICK**, P. S. A.   S.B.F., t.V, p.4.
H. N.

B. 1873. — France.
Par *Blair-Athol* et *Maiden's-Blush*, par Newminster.
Saint-Lô : 1878-1880.

2804. **BROWN-DAYRELL**,   S.B.F., t.III, p.3.
P. S. A.
M. Moreau-Chaslon.

B. 1862. — Angleterre. — Importé en 1868.
Par *Wild-Dayrell* et *Postulant*,
par Cowl.
Le Pin : 1872-1874.

2805. **BRUCE**, P. S. A.   S.B.F., t.VIII, p.5.
H. N.

B. 1879. — Angleterre. — Importé en 1885.
Par *See-Saw* et *Carine*, par Caterer ou Stockwell.
Le Pin : depuis 1886.

2806. **BRUTUS**, P. S. A.   S.B.F., t.VIII, p.5.
M. Desmonts, 1887 ; M. Le Gonidec, 1888 ;
M. Lemonnier, 1889.

B. 1879. — France.
Par *Vertugadin* et *Basquine*, par Ruy-Blas.
Le Pin : depuis 1887.

2807. **BUCKTHORN**, P. S. A. S.B.F., t.II, p.23,
H. N.
B. 1849. — Angleterre.
Par *Venison* et *Zélia*, par Emilius.
Le Pin : 1856. — Saint-Lô : 1857 (Blois en 1858).

2808. **BUZET**, P.S.A. — H. N. S.B.F., t.II, p 23.
Al. 1859. — France.
Par *Lamartine* et *Diletta*, par Y. Emilius.
Saint-Lô : 1864-1867.

2809. **CADDOUR**, P. S. Ar. S.B.F., t.V, p.522.
H. N.
Gr. 1872. — Turquie.
De race Abou-Arkoub.
Le Pin : 1877-1879 (Perpignan en 1880).

2810. **CALDERSTONE**, P. S. A. S.B.F., t. II, p.24.
H. N.
B. 1846. — Angleterre. — Importé en 1851.
Par *Touchstone* et *Caroline*, par Whisker.
Le Pin : 1852-1857 (Pau en 1858).

2811. **CALVADOS**, P. S. A. S.B.F., t.II, p.25.
M. Marion fils.
B. 1860. — France.
Par *Faugh-a-Ballagh* et *Princesse-Olga*, par The Emperor.
Saint-Lô : 1867-1868.

2812. **CAMARENS, ex-TURNUS**. S.B.F., t.VI, p.5.
P. S. A. A. — H. N.
Bb. 1876. — France.
Par *Ceylon* et *Chinola*, par Eitchine, Ar.
Le Pin : 1880 (Besançon en 1881).

2813. **CAMBYSE**, P. S. A. S.B.F., t.IX, p.7.
Cte Foy.
B. 1884. — France.
Par *Androclès* et *Cambuse*, par Plutus.
Saint-Lô : depuis 1889.

2814. **CAMEMBERT**, P.S. A. S.B.F., t.VI, p.5.
H. N.
B. 1873. — France.
Par *Parmesan* et *Contempt*, par King-Tom.
Le Pin : 1880-1883.

2815.   **CAPITALISTE**   S.B.F., t.IV, p.5.
Cte de Berteux. — M. Hawes.
B. 1865. — France.
Par *Tonnerre-des-Indes* et *Capucine*, par Gladiator.
Le Pin : 1876-1881.

2816.   **CARAFON**, P. S. A.   S.B.F., t.VIII, p.200.
M. Dodge.
B. 1885. — France.
Par *Tabac* et *Collerette*, par Plutus.
Le Pin : depuis 1891.

2817.   **CARAMBA**, P. S. A.   S.B.F., t.I, p.16.
H. N.
B. 1838. — France.
Par *The Colonel* et *Y. Espagnolle*, par Partisan.
Le Pin : 1843.

2818.   **CARROUGES**, ex-**CAROUGE**.   S.B.F., t.IV, p.6.
P. S. A. — M. d'Heudières.
Al. 1862. — France
Par *Nuncio* et *Annetta*, par Mango.
Le Pin : 1870-1876.

2819.   **CASTOR**, P. S. A.   S.B.F., t.II, p.28.
M. Montreuil.
Bb. 1849. — France.
Par *Caravan* et *Pétronille*, par Emancipation.
Le Pin : 1859

2820.   **CATARACT**, P. S. A.   S.B.F., t.II, p.28.
H. N.
B. 1840. — Angleterre.
Par *Hornsea* et *Oxygen*, par Emilius.
Saint-Lô : 1855.

2821.   **CAT'S-PAW**, P. S. A.   S.B.F., t.II, p.29.
Bon de Hérissem.
Bb. 1856. — Angleterre. — Importé en 1863.
Par *Paymaster* et *Sybil*, par The Prevost.
Le Pin : 1868-1876.

2822.   **CHACTAS**, P. S. A.   S.B.F., t.1, p.46.
M. Richer.
Al. 1840. — France.
Par *Mameluke* et *Noémi*, par Tigris.
Le Pin : 1859-1868.

2823.   **CHANCE**, P. S. A.   S.B.F., t.II, p.30.
H. N.
B. 1862. — France.
Par *The Prime-Minister* et *Charlotte*, par Gibraltar.
Saint-Lô : 1866.

2824.   **CHESTERFIELD-JUNIOR**. S.B.F., t.II, p.31.
P. S. A. — H. N.
Al. 1844. — Angleterre. — Importé en 1849.
Par *Chesterfield* et *Glaucus Mare*, issue de The Nun.
Le Pin : 1851-1854 (Strasbourg en 1855).

2825.   **CHIBIN**, P. S. A.   S.B.F., t.II, p.1100.
H. N.
Gr. 1850. — Orient. — Importé en 1861.
Son père : Saklawi-Djedran, arabe.
Sa mère : arabe.
Le Pin : 1864.

2826.   **CHITRÉ**, P. S. A.   S.B.F., t.VIII, p.6.
H. N.
Al. 1880. — France.
Par *Trocadéro* et *Sée*, ex-*La Cée*, par Orphelin.
Le Pin : 1885-1889 (Perpignan en 1890).

2827.   **CHULO**, P. S. A.   S.B.F., t.II, p.31.
Société Hippique d'Étrepagny.
Al. 1848. — Belgique. — Importé en 1855.
Par *Pigeon* et *Victoria*.
Le Pin : 1859-1862.

2828.   **CLAUDIUS**, P. S. A.   S.B.F., t.VI, p.6.
H. N.
B. 1867. — Angleterre. — Importé en 1878.
Par *Caractacus* et *Lady Peel*, par Orlando.
Le Pin : 1879-1882 (Saintes en 1883).

2829.   **COLBERT**, P. S. A.   S.B.F., t.II, p.33
M. Auvray.
Al. 1856. — France.
Par *Baron* et *Holbein-Filly*, par Master-Wags.
Le Pin : 1872-1879.

2830.   **CLOTAIRE**, P. S. A.   S.B.F., t.IV, p.7.
M. Moreau-Chaslon.
B. 1868. — France.
Par *Vermouth* et *Lady Clocklo*, par Royal-Quand-Même.
Le Pin : 1874-1889.

2831.   **CLOVER**, P. S. A.   S.B.F., t. IX, p. 350.
M. Ed. Blanc.
Al. 1886. — France.
Par *Wellingtonia* et *Princess-Catherine*, par Prince-Charlie.
Le Pin : depuis 1891.

2832.   **COMMINGES**, P. S. A.   S.B.F., t. I, p. 21.
H. N.
B. 1835. — France.
Par *Captain-Candid* et *Hélène*, par Eastham.
Saint-Lô : 1840-1850.

2833.   **CONSUL**, P. S. A.   S.B.F., t. III, p. 6.
Cte de Lagrange.
Al. 1866. — France.
Par *Monarque* et *Lady Lift*, par Sir Hercules.
Le Pin : 1872-1883

2834.   **COQ-DU-VILLAGE**,   S.B.F., t. VII, p. 9.
P. S. A. — H. N.
B. 1877. — Angleterre.
Par *Y. Trumpeter* et *Village-Maid*, par Stockwell.
Le Pin : depuis 1879.

2835.   **CORIOLAN**, P. S. A. A.   S.B.F., t. II, p. 35.
H. N.
B. 1836. — — France.
Par *Captain-Candid* et *Cloris*, par Aslan, Ar.
Saint-Lô : 1840-1841 (Saint-Maixent en 1842).

2836.   **CORPUS-JURIS**, P. S. A.   S.B.F., t. II, p. 36.
H. N.
B. 1855. — France.
Par *The Baron* et *Quiz*, par Hercule.
Le Pin : 1861 (Strasbourg en 1862).

2837.   **COURTOIS**, P. S. A.   S.B.F., t. VII, p. 9.
H. N.
B. 1876. — France.
Par *Parnasse* et *Courtoisie*, par Fitz-Gladiator.
Le Pin : 1882-1885 (Pau en 1886).

2838.   **CROISSANT**, ex-**ÉTUDIANT**,   S.B.F., t. VI, p. 7.
P. S. A. — H. N.
Al. 1876. — France.
Par *Marksman* et *Enéide*, par West-Australian.
Le Pin : 1880 (Rosières en 1881-1883). — Le Pin : 1884.

2839.   **DANIEL**, P. S. A.   S.B.F , t.II, p.38.
H. N.
Al. 1854. — France.
Par *Ballinkeele* et *Jessica*, par Bizarre.
Saint-Lô : 1868-1874.

2840.   **DARD**, P. S. A.   S.B.F., t.VI, p.178.
H. N.
Al. 1880. — France.
Par *King-Lud* et *Dart*, par Lambton.
Saint-Lô : depuis 1887.

2841.   **DASH**, P. S. A.   S.B.F., t.VI, p.8.
H. N.
Al. 1875. — France.
Par *Mortemer* et *Araucaria*, par Ambrose.
Saint-Lô : 1880-1881.

2842.   **DÉBARDEUR**, P. S. A.   S.B.F., t.II, p.40.
H. N.
Bb. 1848. — France.
Par *Y. Emilius* et *Dona-Pilar*, par Royal-Oak.
Saint-Lô : 1854-1861.

2843.   **DÉBUT**, P. S. A.   S.B.F., t.III, p.6.
M. Staub.
B. 1864. — France.
Par *Fitz-Gladiator* et *Duchess*, par Caravan.
Le Pin : 1873-1874.

2844.   **DÉBUTANT**, P. S. A.   S.B.F., t.IV, p.8.
H. N.
Al. 1870. — France.
Par *Début* et *Tragédie*, ex-*Comparse*, par Loadstone.
Seine-Inférieure : 1875-1876.

2845.   **DIRK-HATTERAICK**,   S.B.F., t.II, p.43.
P. S. A. — H. N.
Bb. 1852. — Angleterre. — Importé en 1855.
Par *Van-Tromp* et *Blue-Bonnet*, par Touchstone
Le Pin : 1858-1859 (Blois en 1860).

2846.   **D'JAR**, P. S. Ar.   S.B.F., t.II, p.1102.
H. N., 1857-1863. — M. Fougeron, 1866.
Gr. 1849. — Perse.
Le Pin : 1857-1859. — Saint-Lô : 1860-1862.
Seine-Inférieure : 1866.

2847.   **DJINN**, P. S. A.   S.B.F., t.I, p.445.
H. N.
B. 1836. — France.
Par *Spectre* et *Worry*, par Woful.
Le Pin : 1841 (Tarbes en 1842).

2848.   **DOLLAR**, P. S. A.   S.B.F., t.II, p.43.
M. Lupin.
B. 1860. — France.
Par *The Flying-Dutchman* et *Payment*, par Slane.
Le Pin : 1872-1889.

2849.   **DON-FULANO**, P. S. A.   S.B.F., t.VIII, p.9
H. N.
Al. 1878. — Amérique. — Importé en 1885.
Par *King-Alfonso* et *Canary-Bird*, par Albion.
Le Pin : 1886-1888 (Saintes en 1889).

2850.   **DON-JUAN**, P. S. A.   S.B.F., t.VIII, p.245.
M. Ravaut.
Al. 1885. — France.
Par *Le Destrier* et *Déodora*, par Macaroni.
Le Pin : depuis 1891.

2851.   **DON-QUICHOTTE**,   S.B.F., t.I, p.435.
P. S. A. A. — H. N.
B. 1835. — France.
Par *Sylvio* et *Moïna*, Ar.
Saint-Lô : 1839-1860.

2852.   **DRAGON**, P. S. A.   S.B.F., t.III, p.7.
H. N.
B. 1864. — France.
Par *Ventre-Saint-Gris* et *Voyageuse*, par Ratan.
Saint-Lô : 1870-1881.

2853.   **DRUIDE**, P. S. Ar.   S.B.F., t.VI, p.675.
H. N.
Gr. 1876. — France.
Par *Kélif* et *Saada*.
Le Pin : depuis 1891.

2854.   **DRUMMOND**, P. S. A.   S.B.F., t.V, p.7.
H. N.
Al. 1869. — Angleterre. — Importé en 1876.
Par *Rataplan* et *Eglantine*, par The Flying-Dutchman.
Le Pin : 1881-1885.

2855.   **DUFFER**, P. S. A.   S.B.F., t. 11, p. 44.
M. Milés.

B. 1853. — Angleterre. — Importé en 1862.
Par *Flatcatcher* et *Restoration*, par Recovery.
Saint-Lô : 1865.

2856.   **DUMNACUS**, P. S. A.   S.B.F., t. 1, p. 26.
H. N.

B. 1845. — France.
Par *Napoléon* et *Danaé*, par Terror.
Saint-Lô : 1849-1852 (Saintes en 1853).

2857.   **DUTCH-SKATER**, P. S. A.   S.B.F., t. IV, p. 9.
Cte de Gouy.

Bb. 1866. — France.
Par *The Flying-Dutchman* et *Fulvie*, par Gladiator.
Le Pin : 1876.

2858.   **EASTHAM**, P. S. A.   S.B.F., t. 1, p. 27.
H. N.

Bb. 1818. — Angleterre. — Importé en 1825.
Par *Sir-Oliver* et *Cowslip*, par Alexander.
Le Pin : 1825-1834. — Saint-Lô : 1834-1845.

2859.   **ECKMÜLH**, P. S. A.   S.B.F., t. IV, p. 9.
Mis de la Bretonnière.

B. 1866. — France.
Par *Orphelin* et *Victorine*, par Volcano.
Saint-Lô : 1876-1877.

2860.   **EDEN**, P. S. Ar.   S.B.F., t. VI, p. 675.
H. N.

B. 1877. — France.
Par *El Hermel* et *Florette*, par Bagdadli.
Le Pin : 1882 (Tarbes en 1883).

2861.   **ÉLECTRIQUE**, P. S. A.   S.B.F., t. 11, p. 45.
H. N.

B. 1848. — France.
Par *Y. Emilius* et *Kermesse*, par Camel.
Le Pin : 1853-1855 (Lamballe en 1856).

2862.   **EL GHOR**, P. S. Ar.   S.B.F., t. IV, p. 477.
H. N.

Al. 1868. — Orient. — Importé en 1872.
De race Kéhélan-Ajouz, des Arabes Béni-Saker.
Saint-Lô : 1874-1885.

2863.   **EL HERMEL**, P. S. Ar.   S.B.F., t. IV, p. 477.
H. N.
Gr. 1861. — Arabie. — Importé en 1872.
De race El-Geaytni.
Le Pin : 1873 (Rodez en 1874).

2864.   **EL RAD**, P. S. Ar.   S.B.F., t. V, p. 524.
H. N.
Gr. 1868. — Orient. — Importé en 1877.
De race Djelfan-Dahouha.
Saint-Lô : 1878-1880 (Tarbes en 1881).

2865.   **ÉMIR**, P. S. Ar.   S.B.F., t. II, p. 1105.
H. N.
B. 1855. — Arabie.
Le Pin : 1864 (Tarbes en 1865).

2866.   **ENERGY**, P. S. A.   S.B.F., t. IX, p. 12.
M. Ed. Blanc.
Al. 1880. — Angleterre,
Par *Sterling* et *Cherry-Duchess*, par The Duke.
Le Pin : 1887-1889.

2867.   **ÉOLE II**, P. S. A.   S.B.F., t. V, p. 7.
H. N.
Al. 1868. — France.
Par *West-Australian* et *Noélie*, par The Baron.
Le Pin : 1877-1885 (Pau en 1886).

2868.   **ÉPERON**, P. S. A.   S.B.F., t. II, p. 47.
H. N.
B. 1849. — France.
Par *Sting* et *The Maid-of-Fez*, par Muley-Moloch.
Le Pin : 1853-1863.

2869.   **EREMOS**, P. S. A. A.   S.B.F., t. I, p. 30.
H. N.
Al. 1845. — France.
Par *Y. Emilius* et *Ayar*, A. A., par Eastham.
Le Pin : 1849-1850 (Montiérender en 1851).

2870.   **ESCOGRIFFE**, P. S. A.   S.B.F., t. VIII, p. 40.
M. P. Donon.
Al. 1881. — France.
Par *Caterer* et *Ella*, par Ely.
Le Pin : depuis 1887.

2871. **ÉTAIN**, P. S. A.   S.B.F., t. IX, p. 13.
M. Le Sénécal. — M. Trochon.
Al. 1879. — France.
Par *Eole II* et *Brown-Rosalind*, par Sundeelah.
Saint-Lô : depuis 1884.

2872. **EXTRA**, P. S. A.   S.B.F., t. 1, p. 31.
M. Deslongchamps.
B. 1847. — France.
Par *Y. Emilius* et *Eva*, par Sultan.
Saint-Lô : 1858-1861.

2873. **EYLAU**, P. S. A. A.   S.B.F., t. 1, p. 31.
H. N.
B. 1835. — France.
Par *Napoléon* et *Delphine*, par Massoud. Ar.
Le Pin : 1843-1851. — Saint-Lô : 1852-1860.

2874. **FAISAN**, P. S. A.   S.B.F., t. VI, p. 10.
M. J. Prat.
Al. 1875. — France.
Par *Monitor II* et *Fluke*, par Turnus.
Le Pin : depuis 1881.

2875. **FANTOCHE**, P. S. A.   S.B.F., t. V, p. 8.
H. N.
Bb. 1872. — France.
Par *Tourmalet* et *Fiammina*, par The Baron.
Le Pin : 1878-1880. — Saint-Lô : 1881-1888.

2876. **FARCEUR**, P. S. A.   S.B.F., t. VI, p. 10.
H. N.
B. 1876. — France.
Par *Ceylon* et *Fragola*, par Fitz-Gladiator.
Saint-Lô : 1880.

2877. **FATALISTE**, P. S. A.   S.B.F., t. VIII, p. 11.
H. N.
Al. 1878. — France.
Par *Le Sarrazin* et *Mademoiselle-de-Fligny*, par Bois-Roussel.
Le Pin : depuis 1884.

2878. **FATHER-THAMES**, P. S. A.   S.B.F., t. II, p. 53.
Cte de Lagrange, 1862. — MM. Aumont et Hallais, 1866.
Al. 1849. — Angleterre. — Importé en 1854.
Par *Faugh-a-Ballagh* et *Bran Mare*, issue d'Active.
Le Pin : 1862-1866.

2879.   **FAUGH-A-BALLAGH**, P. S. A.   S.B.F., t. II, p. 53.
H. N.
Bb. 1841. — Angleterre. — Importé en 1855.
Par *Sir Hercules* et *Guiccioli*, par Bob-Booty.
Paris : 1855-1856. — Saint-Lô : 1857. — Le Pin : 1858-1860.

2880.   **FAUST**, P. S. A.   S.B.F., t. II, p. 54.
H. N.
Al. 1851. — Angleterre. — Importé en 1856.
Par *Loutherbourg* et *Rambler Mare*, issue de Bonby-Betty.
Le Pin : 1871-1874.

2881.   **FAVEROLLES**, P. S. A.   S.B.F., t. II, p. 54.
H. N.
B. 1855. — France.
Par *Master-Wags* et *Xenodice*, par Commodor-Napier.
Saint-Lô : 1862-1865.

2882.   **FERRAGUS**, P. S. A.   S.B.F., t. III, p. 7.
M. Laffite, 1872. — M. Poupion, 1886.
B. 1864. — France.
Par *Fitz-Gladiator* et *Finlande*, ex-*Faustine*, par Ion.
Le Pin : 1872-1884.

2883.   **FERUK-KHAN**, P. S. A.   S.B.F., t. II, p. 55.
H. N.
Al. 1857. — France.
Par *The Baron* et *Annetta*, par Ibrahim.
Le Pin : 1863 (Libourne en 1864).

2884.   **FESTIVAL**, P. S. A.   S.B.F., t. II, p. 55.
H. N.
B. 1851. — France.
Par *Nuncio* et *Bienséance*, par Friedland.
Le Pin : 1862 (Lamballe en 1863).

2885.   **FÉTICHE**, P. S. A.   S.B.F., t. VII, p. 291.
Bonne de Bray.
B. 1883. — France.
Par *Nougat* et *Fleurines*, par Mortemer.
Le Pin : depuis 1891.

2886.   **FITZ-GLADIATOR**, P. S. A.   S.B.F., t. II, p. 56.
H. N.
Al. 1850. — France.
Par *Gladiator* et *Zarah*, par Reveller.
Le Pin : 1861-1864 (Tarbes en 1865).

2887.   **FITZ-IVAN**, P. S. A.   S.B.F., t. V, p. 8.
Prince de Chimay.

B. 1864. — Angleterre. — Importé en 1877.
Par *Ivan* et *Diana*, par Horn-of-Chase.
Le Pin : 1878-1879.

2888.   **FITZ-PANTALOON**, P. S. A.   S.B.F., t. II, p. 57.
H. N.

B. 1847. — Angleterre. — Importé en 1854.
Par *Pantaloon* et *Rebuff*, par Camel.
Le Pin : 1852-1863.

2889.   **FITZ-PLUTUS**, P. S. A.   S.B.F., t. VIII, p. 12.
M. Taylor.

B. 1875. — France.
Par *Plutus* et *New-Star*, par Charlatan.
Le Pin : 1886-1887.

2990.   **FITZ-RÉVIGNY**, P. S. A.   S.B.F., t. VII, p. 12.
M. Aumont.

Al. 1876. — France.
Par *Révigny* et *New-Star*, par Charlatan.
Le Pin : 1881-1889.

2891.   **FITZ-WEST-AUSTRALIAN**   S.B.F., t. II, p. 58.
Ex-**FITZ-AUSTRALIAN**, P. S. A. — H. N.

Al. 1862. — France.
Par *West-Australian* et *Zelia*, par Brocardo.
Saint-Lô : 1867.

2892.   **FLAGELLATOR**, P. S. A.   S.B.F., t. II, p. 58.
H. N.

B. 1852. — Angleterre. — Importé en 1864.
Par *Ithuriel* et *Lucy*, par Epirus.
Le Pin : 1864 (Strasbourg en 1865).

2893.   **FLAVIO**, P. S. A.   S.B.F., t. VII, p. 12.
Cte de Lagrange.

Al. 1876. — France.
Par *Consul* et *Fille-de-l'Air*, par Faugh-a-Ballagh.
Le Pin : 1881.

2894.   **FLEURET**, P. S. A.   S.B.F., t. VII, p. 12.
Cte de Lagrange, 1882. — Bon de Bray, 1885.

B. 1877. — France.
Par *Consul* et *Fleurette*, par Ventre-Saint-Gris.
Le Pin : 1882-1885.

2895. **FLORIN**, P. S. A. S.B.F., t.II, p.60.
M. Bourget.
Al. 1854. — France.
Par *Surplice* et *Payment*, par Slane.
Le Pin : 1871.

2896. **FONTAINEBLEAU**, P. S. A. S B.F., t.VI, p.11.
M. Lupin.
Bb. 1874. — France.
Par *Dollar* et *Finlande*, ex-*Faustine*, par Ion.
Le Pin : 1883-1887.

2897. **FORT-A-BRAS**, P. S. A. S.B.F., t.II, p.61.
M. Moreau-Chaslon.
B. 1855. — France.
Par *The Baron* et *Suprema*, par Physician.
Le Pin : 1872-1875.

2898. **FLORESTAN**, P. S. A. S.B.F., t.II, p.50.
H. N.
Al. 1859. — France.
Par *The Baron* et *Forest-Flower*, par Glaucus.
Le Pin : 1863.

2899. **FORTUNÉ**, P. S. A. A. S.B.F., t.I, p.34.
H. N.
B. 1831. — France.
Par *Eastham* et *Delphine*, par Massoud, Ar.
Saint-Lô : 1838-1841 (Abbeville en 1842).

2900. **FRA-DIAVOLO**, P. S. A. S.B.F., t.IX, p.15.
M. Aumont.
Al. 1881. — France.
Par *Trocadéro* et *Orpheline*, par Orphelin.
Le Pin : depuis 1887.

2901. **FRIEDLAND**, P. S. A. S.B.F., t.I, p 35.
H. N.
B. 1835. — France.
Par *Napoléon* et *Cloton*, par Eastham.
Le Pin : 1839-1848 (Braisne en 1849).

2902. **FRIPON**, P. S. A. S.B.F., t.IX, p.15.
M. Ed. Blanc.
B. 1883. — France.
Par *Consul* et *Folle-Avoine*, par Favonius.
Le Pin : 1888.

2903.   **FRONTIN**, P. S. A.   S.B.F., t. VIII, p. 13
Bᵒⁿ de Soubeyran.
Al. 1880. — France.
Par *George-Frederick* et *Frolicsome*, par Weatherbit.
Le Pin : depuis 1890.

2904.   **FROUVILLE**, P. S. A.   S.B.F., t. IX, p. 15.
M. J. Joubert.
Al. 1883. — France.
Par *Consul* et *Frisette*, par Gabier.
Le Pin : depuis 1888.

2905.   **GABIER**, P. S. A.   S.B.F., t. VI, p. 12
Cᵗᵉ de Lagrange, 1872. — H. N., 1879.
Al. 1867. — France.
Par *Pretty-Boy* et *Batwing*, par Pantaloon.
Le Pin : 1872-1878. — Saint-Lô : 1879-1880. — Le Pin : 1881-1887.

2906.   **GAGNE-TOUT**, P. S. A.   S.B.F., t. II, p. 63.
M. Marion père.
B. 1855. — France.
Par *Electrique* et *Danaïde*, par Ægyptus.
Saint-Lô : 1860.

2907.   **GALLUS**, P. S. A.   S.B.F., t. I, p. 36.
M. de Basly.
Al. 1843. — France.
Par *Hercule* et *Miss-Allen*.
Saint-Lô : 1849-1850.

2908.   **GAMBLER**, P. S. A.   S.B.A., t. XVI, p. 38.
H. N.
B. 1887. — Angleterre. — Importé en 1891.
Par *Erin* et *The Bee*, par Lord-Clifden.
Saint-Lô : depuis 1891.

2909.   **GAMIN**, ex-**GRACIEUX**   S.B.F., t. IX, p. 16.
P. S. A. — M. Michel Ephrussi.
Al. 1883. — France.
Par *Hermit* et *Grâce*, par The Scottish-Chief.
Le Pin : depuis 1888.

2910.   **GANTELET**, P. S. A.   S.B.F., t. IV, p. 11.
M. Hawes.
B. 1868. — France.
Par *Tournament* et *Garenne*, par Gladiator, Elthiron ou Freystrop.
Le Pin : 1880-1881 (exporté).

2911. **GARGANTUA**, P. S. A. A.   S.B.F., t. II, p. 83.
H. N.
B. 1859. — France.
Par *Commodor-Napier* et *Benedicta*, par Romagnési, A. A.
Le Pin : 1863-1864. — Saint-Lô : 1865.

2912. **GÉANT-DES-BATAILLES**   S.B.F., t. I, p. 8.
P. S. A. — H. N.
B. 1864. — France.
Par *Buckthorn* et *Guava*, par Sweetmeat.
Saint-Lô : 1869-1881.

2913. **GÉDÉON**, P. S. A. A.   S.B.F., t. VII, 11.
H. N.
Al. 1879. — France.
Par *Harami*, Ar. et *Stockwell Mare*, issue de Vlie.
Le Pin : 1883-1886 (La Roche en 1887).

2914. **GIAFFAR**, P. S. Ar.   S.B.F., t. V, 52
H. N.
B. 1868. — Orient. — Importé en 1875.
de race Hamdani-Semri.
Saint-Lô : 1876-1877 (Tarbes en 1878).

2915. **GIBERT**, P. S. A.   S.B.F., t. VI, p. 12.
H. N.
B. 1876. — France.
Par *Pompier* et *Florida*, par Florin.
Saint-Lô : 1881-1888.

2916. **GITANO**, P. S. A.   S.B.F., t. II, p. 8.
M. Staub.
B. 1866. — France.
Par *Tournament* et *Gisa*, par Espérance.
Le Pin : 1873-1880.

2917. **GLADIATEUR**, P. S. A.   S.B.F., t. II, p. 67.
Cte de Lagrange.
Bb. 1862. — France.
Par *Monarque* et *Miss-Gladiator*, par Gladiator.
Le Pin : 1869-1870.

2918. **GLADIATOR**, P. S. A.   S.B.F., t. I, p. 36.
H. N.
Al. 1833. — Angleterre. — Importé en 1846.
Par *Partisan* et *Pauline*, par Moses.
Le Pin : 1854-1857.

2919.   **GONTRAN**, P. S. A.   S.B.F., t. II, p. 69.
H. N.
Al. 1862. — France.
Par *Fitz-Gladiator* et *Golconde*, par Lioubliou.
Le Pin : 1868 (La Roche-sur-Yon en 1869).

2920.   **GOURMET**, P. S. A.   S.B.F., t. VIII, p. 14.
H. N.
Al. 1880. — France.
Par *Verdun* et *Gourmande*, par Sting.
Saint-Lô : 1884-1886.

2921.   **GOVERNOR**, P. S. A.   S.B.F., t. I, p. 38.
H. N.
B. 1840. — France.
Par *Royal-Oak* et *Lydia*.
Le Pin : 1846-1852.

2922.   **GRABUGE, ex-GAZER,**   S.B.F., t. II, p. 71.
P. S. A. — Société Hippique d'Etrépagny.
B. 1858. — France.
Par *Castor* et *Charley-Boy Mare*.
Le Pin : 1863-1864.

2923.   **GROG**, P. S. A. A.   S.B.F., t. VII, p. 15.
H. N.
B. 1879. — France.
Par *Wahab*, Ar. et *Light-Heart*, par The Cure.
Saint-Lô : 1883.

2924.   **GUIGNOLET**, P. S. A.   S.B.F., t. II, p. 72.
H. N., 1855. — M. Le Sénécal, 1864.
B. 1849. — France.
Par *Gladiator* ou *Sting* et *Discrète*, par Eastham.
Saint-Lô : 1855-1870.

2925.   **GUSTAVE**, P. S. A.   S.B.F., t. II, p. 72.
Bon de Rothschild.
Bb. 1857. — France.
Par *Lanercost* et *Bounty*, par Inheritor.
Le Pin : 1877-1882.

2926.   **GUY-DAYRELL**, P. S. A.   S.B.F., t. VI, p. 12.
Cte de Berteux. — H. N., 1884.
B. 1867. — Angleterre. — Importé en 1879.
Par *Wild-Dayrell* et *Reginella*, par King-Tom.
Le Pin : 1879-1884. — Saint-Lô : 1884-1885
(Villeneuve-sur-Lot en 1886).

2927.   **HAM**, P. S. A.   S.B.A., t. XVI, p. 175.
H. N.

B. 1884. — Angleterre. — Importé en 1891.
Par *Hampton* et *Fritella*, par Macaroni.
Saint-Lô : depuis 1891.

2928.   **HARLEQUIN**, P. S. A.   S.B.F., t. I, p. 99.
H. N.

Al. 1825. — Angleterre. — Importé en 1831.
Par *Cervantès* et *Flora*, par Camillus.
Le Pin : 1844-1845. — Paris : 1846.

2929.   **HENRY**, P. S. A.   S.B.F., t. IV, p. 12.
H. N.

B. 1868. — France.
Par *Monarque* et *Miss Ion*, par Ion.
Saint-Lô : 1879 (Libourne en 1880).

2930.   **HOSPODAR**, P. S. A.   S.B.F., t. 11, p. 74.
Cte de Lagrange. — M. Oller.

Bb. 1860. France.
Par *Monarque* et *Sunrise*, par Emilius.
. Le Pin : 1865-1875.

2931.   **HOTTOT**, P. S. A.   S.B.F., t. VII, p. 16.
H. N.

Al. 1879. — France.
Par *Trocadéro* et *Sée*, ex-*La Cée*, par Orphelin.
Saint-Lô : 1884-1885.

2932.   **HUNTSMAN**, P. S. A.   S.B.F., t. II, p. 74.
H. N.

B. 1853. — Irlande.
Par *Tupsley* et *The Abbess*, par Y. Augustus.
Le Pin : 1864 (Pau en 1865).

2933.   **IAGO**, P. S. A.   S.B.F., t. II, p. 75.
H. N.

Bb. 1843. — Angleterre. — Importé en 1853.
Par *Don John* et *Scandal*, par Selim.
Le Pin : 1855 (Angers en 1856).

2934.   **IBRAHIM**, P. S. A.   S.B.F., t. I, p. 44.
H. N.

Bb. 1832. — Angleterre. — Importé en 1835.
Par *Sultan* et *Phantom Mare*, issue de Filagree.
Le Pin : 1847 (Braisne en 1848).

2935.   **IDUS**, P. S. A.   S.B.F., t. VI, p. 13,
M. Delamarre.
Bb. 1867. — Angleterre. — Importé en 1877.
Par *Wild-Dayrell* et *Freight*, par John O'Gaunt.
Le Pin : depuis 1878.

2936.   **IKINGI**, P. S. Ar.   S.B.F., t. II, p. 1110.
H. N.
Gr. 1852. — Arabie.
Son père : Saklawi-Méréhéri.
Sa mère : Saklawie-Méréhérie.
Le Pin : 1861-1862 (Charleville en 1863).

2937.   **INNOCENT**, ex-**INCERTAIN**, S.B.F., t. VIII, p. 17.
P. S. A. — H. N.
Al. 1877. — France.
Par *Dutch-Skater* ou *Mirliflor* et *Ilda*, par Consul.
Saint-Lô : 1884-1889 (Pau en 1890).

2938.   **INSULAIRE**, P. S. A.   S.B.F., t. VII, p. 16.
Cᵗᵉ de Lagrange.
N. 1875. — France.
Par *Dutch-Skater* et *Green-Sleeves*, par Beadsman.
Le Pin : 1881.

2939.   **INVAL**, P. S. A.   S.B.F., t. VII, p. 17.
Cᵗᵉ de Lagrange.
B. 1875. — France.
Par *Pompier* et *Inconnue*, par Monitor II.
Le Pin : 1882.

2940.   **ION**, P. S. A.   S.B.F., t. II, p. 77.
H. N.
Bb. 1835. — Angleterre. — Importé en 1851.
Par *Caïn* et *Margaret*, par Edmund.
Paris : 1855-1858.

2941.   **ISMAËL**, P. S. Ar.   S.B.F., t. II, p. 1110.
H. N.
B. 1857. — Arabie. — Importé en 1862.
Paris : 1862.

2942.   **ISMAËL**, P. S. A.   S.B.F., t. VIII, p. 18.
Cᵗᵉ Le Gonidec.
Al. 1875. — France.
Par *Flageolet* et *Verdure*, par West-Australian.
Le Pin : depuis 1884.

2943.   **ISOLIER**, P. S. A.   S.B.F., t. II, p. 77.
H. N.
Bb. 1853. — France.
Par *Nunny-Kirk* ou *The Baron* et *Déception*, par Defence.
Saint-Lô : 1858-1872.

2944.   **ISOLIER**, P. S. A.   S.B.F., t. VII, p. 16.
Cte de Lagrange, 1883. — M. Latapie, 1884.
Al. 1876. — France.
Par *Flageolet* et *Isoline*, par Ethelbert.
Le Pin : 1883-1889.

2945.   **IVANHOFF**, P. S. A.   S.B.F., t. IV, p. 13.
H. N.
B. 1858. — Irlande.
Par *Muscovite* et *Black-Bird*, par Irish Birdcatcher.
Saint-Lô : 1873-1879.

2946.   **JASON**, P. S. A.   S.B.F., t. I, p. 43.
H. N.
B. 1832. — France.
Par *Rainbow* et *Léopoldine*.
Saint-Lô : 1838-1847.

2947.   **JAVELOT**, P. S. A.   S.B.F., t. II, p. 78.
M. Langronne.
B. 1850. — France.
Par *Gladiator* et *Rhinoplastie*, par Royal-Oak.
Saint-Lô : 1869-1875.

2948.   **JAVELOT**, P. S. A.   S.B.F., t. IX, p. 240.
M. Tirard.
Al. 1887. — France.
Par *Saxifrage* et *Joyeuse*, par Trocadéro.
Saint-Lô : depuis 1891.

2949.   **JESPINEY**, P. S. A.   S.B.F., t. II, p. 78.
H. N.
B. 1856. — France.
Par *The Prime-Warden* et *Podarge*, par Royal-Oak.
Le Pin : 1862 (Lamballe en 1863).

2950.   **JOCKO**, P. S. A.   S.B.F., t. I, p. 44.
H. N.
B. 1834. — France.
Par *Harlequin* et *Priestess*.
Saint-Lô : 1848-1859.

2951. **JOHN-DAY**, P. S. A.   S.B.F., t. VII, p. 17
M. Desclos.
Bb. 1873. — Angleterre. — Importé en 1883.
Par *John-Davis* et *Breakwater*, par Buccaneer.

2952. **JONVILLE**, P. S. A.   S.B.F., t. VI, p. 13.
M. Moreau-Chaslon.
B. 1873. — France.
Par *Fort-à-Bras* et *Jenny*, par West-Australian.
Le Pin : 1879-1890.

2953. **JULIUS-CŒSAR**,   S.B.F., t. VIII, p. 19.
P. S. A.— Cte Foy. — Cte Le Marois.
Bb. 1873. — Angleterre. — Importé en 1885.
Par *Saint-Albans* et *Julie*, par Orlando.
Saint-Lô : 1885. — Le Pin : depuis 1889.

2954. **KANAC**, P. S. A.   S.B.F., t. II, p. 79.
Cte Rœderer.
B. 1851. — France.
Par *Sting* et *Pomaré*, par Physician ou Royal Oak.
Le Pin : 1858.

2955. **KAOLIN**, P. S. A.   S.B.F., t. IV, p. 13.
H. N.
B. 1868. — France.
Par *Zouave* et *Dainty*, par Ionian.
Le Pin : 1874-1887.

2956. **KILT**, P. S. A.   S.B.F., t. VI, p. 14.
H. N.
Al. 1873. — France.
Par *Consul* et *Highland-Sister*, par Stockwell.
Saint-Lô : 1879-1884 (Pompadour en 1885).

2957. **KING-LUD**, P. S. A.   S.B.F., t. VII, p. 18.
Cte de Berteux.
B. 1869. — Angleterre. — Importé en 1882.
Par *King-Tom* et *Qui-Vive*, par Voltigeur.
Le Pin : depuis 1885.

2958. **KRAKATOA**, P. S. A.   S.B.F., t. IX, p. 22.
Bon de Schickler, 1890. — H. N., 1891.
B. 1884. — France.
Par *Thunderbolt* et *Little-Sister*, par Hermit.
Saint-Lô : 1890. — Le Pin : depuis 1891.

2959.   **LANERCOST**, P. S. A.   S.B.F., t. II, p. 81.
H. N.

B. 1835. — Angleterre. — Importé en 1853.
Par *Liverpool* et *Otis*, par Bustard.
Paris : 1857. — Le Pin : 1858-1863.

2960.   **LAVARET**, P. S. A.   S.B.F., t. IX, p. 22.
Bon de Rotschild.

B. 1881. — France.
Par *Boïard* et *Laversine*, par Monarque.
Le Pin : depuis 1887.

2961.   **LE CLAIRON**, P. S. A.   S.B.F., t. VIII, p. 21.
M. Moreau-Chaslon.

Bb. 1882. — France.
Par *Jonville* et *La Boulaie*, par Vermouth.
Le Pin : 1886-1887.

2962.   **LE COMTE-ORY**, P. S. A.   S.B.F., t. II, p. 82.
H. N.

Al. 1853. — France.
Par *The Baron* et *Cassica*, par Touchstone.
Le Pin : 1865 (Saintes en 1866).

2963.   **LE DARD**, P.S.A.   S.B.F., t. VI, p. 15.
H. N.

B. 1875. — France.
Par *Wingrave* et *La Dheune*, par Black-Eyes.
Saint-Lô : depuis 1891.

2964.   **LE DESTRIER**, P. S. A.   S.B.F., t. VII, p. 18.
M. P. Donon.

Al. 1877. — France.
Par *Flageolet* et *La Dheune*, par Black-Eyes.
Le Pin : depuis 1887.

2965.   **LE MAJOR**, P. S. A.   S.B.F., t. IV, p. 13.
M. Lupin.

B. 1869. — France.
Par *Gladiateur* et *Déliane*, par The Flying-Dutchman.
Le Pin : 1874.

2966.   **LE MANDARIN**, P. S. A.   S.B.F., t. II, p. 83.
Cte de Lagrange.

B. 1862. — France.
Par *Monarque* et *Liouba*, par Nuncio.
Le Pin : 1867-1868.

2967. **LE MARQUIS,** P. S. A.   S.B.F., t. V, p. 303.
H. N.
B. 1875. — France.
Par *Plutus* et *Mademoiselle-de-la-Seiglière*, ex-*Laura*,
par Balthazar.
Le Pin : 1881 (Tarbes en 1882).

2968. **LE NAGEUR,** P. S. A.   S.B.F., t. IX, p. 23.
H. N.
B. 1875. — France.
Par *Dollar* et *Shooner*, par Father-Thames.
Le Pin : 1882-1885 (Cluny en 1886).

2969. **LE PETIT-CAPORAL,** P. S. A.   S.B.F., t. III, p. 9.
M. Moreau-Chaslon.
B. 1864. — France.
Par *Marignan* et *Mademoiselle-Désirée*, par Caravan.
Le Pin : 1876-1881.

2970. **LE PIÉGEUR,** P. S. A.   S.B.F., t. VIII, p. 21.
H. N.
B. 1879. — France.
Par *Don-Carlos* et *Nichette*, par Beauvais.
Saint-Lô : 1885-1887 (Hennebont en 1888).

2971. **LE ROUÉ,** P. S. A.   S.B.A., t. VI, p. 59.
H. N.
Al. 1847. — Angleterre.
Par *The Squire* et *Celerity*, par Velocipède.
Le Pin : 1852 (La Roche-sur-Yon en 1853).

2972. **LE SANCY,** P.S.A.   S.B.F., t. VII, p. 372.
B\. Bon de Schickler.
Gr. 1884. — France.
Par *Atlantic* et *Gem-of-Gems*, par Strathconan.
Saint-Lô : depuis 1891.

2973. **LE SARRAZIN,** P.S.A.   S.B.F., t. III, p. 10.
Cte de Lagrange.
B. 1865. — France.
Par *Monarque* et *Constance*, par Gladiator.
Le Pin : 1872-1877.

2974. **LE VEINARD,** P. S. A.   S.B.F., t. V, p. 12.
H. N.
B. 1872. — France.
Par *Ventre-Saint-Gris* et *Valériane*, par Aviceps.
Seine-Inférieure : 1878-1879. — Le Pin : 1879-1880.

2975. **L'INCROYABLE,** P. S. A.   S.B.F., t. V, p. 12.
M. Buhot.

Al. 1873. — France.
Par *Argonaut* ou *The Nabob* et *La Tosa*, par Chevalier-d'Industrie.
Saint-Lô : 1877-1883.

2976. **LITTLE-DUCK,** P. S. A.   S.B.F., t. VIII, p. 22.
Bon de Soubeyran.

B. 1881. — France.
Par *See-Saw* et *Light-Drum*, par Rataplan.
Le Pin : depuis 1890.

2977. **LOGRONO,** P. S. A.   S.B.F., t. V, p. 487.
H. N.

Al. 1875. — France.
Par *Trocadéro* et *Trop-Petite*, par Caravan ou Nuncio.
Saint-Lô : 1884-1886.

2978. **LONGCHAMPS,** P. S. A.   S.B.F., t. III, p. 10.
Bon de Bray.

Al. 1864. — France.
Par *Monarque* et *Etoile-du-Nord*, par The Baron.
Le Pin : 1875-1877.

2979. **LORD-CLIVE,** P. S. A.   S.B.F., t. VII, p. 19.
Bon Roger.

Bb. 1875. — Angleterre. — Importé en 1881.
Par *Lord-Clifden* et *Plunder*, par Buccaneer.
Le Pin : depuis 1887.

2980. **LOTTERY,** ex-**TINKER,**   S.B.F., t. I, p. 50.
H. N.

Bb. 1820. — Angleterre. — Importé en 1834.
Par *Tromp* et *Mandane*, par Pot-8-Os.
Le Pin : 1835 et 1843-1844.

2981. **LOUIS-D'OR,** P. S. A.   S.B.F., t. VIII, p. 22.
Bon de Rothschild.

B. 1877. — France.
Par *Dollar* et *Charmille*, par The Nabob.
Le Pin : 1886-1887 (exporté en Amérique).

2982. **LOZENGE,** P. S. A.   S.B.F., t. V, p. 12.
H. N.

B. 1862. — Angleterre. — Importé en 1875.
Par *Sweetmeat* et *Down-with-the-Dust*, par Star-of-Erin.
Saint-Lô : 1876-1878.

2983. **LUDOVIC**, P. S. A.   S.B.F., t. IX, p. 24.
Mis Maison.
Al. 1883. — France.
Par *Zut* et *La Demoiselle*, par Gitano.
Le Pin : 1887-1888.

2984. **LULLY**, P. S. A.   S.B.F., t. II, p. 87
H. N.
Al. 1850. — France.
Par *Tipple-Cider* et *Pecora*, par Sylvio ou Mameluke.
Le Pin : 1854-1861.

2985. **LUSIGNAN**, P. S. A.   S.B.F., t. VII, p. 20
Bon Finot.
Bb. 1875. — France.
Par *Vermouth* et *Déliane*, par The Flying-Dutchman.
Le Pin : depuis 1891.

2986. **MAGICIAN**, P. S. A.   S.B.A., t. XIV, p. 148.
H. N.
Al. 1879. — Angleterre.
Par *Blue-Gown* et *Fairy-Queen*, par Orest.
Saint-Lô : depuis 1890.

2987. **MALAKOFF**, P. S. A.   S.B.F., t. II, p. 89.
M. de Basly.
B. 1856. — France.
Par *Buckthorn* et *Doris*, par Terror.
Saint-Lô : 1861-1863 (exporté en 1863).

2988. **MAMELUKE**, P. S. A.   S.B.F., t. I, p. 52.
H. N.
B. 1824. — Angleterre. — Importé en 1837.
Par *Partisan* et *Miss-Sophia*, par Stamford.
Le Pin : 1837 et 1839-1841 (Aurillac en 1842).

2989. **MANILLE**, P. S. A.   S.B.F., t. V, p. 13.
H. N.
Bb. 1878. — France.
Par *Orphelin* et *Didon*, par Monarque.
Saint-Lô : 1878-1888.

2990. **MANOËL**, P. S. A.   S.B.F., t. IX, p. 24.
Bon de Soubeyran.
B. 1880. — France.
Par *Flageolet* et *Vestale*, par Patricien.
Le Pin : depuis 1891.

2991.   **MARCELLO**, P. S. A.   S.B.F., t. III, p. 10
M. Moreau-Chaslon.
Al. 1865. — France.
Par *Prétendant* et *Margaret*, par Gigès.
Le Pin : 1880-1882.

2992.   **MARENGO**, P. S. A. A.   S.B.F., t. I, p. 52
H. N.
Al. 1835. — France.
Par *Napoléon* et *Chloris*, A. A.

2993.   **MARIO**, P. S. A.   S.B.F., t. VII, p. 20
M. Moreau-Chaslon.
B. 1876. — France.
Par *Le Petit-Caporal* et *Marianne*, par Sting.
Le Pin : 1882-1884.

2994.   **MARKSMAN**, P. S. A.   S.B.F., t. IV, p. 14
M. Delâtre.
Al. 1864. — Angleterre. — Importé en 1870.
Par *Dundee* et *Shot*, par Irish-Birdcatcher.
Le Pin : 1872-1875.

2995.   **MARS**, P. S. A.   S.B.F., t. IV, p. 14
Cte de Juigné.
B. 1867. — France.
Par *Optimist* et *Woman-in-Red*, par Wild-Dayrell
Le Pin : 1881-1882.

2996.   **MARTEL-EN-TÊTE**,   S.B.F., t. II, p. 92
ex-**CAMAROTIN**, P. S. A. — Bon de Schickler.
B. 1855. — France.
Par *Surplice* et *Gabble*, par Venison.
Saint-Lô : 1869-1873.

2997.   **MASKELYNE**, P. S. A.   S.B.F., t. VII, p. 21
Mis Maison.
B. 1878. — Angleterre. — Importé en 1883.
Par *Albert-Victor* et *Palmistry*, par The Palmer.
Le Pin : 1883-1889.

2998.   **MASTER-WAGS**, P. S. A.   S.B.F., t. I, p. 54
M. Aumont.
B. 1833. — Angleterre.
Par *Langar* et *Parthenessa*, par Cervantès.
Saint-Lô : 1842. — Le Pin : 1843-1845.

2999.   **MASTRILLO**, P. S. A.   S.B.F., t. II, p. 93.
H. N.

B. 1850. — France.
Par *Sylvio* et *Miss-Ann*, par Figaro.
Le Pin : 1854-1859 (Perpignan en 1860).

3000.   **MAXICO**, P. S. A.   S.B.F., t. IX, p. 25.
M. Hawes.

Al. 1884. — France.
Par *Narcisse* et *Mab*, par Strathconan.
Le Pin : depuis 1889.

3001.   **MÉDICIS**, P. S. A.   S.B.F., t. IV, p. 15
H. N.

B. 1869. — France.
Par *Cobnut* et *Florence*, par Collingwood.
Saint-Lô : 1875-1880.

3002.   **MÉNARS**, P. S. A.   S.B.F., t. VII, p. 21.
Cte de Mœüs, 1882. — M. Lhoste, 1887.

B. 1876. — France.
Par *Queen's-Messenger* et *Menandréa*, par Lord-Lyon.
Le Pin : 1882-1887.

3003.   **MERCREDI**, P. S. A.   S.B.F., t. VII, p. 472.
M. Pierre.

Al. 1852. — France.
Par *Blenheim* et *Mademoiselle-de-Maupas*, par Royal-Quand-Même.
Saint-Lô : 1887.

3004.   **MILAN**, P. S. A.   S.B.F., t. VII, p. 22.
Cte de Mœüs.

B. 1877. — France.
Par *Le Sarrazin* et *Mademoiselle-de-Champigny*,
par Faugh-a-Ballagh.
Le Pin : 1882-1885.

3005.   **MILAN II**, P. S. A.   S.B.F., t. VII, p. 22.
M. Girardin, 1885. — H. N. 1887.

B. 1877. — France.
Par *Don-Carlos* et *Sée*, ex-*La Cée*, par Orphelin.
Le Pin : 1885-1886. — Saint-Lô : depuis 1887.

3006.   **MINISTÈRE**, P. S. A.   S.B.F., t. VI, p. 17.
H. N.

B. 1875. — France.
Par *Plutus* et *Mon-Etoile*, par Fitz-Gladiator.
Saint-Lô : depuis 1881.

3007.   **MINOTAUR**, P. S. A.   S.B.F., t. II, p. 95.
H. N.
Al. 1840. — Angleterre. — Importé en 1853.
Par *Taurus* et *Lyrnessa*, par The Flyer.
Saint-Lô : 1854-1855.

3008.   **MINOTAURE**, P. S. A.   S.B.F., t. IV, p. 45.
H. N.
Al. 1867. — France.
Par *Fitz-Gladiator* et *Marianne*, par Sting.
Le Pin : 1880-1886.

3009.   **MIRLIFLOR**, P. S. A.   S.B.F., t. V, p. 44.
Cte de Gouy.
B. 1872. — France.
Par *Soapstone* et *Beauty*, par Knowsley.
Le Pin : 1876-1880.

3010.   **MOMUS**, P. S. A.   S.B.F., t. I, p. 57.
H. N.
Al. 1837. — France.
Par *Dangerous* et *Comus Mare*.
Le Pin : 1841 (Cluny en 1842).

3011.   **MONACO**, P. S. A.   S.B.F., t. II, p. 97.
M. Marion père.
B. 1857. — France.
Par *Stoker* et *Dionee*, par Bérenger.
Saint-Lô : 1862.

3012.   **MONARQUE**, P. S. A.   S.B.F., t. II, p. 97.
Cte de Lagrange.
B. 1852. — France.
Par *The Baron, Sting* ou *The Emperor* et *Poëtess*, par Royal-Oak.
Le Pin : 1870-1874.

3013.   **MONARQUE**, P. S. A.   S.B.F., t. IX, p. 26.
M. Aumont.
B. 1884. — France.
Par *Saxifrage* et *Destinée*, par Ruy-Blas.
Le Pin : depuis 1890.

3014.   **MONITOR**, P. S. A.   S.B.F., t. II, p. 98.
Cte de Lagrange.
Al. 1862. — France.
Par *Monarque* et *Constance*, par Gladiator.
Le Pin : 1867-1871.

3015. **MONSIEUR-PHILIPPE**, P. S. A. S.B.F., t. VI, p. 18.
H. N.
B. 1876. — France.
Par *Plutus* et *Miss-Lucy*, par Gladiator.
Le Pin : 1881 (Libourne en 1882).

3016. **MONTAGNARD**, P. S. A. S.B.F., t. III, p.
Cte de Lagrange.
B. 1864. — France.
Par *Fitz-Gladiator* et *Milwood*, par Sir Hercules.
Le Pin : 1870.

3017. **MONTARGIS**, P. S. A. S.B.F., t. V, p. 15
Cte de Juigné.
Al. 1870. — France.
Par *Orphelin* et *Woman-in-Red*, par Wild-Dayrell.
Le Pin : 1877.

3018. **MONTBAREY**, P. S. A. S.B.F., t. VIII, p. 23.
H. N.
Al. 1881. — France.
Par *Stracchino* et *L'Ariège*, par West-Australian.
Saint-Lô : depuis 1885.

3019. **MONTFORT**, P. S. A. S.B.F., t. V, p. 15.
H. N.
B. 1869. — France.
Par *Arc-en-Ciel* et *Fougères*, par Faugh-a-Ballagh.
Le Pin : 1876-1888.

3020. **MOORLANDS**, P. S. A. S.B.F., t. VII, p. 22.
Bon Gérard.
Al. 1867. — Angleterre. — Importé en 1883.
Par *Lord-Clifden* et *Audrey*, par Stockwell.
Saint-Lô : 1883-1886.

3021. **MORTEMER**, P. S. A. S.B.F., t. IV, p. 16.
M. Lefèvre.
Al. 1865. — France.
Par *Compiègne* et *Comtesse*, par The Baron ou Nuncio.
Le Pin : 1873-1876 (Compiègne en 1877).

3022. **MOURLE**, P. S. A. S.B.F., t. VII, p. 23.
H. N.
Bb. 1875. — France.
Par *Ruy-Blas* et *Mademoiselle-de-Couseix*, par Sylvain.
Le Pin : depuis 1883.

3023.   **MOUSTIQUE**, P. S. A.   S.B.F., t. II, p. 100.
H. N.
Bb. 1850. — France.
Par *Sting* et *Essler*, par Cadland.
Le Pin : 1861-1867 (Strasbourg en 1868).

3024.   **NAPOLÉON**, P. S. A.   S.B.F., t. I, p. 60.
H. N.
B. 1824. — Angleterre. — Importé en 1834.
Par *Bob-Booty* et *Pope Mare*, par Waxy-Pope.
Le Pin : 1834 et de 1836 à 1842 (Angers en 1843).

3025.   **NARCISSE**, P. S. A.   S.B.F., t. VII, p. 23.
M. de Berteux. — Cte Le Marois.
B. 1876. — France.
Par *Trocadéro* et *Julia-Peel*, par Amsterdam.
Le Pin : depuis 1884.

3026.   **NAUTILUS**, P. S. A.   S.B.F., t. I, p. 60.
H. N.
Bb. 1835. — France.
Par *Cadland* et *Vittoria*.
Le Pin : 1845-1846. — Saint-Lô : 1847 (Tarbes en 1848).

3027.   **NETHOU**, P. S. A.   S.B.F., t. IV, p. 16.
H. N.
Al. 1869. — France.
Par *Dollar* et *La Maladetta*, par The Baron.
Saint-Lô : 1875-1885.

3028   **NICKEL**, P. S. A.   S.B.F., t. IX, p. 28.
H. N.
Al. 1879. — France.
Par *Tabac* et *Niche*, par Gladiateur.
Saint-Lô : depuis 1886.

3029.   **NOUGAT**, P. S. A.   S.B.F., t. V, p. 16.
Cte de Lagrange.
B. 1872. — France.
Par *Consul* et *Nébuleuse*, ex-*Belle-du-Jour*, par Gladiator.
Le Pin : 1878-1882.

3030.   **NUNCIO**, P. S. A.   S.B.F., t. I, p. 61.
H. N.
Bb. 1839. — Angleterre. — Importé en 1847.
Par *Plenipotentiary* et *Ally*, par Partisan.
Le Pin : 1861 (Aurillac en 1862).

3031. **NUNNY-KIRK**, P. S. A. S.B.F., t. I, p. 61.
H. N.
N. 1846. — Angleterre. — Importé en 1850.
Par *Touchstone* et *Bee's-Wing*, par Doctor-Syntax.
Le Pin : 1862.

3032. **OAK-STICK**, P. S. A. S.B.F., t. I, p. 62.
H. N.
Bb. 1835. — France.
Par *Royal-Oak* et *Ténériffe*.
Le Pin : 1842-1848 (Braisne en 1849).

3033. **OMER-PACHA**, P. S. A. S.B.F., t. II, p. 105.
H. N.
B. 1854. — France.
Par *Brocardo* et *Cochlea*, par Mameluke.
Saint-Lô : 1858-1864.

3034. **ORCHID**, P. S. A. S.B.F., t. VIII, p. 25.
H. N.
Al. 1882. — Angleterre. — Importé en 1885.
Par *Hampton* et *Lady-Lavender*, par Master-Fenton.
Le Pin : depuis 1886.

3035. **ORDINAIRE**, P. S. A. S.B.F., t. VI, p. 19.
H. N.
B. 1877. — France.
Par *Vertugadin* et *Ouvreuse*, par Monarque.
Le Pin : 1881-1883 (Cluny en 1884).

3036. **ORPHELIN**, P. S. A. S.B.F., t. II, p. 105.
M. Aumont.
Al. 1859. — France.
Par *Fitz-Gladiator* et *Echelle*, par Sting.
Le Pin : 1865-1869.

3037. **ORTOLAN**, P. S. A. S.B.F., t. VI., p. 19.
Duc de la Roche-Guyon.
B. 1874. — France.
Par *Dollar* et *Bartavelle*, par Florin.
Le Pin : 1879-1883.

3038. **OSTROGOTH**, P. S. A. S.B.F., t. III, p. 11.
H. N.
B. 1865. — France.
Par *Gustave* et *Villefranche*, par Ion.
Seine-Inférieure : 1872-1879. — Le Pin : 1880.

3039.   **OUBLI**, P. S. A.   S.B.F., t. II, p. 100.
H. N.

Al. 1855. — France.
Par *The Baron* et *Victoria*, par Elizondo.
Saint-Lô : 1860-1862.

3040.   **PALADIN**, P. S. A.   S.B.F., t. II, p. 107.
H. N., 1862. — M. du Châtel, 1864. — H. N., 1865.

Al. 1855. — France.
Par *The Baron* ou *Caravan* et *Honey-Moon*, par Quoniam.
Le Pin : 1862. — Saint-Lô : 1863-1881.

3041.   **PALAIS-ROYAL**.   S.B.F., t. VIII, p. 25.
Bᵒⁿ de Schickler.

B. 1880. — France.
Par *Perplexe* et *King-Tom Mare*, issue de Mincemeat.
Saint-Lô : 1887 (Compiègne en 1888).

3042.   **PALATIN**, P. S. A.   S.B.F., t. VI, p. 19.
H. N.

Al. 1876. — France.
Par *Pompier* et *Princess*, par Monarque.
Saint-Lô : depuis 1881.

3043.   **PALESTRO**, ex-**COQUET**,   S.B.F., t. II, p. 107.
P. S. A. — Cᵗᵉ de Lagrange.

B. 1858. — France.
Par *Fitz-Gladiator* et *Lady Saddler*, par Assault.
Le Pin : 1864-1865 (exporté en Allemagne en 1865).

3044.   **PARNASSE**, P. S. A.   S.B.F., t. IV, p. 17.
Cᵗᵉ de Lagrange.

B. 1869. — France.
Par *Plutus* et *Brown Mare*, par Wheatherbit.
Le Pin : 1874-1879.

3045.   **PATCHOULI**, P. S. A.   S.B.F., t. VII, p. 24.
M. Balensi.

Bb. 1878. — France.
Par *Plutus* et *Duchess-of-Athol*, par Blair-Athol.
Le Pin : 1884-1885.

3046.   **PÂTRE**, P. S. A.   S.B.F., t. VII, p. 24.
Mⁱˢ du Hallay.

Al. 1878. — France.
Par *Peut-Être* et *Printanière*, par Chattanaoga.
Le Pin : 1884.

3047.　**PATRIARCHE**, P. S. A.　S.B.F., t. VI, p. 20.
Bon de Bray.
Al. 1874. — France.
Par *Dollar* et *Partlet*, par Irish-Birdcatcher.
Le Pin depuis 1882.

3048.　**PATRICIEN**, P. S. A.　S.B.F., t. III, p. 12.
H. N.
B. 1864. — France.
Par *Monarque* et *Papillotte*, par Gladiator.
Le Pin : 1873-1875 (Perpignan en 1876).

3049.　**PATRICKS**, P. S. A.　S.B.F., t. II, p. 109.
H. N.
Bb. 1838. — France.
Par *Félix* et *Léopoldine*, par Hedley.
Le Pin : 1846 (Braisne en 1847).

3050.　**PATRIOTE**, P. S. A.　S.B.F., t. I, p. 328.
M. de Basly.
B. 1849. — France.
Par *Tipple-Cider* et *Oddity*, par Bizarre.
Saint-Lô : 1853.

3051.　**PAUL-DE-KOCK**, P. S. A.　S.B.F., t. I, p. 65.
Bb. 1842. — France.
Par *Y. Reveller* ou *Napoléon* et *Hélène*.
Saint-Lô : 1847-1850.

3052.　**PAUL'S-CRAY**, P. S. A.　S.B.F., t. VII, p. 24.
M. C. Blanc.
Bb. 1875. — Angleterre. — Importé en 1879.
Par *Paul-Jones* et *Scintilla*, par Thunderbolt.
Le Pin : 1888-1889.

3053.　**PAXARETTA**, P. S. A.　S.B.F., t. VI, p. 24.
H. N.
Al. 1875. — Angleterre. — Importé en 1878.
Par *Pax* et *The Wren*, par Nutbourne.
Saint-Lô : 1879-1880.

3054.　**PÉDAGOGUE**, P. S. A.　S.B.F., t. II, p. 110.
H. N.
B. 1851. — France.
Par *Nuncio* et *Eoline*, par Muley-Moloch.
Saint-Lô : 1868-1872.

3055.   **PENKAM**, P. S. A.   S.B.F., t. II, p. 110.
H. N.
B. 1851. — France.
Par *Caravan* et *Mariquita*, par Physician.
Saint-Lô : 1858-1861.

3056.   **PEREGRINE**, P. S. A.   S.B.F., t. IX, p. 30.
M. Michel Ephrussi.
B. 1878. — Angleterre. — Importé en 1886.
Par *Pero-Gomez* et *Adélaïde*, par Y. Melbourne.
Le Pin : 1887-1888.

3057.   **PERPLEXE**, P. S. A.   S.B.F., t. V, p. 17.
Bon de Schickler.
B. 1872. — France.
Par *Vermouth* et *Péripétie*, par Sting.
Saint-Lô : depuis 1878.

3058.   **PERSPICAX**, P. S. A.   S.B.F., t. I, p. 66.
H. N.
B. 1842. — France.
Par *Mameluke* et *Discrète*.
Le Pin : 1848.

3059.   **PEUT-ÊTRE**, P. S. A.   S.B.F., t. V, p. 17.
Cte de Lagrange.
Al. 1871. — France.
Par *Ventre-Saint-Gris* et *Favorite*, par Nunny-Kirk ou The Cossack.
Le Pin : 1876-1882.

3060.   **PHŒBUS**, P. S. A.   S.B.F., t. II, p. 112.
H. N.
Bb. 1855. — France.
Par *The Baron* et *Ténébreuse*, par Y. Emilius.
Le Pin : 1860-1861.

3061.   **PICK-POCKET**, P. S. A.   S.B.F., t. I, p. 68.
B. 1828. — Angleterre. — Importé en 1836.
Par *Saint-Patrick* et *Hedley Mare*, issue de Jessy.
Le Pin : 1846.

3062.   **PIERROT**, P. S. A.   S.B.F., t. VII, p. 25.
Cte de Mœüs.
Bb. 1873. — Belgique.
Par *Pierrefonds* et *Bonelle*, par The Nabob.
Le Pin : 1884.

3063.   **PIGEON-VOLE**, P. S. A.   S.B.F., t. II, p. 112.
H. N.
Bb. 1859. — France.
Par *Castor* et *Milwood*, par Sir-Hercules.
Saint-Lô : 1863-1867.

3064.   **PISTON**, P. S. A.   S.B.F., t. V, p. 17.
H. N.
B. 1871. — France.
Par *Beauvais* et *Paste*, par Kingston.
Saint-Lô : depuis 1876.

3065.   **PLUTUS**, P. S. A.   S.B.F., t. II, p. 114.
Cte de Lagrange.
B. 1863. — Angleterre. — Importé en 1865.
Par *Trumpeter* et *Planet Mare*, issue de Alice-Bray.
Le Pin : 1868 (Compiègne en 1869).

3066.   **POLECAT**, P. S. A.   S.B.F., t. I, p. 69.
H. N.
B. 1843. — Angleterre. — Importé en 1846.
Par *Bay-Middleton* et *Pussy*, par Pollio.
Le Pin : 1848-1851 (Rosières en 1852).

3067.   **POLYGALA**, P. S. A.   S.B.F., t. II, p. 115.
M. de Basly.
Bb. 1857. — France.
Par *Jago* et *Biche*, par Y. Emilius.
Saint-Lô : 1861-1862.

3068.   **POMPÉE**, P. S. A.   S.B.F., t. VI, p. 22.
Mis Maison, 1881. — H. N., 1885.
B. 1873. — France.
Par *César* et *Guirlande*, par Collingwood.
Le Pin : 1881-1885. — Saint-Lô : 1885-1889 (Libourne en 1890).

3069.   **POMPIER**, ex-**MAUPAS**,   S.B.F., t. III, p. 13.
P. S. A. — Cte de Lagrange.
B. 1865. — France.
Par *Royal-Quand-Même* et *Lady-Bird*, par Saint-Simon.
Le Pin : 1870-1877.

3070.   **POSTILLON**, P. S. A.   S.B.F., t. IV, p. 263.
H. N.
Al. 1872. — France.
Par *Ruy-Blas* et *La Paysanne*, par Royal-Quand-Même.
Le Pin : 1877.

3071. **POULET**, P. S. A. S.B.F., t. VII, p. 24.
Mis du Hallay.
Al. 1877. — France.
Par *Peut-Être* et *Printanière*, par Chattanaoga.
Le Pin : 1883-1884.

3072. **POURTANT**, P. S. A. S.B.F., t. VIII, p. 503.
M. Michel Ephrussi.
Al. 1886. — France.
Par *Saxifrage* et *La Papillonne*, par Trocadéro.
Le Pin : depuis 1891.

3073. **PRETTY-BOY**, P. S. A. S.B.F., t. II, p. 116.
H. N.
Al. 1853. — Angleterre. — Importé en 1859.
Par *Idle-Boy* et *Lena*, par Glaucus.
Saint-Lô : 1872-1879.

3074. **PRIAPE**, P. S. A. S.B.F., t. I, p. 70.
H. N.
B. 1844. — France.
Par *Terror* et *Miss-Scheitz-Hoeffer*, ex-*Miss-Grimsthorpe*.
Paris : 1857-1858.

3075. **PRINCE-CARADOC**, P. S. A. S.B.F., t. I, p. 71.
H. N.
B. 1838. — Angleterre. — Importé en 1847.
Par *The Colonel* et *Queen-of-Trumps*, par Velocipede.
Le Pin : 1848-1849 (Langonnet en 1850).

3076. **PRINCE-COLIBRI**, P. S. A. S.B.F., t. II, p. 117.
H. N.
B. 1850. — France.
Par *Sylvio* et *Fraga*, par Harlequin.
Le Pin : 1854-1861 (Strasbourg en 1862).

3077. **PRINCE-EUGÈNE**, P. S. A. S.B.F., t. I, p. 71.
H. N.
B. 1841. — France.
Par *Eylau* et *Paméla*.
Le Pin : 1845 (Saint-Maixent en 1846).

3078. **PRINCEPS**, ex-**COMBOLI**, S.B.F., t. IV, p. 48.
P. S. A. — H. N.
Al. 1868. — France.
Par *Zouave* et *The Princess*, par Pyrrhus-The-First.
Saint-Lô : 1885-1889.

3079. **PROBLÈME**, P. S. A. S.B.F., t. VIII, p. 27.
M. Moreau-Chaslon.
B. 1875. — France.
Par *Gitano* et *Péripétie*, par Sting.
Le Pin : depuis 1885.

3080. **PROLOGUE**, P. S. A. S.B.F., t. VII, p. 26.
Mis Maison.
Al. 1876. — France.
Par *Dollar* et *Planète*, par Gladiateur.
Le Pin : depuis 1891.

3081. **PYR**, P. S. A. S.B.F., t. IX, p. 32.
M. Moore.
B. 1883. — France.
Par *Sylvio* et *Peelite*, par General Peel.
Le Pin : depuis 1889.

3082. **PYRRHUS-THE-FIRST**, S.B.F., t. II, p. 118.
P. S. A. — H. N.
Al. 1843. — Angleterre. — Importé en 1859.
Par *Epirus* et *Fortress*, par Defence.
Le Pin : 1862.

3083. **QUAB**, P. S. A. S.B.F., t. VI, p. 619.
M. Rossignol.
B. 1879. — France.
Par *Trocadéro* et *Syren*, par The Cure.
Le Pin : depuis 1891.

3084. **QUAKER**, P. S. A. S.B.F., t. II, p. 119.
H. N.
Al. 1862. — France.
Par *West-Australian* et *Quiz*, par Hercule.
Saint-Lô : 1868-1869.

3085. **QUID-JURIS**, P. S. A. S.B.F., t. II, p. 119.
H. N.
B. 1856. — France.
Par *The Baron* et *Quiz*, par Hercule.
Saint-Lô : 1863-1870.

3086. **QUONIAM**, P. S. A. S.B.F., t. I, p. 73.
H. N.
B. 1837. — France.
Par *Royal-Oak* et *Noéma*.
Le Pin : 1843-1844 (Pompadour en 1845).

3087.   **RABELAIS**, P. S A.   S.B.F., t. II, p. 120.   30
H. N.

B. 1848. — France.
Par *Royal-Oak* et *Emelina*, par Emilius.
Saint-Lô : 1852-1857 (Charleville en 1858). — Saint-Lô : 1859-1864.

3088.   **RAMSAY**, P. S. A.   S.B.F., t. I, p. 74.   30
H. N.

B. 1845. — France.
Par *Sylvio* et *Emelina*
Le Pin : 1849-1861 (Rodez en 1862).

3089.   **RATOPOLIS**, P. S. A.   S.B.F., t. I, p. 74.   30
H. H.

Bb. 1840. — France.
Par *Lottery* et *Y. Mouse*.
Saint-Lô : 1848.

3090.   **RAVENSHOÊ**, P. S. A.   S.B.F., t. IV, p. 19.   30
H. N.

B. 1868. — Angleterre. — Importé en 1873.
Par *Cathedral* et *Crows-Nest*, par Voltigeur.
Saint-Lô : 1873-1881.

3091.   **RAYON-D'OR**, P. S. A.   S.B.F., t. VII, p. 26.   30
Cte de Lagrange.

Al. 1876. — France.
Par *Flageolet* et *Araucaria*, par Ambrose.
Le Pin : 1881-1882.

3092.   **REGGIO**, P. S. A.   S.B.F., t. VI, p. 23   31
Cte de Cornudet.

Al. 1876. — France.
Par *Mortemer* et *Alésia*, par The Cossack.
Le Pin : 1881.

3093.   **RELUISANT**, P. S. A.   S.B.F., t. VIII, p. 28.   31
M. de Trédern.

Al. 1882. — France.
Par *Bagdad* et *Kleptomania*, par Adventurer.
Le Pin : 1888-1889.

3094.   **RÉPARTITEUR**, P. S. A.   S.B.F., t. II, p. 122.   31
Bon de Hérissem.

Al. 1853. — France.
Par *Tipple-Cider* et *Whalebone Mare*.
Le Pin : 1860-1867.

3095.   **RETREAT**, P. S. A.   S.B.A, t. XIII, p.366.
               M. E. Blanc.
           B. 1877. — Angleterre.
Par *Hermit* et *Quick-March*, par Rataplan.
           Le Pin : depuis 1890.

3096.   **RÉUSSI**, P. S. A.   S.B.F., t. VII, p. 27.
               H. N.
           Al. 1877. — France.
Par *Flageolet* et *Régalia*, par Stockwell.
           Le Pin : depuis 1884.

3097.   **RÉVIGNY**, P. S. A.   S.B.F., t. IV, p. 19.
               M. Aumont.
           Al. 1869. — France.
Par *Orphelin* et *Woman-in-Red*, par Wild-Dayrell.
           Le Pin : 1875-1876.

3098.   **RICHARD**, P. S. A.   S.B.F., t. I, p. 75.
               H. N.
           Bb. 1836. — France.
Par *Fortuné* et *Don-Cossack Mare*.
           Saint-Lô : 1842-1849.

3099.   **RICHELIEU**, P. S. A.   S.B.F., t. IX, p. 32.
               M. Michel Ephrussi.
           Al. 1881. — France.
Par *Trocadéro* et *Reine-de-Saba*, par Orphelin.
           Le Pin : depuis 1888.

3100.   **RICHEMONT**, P. S. A.   S.B.F., t. I, p. 75.
               H. N.
           N. 1835. — France.
Par *Peter-Lely* et *Princess-Mary*.
Saint-Lô : 1846-1847 (Langonnet en 1848).

3101.   **RINALDO**, P. S. A.   S.B.F., t. I, p. 76.
               M. Le Sénécal.
           B. 1840. — France.
Par *Pick-Pocket* et *Henrica*.
           Saint-Lô : 1849.

3102.   **RIVOLI**, P. S. A.   S.B.F., t. IX, p. 32.
               M. Pierre.
           Al. 1880. — France.
Par *Tabac* et *Bérénice*, par Vermouth.
           Saint-Lô : 1886.

3103. **ROBINSON**, P. S. A. S.B.F., t. I, p. 76.
H. N.
Bb. 1845. — France.
Par *Y. Emilius* et *Whalebona.*
Saint-Lô : 1850-1854.

3104. **ROGER-BONTEMPS**, P. S. A. S.B.F., t. II, p. 124.
M. Herbin.
Al. 1857. — France.
Par *Buckthorn* et *Anna*, par Tipple-Cider.
Le Pin : 1861.

3105. **ROSTRENEN**, P. S. A. S.B.F., t. IX, p. 33.
H. N.
Al. 1882. — France.
Par *Montargis* et *Rosita*, par Florin.
Le Pin : depuis 1888.

3106. **ROYAL**, P. S. A. S.B.F., t. V, p. 18.
H. N.
Al. 1871. — France.
Par *Florin* et *Royale-Topaze*, par Royal-Quand-Même.
Saint-Lô : depuis 1876.

3107. **ROYAL-GEORGE**, P. S. A. S.B.F., t. I, p. 78.
M. E. Aumont.
Bb. 1833. — Angleterre. — Importé en 1837.
Par *Royal-Oak* et *Destiny*, par Centaur.
Saint-Lô : 1838-1841.

3108. **ROYAL-OAK**, P. S. A. S.B.F., t. I, p. 78.
H. N.
Bb. 1823. — Angleterre. — Importé en 1833.
Par *Catton* et *Smolensko Mare*, issue de Lady-Mary.
Le Pin : 1845-1849.

3109. **ROYAL-QUAND-MÊME**, S.B.F., t. II, p. 127.
P. S. A.
H. N., 1856. — M. Herbin, 1864.
Al. 1850. — France.
Par *Gigès* et *Eusèbia*, par Emilius.
Saint-Lô : 1856-1865.

3110. **RUBIS**, P. S. A. A. S.B.F., t. VI, p. 23.
H. N.
Gr. 1874. — France.
Par *Fitz-Gladiator* et *Radegonde*, par Coran.
Saint-Lô : 1879-1881 (Tarbes en 1882).

.1, p. 76.

3111.   **RUY-BLAS**, P. S. A.   S.B.F., t. III, p. 14.
H. N.
B. 1864. — France.
Par *West-Australian* et *Rosati*, par Gladiator.
Le Pin : 1869-1880.

I, p. 124.

3112.   **SABRE**, P. S. A.   S.B.F., t. IV, p. 425.
H. N.
B. 1871. — France.
Par *Tournament* et *Somnambule*, par Ion.
Saint-Lô : 1876-1887.

X, p. 33.

3113.   **SACRAMENTO**, P. S. A.   S.B.A., t. XVI, p. 17.
H. N.
Bb. 1887. — Angleterre. — Importé en 1891.
Par *Sterling* et *America*, par Elland.
Saint-Lô : depuis 1891.

V, p. 18.

3114.   **SAINT-CRISTOPHE**,   S.B.F., t. VI, p. 23.
P. S. A. — M. Lefèvre.
Al. 1874. — France.
Par *Mortemer* et *Isoline*, par Ethelbert.
Le Pin : 1880-1883.

1, p. 76.

3115.   **SAINT-CYR**, P. S. A.   S.B.F., t. V, p. 19.
H. N.
Bb. 1872. — France.
Par *Dollar* et *Finlande*, ex-*Faustine*, par Ion.
Le Pin : 1877-1879 (Angers en 1880).

1, p. 76.

3116.   **SAINT-GERMAIN**,   S.B.F., t. II, p. 128.
P. S. A. — H. N.
Al. 1847. — France.
Par *Attila* et *Currency*, par Saint-Patrick.
Saint-Lô : 1853. — Paris : 1854-1857 (Blois en 1858).

p. 127.

3117.   **SAINT-LAURENT**,   S.B.F., t. IX, p. 33.
P. S. A. — M. Bonpain.
B. 1879. — France.
Par *Boïard* et *Cataract*, par North-Lincoln.
Saint-Lô : depuis 1884.

, p. 33.

3118.   **SAINT-LÉON**, P. S. A.   S.B.F., t. VII, p. 28.
M. Balensi.
Bb. 1877. — France.
Par *Dollar* et *Spirite*, par Thunderbolt.
Le Pin : 1883-1885 (exporté en Amérique).

3119. **SAINT-LUC**, P. S. A.   S.B.F., t. IX, p. 33.
M. Aumont.
B. 1884. — France.
Par *Mourle* et *Bariolette*, par Orphelin.
Le Pin : depuis 1870.

3120. **SALADIN**, P. S. Ar.   S.B.F., t. II, p. 1121.
H. N.
Bb. 1852. — Arabie. — Importé en 1861.
Son père : Kohelan.
Sa mère : arabe.
Le Pin : 1861.

3121. **SALMIGONDIS**, P. S. A.   S.B.F., t. IV, p. 20.
M. Moreau-Chaslon.
B. 1870. — France.
Par *Dollar* ou *Stentor* et *Pergola*, par The Baron.
Le Pin : 1876-1880.

3122. **SALVATOR**, P. S. A.   S.B.F., t. V, p. 19.
M. Aumont, 1882. — M. Blanc, 1884. — M. Lupin, 1885.
Al. 1872. — France.
Par *Dollar* et *Sauvagine*, par Ion.
Le Pin : 1882-1885.

3123. **SAMMAN**, P. S. Ar.   S.B.F., t. II, p. 1122.
H. N.
Bb. 1850. — Perse. — Importé en 1857.
Père et mère persans.
Saint-Lô : 1857-1862.

3124. **SANSONNET**, P. S. A.   S.B.F., t. IX, p. 33.
Cte Foy.
B. 1881. — France.
Par *Dollar* et *Ortolan*, par Saunterer.
Saint-Lô : depuis 1887.

3125. **SATORY**, P. S. A.   S.B.F., t. VIII, p. 29.
M. Aumont.
Al. 1880. — France.
Par *Trocadéro* et *Reine-de-Saba*, par Orphelin.
Le Pin : depuis 1886.

3126. **SATURNE**, P. S. A.   S.B.F., t. VI, p. 24.
H. N.
B. 1876. — France.
Par *Glaïeul* et *La Fourmi*, par Pyrrhus-The-First.
Le Pin : 1880. — Saint-Lô : 1881-1883.

3127.   **SAUCEBOX**, P. S. A.   S.B.F., t. II, p. 130.
H. N.
B. 1852. — Angleterre. — Importé en 1856.
Par *Saint-Lawrence* et *Priscilla-Tomboy*, par Tomboy.
Paris : 1857

3128.   **SAUMUR**, P. S. A.   S.B.F., t. VII, p. 29.
M. E. Blanc.
B. 1878. — France.
Par *Dollar* et *Finlande*, ex-*Faustine*, par Ion.
Le Pin : 1887.

3129.   **SAXIFRAGE**, P. S. A.   S.B.F., t. V, p. 19.
M. Aumont.
Al. 1872. — France.
Par *Vertugadin* et *Slapdash*, par Annandale.
Le Pin : depuis 1878.

3130.   **SCHAMYL**, P. S. A.   S.B.F., t. II, p. 131.
H. N.
B. 1845. — Irlande. — Importé en 1851.
Par *Rough-Robin* et *Kate-Kearney*, par Napoléon.
Le Pin : 1852-1862 (Tarbes en 1863).

3131.   **SEDAN**, ex-**BOSPHORE**,   S.B.F., t. III, p. 14.
P. S. A. — H. N.
B. 1865. — France.
Par *West-Australian* et *Silistrie*, par Surplice.
Saint-Lô : 1869.

3132.   **SEIGNEUR II**, P. S. A.   S.B.F., t. VII, p. 30.
H. N.
Bb. 1879. — France.
Par *Uhlan* et *Miss Stockwell*, par Stockwell
Saint-Lô : 1884-1890.

3133.   **SHARAVOGUE**, P. S. A.   S.B.F., t. II, p. 132.
H. N.
B. 1849. — Angleterre. — Importé en 1856.
Par *Frency* et *Skylark Mare*, par Skaark.
Saint-Lô : 1856-1862.

3134.   **SIDI**, P. S. Ar.   S.B.F., t. II, p. 1123.
H. N.
Al. 1862. — France.
Par *Shérif* et *Kalifa*, par Koheil Hamdani Arbi.
Saint-Lô : 1879-1883.

3135. **SINCERITY**, P. S. A. S.B.F., t. III, p. 14.
H. N.
Bb. 1858. — Angleterre. — Importé en 1872.
Par *Red-Hart* et *Integrity*, par Van-Tromp.
Le Pin : 1876-1876.

3136. **SIR-QUID-PIGTAIL**, S.B.F., t. IV, p. 20.
ex-**VERT-LURON**, P. S. A. — H. N.
Al. 1867. France.
Par *Black-Eyes* et *Aspasie*, par Nuncio ou Fitz-Gladiator.
Seine-Inférieure : 1876-1879. — Le Pin : 1879-1887 (Angers en 1888).

3137. **SKAVOUP**, ex-**SANCY**, S.B.F., t. VI, p. 25.
P. S. A. — Cte de Berteux.
B. 1874. — France.
Par *Tournament* et *Somnambule*, par Ion.
Le Pin : 1879.

3138. **SOUKARAS**, P. S. A. S.B.F., t.VIII, p. 29.
M. E. Blanc.
Al. 1880. — France.
Par *Faublas* et *Perçante*, par Dollar.
Le Pin : depuis 1886.

3139. **SOUVENIR**, P. S. A. S.B.F., t. II, p. 135.
H. N.
Bb. 1859. — France.
Par *Caravan* et *Emilia*, par Y. Emilius.
Saint-Lô : 1877-1883.

3140. **STENTOR**, P. S. A. S.B.F., t. II, p. 137.
M. Lupin.
B. 1860. — France.
Par *De Clare* et *Songstress*, par Irish-Birdcatcher.
Le Pin : 1873 (Exporté en Angleterre).

3141. **STING**, P. S. A. S.B.F., t. I, p. 85.
H. N.
Bb. 1843. — Angleterre. — Importé en 1847.
Par *Slane* et *Echo*, par Émilius.
Le Pin : 1865-1867.

3142. **STOKER**, P.S.Á. S.B.F., t. II, p. 138.
H. N.
Bb. 1842. — Angleterre. — Importé en 1852.
Par *Steamer* et *Motley*, par Pantaloon.
Le Pin : 1852-1862 (Saintes en 1863).

3143. **STRACCHINO,** S.B.F., t. 7, p. 26.
ex-**STRACHINO**, P. S. A.
Bon de Rothschild.
B. 1874. — France.
Par *Parmesan Old-Maid*, par Robert-de-Gorham.
Le Pin : depuis 1880.

3144. **STRÉLITZ**, P. S. A. S.B.F., t. 7, p. 31.
H. N.
Bb. 1878. — France.
Par *Boïard* et *Serena,* ex-*Marguerite,* par Faust.
Le Pin : depuis 1883.

3145. **STUART**, P. S. A. S.B.F., t. IX, p. 35.
M. P. Donon.
Al. 1885. — France.
Par *Le Destrier* et *Stockausen,* par Stockwell.
Le Pin : depuis 1890.

3146. **SUFFOLK**, P. S. A. S.B.F., t. 5, p. 20.
H. N.
B. 1865. — Angleterre. — Importé en 1877.
Par *North-Lincoln* et *Protection,* par Defence.
Le Pin : 1881-1882.

3147. **SULTAN**, P. S. Ar. S.B.F., t. IV, p. 485.
H. N.
B. 1863. — Orient. — Importé en 1873.
Le Pin : 1874. — Saint-Lô : 1874-1875.

3148. **SULTAN II**, P. S. A. S.B.F., t. VII, p. 225.
M. P. Donon.
B. 1886. — France.
Par *Le Destrier* et *Countess-of-Salisbury,* par Knight-of-the-Garter.
Le Pin : depuis 1891.

3149. **SUSSEX-STAG**, P. S. A. S.B.F., t. IV, p. 21.
H. N.
B. 1862. — Angleterre. — Importé en 1872.
Par *Findon* et *Fallow-Buck Mare.*
Le Pin : 1873-1875 (Rosières en 1876).

3150. **SUZERAIN**, P. S. A. S.B.F., t. III, p. 14.
Bon de Schickler.
Bb. 1865. — France.
Par *The Nabob* et *Bravery,* par Gameboy.
Saint-Lô : depuis 1869.

3151.   **SYCOMORE**, P. S. A.   S.B.F., t. IX, p. 35.
H. N.

B. 1883. — France.
Par *Perplexe* et *Mimosa*, par King-Tom.
Le Pin : 1888-1890 (Tarbes en 1891).

3152.   **SYDMONTON**, P. S. A.   S.B.F., t. III, p. 14.
H. N.

B. 1862. — Angleterre. — Importé en 1872.
Par *Vengeance* et *Midia*, par Scutari.
Saint-Lô : 1872-1875.

3153.   **SYLVAIN**, P. S. A.   S.B.F., t. II, p. 139.
H. N.

B. 1854. — France.
Par *Malton* et *Sylvia*, par Commodore-Napier.
Le Pin : 1866 (Tarbes en 1867).

3154.   **SYLVIO**, P. S. A.   S.B.F., t. I, p. 87.
H. N.

Bb. 1826. — France.
Par *Trance* et *Hébé*.
Le Pin : 1834-1854.

3155.   **SYSTÈME**, P. S. A.   S.B.F., t. VII, p. 31.
H. N.

B. 1874. — France.
Par *Ruy-Blas* et *Sentence*, ex-*Autonomie*, par Javelot.
Saint-Lô : 1880.

3156.   **TABAC**, ex-**SAINT-ALLAIS**,   S.B.F., t. V, p. 20.
ex-**CIGARETTE**, P. S. A.
M. d'Heudières.

N. 1869. — France.
Par *Orphelin* et *Miranda*, par Lanercost.
Le Pin : 1876-1877.

3157.   **TAIS-TOI**, P. S. A.   S.B.F., t. II, p. 140.
H. N.

B. 1852. — France.
Par *The Emperor* et *Sérénade*, ex-*Posthume*, par Royal-Oak.
Saint-Lô : 1856-1858 (Rosières en 1859)

3158.   **TAMBERLICK**, P. S. A.   S.B.F., t. II, p. 140
H. N.

Al. 1859. — France.
Par *Fitz-Gladiator* et *Maid-of-Hart*, par The Provost.
Le Pin : 1864 (Rosières en 1865).
Saint-Lô : 1871-1872. — Le Pin : 1873-1879.

3159. **TAMBOUR-BATTANT** S.B.F., t. II, p. 140.
P. S. A.
Bon de Herissem.
B. 1860. — France.
Par *Faugh-a-Ballagh* et *Lanerscot-Marc.*
Le Pin : 1867-1868.

3160. **TARRARE**, P. S. A. S.B.F., t. I, p. 87.
M. Aumont, 1840. — H. N. 1841.
B. 1823. — Angleterre. — Importé en 1839.
Par *Catton* et *Henrietta*, par Sir-Salomon.
Le Pin : 1840. — Saint-Lô : 1841-1846.

3161. **TAY-MOUTH**, P. S. A. S.B.F., t. V, p.20.
H. N.
B. 1869. — Angleterre. — Importé en 1875.
Par *Breadalbane* et *Canaretta*, par Lord-of-the-Isles.
Le Pin : 1876-1883.

3162. **TELEGRAPH**, P. S. A. S.B.F., t. II, p.442.
M. Delamarre, 1868 ; M. Le Sénécal, 1874 ; H. N. 1876.
B. 1859. — France.
Par *Fitz-Gladiator* et *Miha*, par Polecat.
Le Pin : 1868-1873. — Saint-Lô : 1874-1880

3163. **TÉLÉMAQUE**, P. S. A. S.B.F., t. VIII, p.30.
H. N.
Bb. 1882. — France.
Par *Perplexe* et *Gold-Pen,* par Beadsman.
Le Pin : depuis 1887.

3164. **THE BARD**, P. S. A. S.B.F., t. VIII, p.31.
M. H. Say.
Al. 1883. — Angleterre. — Importé en 1887.
Par *Petrarch* et *Magdalene*, par Syrian.
Le Pin : depuis 1887.

3165. **THE BARON**, P. S. A. S.B.F., t. I, p.8.
H. N.
Al. 1842. — Angleterre. — Importé en 1849.
Par *Tramp* et *Anticipation*, par Beningbrough.
Paris : 1860.

3166. **THE CASTER**, P. S. A. S.B.F., t. II, p. 28
H. N.
Bb. 1840. — Angleterre. — Importé en 1855.
Par *Emilius* et *Castaside*, par Mameluke ou Camel.
Saint-Lô : 1856-1858.

3167.   **THE CONDOR**, P. S. A.   S.B.F., t. VIII, p. 31.
H. N.

B. 1882. — France.
Par *Dollar* et *Charmille*, par The Nabob.
Le Pin : depuis 1887.

3168.   **THE COSSACK**, P. S. A.   S.B F., t. II, p. 36.
H. N.

Al. 1844. — Angleterre. — Importé en 1856.
Par *Hetman-Platoff* et *Joannina*, par Priam.
Paris : 1857. — Le Pin : 1862 (Pompadour en 1863).

3169.   **THE FLYING-DUTCHMAN**, S.B.F., t. II, p. 60.
P. S. A. — H. N.

Bb. 1856. — Angleterre. — Importé en 1859.
Par *Bay-Middleton* et *Barbelle*, par Sandbeck.
Paris : 1860-1864. — Le Pin : 1864-1865 (Braisne en 1866).
Le Pin : 1869-1870.

3170.   **THE HEIR-OF-LINNE**,   S.B.F., t. II, p. 73.
P. S. A. — H. N.

Al. 1853. — Angleterre. — Importé en 1859.
Par *Galaor* et *Mrs-Walker*, par Jereed.
Saint-Lô : 1863-1871.

3171.   **THE JUGGLER**, P. S. A.   S.B.F., t. I, p. 44.
H. N.

Bb. 1832. — Angleterre. — Importé en 1837.
Par *Wamba* et *Pantechnetheca*, par Master-Henry.
Le Pin : 1837-1840 et 1844-1857.

3172.   **THE MINSTREL-BOY**,   S.B.A., t. XV, p. 294.
P. S. A. — H. N.

Bb. 1883. — Angleterre.
Par *Mozart* et *Mead*, par Anglo-Saxon.
Le Pin : 1890 (Saintes en 1891).

3173.   **THE NABOB**, P. S. A.   S.B.F., t. II, p. 102.
Bon de Schickler.

B. 1849. — Angleterre. — Importé en 1857.
Par *The Nob* et *Hester*, par Camel.
Saint-Lô : 1868-1870.

3174.   **THÉODOROS**, P. S. A.   S.B.F., t. V, p. 21.
H. N.

Al. 1867. — France.
Par *Florin* et *Dame-de-Cœur*, par Gladiator, Sting ou Gigès.
Saint-Lô : 1882-1883.

3175. **TIPPLE-CIDER**, P. S. A.   S.B.F., t. I, p. 91
H. N.
Al. 1833. — Angleterre. — Importé en 1846.
Par *Defence* et *Deposit*, par Blacklock.
Le Pin : 1847-1861.

3176. **TITUS**, P. S. A. A.   S.B.F., t. I, p. 91.
H. N.
Al. 1839. — France.
Par *Dangerous* et *Bérénice*.
Le Pin : 1843 (Lamballe en 1844).

3177. **TONNERRE-DES-INDES**, S.B.F., t. II; p. 144.
P. S. A. — H. N.
Al. 1855. — France.
Par *The Baron* et *Sérénade*, ex-*Posthume*, par Royal-Oak.
Le Pin : 1864-1871 (Besançon en 1872).

3178. **TORRENT**, P. S. A.   S.B.F., t. IV, p. 21.
H. N.
Ro. 1870. — France.
Par *Dollar* et *Nereïde*, par Ion.
Le Pin : 1875-1876.

3179. **TORTICOLIS**,   S.B.F., t. II. p. 144.
ex-**ROYAL-ESPOIR**, P. S. A.
H. N.
B. 1861. — France.
Par *Royal-Quand-Même* et *Défiance*, par Royal-Oak.
Saint-Lô : 1865-1873.

3180. **TOURNAMENT**, P. S. A. S.B.F., t. II, p. 145.
M. Laffite.
B. 1854. — Angleterre. — Importé en 1864.
Par *Touchstone* et *Happy-Queen*, ex-*Hind-of-the-Forest*, par Venison.
Le Pin : 1872-1880.

3181. **TRENT**, P. S. A.   S.B.F., t. VI, p. 27
M. H. Say.
B. 1871. — Angleterre.
Par *Bromielaw* et *The Mersey*, par Newminster.
Le Pin : 1885-1887.

3182. **TROCADÉRO**, P. S. A.   S.B.F., t. II, p. 15.
M. P. Aumont.
Al. 1864. — France.
Par *Monarque* et *Antonia*, par Epirus.
Le Pin : 1872-1881.

3183. **TROIS-HEURES**, P. S. A. S.B.F., t. II, p. 446.
M. Le Sénécal.

B. 1848. — France.
Par *Royal-Oak* et *Zille*, par Friedland.
Saint-Lô : 1853-1864.

3184. **TROUVILLE**, P. S. A. S.B.F., t. II, p. 447.
H. N.

B. 1860. — France.
Par *Fitz-Gladiator* ou *Tipple-Cider* et *Clémentine*, par Governor.
Le Pin : 1864-1867.

3185. **ULYSSE**, P. S. A. S.B.F., t. I, p. 94.
H. N.

B. 1843. — France.
Par *Elis* et *Déception*, par Defence.
Saint-Lô : 1848-1850.

3186. **UPAS**, P. S. A. S.B.F., t. IX, p. 37.
Cte de Berteux.

Al. 1883. — France.
Par *Dollar* et *Rosemary*, par Skirmisher.
Le Pin : depuis 1889.

3187. **USBÉKIEH**, P. S. Ar. S.B.F., t. II, p. 1125.
H. N.

B. 1850. — Arabie. — Importé en 1861.
Son père : Kohélan, arabe.
Sa mère : arabe.
Le Pin : 1861 (Pau en 1862).

3188. **UTRECHT**, P. S. A. S.B.F., t. IX, p. 37.
H. N.

Al. 1883. — France.
Par *King-Lud* et *Ortolan*, par Saunterer.
Saint-Lô : depuis 1888.

3189. **VALÉRIEN**, P. S. A. S.B.F., t. VII, p. 32.
M. Moreau-Chaslon.

B. 1874. — France.
Par *Gitano* et *Valériane*, par Aviceps.
Le Pin : 1882-1883.

3190. **VALET-DE-CŒUR,** S.B.F., t. VI, p. 27.
P. S. A. — H. N.

Al. 1876. — France.
Par *Flageolet* et *Beauty*, par Knowsley.
Saint-Lô : 1880-1881.

3191.   **VANDERMULIN**, P. S. A. S.B.F., t. II, p. 150
H. N.

Bb. 1853. — Angleterre. — Importé en 1862.
Par *Van Tromp* et *Miss-Julia-Bennet*, par Muley-Moloch.
Saint-Lô : 1862-1872 (Tarbes en 1873).

3192.   **VENTRE-SAINT-GRIS**, S.B.F., t. II, p. 151.
P. S. A. — Cte de Lagrange.

B. 1855. — France.
Par *Gladiator* et *Belle-de-Nuit*, par Y. Emilius.
Le Pin : 1860-1872.

3193.   **VERDUN**, ex-**AVENIR**, P. S. A. S.B.F.,t.V, p.21.
M. Pierre, 1878; Bon de Bray, 1879; M. Perrin, 1890.

B. 1871. — France.
Par *Ruy-Blas* et *Voman-in-Red*, par Wild-Dayrell.
Saint-Lô : 1878-1879. — Le Pin : depuis 1879.

3194.   **VERDURON**, P. S. A. S. B. F., t. VII, p. 33.
H. N.

Al. 1878. — France.
Par *Plutus* et *Verte-Allure*, par Patricien.
Saint-Lô : 1883.

3195.   **VERMOUTH**, P. S. A. S.B.F., t. II, p. 151.
M. Delamarre.

E. 1861. — France.
Par *The Nabob* et *Vermeille*, ex-*Merveille*, par The Baron.
Le Pin : 1867-1886.

3196.   **VERNET**, P. S. A. S.B.F., t. VIII, p. 32.
H. N.

Al. 1880. — France.
Par *Kingcraft* et *Vérone*, par Patricien.
Le Pin : 1885-1886 (Tarbes en 1887).

3197.   **VICHNOU**, P. S. Ar. S.B.F., t. III, p. 406.
H. N.

Al. 1871. — France.
Par *Le Sarrasin* et *Valériane*, par Aviceps.
Le Pin : 1879-1884.

3198.   **VIERZA**, P. S. A. S.B.F., t. IX, p.239.
M. Tirard.

Al. 1886. — France.
Par *Reggio* et *La Vengeance*, par Pace.
Saint-Lô : depuis 1891.

3199. **VIGILANT**, P. S. A.   S.B.F., t.VIII, p.33
M. Delamarre.
B. 1879. — France.
Par *Vermouth* et *Virgule*, par Saunterer.
Le Pin : depuis 1884.

3200. **VINGT-MARS**, P. S. A.   S.B.F., t. II, p. 152.
M. de Basly.
B. 1858. — France.
. Par *Faugh-a-Ballagh* et *Lady-Crompton*, par Scheik.
Saint-Lô : 1863-1883.

3201. **VIVEUR**, P. S. A.   S.B.F., t. VII, p. 33.
H. N.
B. 1877. — France.
Par *Vermouth* et *Vipère*, par Patricien.
Saint-Lô : depuis 1882.

3202. **VOLCANO**, P. S. A.   S.B.F., t. I, p. 198.
H. N.
Bb. 1846. — Angleterre. — Importé en 1849.
Par *Vulcan* et *Mansfield-Lass*, par Filho-da-Puta.
Le Pin : 1850-1851.

3203. **WANTON**, P. S. A.   S.B.F., t. II, p. 154.
H. N.
B. 1848. — France.
Par *Napoléon* ou *Jéroboam* et *Danaë*, par Terror.
Le Pin : 1852-1855 (Besançon en 1856).

3204. **WEATHERDEN**, P. S. A.   S.B.F., t. II, p. 155.
H. N.
B. 1859. — Angleterre. — Importé en 1864.
Par *Weatherbit* et *Birdcatcher Mare*, issue de Colocynth.
Saint-Lô : 1865-1868 (Tarbes en 1869).

3205. **WELLINGTONIA**, P. S. A.   S.B.F., t. VI, p.28.
M. Lefèvre.
Al. 1869. — Angleterre.
Par *Chattanooga* et *Araucaria*, par Ambrose.
Le Pin : 1881.

3206. **WEST-AUSTRALIAN**,   S.B.F., t. II, p. 156
P. S. A.
Cte de Morny, 1861. — H. N. 1866.
B. 1850. — Angleterre. — Importé en 1850.
Par *Melbourne* et *Moverina*, par Touchstone.
Le Pin : 1861-1870.

3207. **WHITE-FACE**, P. S. A.   S.B.F., t. I, p. 160.
H. N.
Al. 1837. — France.
Par *Pick-Pocket* et *Ida*.
Le Pin : 1843.

3208. **WILD-BIRD**,   S.B.F., t. IV, p. 23.
ex-**TURN-OF-LUKE**, P. S. A.
H. N.
Bb. 1868. — Angleterre. — Importé en 1872.
Par *Grey-Plover* et *Antimony*, par M. D.
Saint-Lô : 1873-1884.

3209. **WILLIAM**, P. S. A.   S.B.F., t. I, p. 100.
H. N.
Al. 1842. — France.
Par *Tarrare* et *Ida*.
Le Pin : 1847 (Braisne en 1848). — Le Pin : 1849-1859.

3210. **WINGRAVE**, P. S. A.   S.B.F., t. IV, p. 23.
Cte Rœderer.
B. 1859. — Angleterre. — Importé en 1874.
Par *King-Tom* et *Incurable*, par The Cure.
Le Pin : 1875-1876.

3211. **WOMERSLEY**, P. S. A.   S.B.F., t. II, p. 158.
H. N.
B. 1849. — Angleterre. — Importé en 1853.
Par *Irish-Birdcatcher* et *Cinizelli*, par Touchstone.
Paris : 1858.

3212. **XAINTRAILLES**, P. S. A. S.B.F., t. VIII, p. 33.
M. Lupin.
Al. 1882. — France.
Par *Flageolet* et *Déliane*, par The Flying-Dutchman.
Le Pin : depuis 1887.

3213. **Y. EMILIUS**, P. S. A.   S.B.F., t. I, p. 29
H. N.
B. 1828. — Angleterre. — Importé en 1834.
Par *Emilius* et *Cobweb*, par Phantom.
Le Pin : 1835-1837 et 1840-1845 (Paris en 1846).

3214. **Y. GLADIATOR**,   S.B.F., t. II, p. 67.
ex-**ACHILLE**, P. S. A. — M. Simon.
B. 1851. — France.
Par *Gladiator* et *Emilia*, par Y. Emilius.
Le Pin : 1859-1860.

3215.   **Y. MONARQUE**, P. S. A.   S.B.F., t. II, p. 98.
Cte de Lagrange.

B. 1863. — France.
Par *Monarque* et *Sunrise*, par Sunset.
Le Pin : 1867-1875.

3216.   **Y. REVELLER**, P. S. A.   S.B.F., t. I, p. 75.
H. N.

Bb. 1830. — France.
Par *Reveller* et *Scornful*.
Le Pin : 1837-1842. — Saint-Lô : 1843.

3217.   **Y. SNAIL**, P. S. A.   S.B.F., t. I, p. 83.
H. N.

B. 1827. — France.
Par *Snail* et *Comus Mare*.
Saint-Lô : 1848.

3218.   **ZOUAVE**, P. S. A.   S.B.F., t. II, p. 163.
H. N.

Al. 1855. — France.
Par *The Baron* et *Dacia*, par Gladiator.
Saint-Lô : 1861.

3219.   **ZUT**, P. S. A.   S.B.F., t. VI, p. 29.
H. N.

Al. 1876. — France.
Par *Flageolet* et *Régalia*, par Stockwell.
Le Pin : depuis 1881.

2o

PRINCIPAUX ÉTALONS

AYANT FAIT LA MONTE AVANT 1840

ET AYANT PARTICULIÈREMENT CONCOURU A LA FORMATION DE LA
FAMILLE NORMANDE

PRINCIPAUX ETALONS

Ayant fait la monte avant 1840

ET AYANT PARTICULIÈREMENT CONCOURU A LA FORMATION DE LA
FAMILLE NORMANDE

ASLAN, P. S. Ar.   S. B. F., t. I, p. 428.
H. N.
Gr. 1805. — Orient. — Importé en 1820.
Le Pin : 1821-1824.

BACHA, P. S. Ar.   S.B.F., t. I, p. 429.
H. N.
Gr. 1801. — Orient.
Le Pin : 1811-1819.

CAPTAIN-CANDID, P. S. Ar.   S.B.F., t. I, p. 16.
B. 1813. — Angleterre. — Importé en 1825.
Par *Cerberus* et *Mandanc*, par Pot-8-Os.
Le Pin : 1830-1835.

CHAPMAN, 1/2 s. A. — H. N.
B. 1810. — Angleterre.
Saint-Lô : 1818-1828.

CLEVELAND, 1/2 s. A. — H. N.
B. 1818. — Angleterre.
Par *Barnabé*, 1/2 s. A., et une fille de Royal, 1/2 s. A.
Le Pin : 1822-1832.

D.-I.-.O, P. S. A.   S.B.F., t. I, p. 25.
Al. 1813. — Angleterre. — Importé en 1818.
Par *Withworth* et *Hanbletoniam Mare*, issue de Sir-Peter Mare.
Le Pin : 1828-1836.

GALLIPOLY, P. S. Ar.   S.B.F., t.I, p.439.
H. N.
Gr. 1803. — Perse.
Le Pin : 1813-1821.

HIGHFLYER, 1/2 s. A, — H. N.
B. 1801. — Angleterre.
Par *Highflyer*, P. S. A., et *Xantippe*, 1/2 s. A.
Le Pin : 1808-1825.

JAGGAR, 1/2 s. A. — H. N.
B. 1813. — Angleterre.
Par *Marshland-Shales*, 1/2 s. A., et une 1/2 s. A.
Le Pin : 1819-1835.

MATADOR, 1/2 s. N. — H. N.
Al. 1801. — Normandie.
Par *L'Alérion*, 1/2 s. A., et une jument normande.
Le Pin : 1805-1820.

MASSOUD, P. S. Ar.   S.B.F., t.I, p.440.
H. N.
B. 1815. — Orient. — Importé en 1821.
Le Pin : 1821-1833.

TIGRIS, P. S. A.   S.B.F., t I, p. 90.
H. N.
Al. 1812. — Angleterre. — Importé en 1818.
Par *Quiz* et *Persepolis*, par Alexander.
Le Pin : 1819-1833.

Y. RATTLER, 1/2 s. A. — H. N.
B. 1811. — Angleterre.
Par *Rattler*, P. S. A., et une 1/2 s. A.
Le Pin : 1820-1836.

Y. TOPPER, 1/2 s. A. — H. N.
B. 1812. — Angleterre.
Par *Topper*, 1/2 s. A., et une 1/2 s. A.
Le Bec-Hellouin : 1820-1832. — Le Pin : 1833-1836.

ERRATA ET ADDENDA

ERRATA ET ADDENDA

Page 143. — **INDIGÈNE**. — Nᵒ **1012**.
Sa grand'mère : fille de Deucalion, 1/2 s. N.
Sa bisaïeule : fille d'Urus, 1/2 s. N.

Page 201. — Nᵒ **1513**.
Au lieu de **ORIGINAL**, lire **ORIGINEL**.

Page 291. — Nᵒ **2246**. — **ALTHORP-WONDER**.
Au lieu de : Le Pin : depuis 1890, lire *Le Pin : 1890
(Hennebont en 1891.)*

Page 355. — Nᵒ **2796**. — **BOLÉRO**.
Son père : Y. Emilius, au lieu d'Emilius.

TABLE ALPHABÉTIQUE

<h1 style="text-align:center">TABLE ALPHABÉTIQUE</h1>

A

B

F

H

I

J

K

P

R

S

T

U

V

W

X

Y

Z